LA RÉALITÉ CACHÉE

DU MÊME AUTEUR

L'Univers élégant, Robert Laffont, 2000 ; Gallimard, 2005.
La Magie du cosmos, Robert Laffont, 2005 ; Gallimard, 2007.

BRIAN GREENE

LA RÉALITÉ CACHÉE

Les univers parallèles
et les lois du cosmos

Traduit de l'anglais par Céline Laroche

Champs sciences

Titre original : *The Hidden Reality*

ISBN 978-2-0814-1105-0

Pour Alec et Sophia

Préface

S'il subsistait le moindre doute vers la fin du XXe siècle, l'aube du XXIe aura permis de conclure une bonne fois pour toutes : en ce qui concerne la véritable nature de la réalité, il ne faut pas se fier à notre sens commun. Après réflexion, ce n'est pas si surprenant. Pour nos ancêtres qui faisaient la cueillette dans la forêt et chassaient dans la savane, être capable de calculer le comportement quantique d'un électron ou les conséquences cosmologiques de l'existence des trous noirs n'aurait pas changé grand-chose à leur survie. Cela étant, avoir un plus gros cerveau, c'était utile, et si nos facultés intellectuelles ont augmenté, nos compétences à sonder notre environnement de plus en plus profondément se sont aussi accrues. Certains de nos semblables construisirent des machines pour amplifier l'étendue de nos sens ; d'autres manièrent avec expertise des méthodes systématiques pour comprendre et formuler des modèles – les mathématiques. Équipés de ces outils, nous commençâmes à nous interroger sur les apparences du quotidien.

Ce que nous avons découvert alors a révolutionné notre vision de l'univers. Intuition physique et rigueur mathématique, avec l'expérimentation et l'observation pour guides, ont montré que l'espace, le temps, la matière et l'énergie offrent un registre de comportements ne ressemblant à rien de ce que nous avons pu observer directement. Et maintenant, l'étude approfondie de ces découvertes nous mène à ce qui pourrait être le prochain cataclysme dans notre compréhension des choses : la possibilité que notre univers ne soit pas le seul univers. *La Réalité cachée* explore cette possibilité.

En écrivant ce livre, je n'ai supposé aucune connaissance en physique ou en mathématiques de la part du lecteur. Comme dans mes ouvrages précédents, j'use de récits historiques, émaillés de métaphores et d'analogies, pour offrir un récit le plus accessible possible des découvertes les plus étranges et les plus éloquentes (si tant est qu'elles soient correctes) de la physique moderne. Beaucoup des concepts abordés exigent du lecteur qu'il abandonne son mode de pensée habituel et confortable afin de s'ouvrir à des perspectives inattendues. Le voyage en sera d'autant plus captivant et compréhensible, et il pourra suivre les tours et détours scientifiques du chemin. Parmi eux, j'ai fait un choix pour dépeindre un paysage d'idées qui s'étendent des pics les plus communs aux vallées les plus étranges et étonnantes.

Ce qui change par rapport à mes livres précédents, c'est que je n'ai pas ajouté de chapitres préliminaires pour expliquer de manière systématique les concepts sous-jacents, telles les relativités restreinte ou générale, ou la mécanique quantique. Au lieu de cela, j'introduis les éléments de ces domaines « à la demande » : lorsqu'une partie du livre nécessite de développer certaines de ces idées afin de demeurer compréhensible pour tous, je préviens le lecteur averti et lui indique les parties qu'il ou elle pourra passer.

À l'inverse, les dernières pages de quelques chapitres approfondissent certains aspects et sont susceptibles de plaire aux lecteurs plus chevronnés. À l'approche de ces parties, je propose un résumé succinct à l'intention des lecteurs moins expérimentés afin de leur permettre de poursuivre directement avec la suite sans perdre le fil conducteur. Cela étant, j'encourage chacun à lire ces parties aussi loin que son intérêt ou sa patience le lui permettra. Si les descriptions sont plus élaborées, le texte reste toutefois conçu pour une large audience, avec pour seul prérequis la volonté de persévérer.

Les notes, quant à elles, demandent à être abordées différemment. Le lecteur novice peut s'en dispenser tandis que les plus avertis y trouveront éclaircissements ou développements qui me semblent importants mais trop pesants pour figurer dans la partie principale du texte. Bon nombre de ces notes s'adressent aux lecteurs habitués à manier les mathématiques ou la physique.

En écrivant *La Réalité cachée*, j'ai bénéficié des commentaires et des retours de nombreux amis, collègues et membres de ma famille, qui ont lu tout ou partie des chapitres de ce livre. Je souhaite remercier tout particulièrement David Albert, Tracy Day, Richard Easter, Rita Greene, Simon Judes, Daniel Kabat, David Kagan, Paul Kraiser, Raphael Kasper, Juan Maldacena, Katinka Matson, Maulik Parikh, Marcus Poessel, Michael Popowits et Ken Vineber. C'est toujours un plaisir de travailler avec mon éditeur chez Knopf, Marty Asher, et je remercie Andrew Carlson pour les bons soins prodigués à ce livre dans les dernières étapes de sa fabrication. Les superbes illustrations de Jason Sever mettent l'ouvrage en valeur et je tiens à le remercier pour son talent et sa patience. C'est également un plaisir de marquer ma reconnaissance à mes agents littéraires, Katinka Matson et John Brockman.

En élaborant l'approche que je présente dans ces pages, j'ai bénéficié de beaucoup de conversations passionnantes avec nombre de mes collègues. Outre ceux que j'ai déjà mentionnés, je souhaite remercier tout spécialement Raphael Bousso, Robert Brandenberger, Frederik Denef, Jacques Distler, Michael Douglas, Lam

Hui, Lawrence Krauss, Janna Levin, Andrei Linde, Seth Lloyd, Barry Loewer, Saul Perlmutter, Jürgen Schmidhuber, Steve Shenker, Paul Steinhardt, Andrew Strominger, Leonard Susskind, Max Tegmark, Henry Tye, Cumrun Vafa, David Wallace, Erick Weinberg et Shing-Tung Yau.

J'ai commencé l'écriture de mon premier livre de vulgarisation scientifique, *L'Univers élégant*, pendant l'été 1996. Durant les quinze années qui se sont écoulées depuis, les détails pointus de mon travail de recherche ont nourri les sujets abordés dans mes livres, et j'ai profité avec plaisir de ces interactions aussi inattendues que fructueuses. Je tiens à remercier mes étudiants et mes collègues de l'université Columbia pour le climat actif et dynamique de notre laboratoire de recherche, le Department of Energy pour le financement de mes travaux de recherche ainsi que le Pentti Kouri pour son soutien généreux à mon centre de recherche à Columbia : le Institute for Strings, Cosmology and Astroparticle Physics – Institut de physique des cordes, de la cosmologie et des astroparticules.

Enfin, je remercie Tracy, Alec et Sophia qui font que de tous les univers possibles, celui-ci est le meilleur.

Chapitre premier

Les liens de la réalité

Mondes parallèles

Si, en grandissant, je n'avais eu qu'un seul miroir dans ma chambre, mes rêves d'enfant auraient été très différents. Or il se trouve que j'en avais deux. Et chaque matin quand j'ouvrais le placard pour choisir mes vêtements, le miroir sur la porte s'alignait avec le miroir sur le mur, réfléchissant à l'infini tout ce qui se trouvait entre les deux. C'était fascinant. Je me réjouissais de voir ces images peupler les miroirs parallèles, aussi loin que mes yeux pouvaient les voir. Toutes les réflexions semblaient bouger à l'unisson – mais cela, je le savais, n'était qu'une limitation de la perception humaine ; j'avais appris très tôt que la vitesse de la lumière n'était pas infinie. Ainsi, avec mon œil intérieur, je me représentais les allers-retours des rayons lumineux. Mon petit signe de tête ou le mouvement de mon bras se faisaient écho en silence entre les deux miroirs, chaque image réfléchie amenant la suivante. J'imaginais parfois un moi impertinent, au loin, qui refuserait de s'aligner avec les autres, brisant cet enchaînement progressif et induisant une nouvelle réalité dont seraient informés les suivants. À l'école, durant les pauses, je repensais parfois à la lumière réfléchie le matin, toujours en train de rebondir entre les deux miroirs, et je me voyais rejoignant l'une des images de moi-même dans un monde parallèle fait de lumière et de rêves.

Une chose est sûre, les reflets dans un miroir ne sont pas doués de raison. Mais ces divagations de jeunesse tout en lumière, avec leurs réalités parallèles, trouvent écho dans un thème de plus en plus prégnant des sciences modernes : la possible existence de mondes au-delà de celui que nous connaissons. Ce livre explore ces éventualités, tel un voyage à travers la science des univers parallèles.

L'univers et les univers

À une époque, « l'univers » signifiait « l'ensemble de ce qui existe ». De tout ce qui existe ! Tout et le reste. L'idée que puisse exister plus d'un univers, plus d'un « tout ce qui existe », représentait une contradiction sémantique. Et pourtant, toute une série de travaux théoriques modifièrent progressivement l'interprétation du terme « univers ». Le sens de ce mot dépend désormais du contexte. Parfois, « univers » représente toujours tout et absolument tout. « Univers » peut aussi ne faire référence qu'aux parties du tout accessibles par des gens comme vous et moi. Enfin, « univers » décrit d'autres domaines hors d'atteinte pour nous, que ce soit partiellement ou complètement, temporairement ou éternellement. Cette utilisation du mot relègue notre univers au rang de simple membre d'une vaste collection, possiblement infinie.

Privé de son hégémonie, « univers » s'accompagne désormais d'autres termes censés décrire la toile à grande échelle sur laquelle pourrait être peinte la totalité de la réalité. *Mondes parallèles* ou univers parallèles ; *méta-*, *méga-* ou *multi-univers*… autant de synonymes parmi les mots utilisés pour décrire non seulement notre univers mais tout un spectre d'autres univers susceptibles d'exister.

Vous noterez que les termes sont quelque peu vagues. Qu'est-ce exactement qu'un monde ou un univers ? Sur quels critères distingue-t-on les parties d'un même univers et fait-on la différence avec ce qui constitue un ensemble d'univers parallèles ? Un jour peut-être notre compréhension des univers multiples sera suffisante pour nous permettre de répondre avec précision à ces questions. Pour l'instant, nous éviterons de nous empêtrer dans des définitions abstraites et adopterons la fameuse approche du juge Potter Stewart pour définir la pornographie : alors que l'on s'efforçait, à la Cour suprême des États-Unis, d'en trouver une définition, Stewart aurait déclaré : « Je le saurai en le regardant. »

En fin de compte, qualifier un domaine ou un autre d'univers parallèle n'est qu'une question de sémantique. Ce qui compte vraiment, le cœur du sujet, c'est de savoir s'il existe des mondes défiant les conventions, des mondes qui laisseraient à penser que ce que nous avons longtemps considéré comme *le seul* univers ne serait qu'une partie d'une réalité beaucoup plus vaste, probablement beaucoup plus étrange et largement dissimulée.

De la diversité des univers parallèles

Ce qui est frappant (et c'est aussi l'une des raisons qui m'ont poussé à écrire ce livre), c'est que la majorité des avancées en physique théorique et fondamentale nous ont conduits à l'un ou l'autre type d'univers parallèle (que ce soit en relativité, en physique quantique, en cosmologie, en théorie de l'informatique…). En effet, les chapitres à venir aboutiront à neuf variations sur le thème du multi-univers. Chacune envisage notre univers comme une partie d'un tout beaucoup plus vaste, mais la complexité de ce tout et la nature de ses univers-membres sont chaque fois différentes. Pour certains, les univers parallèles sont séparés de nous par de gigantesques étendues d'espace ou de temps ; pour d'autres, ils errent à quelques millimètres ; pour d'autres encore, la notion même de position n'a tout bonnement pas de sens. On retrouve cette même diversité de possibles dans les lois qui régissent ces univers parallèles. Dans l'un, les lois sont les mêmes que dans notre univers ; dans d'autres, les lois semblent différentes mais ont néanmoins un héritage commun ; dans d'autres encore, la forme et la construction de ces lois ne ressemblent à rien de ce que nous connaissons. Penser à cette diversité de la réalité inspire autant l'humilité que l'enthousiasme.

Les premières incursions scientifiques dans les mondes parallèles datent des années 1950, avec des recherches sur certains aspects de la mécanique quantique, élaborée pour expliquer les phénomènes qui régissent les atomes et les particules subatomiques. La mécanique quantique rompait avec la tradition scientifique de la mécanique classique, en posant que les prédictions scientifiques ne pouvaient être que probabilistes : si nous pouvons calculer les chances que tel ou tel événement ait lieu, nous ne pouvons pas prédire lequel aura bel et bien lieu. Ce changement radical qui vient bouleverser la pensée scientifique en vigueur depuis des centaines d'années est déjà surprenant. Un autre aspect de la théorie quantique est encore plus déconcertant, mais attire moins l'attention : malgré des années d'étude minutieuse de la théorie quantique, malgré une foultitude de données en faveur de ses prédictions probabilistes, personne n'a jamais su expliquer pourquoi une seule des nombreuses issues possibles à une situation donnée a finalement lieu. Lorsque nous menons des expériences, lorsque nous explorons notre monde, cela fait l'unanimité : nous rencontrons une seule et unique réalité. Et pourtant, plus d'un siècle après la révolution quantique, il n'y a toujours pas de consensus au sein de la communauté des physiciens sur la compatibilité de ce fait élémentaire avec l'expression mathématique de la théorie.

Au fil des années, cette importante lacune dans notre compréhension des choses a inspiré de nombreuses propositions, mais ce sont les premières qui restent les plus étonnantes. À savoir l'idée que la notion habituelle en vertu de laquelle toute expérience devait avoir une et une seule issue était inexacte. Les mathématiques qui sous-tendent la mécanique quantique – ou tout au moins l'un de leurs aspects – suggèrent que *toutes* les issues possibles pourraient avoir lieu, chacune dans son propre univers distinct. Si un calcul quantique prédit qu'une particule peut être à tel endroit ou à tel autre, alors c'est que dans un premier univers elle *est* bien à tel endroit, et dans un autre univers, elle *est* à tel autre. Ainsi, dans chacun de ces univers, il existe une copie de nous-mêmes observant telle ou telle issue à l'expérience, et pensant (à tort) que sa réalité est la seule réalité. Lorsque l'on comprend que la mécanique quantique est sous-jacente à tous les processus physiques, depuis la fusion atomique au cœur du Soleil jusqu'aux impulsions neuronales responsables de la pensée humaine, les implications de cette proposition prennent tout leur sens : un chemin jamais emprunté, cela n'existe pas. Sauf que chaque chemin – chaque réalité – est dissimulé à tous les autres.

Cette approche si séduisante de la théorie quantique par les mondes multiples a fortement retenu l'attention des chercheurs ces dernières décennies. Mais tous leurs travaux révèlent une théorie subtile et épineuse (comme nous le verrons au chapitre 8), si bien qu'aujourd'hui, même après plus d'un demi-siècle d'investigations, ce qui a été proposé reste très controversé. Certains chercheurs estiment que ces idées ont déjà été validées, d'autres clament avec autant d'aplomb que les mathématiques sous-jacentes ne tiennent pas la route.

Malgré ces incertitudes scientifiques, cette version originelle des univers parallèles résonne avec les histoires alternatives ou les royaumes cachés que l'on trouve épisodiquement dans la littérature ou le cinéma, encore aujourd'hui. (Mes favoris, depuis l'enfance, comptent *Le Magicien d'Oz*, *La vie est belle*, l'épisode de *Star Trek* « Contretemps », la nouvelle de Borges intitulée *Le jardin aux sentiers qui bifurquent* et plus récemment les films *Pile et Face* et *Cours, Lola, cours*.) Collectivement, toutes ces œuvres de la culture populaire ont contribué à diffuser le concept d'univers parallèles dans « l'esprit de l'époque », et à alimenter la fascination du public à son égard. Mais la mécanique quantique n'est qu'une manière parmi beaucoup d'autres en physique moderne de concevoir des univers parallèles. Et d'ailleurs je ne la présenterai pas en premier.

Dans le chapitre 2, je commencerai par une autre voie vers les univers parallèles, qui est peut-être la plus simple de toutes. Nous verrons que si l'espace s'étend à l'infini (hypothèse qui est en accord avec toutes nos observations et qui réside au cœur du modèle cosmologique privilégié par de très nombreux chercheurs en physique et en astronomie), alors, tout là-bas, au loin (mais alors vraiment *très* loin), il doit exister des domaines où des copies de nous-mêmes et de tout ce qui fait notre monde vivent des versions différentes de la réalité que nous vivons ici.

Le chapitre 3 nous conduira vers les profondeurs de la cosmologie : la théorie inflationnaire, qui suppose une énorme salve d'expansion spatiale hyperrapide dans les premiers instants de l'univers, produit sa propre version des mondes parallèles. Si la théorie de l'inflation se révèle exacte, ce que suggèrent les dernières observations astronomiques, l'explosion qui aurait engendré notre région de l'espace pourrait ne pas avoir été un cas isolé. En fait, aujourd'hui même, une expansion inflationnaire pourrait avoir lieu dans des domaines très lointains et produire univers sur univers, de façon continue et pour l'éternité. Qui plus est, chacun de ces univers en pleine dilatation possède sa propre étendue spatiale infinie, et recèle donc un nombre infini de mondes parallèles du type de ceux du chapitre 2.

Dans le chapitre 4, nous rejoindrons dans notre périple la théorie des cordes. Après un bref rappel de ses fondamentaux, je ferai un état des lieux sur sa proposition de l'unification de toutes les forces de la nature. Forts de cet éclairage, nous explorerons aux chapitres 5 et 6 certaines avancées récentes en théorie des cordes, qui suggèrent l'existence de trois nouveaux types d'univers parallèles. L'un d'eux est le scénario des mondes de branes, qui voit notre univers comme une « plaque » parmi de nombreuses autres, flottant dans un espace de plus haute dimensionnalité, un peu comme une tranche d'un immense pain cosmique [1]. Avec un peu de chance, ce modèle pourrait avoir des conséquences observables dans un futur proche grâce au LHC, le grand collisionneur de hadrons du CERN, à Genève. Un autre scénario est celui de la collision de mondes de branes, réduisant à néant tout ce que chaque brane contenait pour initier un nouveau départ façon Big Bang pour chacune. Comme deux mains gigantesques qui applaudissent, cette collision pourrait se reproduire encore et encore : deux branes se heurtent et s'éloignent par effet rebond, puis s'attirent mutuellement par la gravitation et se heurtent à nouveau, dans un processus cyclique qui fabrique des univers parallèles non dans l'espace mais dans le temps. Le troisième scénario est celui du « paysage » de la théorie des cordes, tenant compte du nombre considérable de formes et de tailles possibles pour la théorie du fait qu'elle nécessite des dimensions spatiales supplémentaires. Nous verrons qu'associé au multi-univers inflationnaire, le paysage de la théorie des cordes suggère une énorme collection d'univers, dans laquelle chaque forme possible des dimensions supplémentaires est réalisée.

Au chapitre 6, nous regarderons de quelle lumière ces considérations éclairent l'un des résultats d'observation les plus étonnants du siècle passé : le fait que l'espace serait empli d'une énergie diffuse, uniforme, qui pourrait être une version de la constante cosmologique d'Einstein. Cette observation a inspiré bon nombre des travaux récents sur les univers parallèles, et elle est à l'origine de l'un des débats les plus virulents sur la nature de l'explication scientifique. Le chapitre 7 va plus loin en posant la question plus fondamentale de savoir si les travaux sur les univers au-delà du nôtre peuvent être considérés comme une branche de la recherche scientifique. Car pouvons-nous tester ces idées ? Si nous les utilisons pour résoudre nos problèmes en suspens, aurons-nous progressé ou simplement balayé ces énigmes sous des tapis cosmiques confortablement hors d'atteinte ? J'ai tenté de mettre à nu les fondamentaux de ces propositions et de mettre en valeur le fait que, sous certaines conditions, les univers parallèles tombent sans équivoque sous l'égide de la science.

La mécanique quantique, avec sa version des univers parallèles que sont les mondes multiples, fera l'objet du chapitre 8. Je rappellerai brièvement les fondamentaux de la mécanique quantique avant de me consacrer à l'un de ses plus gros écueils : comment obtenir une issue claire et nette, à partir d'une théorie dont le principe fondateur autorise la coexistence d'une multitude de réalités contradictoires en un brouillard probabiliste informe – et pourtant très précis mathématiquement parlant. Nous progresserons prudemment dans le raisonnement qui, en cherchant une réponse, propose d'ancrer la théorie quantique dans sa propre profusion de mondes parallèles.

Le chapitre 9 nous emmènera plus loin dans la réalité quantique, jusqu'à ce que je considère comme la plus étrange des propositions d'univers parallèles. Celle-ci a vu le jour de façon progressive après plus de trente années de recherches théoriques sur les propriétés quantiques des trous noirs. Ces travaux ont connu leur apogée il y a une dizaine d'années, avec un résultat étonnant issu de la théorie des cordes : tout ce que nous vivons ne serait qu'une projection holographique de processus qui se dérouleraient sur une lointaine surface tout autour de nous. Nous pouvons nous pincer et le ressentir en vrai, mais cet événement n'est que le reflet d'un événement parallèle d'une réalité différente, à distance.

Enfin, dans le chapitre 10, c'est l'éventualité plus farfelue des univers artificiels qui occupera le devant de la scène. La question de savoir si les lois de la physique laissent la possibilité de fabriquer de nouveaux univers sera notre première préoccupation. Nous nous tournerons ensuite vers les univers créés non pas en *hardware*, mais en *software*, c'est-à-dire des simulations réalisées grâce à des superordinateurs très perfectionnés ; nous verrons alors comment nous convaincre que nous ne vivons pas dans une simulation produite par d'autres que nous – autres créatures ou autres choses. Cela nous emmènera jusqu'à la proposition la plus audacieuse au sujet des univers parallèles, prenant source dans la communauté des philosophes : l'idée selon laquelle chaque univers possible se réalise quelque part dans ce qui est à coup sûr le plus grandiose de tous les multi-univers. La discussion s'ouvrira naturellement sur le rôle des mathématiques dans la révélation des mystères de la science et, finalement, sur notre capacité ou impossibilité à accéder à une compréhension toujours approfondie de la réalité.

L'ordre cosmique

La question des univers parallèles est extrêmement spéculative. Aucune expérience ni observation n'a démontré la réalisation ne serait-ce que d'une seule version de cette idée. En écrivant ce livre, je ne cherche pas à convaincre que nous faisons partie d'un multi-univers. Moi-même je ne suis convaincu – et, plus généralement, personne ne devrait l'être – par rien qui ne soit démontré par des données fiables. Cela étant, je trouve à la fois curieux et passionnant que beaucoup de progrès en physique, lorsqu'ils sont menés suffisamment loin, se heurtent à une variante ou une autre du thème des univers parallèles. Ce n'est pas que les physiciens soient à l'affût, leur filet à multi-univers en main, de la première théorie venue qui pourrait s'accorder, même bizarrement, avec un modèle d'univers parallèles. En fait, toutes les propositions d'univers parallèles que nous envisagerons avec sérieux s'imposent d'elles-mêmes, fondées sur les mathématiques sous-jacentes aux théories élaborées dans le but d'expliquer les données et les observations conventionnelles.

Ainsi mon intention est de faire un point clair et précis des étapes intellectuelles et de la cascade de raisonnements théoriques qui ont conduit les physiciens, même avec des spécialités très diverses, à considérer que notre univers pourrait être un parmi d'autres. Je souhaite transmettre la manière dont les recherches scientifiques modernes (et non des fantasmes délurés comme les rêveries catoptriques de mon enfance) en arrivent naturellement à cette éventualité incroyable. Je souhaite montrer combien certaines observations, incompréhensibles par ailleurs, prennent tout leur sens lorsqu'elles sont interprétées dans le cadre de l'une ou l'autre théorie d'univers parallèles. Dans le même temps, je décrirai les principales questions sans réponse qui ont, jusqu'à présent, entravé la pleine réalisation de ces modèles. Mon objectif est qu'en refermant ce livre, chacun ait une vision plus riche et plus vivante des possibles – de la possibilité que les limites de la réalité pourraient un jour être redessinées par les avancées scientifiques en cours.

D'aucuns répugnent à accepter la notion de mondes parallèles. À leurs yeux, notre appartenance à un multiunivers revient à marginaliser notre place et notre importance dans l'univers. Je ne vois pas les choses de cette façon. Il n'y a selon moi aucun intérêt à mesurer notre importance au regard du fait que nous soyons relativement nombreux. Au contraire, ce qui est flatteur dans notre humanité, ce qui est motivant dans notre entreprise scientifique, c'est notre capacité à utiliser la pensée analytique pour franchir des distances considérables, voyager dans l'espace connu et inconnu, et peut-être même – si tant est que certaines des idées présentées dans ces pages se révèlent correctes – au-delà de notre univers. À mon sens, c'est la profondeur de notre compréhension, acquise grâce à notre point de vue unique sur cet univers si calme et si noir, si froid et si menaçant, c'est cette profondeur qui résonne dans toute l'étendue de la réalité et marque le chemin parcouru.

Chapitre 2

Sosies à l'infini

Le multi-univers façon patchwork

Si nous partions explorer l'univers, et même au-delà, trouverions-nous que l'espace continue indéfiniment ou au contraire qu'il s'arrête tout net ? Ou peut-être reviendrions-nous indéfiniment à notre point de départ, comme sir Francis Drake qui fit le tour de la Terre ? Ces deux possibilités (un univers qui s'étend à l'infini ou un univers immense mais fini) sont compatibles avec toutes nos observations et ont toutes deux été étudiées avec ferveur durant ces dernières décennies. Mais, malgré ces recherches approfondies, il y a un fait qui a reçu relativement peu d'attention alors qu'il aurait une conséquence extraordinaire, c'est celui que l'univers soit infini.

Au fin fond d'un univers comme le nôtre se trouve une galaxie exactement comme notre Voie lactée, avec un système solaire qui est un portrait craché du nôtre, une planète qui est un vrai sosie de la Terre, une maison exactement semblable à la mienne, habitée par quelqu'un qui me ressemble comme deux gouttes d'eau et qui est en ce moment même en train d'écrire ces lignes et de m'imaginer dans une galaxie éloignée. Et ce n'est pas comme s'il n'y avait qu'une seule copie comme celle-ci. Dans un univers infini, il y en aurait une infinité. Dans l'une d'elles, mon sosie relit cette phrase en même temps que moi. Dans d'autres, il (ou elle) est passé à la suivante, ou a eu besoin de faire une pause et a laissé le livre de côté. Dans d'autres encore, il (ou elle) n'est pas dans d'aussi bonnes dispositions et serait plutôt le genre de personne qu'on ne voudrait pas croiser la nuit dans une rue déserte.

Ce qui serait impossible. Ces copies peuplent des royaumes si distants que la lumière qui chemine depuis le Big Bang n'aurait pas eu le temps de franchir tout l'espace qui nous sépare. Même sans la possibilité d'observer ces royaumes, nous allons voir que les principes physiques fondamentaux imposent que si l'univers est infiniment vaste, alors c'est qu'il abrite une infinité de mondes parallèles – certains identiques au nôtre, d'autres très différents, sans la moindre ressemblance avec notre monde.

En chemin vers ces mondes parallèles, nous devrons comprendre tout d'abord les fondements de la cosmologie – la science des origines et de l'évolution de l'univers en tant que tout.

C'est parti !

Le père du Big Bang

« Vos calculs sont corrects mais votre physique est abominable. » Au congrès de physique de Solvay de 1927, c'est ce qu'Albert Einstein a objecté au Belge Georges Lemaître qui proposait que ses équations de la relativité générale publiées plus de dix ans auparavant impliquent une révision drastique de l'histoire de la création. D'après les calculs de Lemaître, l'univers aurait vu le jour comme un minuscule grain d'une densité effarante, un « atome primitif » qui aurait gonflé dans l'immensité du temps pour devenir l'univers que l'on observe aujourd'hui.

Lemaître avait une allure inhabituelle parmi tous ces physiciens de renom, dont Einstein, qui étaient descendus à l'hôtel Métropole de Bruxelles pour une semaine de débat houleux sur la théorie quantique. Dès 1923, il avait non seulement terminé son travail de doctorat, mais aussi son séminaire à la maison Saint-Rombaut et avait été ordonné prêtre jésuite. Lors d'une pause durant le congrès, Lemaître, en habit clérical, approcha l'homme dont les équations, selon lui, posaient les bases d'une nouvelle théorie scientifique des origines de l'univers. Einstein connaissait la théorie de Lemaître pour avoir lu son article à ce sujet plusieurs mois auparavant. Ses manipulations des équations de la relativité générale ne comportaient aucune erreur. En fait, ce n'était pas la première fois qu'Einstein était mis en présence de ce résultat. En 1921, le mathématicien et météorologue russe Alexandre Friedmann avait trouvé une série de solutions aux équations d'Einstein, dans lesquelles l'espace s'étirait et provoquait une expansion de l'univers. Einstein regimbait devant ces solutions, et avait commencé par dire que les calculs de Friedmann étaient truffés d'erreurs. Là, Einstein avait tort : il finit par retirer sa plainte. Mais Einstein refusait d'être le jouet des mathématiques. Il a remanié ses équations dans le sens de son intuition de ce que *devrait être* l'univers, dans le sens de ses croyances si profondément ancrées en faveur d'un univers éternel, fixe et immuable à grande échelle. À l'égard de Lemaître, Einstein était intraitable : l'univers n'est pas en expansion et ne le sera jamais.

Six ans plus tard, lors d'un séminaire à l'observatoire du mont Wilson, en Californie, Einstein écoute attentivement Lemaître présenter une version approfondie de sa théorie, dans laquelle l'univers commence par un éclair primordial et les galaxies sont comme des charbons ardents sur un océan d'espace en expansion. À la fin du séminaire, Einstein se lève et déclare que la théorie de Lemaître est « l'explication des origines la plus belle et la plus satisfaisante qu'il ait jamais entendue [1] ». Le physicien le plus célèbre au monde venait de changer d'avis sur l'un des plus épais mystères de l'univers. Bien que peu connu du grand public, Lemaître en vint à être vu dans le milieu de la recherche comme le père du Big Bang.

La relativité générale

Les théories cosmologiques élaborées par Friedmann et Lemaître s'appuyaient sur un article qu'Einstein avait soumis à la revue scientifique allemande *Annalen der Physik* le 25 novembre 1915. L'article était le fruit d'une odyssée mathématique de plus de dix ans, et le résultat qu'il présente, la théorie de la relativité générale, se révélera la plus complète et la plus riche d'implications de tous les travaux d'Einstein. Avec la relativité générale, Einstein proposait un langage géométrique élégant pour remanier complètement notre compréhension de la gravitation. Que les lecteurs ayant déjà une bonne connaissance des fondamentaux de la théorie et de ses conséquences cosmologiques n'hésitent pas à sauter les trois sections à venir. J'invite ceux qui veulent se rafraîchir la mémoire à continuer avec moi.

Einstein commença à travailler sur la relativité générale vers 1907, à une époque où la majorité des scientifiques pensait que la gravitation avait été expliquée depuis bien longtemps par Isaac Newton. Au lycée, les étudiants du monde entier apprennent tous que, dans les années 1600, Newton proposa la fameuse loi universelle de la gravitation, qui offrait la première description mathématique de la force naturelle la plus familière. Sa loi est si juste que même les ingénieurs de la NASA l'utilisent encore aujourd'hui pour calculer les trajectoires de leurs navettes ; même les astronomes l'appliquent pour prédire le mouvement de comètes, d'étoiles ou de galaxies tout entières [2].

Avec une telle validation expérimentale, il est d'autant plus remarquable qu'Einstein ait trouvé une faille fondamentale dans la loi de Newton. Et c'est une question à l'apparence toute simple qui le décida : Comment, se demandait Einstein, fonctionne la gravitation ? Comment, par exemple, le Soleil peut-il influencer le mouvement de la Terre pourtant éloignée de plus de 149 millions de kilomètres ? Il n'y a pas un câble qui les relie, pas de chaîne qui transmettrait à la Terre le moindre des mouvements du Soleil, alors comment la gravitation exerce-t-elle son influence ?

Dans ses *Principia* publiés en 1687, Newton reconnaît l'importance de cette question et le fait que sa loi ne répond que par un silence inquiétant. Newton était certain qu'il devait exister quelque chose pour transmettre la gravitation d'un endroit à l'autre, sans être en mesure d'identifier ce quelque chose. Dans ses *Principia*, il laisse la question « à la considération du lecteur », et deux siècles durant, tous ceux qui rencontrèrent ce défi continuèrent simplement leur lecture. Mais ça, Einstein ne pouvait s'y résoudre.

Pendant près de dix ans, Einstein fut rongé par le désir de trouver le mécanisme sous-jacent à la gravitation. En 1915, il proposa une solution. Bien qu'élaborée sur des mathématiques perfectionnées, et nécessitant une gymnastique conceptuelle sans précédent dans l'histoire de la physique, la proposition d'Einstein affichait la même simplicité apparente que la question à laquelle elle était censée répondre. Par quel processus la gravitation exerce-t-elle son influence à travers l'espace pourtant vide ? C'est la vacuité de l'espace qui semblait laisser tout le monde sans réponse. Mais il y a pourtant quelque chose dans la vacuité de l'espace : l'espace lui-même. Voilà ce qui a conduit Einstein à suggérer que l'espace lui-même puisse être le transmetteur de l'attraction gravitationnelle.

En voici l'idée. Imaginons une bille qui roulerait sur une vaste table métallique. Comme la surface de la table est plane, la bille ne peut rouler qu'en ligne droite. Imaginons alors qu'un feu fasse gondoler la surface de la table, qui présente maintenant des creux et des bosses. Notre bille suivra alors une trajectoire fort différente, car elle sera guidée par la surface de la table, à présent courbe et pleine d'ornières. Einstein montra qu'une idée similaire s'applique à l'espace. L'espace complètement vide serait comme la table plane qui permet aux objets de rouler sans perturbation, en ligne droite. Mais la présence de corps massifs influence la forme de l'espace, un peu comme la chaleur du feu a modifié le plateau de notre table. Le Soleil par exemple crée un bombement tout autour de lui, semblable à une cloque de métal sur la table soumise aux flammes. Tout comme la surface courbe de la table contraint la bille à suivre une trajectoire courbe, l'espace courbe autour du Soleil guide la Terre et les autres planètes le long de leurs orbites.

Cette description laisse de côté quelques détails importants. Tout d'abord, ce n'est pas seulement l'espace qui est courbe, mais également le temps – il s'agit de ce que l'on appelle la courbure de l'espace-temps. La gravitation de la Terre participe à l'influence de la table sur la bille puisqu'elle impose à la bille de rester à la surface de la table – l'une des satisfactions d'Einstein était que les courbures de l'espace et du temps n'ont aucun besoin de facilitateur puisqu'elles *sont* la gravitation. L'espace possède trois dimensions, si bien qu'il se courbe tout autour d'un objet, et pas seulement « sous » l'objet comme c'est le cas dans notre analogie avec la table. Malgré cela, l'image de la table gondolée saisit bien l'essence de la proposition d'Einstein. Avant Einstein, la gravitation était une force mystérieuse exercée on ne sait comment à travers l'espace, par un corps sur un autre. Après Einstein, la gravitation fut comprise comme une déformation de l'environnement provoquée par chaque objet et guidant le mouvement de tous les autres. Présentement, si nous sommes bien ancré au sol, c'est parce que notre corps suit une trajectoire dans l'espace (ou plus exactement dans l'espace-temps) qui est comme une empreinte courbée par la Terre*.

Einstein a consacré des années à élaborer cette idée sous une forme mathématiquement rigoureuse, et les équations qui sont au cœur de sa théorie – on les appelle « équations de champ d'Einstein » – précisent clairement

* Il est plus facile de se figurer l'espace courbe que le temps courbe, et c'est pour cette raison que la plupart des tentatives de vulgarisation de la gravitation einsteinienne se contentent de parler de la courbure de l'espace. Cependant, pour la gravitation émanant d'objets familiers tels que le Soleil ou la Terre, il se trouve que c'est la courbure du temps – et non de l'espace – qui exerce l'influence la plus forte. En guise d'illustration, imaginons deux horloges, l'une restant au sol, l'autre placée au sommet de la tour Eiffel. Parce que l'horloge au sol est plus proche du centre de la Terre, elle subit une attraction gravitationnelle légèrement plus forte que l'horloge située 325 mètres plus haut. La relativité générale montre qu'en conséquence de cela, le rythme auquel le temps s'écoule au sol ou en hauteur est légèrement différent : l'horloge au sol égrènera les secondes à un rythme très légèrement inférieur (en milliardièmes de seconde par an) à celui qui domine tout Paris. Ce décalage temporel est un exemple de ce qu'on appelle la courbure du temps. La relativité générale montre également que les objets sont attirés vers les régions où le temps s'écoule le plus lentement – autrement dit, tout ce qui existe « choisit » de vieillir le plus lentement possible. Du point de vue de la théorie d'Einstein, cela explique pourquoi les objets tombent si on les lâche.

comment le temps et l'espace se courbent en réponse à la présence d'une certaine quantité de masse (plus précisément, masse *et* énergie, puisqu'elles sont interchangeables en vertu du célèbre $E = mc^2$ d'Einstein, où E est l'énergie et m la masse)[3]. La théorie montre alors avec la même précision comment cette courbure de l'espace-temps influence le mouvement de tout objet qui passe – étoile, planète, comète et même la lumière. Et permet aux physiciens de faire des calculs rigoureux sur les mouvements cosmiques.

Les preuves en faveur de la relativité générale ne tardèrent pas à venir. Les astronomes savaient depuis longtemps que le mouvement de Mercure autour du Soleil dévie très légèrement de ce que prédisent les équations de Newton. En 1915, Einstein utilisa ses nouvelles équations pour recalculer la trajectoire orbitale de Mercure : il parvint à expliquer le décalage, ce qui, comme il le relata ensuite à son collègue Adrian Fokker, était tellement excitant qu'il en eut des palpitations cardiaques pendant plusieurs heures. Puis en 1919, les observations astronomiques menées par Arthur Eddington et ses collaborateurs montrèrent que la lumière provenant d'étoiles lointaines passant à proximité du Soleil en chemin vers la Terre suivait une trajectoire courbe correspondant précisément à celle prévue par la relativité générale[4]. Après cette confirmation – et le *New York Times* qui titrait : « La lumière va de travers dans le ciel, hommes de science en émoi, triomphe de la théorie d'Einstein » – Einstein fut propulsé à l'échelle internationale comme le nouveau génie scientifique, digne héritier d'Isaac Newton.

Mais les validations les plus impressionnantes de la relativité générale vinrent ensuite. Dans les années 1970, des expériences menées avec des horloges masers à hydrogène (les masers sont des lasers qui fonctionnent dans la partie du spectre correspondant aux micro-ondes) confirmèrent la prédiction de la relativité générale sur la courbure de l'espace-temps autour de la Terre à hauteur de 1 pour 15 000. En 2003, la sonde Cassini-Huygens permit d'étudier soigneusement les trajectoires d'ondes radio passant près du Soleil ; les données collectées confirmèrent l'idée de l'espace-temps courbe de la relativité générale avec une précision de 1 pour 50 000. Et de nos jours, grâce à une théorie désormais en pleine maturité, nous sommes nombreux à nous promener avec la relativité générale dans la paume de la main. Les GPS (systèmes de positionnement) désormais inclus dans les smartphones communiquent avec des satellites dont les horloges internes prennent systématiquement en compte la courbure de l'espace-temps qu'ils subissent depuis leur orbite autour de la Terre. Sans cet ajustement permanent, les positions transmises deviendraient rapidement inexactes. Ce qui n'était en 1916 qu'une collection d'équations mathématiques abstraites présentées par Einstein comme une nouvelle description de l'espace, du temps et de la gravitation est aujourd'hui utilisé de façon routinière par des gadgets qui tiennent dans la poche.

L'univers et la tasse de thé

Einstein a insufflé la vie dans l'espace-temps. Il a défié deux cents années d'intuition échafaudées sur l'expérience quotidienne, qui traitait l'espace et le temps comme des toiles de fond immuables. Qui aurait jamais pu imaginer que l'espace-temps pouvait fléchir et se tordre jusqu'à devenir le maître chorégraphe du mouvement dans l'univers ? Voilà la danse révolutionnaire qu'envisageait Einstein et que les observations ont confirmée. Et pourtant, il fallut peu de temps avant qu'Einstein ne trébuche sur un préjugé vieux comme le monde, quoique dénué de fondement.

L'année suivant la publication de sa théorie de la relativité générale, Einstein l'appliqua à la plus grande échelle qui soit, à savoir l'univers entier. Nous pourrions penser que cela représente un travail monumental, mais l'art de la physique théorique réside dans la simplification des choses les plus complexes, tout en préservant l'essentiel de la physique et en rendant accessible son analyse mathématique. C'est l'art de savoir quoi oublier. Via le « principe cosmologique », Einstein établit un cadre simplifié qui inaugura l'art et la manière de faire de la cosmologie théorique.

Le principe cosmologique stipule que si l'on observe l'univers aux plus grandes échelles, celui-ci semble uniforme. Imaginons notre thé du matin. En le regardant à toute petite échelle, nous verrions beaucoup d'inhomogénéités. Des molécules d'H_2O par-ci, de l'espace vide par-là, des molécules de polyphénol et de tanin ici, encore de l'espace vide là, et ainsi de suite. Mais à l'œil nu, c'est-à-dire à l'échelle macroscopique, notre thé n'est qu'un breuvage uniforme. Einstein voyait l'univers comme une tasse de thé. Les variations que nous observons à notre échelle – la Terre ici, un peu d'espace vide, puis la Lune là, encore de l'espace vide, puis Vénus, Mercure, quelques touches d'espace, puis le Soleil… – ne seraient que des inhomogénéités à petite échelle. Aux échelles cosmologiques, Einstein proposait que ces variations puissent être ignorées car, à l'image de notre tasse de thé, elles subissent un effet de moyenne pour donner quelque chose d'uniforme.

À l'époque d'Einstein, les preuves en faveur du principe cosmologique étaient aussi maigres que possible (on doutait encore de l'existence d'autres galaxies), mais il était convaincu qu'aucun endroit dans l'univers ne devait être différent de tous les autres. Il devinait qu'en moyenne, toute région de l'univers devrait être considérée équivalente à n'importe quelle autre, et devrait par conséquent afficher les mêmes attributs physiques. Depuis lors, nos observations astronomiques ont apporté des indices convaincants en faveur du principe cosmologique, pourvu que l'on étudie l'espace sur des échelles d'au moins cent millions d'années-lumière (ce qui représente environ un millier de fois la longueur de la Voie lactée). Imaginons un cube de cent millions d'années-lumière de côté que nous lâchons *ici*, puis un autre cube de cent millions d'années-lumière de côté que nous larguons par *là* (disons à un milliard d'années-lumière d'*ici*). Si nous mesurons alors les propriétés globales moyennes à l'intérieur de chaque cube – nombre moyen de galaxies, quantité de matière en moyenne, température moyenne, etc. –, il nous serait bien difficile de faire la distinction entre les deux. Pour résumer, quiconque a exploré un morceau d'univers de cent millions d'années-lumière de côté quelque part dans le cosmos peut estimer les connaître tous.

Cette uniformité joue un rôle crucial car elle autorise l'utilisation des équations de la relativité générale dans l'étude de l'univers tout entier. Pour le comprendre, pensons à une belle plage de sable fin, bien lisse et uniforme. Imaginons ensuite qu'il nous soit demandé de décrire ses propriétés à petite échelle – à savoir les propriétés de chaque grain de sable un par un. Nous sommes abasourdis : la tâche est trop énorme. Mais si l'on nous demande plutôt de donner une description globale de la plage (comme le poids moyen en sable par mètre cube, la réflexivité moyenne de la surface du sable par mètre carré, et ainsi de suite), cela devient tout à fait faisable. Et ce, grâce à l'uniformité de cette plage. Il nous suffit de mesurer en moyenne le poids du sable, sa température et sa réflexivité à un endroit donné, et le tour est joué. Refaire les mêmes mesures à un autre endroit ne nous donnera que des réponses équivalentes. Il en va de même pour un univers uniforme. Il serait vain de chercher à décrire chaque planète, chaque étoile ou chaque galaxie. Mais donner une description des propriétés moyennes d'un univers uniforme est incomparablement plus facile – et même faisable, grâce à l'avènement de la relativité générale.

Voici comment on procède. Le contenu moyen global d'un immense volume d'espace est caractérisé par la quantité de matière qu'il contient : la densité de matière ou, plus précisément, la densité de matière *et* d'énergie que ledit volume contient. Les équations de la relativité générale décrivent les variations de cette densité avec le temps. Mais sans le principe cosmologique, ces équations n'offrent pas le moindre espoir de résolution : elles sont tout bonnement trop difficiles à analyser. Elles sont au nombre de dix, et comme chacune dépend inextricablement des autres, elles forment un nœud gordien mathématique bien serré. Heureusement, Einstein a découvert qu'en écrivant ses équations dans le cas d'un univers uniforme, les mathématiques se simplifient : les dix équations deviennent redondantes et se réduisent finalement à une seule. Le principe cosmologique tranche ce nœud gordien en réduisant à une seule équation (visible dans les notes de fin [5]) la complexité mathématique de toute la matière et de toute l'énergie disséminées dans l'univers.

Malheureusement, du point de vue d'Einstein, lorsqu'il étudia cette équation, il découvrit un résultat inattendu, hautement inconfortable à ses yeux. La vision philosophique et scientifique de l'époque était celle d'un univers non seulement uniforme mais également immuable. Un peu comme les mouvements moléculaires dans notre tasse de thé qui, en moyenne, donnent un liquide statique, eh bien le mouvement astronomique comme celui des planètes sur leur orbite ou celui du Soleil au sein de notre Galaxie pourrait donner, en moyenne, un univers statique, sans changement. Einstein adhérait à cette vision des choses mais découvrit avec consternation qu'elle était en contradiction avec la relativité générale. Les calculs montraient que la densité de matière/énergie *ne peut pas* être constante au fil du temps. La densité augmente ou diminue, mais elle ne peut pas rester égale à elle-même.

Bien que les calculs sous-jacents soient relativement élaborés, la physique en est très simple : imaginons le trajet d'une balle de tennis lancée d'un bout du court à l'autre. Au départ, la balle monte très vite en hauteur, puis elle ralentit et atteint son altitude maximale, et enfin redescend. La balle ne reste pas oisivement dans les airs comme pourrait le faire un ballon dirigeable car la gravitation est une force attractive : elle n'agit que dans un sens, et attire la balle vers le centre de la Terre. Pour aboutir à une situation statique, c'est comme pour un ex æquo au jeu de la corde : il faut des forces égales et opposées qui s'annulent. Pour un dirigeable, la force orientée vers le haut qui compense l'attraction de la gravitation provient de la pression de l'air (puisque le ballon est rempli d'hélium, plus léger que l'air) ; pour notre balle de tennis dans les airs, il n'y a aucune force pour contrer celle de la gravitation (le mouvement de la balle est soumis à la résistance de l'air, mais celle-ci ne joue aucun rôle dans le cas statique) si bien que la balle ne peut s'immobiliser à une altitude donnée.

Einstein découvrit que l'univers s'apparente davantage à une balle de tennis qu'à un dirigeable. Parce qu'il n'existe aucune force extérieure pour contrebalancer l'attraction de la gravitation, la relativité générale montre que l'univers ne peut pas être statique. La toile de l'espace s'étire ou se contracte, mais sa taille ne peut pas rester fixe. Un volume de cent millions d'années-lumière de côté aujourd'hui n'aura pas cent millions d'années-lumière de côté demain. Soit il deviendra plus grand et la densité de matière/énergie y diminuera (la matière aura plus de place dans ce plus grand volume), soit il deviendra plus petit et la densité de matière/énergie sera augmentée (puisque la matière sera plus compacte à l'intérieur de ce volume plus petit) [6].

Einstein accusa le coup. En vertu des calculs de relativité générale, l'univers à très grande échelle doit être un univers changeant, puisque son substrat – l'espace – doit être changeant. L'univers éternel et statique qu'Einstein imaginait obtenir à partir de ses équations n'était pas au rendez-vous. Après avoir donné vie à la cosmologie, il se heurta avec douleur aux résultats de ses calculs.

Taxe sur la gravitation

On raconte souvent qu'Einstein aurait vacillé, qu'il serait revenu à ses notes et en désespoir de cause aurait finalement mutilé ses magnifiques équations de la relativité générale pour les rendre compatibles avec un univers qui ne soit pas seulement uniforme mais également statique. Ce n'est vrai qu'en partie. Einstein a bel et bien modifié ses équations de façon qu'elles s'accordent avec sa conviction d'un univers statique, mais le changement, minime, fut à peine perceptible.

Pour se faire une idée de cet ajout mathématique, pensons à la manière dont nous remplissons nos déclarations de revenus. Parmi les lignes sur lesquelles nous inscrivons des nombres, d'autres restent vierges. En mathématiques, une ligne vierge revient à un zéro, mais psychologiquement, cela représente beaucoup plus. Cela implique que nous avons sauté cette ligne parce que nous avons considéré qu'elle n'avait rien à voir avec notre situation financière.

Si les mathématiques de la relativité générale étaient organisées comme un formulaire de déclaration de revenus, il y aurait trois lignes. La première décrirait la géométrie de l'espace-temps – ses bosses et ses creux –, incarnation même de la gravitation. La deuxième décrirait la distribution de matière à travers l'espace, source de la gravitation – la raison des bosses et des creux. Durant ces années de recherche passionnée, Einstein a élaboré la description mathématique de ces deux aspects et n'a donc rempli que ces deux premières lignes, avec le plus grand soin. Mais pour une description complète de la relativité générale, il faut également la troisième ligne : celle-ci est mathématiquement sur un pied d'égalité avec les deux précédentes, mais sa signification physique est beaucoup plus subtile. En érigeant l'espace et le temps au rang de participants dynamiques à l'éclosion de l'univers, la relativité générale les a transformés de simples outils permettant de dire où et quand se déroulent les choses, en entités physiques dotées de propriétés intrinsèques. La troisième ligne du formulaire de déclaration de revenus de la relativité générale quantifie un aspect intrinsèque de l'espace-temps qui influence la gravitation : *la quantité d'énergie incluse dans l'espace-temps lui-même*. De même que chaque mètre cube d'eau recèle une certaine quantité d'énergie, que l'on peut résumer par la température de l'eau, chaque mètre cube d'espace contient une certaine quantité d'énergie, résumée par le nombre inscrit sur cette troisième ligne. Dans son article original sur la relativité générale, Einstein n'avait pas rempli cette ligne. Mathématiquement, cela revient à poser sa valeur à zéro, mais, un peu comme les lignes vierges de nos formulaires pour les impôts, tout s'est passé comme si Einstein avait tout bonnement fait abstraction de cette ligne.

Lorsque la relativité générale s'est révélée incompatible avec un univers statique, Einstein a réévalué les mathématiques et a dû se concentrer davantage sur cette fameuse troisième ligne. C'est alors qu'il prit conscience qu'aucune observation ni aucune expérience ne justifiait de la mettre à zéro. Il comprit également qu'elle recelait des conséquences physiques importantes.

En inscrivant un nombre positif au lieu de zéro à la troisième ligne, dotant par là l'espace d'une énergie uniforme positive, Einstein découvrit (pour des raisons que j'expliquerai dans le prochain chapitre) que chaque région de l'espace serait repoussée par toutes les autres, produisant l'impossible pour tous les physiciens, à savoir une gravitation *répulsive*. De plus, Einstein s'aperçut qu'en ajustant avec précision la valeur du nombre sur cette troisième ligne, il pouvait obtenir une force de gravitation répulsive qui compenserait exactement la force gravitationnelle attractive habituelle produite par la matière occupant l'espace. Il retrouvait ainsi un univers statique. Comme le ballon dirigeable qui reste immobile, sans monter ni descendre, cet univers serait immuable.

Einstein baptisa ce nombre sur la troisième ligne la « constante cosmologique » : grâce à elle, il pouvait être tranquille. Plus tranquille, tout au moins. Si l'univers possède une constante cosmologique ayant la bonne valeur – c'est-à-dire si l'espace est doté de la bonne quantité d'énergie intrinsèque – alors sa théorie de la gravitation colle parfaitement avec l'ancienne croyance d'un univers immuable à grande échelle. Il ne savait pas expliquer pourquoi l'espace aurait juste la bonne quantité d'énergie pour assurer cet équilibre, mais pour le moins il avait montré que la relativité générale, assortie de cette constante cosmologique à la bonne valeur, était en mesure de produire un univers conforme à ses attentes et à celles de beaucoup de ses collègues[7].

L'atome primitif

C'est dans ce contexte que Lemaître est allé trouver Einstein au congrès de Solvay de 1927 à Bruxelles. Et a exposé son résultat selon lequel la relativité générale produisait un nouveau modèle cosmologique dont l'espace serait en expansion. Ayant déjà affronté les mathématiques pour arriver à un univers statique, ayant déjà rebuté Friedmann pour des objections semblables, Einstein n'avait pas la patience de supporter une nouvelle fois cette intrusion d'un univers en expansion. Il accusa donc Lemaître de se laisser mener aveuglément par les mathématiques vers une « physique abominable », en acceptant une conclusion manifestement dénuée de sens.

De tels reproches par un personnage si respecté, cela représente un sacré séisme. Mais pour Lemaître, il ne dura pas longtemps. En 1929, grâce au télescope de l'observatoire du mont Wilson (à l'époque le télescope le plus puissant au monde), l'astronome américain Edwin Hubble démontra par des preuves convaincantes que toutes les galaxies distantes s'éloignent de la Voie lactée. Les photons que Hubble examinait après un long voyage jusqu'à la Terre portaient un message très clair : l'univers n'est pas statique. Il est bel et bien *en expansion*. Einstein n'avait donc plus aucune raison valable d'introduire sa constante cosmologique. Depuis lors, le modèle du Big Bang décrivant un univers initialement comprimé à l'extrême puis en expansion continuelle fut très largement considéré comme le récit scientifique de la création[8].

Lemaître et Friedmann avaient eu raison. Friedmann en récolta les fruits en étant considéré comme le premier chercheur à avoir exploré les solutions d'un univers en expansion, et Lemaître pour les avoir développées, indépendamment, jusqu'à un scénario cosmologique fiable. Leurs travaux furent dûment loués comme un succès de l'incursion des mathématiques dans les rouages de l'univers. Einstein, au contraire, en vint à regretter d'avoir ajouté cette troisième ligne à la déclaration de revenus de la relativité générale. S'il n'avait pas misé sur sa conviction sans fondement d'un univers statique, il n'aurait pas introduit la constante cosmologique et aurait prédit l'expansion de l'univers plus de dix ans avant sa découverte expérimentale.

Cela étant, l'affaire de la constante cosmologique était loin d'être close.

Modèles et données

Le modèle cosmologique du Big Bang recèle un détail qui se révèle fondamental. Ce modèle produit non pas un scénario cosmologique, mais une multitude de scénarios différents. Tous décrivent un univers en expansion, mais diffèrent de par la forme globale de l'espace et notamment sur le fait que l'étendue de l'espace soit finie ou infinie. Comme la question de la finitude de l'espace jouera un rôle fondamental lorsque nous aborderons les mondes parallèles, nous devons faire le tour des possibilités.

Le principe cosmologique (l'hypothèse de l'homogénéité de l'univers) restreint énormément la géométrie de l'espace car peu de formes sont suffisamment uniformes pour convenir : une bosse ici, un creux là, une torsion là-bas. Cependant, le principe cosmologique ne définit pas une forme *unique* pour les trois dimensions de l'espace. Il réduit les possibilités à une toute petite brochette de candidats. Les visualiser représente un défi même pour les chercheurs, mais nous pouvons nous aider du fait que la même situation en *deux* dimensions offre un bon analogue mathématique qui, lui, est facile à visualiser.

À cet effet, imaginons tout d'abord une boule de billard blanche parfaitement sphérique. Sa surface est bidimensionnelle (et comme la surface de la Terre, nous pouvons définir un point de sa surface grâce à deux données, par exemple la latitude et la longitude, ce qui revient à dire que la surface de la boule possède deux dimensions) et complètement uniforme en ce sens que chaque point ressemble à tous les autres. Les mathématiciens appellent la surface de cette boule de billard une « sphère bidimensionnelle », et précisent qu'elle possède une « courbure positive constante ». Plus simplement, le fait qu'elle soit positive revient à dire que si nous regardions notre reflet dans un miroir sphérique, nous nous verrions gonflé sur les bords, et le fait qu'elle soit constante fait que nous nous voyons avec la même distorsion quel que soit l'endroit sur la sphère où nous nous regardons.

Imaginons ensuite un plateau de table parfaitement lisse. Comme pour la boule de billard, la surface de cette table est uniforme. Ou presque. Si nous étions une fourmi sur ce plateau, le panorama serait le même depuis n'importe quel point de la surface, pourvu qu'on ne s'approche pas trop des bords. Et quand bien même, l'uniformité peut être facile à préserver puisqu'il nous suffit d'imaginer un plateau sans bords. Il y a deux possibilités : soit un plateau qui s'étend à l'infini à droite et à gauche, ainsi que vers l'avant et vers l'arrière. Certes, c'est inhabituel cette surface infiniment grande, mais cela répond à l'objectif d'une surface sans bords. L'autre possibilité, c'est un plateau du genre des écrans des premiers jeux vidéo. Lorsque le Pac-Man arrive au bord gauche, il le traverse et se retrouve à droite de l'écran ; lorsqu'il descend tout en bas, il traverse et se retrouve tout en haut. Aucune table ordinaire n'a cette propriété, mais c'est néanmoins une surface géométrique tout à fait correcte, que l'on appelle un « tore ». Sa forme est explicitée plus en détail dans les notes de fin pour ceux qui souhaitent en savoir plus [9], mais la seule caractéristique à retenir pour ce qui nous occupe, c'est que cette surface façon écran de jeux vidéo est uniforme et dénuée de bords, tout comme le plan infini. Les bords que traverse le Pac-Man ne sont pas de vrais bords puisqu'il les franchit tout en restant dans le jeu.

Pour les mathématiciens, le plan infini et l'écran de jeux vidéo sont des surfaces de « courbure nulle constante ». « Nulle » signifie « égale à zéro » et implique que notre reflet dans un tel miroir ne serait pas déformé du tout ; comme précédemment, « constante » implique que quel que soit l'endroit où nous nous regarderions dans un tel miroir, nous verrions toujours le même reflet. La différence entre les deux formes ne se voit que d'un point de vue global. Si nous nous promenions sur une table infinie en gardant toujours le même cap, nous ne reverrions jamais notre point de départ. Sur un écran de jeux vidéo, nous pourrions faire un tour complet et nous retrouver chez nous, même sans avoir fait un seul virage.

Enfin, une chips de la marque Pringles® qui s'étendrait à l'infini – forme un peu plus difficile à imaginer – est une autre possibilité de surface complètement uniforme, qualifiée par les mathématiciens de surface à « courbure négative constante ». Cela signifie que si nous regardions notre image dans un miroir en forme de chips Pringles®, nous nous verrions resserrés vers l'intérieur.

Heureusement, ces descriptions de surfaces uniformes à deux dimensions se généralisent sans difficulté à la surface qui nous intéresse vraiment, c'est-à-dire l'espace tridimensionnel de notre univers. Que la courbure soit positive, négative ou nulle (bombement uniforme vers l'extérieur, creusement vers l'intérieur ou absence de déformation), elle permet de définir la forme d'un espace à trois dimensions. En fait nous avons même doublement de la chance car si les espaces tridimensionnels sont difficiles à visualiser (lorsqu'on essaie d'imaginer des formes, notre esprit les place automatiquement dans un environnement – un avion *dans* l'espace, une planète *dans* l'espace, etc. – mais s'il s'agit de l'espace lui-même il n'y a pas d'environnement extérieur dans lequel le plonger), il se trouve cependant que les surfaces uniformes à trois dimensions sont des analogues mathématiques tellement fidèles de leurs cousines bidimensionnelles que l'on ne perd pas grand-chose en faisant ce que fait la majeure partie des physiciens, à savoir utiliser les exemples bidimensionnels pour visualiser les choses.

Le tableau ci-dessous résume les formes possibles, en précisant celles qui ont une étendue spatiale finie (la sphère et l'écran de jeux vidéo) et celles qui sont infinies (le plateau sans fin et la chips Pringles® sans fin). Tel quel, le tableau 2.1 est incomplet : d'autres possibilités d'espaces de courbure uniforme existent, qui portent des noms merveilleux tels que « espace tétraédrique binaire » ou « espace dodécaédrique de Poincaré », mais je ne les ai pas signalés car ils sont beaucoup plus difficiles à visualiser à l'aide d'objets du quotidien. Par des associations bien choisies, il est possible de les fabriquer à partir de ceux de notre liste, si bien que le tableau 2.1 donne tout de même un échantillon plutôt représentatif. Quoi qu'il en soit, ces détails sont secondaires à notre conclusion principale : l'uniformité de l'univers formalisée par le principe cosmologique permet de sélectionner les formes possibles de l'univers. Certaines de ces formes possibles sont infinies, d'autres non [10].

Forme	Courbure	Étendue spatiale
Sphère	Positive	Finie
Plateau	Zéro (ou plate)	Infinie
Écran de jeux vidéo	Zéro (ou plate)	Finie
Chips Pringles®	Négative	Infinie

Tableau 2.1 Formes possibles pour un espace cohérent avec l'hypothèse que chaque point de l'univers est semblable à tous les autres (principe cosmologique).

Notre univers

L'expansion de l'espace des modèles mathématiques de Friedmann et Lemaître s'applique telle quelle à un univers ayant l'une ou l'autre de ces formes. Pour la courbure positive, nous pouvons utiliser l'image bidimensionnelle : la surface d'un ballon qui gonfle à mesure qu'il se remplit d'air. Pour la courbure nulle, imaginons une feuille de caoutchouc qui serait étirée uniformément dans toutes les directions. Pour la courbure négative, imaginons de façonner cette feuille de caoutchouc pour lui donner la forme d'une chips Pringles®, que l'on continue d'étirer. En modélisant les galaxies comme des paillettes disséminées un peu partout de manière uniforme sur ces surfaces, l'expansion de l'espace conduit chaque petite paillette – chaque galaxie – à s'éloigner de toutes les autres, tout comme l'a révélé en 1929 l'observation de Hubble des galaxies lointaines.

Voilà un modèle cosmologique fort séduisant, mais si nous voulons un modèle ferme et définitif, il nous faut déterminer laquelle de ces surfaces uniformes décrit *notre* univers. C'est facile de déterminer la forme d'un objet familier – un beignet, une balle de tennis, un cube de glace –, il nous suffit de l'attraper et de le tourner dans tous les sens. La difficulté, c'est que nous ne pouvons pas faire ça avec l'univers, et nous devons donc deviner sa forme par des moyens détournés. Les équations de la relativité générale nous offrent une stratégie mathématique. Elles montrent que la courbure de l'espace se réduit à une seule grandeur, qui plus est observable : la densité de la matière (plus précisément la densité de matière/énergie) dans l'espace. S'il y a beaucoup de matière dans l'univers, alors la gravitation courbera l'espace sur lui-même en une forme sphérique. En présence de peu de matière, l'espace est libre de se déformer en une chips Pringles®. Et avec juste la bonne quantité de matière, l'espace peut avoir une courbure nulle*.

Les équations de la relativité générale définissent également une démarcation numérique précise entre ces trois possibilités. Les mathématiques montrent que « juste la bonne quantité de matière », appelée la densité critique, pèse aujourd'hui environ 2×10^{-29} gramme par centimètre cube, soit environ six atomes d'hydrogène par mètre cube ou, en termes plus faciles à visualiser, l'équivalent d'une goutte de pluie pour chaque volume de la taille de la Terre[11]. En regardant autour de nous, cela ne fait aucun doute, notre environnement dépasse largement la densité critique. Mais il serait précipité d'appliquer cette conclusion à l'univers dans son ensemble. Les calculs aboutissant à cette valeur de la densité critique partent du principe que la matière est répartie uniformément dans l'espace. Ainsi tout se passe comme si nous

---

* Eu égard à notre discussion sur la manière dont la matière courbe la région d'espace qui l'entoure, nous pourrions nous demander comment l'espace pourrait n'avoir *aucune* courbure en présence de matière. L'explication en est que la présence uniforme de matière courbe l'*espace-temps* ; et dans ce cas l'espace a une courbure nulle, mais pas l'espace-temps.

prenions la Terre, la Lune, le Soleil et tout le reste, pour en répartir les atomes de façon uniforme dans tout l'univers. La question serait alors de savoir si un mètre cube choisi au hasard pèse plus ou moins que six atomes d'hydrogène.

Cela a des conséquences cosmologiques fondamentales, et c'est pour ça que les astronomes essaient depuis des dizaines d'années de mesurer la densité moyenne de matière de l'univers. Leur méthode est simple : grâce à de puissants télescopes, ils passent au peigne fin de vastes volumes de l'espace, et additionnent les masses de toutes les étoiles qu'ils observent, ainsi que celles d'autres objets dont ils peuvent deviner la présence en étudiant le mouvement des étoiles et des galaxies. Jusqu'à récemment, les observations penchaient en faveur d'une densité moyenne plutôt basse, environ 27 % de la densité critique – l'équivalent de deux atomes d'hydrogène par mètre cube, et donc un univers de courbure négative.

Et dans les années 1990, il se passa quelque chose d'extraordinaire. Grâce à des observations étonnantes et un raisonnement que nous expliciterons au chapitre 6, les astronomes comprirent qu'ils étaient loin du compte : il manquait à leurs calculs une énergie diffuse qui semble uniformément répartie dans tout l'espace. Pour beaucoup, ces données furent un choc. Une énergie imprégnant tout l'espace ? Cela ressemblait fort à la constante cosmologique qu'Einstein avait introduite dans ses équations avant de solennellement l'en éliminer huit ans plus tard. Les observations modernes auraient-elles ressuscité la constante cosmologique ?

Nous n'en sommes toujours pas sûrs. Même aujourd'hui, vingt ans après les premières observations, il reste toujours à définir si cette énergie uniforme est constante ou si elle varie au cours du temps dans une région donnée de l'espace. Une constante cosmologique, comme son nom l'indique (et comme l'indique sa représentation mathématique par un simple nombre sur la déclaration de revenus de la relativité générale), serait immuable. Pour prendre en compte l'éventualité plus générale que cette énergie puisse évoluer, et également pour insister sur le fait que cette énergie ne se manifeste pas par de la lumière (ce qui explique qu'elle ait si longtemps échappé à la détection), les astronomes ont inventé un nouveau terme : ils l'appellent « énergie noire ». Cela illustre également les nombreuses lacunes dans notre compréhension des choses. Personne ne sait expliquer l'origine de l'énergie noire, sa composition fondamentale, ni le détail de ses propriétés – questions aujourd'hui sujettes à d'intenses investigations, et auxquelles nous reviendrons dans les derniers chapitres.

En dépit des nombreuses questions sans réponse, les observations soigneuses émanant du télescope spatial Hubble et d'observatoires au sol s'accordent sur la *quantité* d'énergie noire qui imprégnerait l'espace. Leur résultat diffère de celui d'Einstein à l'époque (puisqu'il avait postulé une valeur qui pouvait donner un univers statique, alors que notre univers est en expansion). Ce n'est pas surprenant. Toutefois, ce qui est remarquable, c'est que les mesures ont obtenu une contribution de l'énergie noire à la densité de matière/énergie à hauteur de 73 % de la densité critique ! Or si l'on ajoute cela aux 27 % de matière déjà mesurés par les astronomes, nous arrivons à un total de 100 % de la densité critique, c'est-à-dire juste la bonne valeur de matière et d'énergie pour un univers de courbure nulle.

Les données actuelles tendent donc vers un univers en expansion permanente, avec une forme qui serait la version tridimensionnelle du plateau infini ou de l'écran de jeux vidéo.

De la réalité dans un univers infini

Au début de ce chapitre, j'avais signalé que nous ne savions pas si l'univers est fini ou infini. Jusqu'à présent, nous avons vu que les deux possibilités ont leur place dans nos modèles théoriques, et qu'elles sont toutes deux en accord avec nos observations et nos mesures astrophysiques même les plus perfectionnées. Comment pourrions-nous un jour faire la part des choses de façon observationnelle ?

C'est une question difficile. Dans un espace fini, la lumière émise par les étoiles et les galaxies pourrait avoir fait plusieurs tours d'univers avant d'arriver dans nos télescopes. De même que les images en cascade obtenues lorsque la lumière se réfléchit de miroir en miroir, la lumière ayant fait plusieurs tours donnerait une succession d'images des étoiles et des galaxies. Les astronomes ont recherché des images multiples, en vain. En soi, cela ne suffit pas à démontrer que l'espace est infini. Mais cela suggère que si l'espace est fini, il pourrait être si vaste que la lumière n'aurait pas encore eu le temps de faire des tours complets autour de l'univers. Cela représente un beau défi expérimental : même si l'univers est fini, plus il est vaste, plus il ressemble à un univers infini.

Pour certaines grandes questions cosmologiques comme l'âge de l'univers, le fait de savoir faire la part des choses n'a pas d'incidence. Que l'univers soit fini ou infini, il y eut un temps où les galaxies étaient complètement comprimées les unes contre les autres, et l'univers plus dense, plus chaud et plus extrême. Nos observations actuelles du taux d'expansion, et notre analyse théorique de ses variations au cours du temps, nous permettent d'estimer combien de temps s'est écoulé depuis l'époque où tout ce que nous voyons était comprimé dans une minuscule pépite extrêmement dense, époque que nous pouvons qualifier de commencement. Et que l'univers soit fini ou infini, les travaux les plus pointus fixent ce début à environ 13,7 milliards d'années dans le passé.

Pour d'autres aspects cependant, la distinction entre univers fini et infini joue un rôle. Dans le cas d'un univers fini par exemple, puisque nous examinons l'univers à des temps de plus en plus reculés, il convient d'imaginer l'espace au complet qui rétrécit de plus en plus. Bien que les mathématiques s'effondrent au temps zéro, rien ne nous empêche d'envisager l'univers à des instants de plus en plus proches de zéro comme une pépite de plus en plus minuscule. Mais pour l'univers infini, cette description n'a plus de sens. Si l'espace est vraiment de taille infinie, alors il l'a toujours été et le sera à tout jamais. Si l'on regarde l'expansion dans l'autre sens, alors son contenu est de plus en plus comprimé, et la densité de matière de plus en plus élevée. Mais sa taille globale demeure *infinie*. Réduisons un plateau infini d'un facteur 2, qu'est-ce qu'il reste ? Un plateau infini. La moitié de l'infini, c'est toujours l'infini. Réduisons d'un facteur 1 million, qu'est-ce qu'il reste ? Toujours l'infini. En nous rapprochant de plus en plus de l'instant zéro pour un univers infini, nous obtenons une densité de plus en plus forte en tout point, mais l'étendue spatiale de cet univers demeure infinie.

Bien que nos observations ne permettent pas de trancher entre un univers fini et un univers infini, j'ai découvert en insistant un peu que beaucoup de physiciens et cosmologues préfèrent l'idée d'un univers infini. Une des raisons possibles est que les aléas de l'histoire ont conduit les chercheurs à étudier relativement peu les formes finies comme l'écran de jeux vidéo, tout simplement parce que la modélisation mathématique en est plus complexe. Peut-être que cette opinion reflète également l'idée reçue en vertu de laquelle la différence entre univers infini et un univers immense mais fini n'est qu'un détail cosmologique purement académique. Après tout, si l'espace est si vaste que nous n'aurons jamais accès qu'à une minuscule partie de son tout, que nous importe de savoir s'il continue sur une distance finie ou infinie au-delà de ce que nous pouvons voir ?

Eh bien cela importe beaucoup ! La question de savoir si l'espace est fini ou infini a des conséquences fondamentales sur la nature même de la réalité. Voilà qui nous emmène au cœur de ce chapitre : imaginons un univers infiniment vaste et voyons quelles en sont les conséquences. Nous verrons très vite et sans difficulté que nous allons nous retrouver au sein d'un monde parmi toute une série de mondes parallèles.

Espace infini et couverture en patchwork

Commençons simplement, ici sur Terre, loin des étendues inconcevables d'un univers infini en expansion. Imaginons notre amie Imelda qui, pour satisfaire un impérieux besoin de diversifier ses atours, s'offre cinq cents robes de créateurs et mille paires de chaussures haute couture. En portant chaque jour une robe et une paire de chaussures, elle épuisera un jour ou l'autre la diversité des combinaisons possibles et sera obligée de remettre une association déjà portée. Le calcul est facile : cinq cents robes et mille paires de chaussures représentent 500 000 combinaisons différentes. Au rythme d'une combinaison par jour, cela fait 500 000 jours, soit environ 1 400 ans. Donc si elle vit suffisamment longtemps, Imelda devra se montrer avec une tenue qu'elle a déjà portée. Imaginons notre Imelda immortelle, qui continue de porter chaque combinaison possible en enchaînant les cycles : elle finira par porter chaque tenue un nombre infini de fois. Un nombre infini d'apparitions avec un nombre fini de toilettes, cela revient à un nombre infini de répétitions.

Toujours dans le même ordre d'idées, imaginons un certain Stu, expert ès cartes à jouer, qui aurait mélangé, un par un, un nombre inimaginable de jeux de cartes, en posant chaque petit paquet bien empilé, bien aligné à côté des autres. Est-ce que l'ordre des cartes sera différent dans chaque paquet ou bien finira-t-il par se répéter ? La réponse dépend du nombre de paquets. Un jeu de 52 cartes peut être organisé de 80 658 175 170 943 878 571 660 636 856 403 766 975 289 505 440883 277 824 000 000 000 000 façons différentes (52 possibilités pour celle qui sera la première carte, multiplié par 51 possibilités restantes pour celle qui sera la seconde, multiplié par 50 possibilités restantes pour la troisième et ainsi de suite). Si le nombre de jeux que notre joueur Stu a mélangés dépasse le nombre total de répartitions possibles des 52 cartes dans un paquet, alors certains de ces jeux seront identiques. Si Stu pouvait battre un nombre de jeux infini, chaque agencement de cartes se répéterait forcément un nombre infini de fois. Comme pour Imelda et ses toilettes, un nombre infini de répétitions pour un nombre fini de combinaisons donne un résultat infini.

Cette notion élémentaire est le fondement de la cosmologie d'un univers infini. Voici pourquoi en deux étapes.

Dans un univers infini, la majeure partie des régions se trouvent au-delà de ce que nous pouvons observer, même avec les plus perfectionnés des télescopes. Bien que la lumière voyage à une vitesse extrêmement rapide, si un objet est suffisamment éloigné, la lumière qu'il émet – même celle qu'il a pu émettre très peu de temps après le Big Bang – n'a tout bonnement pas eu le temps de nous atteindre. Puisque l'univers est vieux de 13,7 milliards d'années, nous pourrions logiquement en déduire que tout ce qui se trouve à plus de 13,7 milliards d'années-lumière se classe dans cette catégorie. Le raisonnement n'est pas faux, mais l'expansion de l'espace augmente notre distance aux objets dont la lumière voyage depuis très longtemps et que nous recevons aujourd'hui. Ainsi pouvons-nous voir beaucoup plus loin que cela : jusqu'à 41 milliards d'années-lumière [12]. La valeur exacte n'a pas grande importance. Ce qui compte vraiment, c'est que des régions de l'univers au-delà d'une certaine distance sont actuellement hors de notre portée. À l'image des bateaux qui ne sont plus visibles par ceux qui restent sur la plage dès lors qu'ils dépassent l'horizon, les astronomes disent des astres qui sont trop loin pour que nous les observions qu'ils se situent au-delà de notre « horizon cosmique ».

De même, la lumière que nous émettons n'a pas eu le temps d'atteindre ces régions éloignées, si bien que nous nous situons au-delà de *leur* horizon. Notons bien que les horizons cosmiques ne déterminent pas seulement ce que chacun peut voir ou ne pas voir : en vertu de la relativité restreinte d'Einstein, nous savons qu'aucun signal, aucun effet ni aucune information, *rien* ne peut cheminer plus vite que la lumière – si bien que deux régions de l'univers si éloignées que leur lumière n'a pas eu le temps de les atteindre sont deux régions qui n'ont jamais pu échanger aucune influence de quelque sorte que ce soit, et ont donc évolué indépendamment l'une de l'autre.

En guise d'analogie à deux dimensions, nous pouvons comparer l'étendue de l'espace, à un moment donné dans le temps, à une immense couverture en patchwork (avec des pièces circulaires) dans laquelle chaque empiècement représente un horizon. Un observateur situé au centre aura pu interagir avec tout ce qui se trouve à l'intérieur de sa propre parcelle, mais n'aura eu aucun

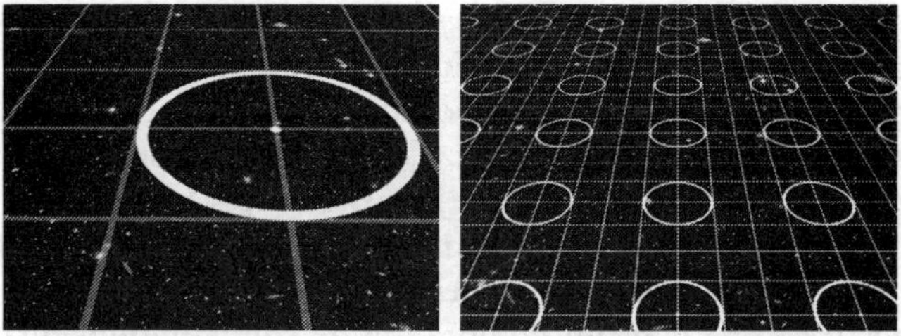

Figure 2.1 (a) Du fait de la vitesse finie de la lumière, un observateur situé au centre d'un empiècement donné (appelé son horizon) ne peut interagir qu'avec ce qui se trouve à l'intérieur de cet empiècement. **(b)** Des horizons suffisamment éloignés ne peuvent avoir aucune interaction, et évoluent donc indépendamment les uns des autres.

contact avec ce qui vient des autres empiècements car les autres sont trop éloignés (voir figure 2.1-a). Certes, les points situés près des bords de deux pièces voisines sont plus près les uns des autres que les centres respectifs, et ont donc la possibilité d'interagir. Mais si nous imaginons à présent nos parcelles réparties une ligne sur deux et une colonne sur deux de la toile cosmique, alors tous les points de chaque empiècement sont trop éloignés de tous les autres points de tous les autres empiècements pour qu'il puisse y avoir des interactions croisées (voir figure 2.1-b).

La même idée s'applique en trois dimensions avec des horizons sphériques (les pièces de notre patchwork cosmique) et la même conclusion reste valable : les pièces suffisamment distantes demeurent au-delà de l'influence de toutes les autres et sont par conséquent des domaines indépendants.

Un espace immense mais fini pourra donc être découpé en un nombre astronomique mais fini de tels empiècements indépendants. Tandis que dans un espace infini, il y a un nombre *infini* de ces pièces indépendantes. C'est cette possibilité qui est si séduisante, et nous allons comprendre pourquoi dans la deuxième étape de notre raisonnement. Comme nous allons le voir maintenant, dans n'importe laquelle de ces pièces indépendantes, les particules de matière (ou plus précisément la matière et toutes les formes d'énergie) ne peuvent être agencées que dans un nombre fini de configurations différentes. Avec ce que nous avons compris grâce à Imelda et Stu, cela signifie que les conditions en vigueur dans cette infinité d'empiècements éloignés les uns des autres (des régions de l'espace comme celle que nous occupons, mais distribuées dans un univers infini) *se répètent forcément.*

Un nombre fini de possibilités

Imaginons-nous par une chaude nuit d'été, avec une grosse mouche très bruyante qui tourne en boucle dans notre chambre. Nous avons essayé la savate. Nous avons essayé l'insecticide. Rien n'y fait. En désespoir de cause, nous tentons de la raisonner : « C'est une grande chambre, pourrions-nous dire à la mouche. Il y a tellement d'endroits où aller, tu n'as aucune bonne raison de rester bourdonner autour de moi ! » « Vraiment ? pourrait répondre la mouche. Combien d'autres endroits dans cette pièce ? »

Dans un univers classique, nous pourrions répondre : « Une infinité. » Ainsi informée, la mouche (ou plutôt son centre de masse) pourrait se déplacer de 3 m vers la gauche, ou 2,50 m vers la droite, ou 1,326 m vers le haut ou encore de 1,464 m vers le bas ou… et ainsi de suite. Puisque sa position peut varier en continu, la mouche a accès à un nombre infini d'endroits dans la pièce. En expliquant tout cela à la mouche, nous comprenons par la même occasion qu'elle n'a pas seulement accès à un nombre infini de positions, mais aussi à un nombre infini de vitesses différentes. Elle peut se trouver à tel endroit, dirigée vers la droite et avec une vitesse d'un kilomètre à l'heure ; ou encore dirigée vers la gauche à la vitesse d'un demi-kilomètre à l'heure ; ou en partance pour le plafond à un quart de kilomètre à l'heure, et ainsi de suite. Bien que la vitesse de la mouche soit contrainte par un grand nombre de facteurs (y compris l'énergie limitée dont elle dispose puisque plus elle vole vite, plus elle dépense d'énergie), elle peut varier de manière continue et donc avoir accès à une infinité de valeurs différentes.

La mouche n'est pas convaincue : « OK, je te suis quand tu me parles de me déplacer d'un centimètre, d'un demi-centimètre ou même d'un quart de centimètre. Mais si tu me parles de positions qui diffèrent d'un dix millième ou d'un cent millième de centimètre, voire moins, alors là non, je ne te suis plus. De façon intellectuelle, il y a peut-être une différence, mais je défie n'importe quelle expérience de faire réellement la différence entre *ici* et un millionième de centimètre à gauche d'*ici*. Je ne la sens pas, moi, cette différence minuscule entre ces deux positions. Pour moi, cela ne représente pas deux endroits différents. Et c'est la même chose pour la vitesse. Je sens bien que voler à un kilomètre à l'heure ou à la moitié de cette vitesse, ce n'est pas pareil, mais entre 0,25 km/h et 0,249999999 km/h ? Non mais franchement ! Il faudrait vraiment une sacrée mouche pour faire la différence ! Tu veux que je te dise ? Personne ne peut ! Et en ce qui me concerne, ces deux vitesses sont les mêmes. Il y a beaucoup moins de possibilités que ce que tu m'as raconté. »

La mouche tient un argument de taille. En principe, elle peut occuper une infinité de positions et avoir accès à une infinité de vitesses différentes. Mais en pratique, il y a une limite à la finesse avec laquelle nous pouvons différencier deux positions ou deux vitesses. Et cela reste vrai même si la mouche s'équipe de la meilleure technologie existante. Il y aura toujours une limite à la finesse avec laquelle nous pouvons mesurer un écart de position ou de vitesse. Et indépendamment de la finesse de ces écarts, tant qu'ils ne valent pas zéro, ils réduisent forcément le nombre de possibilités.

Par exemple, si les écarts les plus fins que l'on puisse détecter valent un centième de centimètre, alors chaque centimètre offre non plus une infinité de positions différentes observables, mais cent. Chaque centimètre cube offre donc 100^3 = 1 million de positions différentes, et notre chambre environ 1 000 milliards. Cela ne permet pas de savoir si ce panel de possibilités suffit à notre mouche pour qu'elle nous fiche la paix. Quoi qu'il en soit, nous pouvons en conclure que toute mesure qui n'est pas dotée d'une précision parfaite réduit un nombre infini de possibilités à un nombre fini.

Nous pourrions objecter que notre incapacité à faire la distinction entre de minuscules différences de position ou de vitesse ne reflète que nos limitations techniques. Nous progressons sans cesse et augmentons ainsi la précision de nos instruments, si bien que le nombre de positions et de vitesses différentes (dont nous pouvons mesurer la différence) augmente lui aussi. Je me dois ici de faire appel à la théorie quantique. Si l'on en croit la mécanique quantique, il y a une limitation fondamentale très précise à la précision possible de nos mesures ; et cette limitation ne pourra jamais être surpassée, malgré tous nos progrès techniques – jamais. La limite provient d'une des clés de voûte de la mécanique quantique : le « principe d'incertitude ».

Le principe d'incertitude stipule que, quels que soient les instruments de mesure ou les techniques employées, si nous augmentons la précision de nos mesures sur une variable donnée, eh bien il y a une répercussion inévitable : cela réduit nécessairement la précision avec laquelle nous pourrions mesurer une variable complémentaire de la première. En guise d'exemple de première intention, le principe d'incertitude stipule que plus précise est la mesure de position d'un objet, moins précise sera celle de sa vitesse, et inversement.

Du point de vue de la physique classique, sur laquelle se fonde l'essentiel de notre intuition, cette limitation est complètement étrange. Imaginons toutefois que nous cherchions à photographier cette coquine de mouche. Avec une vitesse d'obturation suffisamment rapide, nous pourrons obtenir un cliché bien net, qui nous renseigne sur la position de la mouche au moment où nous avons pris la photo. Mais comme la photo est bien nette, la mouche y semble immobile : l'image ne donne aucune indication sur sa vitesse. Si nous réglons la vitesse d'obturation au plus bas, notre cliché sera flou et donnera donc quelque indication sur le mouvement de la mouche, mais n'offre par là même qu'une idée imprécise de sa position. Autrement dit, nous ne pouvons prendre une photographie qui indique précisément la position en même temps que la vitesse.

Grâce aux mathématiques de la mécanique quantique, Werner Heisenberg est parvenu à définir la limite de cette imprécision combinée des mesures de position et de vitesse. Cette limite inéluctable est ce que la physique quantique nomme « incertitude ». Il existe un moyen très utile pour nous de formuler ce résultat. Un peu comme un photographe professionnel exigerait que nous utilisions une plus grande vitesse d'obturation, les calculs de Heisenberg montrent qu'une mesure plus précise de la position d'un objet impose de consacrer davantage d'énergie. Allumons notre lampe de chevet : cette lumière douce et diffuse, qui représente peu d'énergie, nous permet de nous faire une idée de l'allure de la mouche, de distinguer son corps et ses pattes. Si nous l'éclairons avec des photons de plus haute énergie tels que des rayons X (avec de courtes salves pour éviter de cuire notre mouche), nous aurons une bien meilleure résolution et pourrons voir jusqu'aux muscles minuscules qui lui permettent de battre des ailes. Mais si l'on en croit Heisenberg, une résolution parfaite nécessiterait une énergie infinie. Et ça c'est impossible.

Nous tenons la conclusion au creux de notre main : la physique classique stipule clairement que la résolution parfaite est inaccessible en pratique. La physique quantique va plus loin en montrant que la résolution parfaite est impossible par principe. Si nous imaginons que la vitesse et la position d'un objet (que ce soit une mouche ou un électron) peuvent toutes deux varier par de minuscules écarts, alors en vertu de la mécanique quantique, nous imaginons quelque chose qui n'a pas de sens. Des variations trop petites pour être mesurées, même en principe, ne sont pas des variations [13].

Grâce au même raisonnement que celui que nous avons utilisé pour notre analyse préquantique de la mouche, les limites sur la résolution passent de l'infini à un nombre fini de possibilités différentes pour la position et la vitesse d'un objet. Et puisque la résolution limitée de la mécanique quantique est intriquée dans les fibres mêmes des lois physiques, cette réduction à un nombre fini de possibilités est inéluctable et irréfutable.

Répétition cosmique

Voilà pour les mouches de nos chambres à coucher. Imaginons à présent une plus grande région de l'espace.

Imaginons une région de la taille de notre horizon cosmique actuel : une sphère de 41 milliards d'années-lumière. Autrement dit, une région de la taille d'un seul des empiècements de notre patchwork cosmique. Imaginons alors de peupler cette région de l'espace non pas d'une simple mouche, mais de particules de matière et de rayonnement. Voici alors la question : Combien existe-t-il de dispositions différentes pour toutes ces particules ?

Eh bien c'est comme avec une boîte de Lego : plus nous avons de blocs (plus nous pouvons caser de matière et d'énergie), plus nous avons de combinaisons possibles. Mais nous ne pouvons pas en entasser indéfiniment. Les particules recèlent de l'énergie : plus il y a de particules, plus il y a d'énergie. Lorsqu'une région de l'espace contient trop d'énergie, elle finit par s'effondrer sous sa propre attraction gravitationnelle pour devenir un trou noir*. Et après cela, si nous tentons d'ajouter encore plus de matière et d'énergie, les limites du trou noir (son « horizon d'événements ») vont grandir et représenter de plus en plus d'espace. Il existe donc une limite à la quantité de matière et d'énergie pouvant être concentrée en une région de l'espace de taille donnée. Pour une région aussi grande que celle définie par notre horizon cosmique, cette limite est énorme (environ 10^{56} grammes). Mais sa valeur n'a pas grande importance. Ce qui compte, c'est que cette limite existe.

---

* Je parlerai davantage des trous noirs dans les derniers chapitres. Pour l'instant, contentons-nous de la notion classique (aujourd'hui bien présente dans la culture populaire) d'une région de l'espace dont l'attraction gravitationnelle est si forte que rien ne peut s'en échapper. Plus forte est la masse du trou noir, plus grande est sa taille. Donc lorsque quelque chose tombe dans un trou noir, cela augmente sa masse mais aussi sa taille.

Une énergie finie confinée à l'intérieur d'un horizon cosmique sous-entend un nombre fini de particules – électrons, protons, neutrons, neutrinos, muons, photons ou toute autre espèce connue ou inconnue du bestiaire des particules élémentaires. Une énergie finie dans un horizon cosmique donné implique que chacune de ces particules, au même titre que la mouche agaçante de notre chambre à coucher, a accès à un nombre fini de positions et de vitesses. Collectivement, un nombre fini de particules, ayant chacune accès à un nombre fini de positions et de vitesses, signifie qu'à l'intérieur de cet horizon cosmique, il n'existe qu'un nombre fini de combinaisons possibles de toutes ces particules. (Dans le langage plus châtié de la théorie quantique, telle que nous la verrons au chapitre 8, nous ne parlons pas de la position et de la vitesse, mais de l'« état quantique » de ces particules. Nous dirions alors qu'il n'existe qu'un nombre fini d'états quantiques discernables pour les particules de cet empiècement du patchwork cosmique.) En effet, un rapide calcul (explicité dans les notes pour ceux que les détails intéressent) révèle que le nombre de configurations distinctes pour toutes ces particules à l'intérieur de notre horizon cosmique s'élève à dix puissance dix puissance cent vingt-deux (un 1 suivi de 10^{122} zéros). C'est un nombre considérable mais indéniablement fini [14].

Avec un nombre fini de tenues, et un nombre suffisamment élevé d'itérations, Imelda se retrouve forcément à porter une même toilette plusieurs fois. Avec un nombre fini de différentes combinaisons de cartes et suffisamment de jeux, Stu se retrouve forcément avec des combinaisons identiques. Eh bien de même avec un nombre fini d'agencement des particules et suffisamment de pièces dans notre patchwork cosmique (suffisamment d'horizons cosmiques indépendants), nous nous retrouvons forcément avec des empiècements qui ont exactement le même agencement de particules. Même si nous pouvions réorganiser chacun d'eux de façon qu'il soit différent de tous ceux que nous avons déjà examinés, dans un espace suffisamment vaste, nous finirions par nous retrouver à court de nouveauté et contraints de reproduire un agencement déjà utilisé.

Dans un univers infiniment grand, la répétition est encore plus incontournable. Il y a un nombre infini d'empiècements dans un espace infini : avec un nombre fini d'agencements différents des particules, les combinaisons au sein des différentes pièces sont obligatoirement reproduites un nombre infini de fois.

Le voilà, notre résultat.

De la physique et rien que de la physique

Dans l'interprétation des conséquences de ce résultat, je me dois de déclarer mes partis pris. Je pense qu'un système physique est entièrement déterminé par l'agencement de ses particules. Qu'on me dise comment sont agencées les particules de la Terre, du Soleil, de la Voie lactée et de tout le reste, et l'on aura modélisé toute la réalité. Cette vision réductionniste est assez commune parmi les physiciens, mais beaucoup de gens ne voient pas les choses ainsi. Tout particulièrement lorsqu'il s'agit de la vie, certains pensent qu'il y a autre chose d'essentiel (âme, esprit, force de vie, chi ou autre) et de nécessaire pour animer la partie physique. Bien que je reste ouvert à cette possibilité, je n'ai jamais rencontré le moindre indice en sa faveur. Le point de vue qui a le plus de sens à mes yeux est celui en vertu duquel les caractéristiques physiques et mentales d'une personne ne sont qu'une manifestation de l'agencement précis des particules qui la composent. Définir l'agencement de ses particules revient à la définir intégralement [15].

Avec cette façon de voir les choses, nous pouvons conclure que si l'arrangement de particules que nous connaissons est dupliqué dans une autre partie du patchwork (un autre horizon cosmique), alors celle-ci ressemblera à la nôtre en tout point. Cela signifie que si l'univers est infini, nous ne sommes pas seuls à penser ce que nous pensons de cette vision de la réalité. Plusieurs copies parfaites de nous-mêmes quelque part au fin fond de l'univers sont exactement du même avis. Et rien ne nous permet de dire lequel est vraiment nous. Toutes ces versions de nous sont physiquement et donc mentalement équivalentes.

Nous pouvons même estimer la distance qui nous sépare de notre double le plus proche. Si les arrangements de particules sont disséminés de façon aléatoire de pièce en pièce (hypothèse qui est compatible avec la théorie cosmologique perfectionnée que nous rencontrerons dans le prochain chapitre), alors nous pouvons nous attendre à ce que les conditions à l'intérieur de notre horizon cosmique soient reproduites aussi fréquemment que toutes les autres. Dans chaque série de 10^{10122} horizons, nous pouvons donc trouver, en moyenne, un empiècement parfaitement identique au nôtre – qui nous contient donc, nous, ainsi que la Terre, notre Galaxie et tout ce qui peuple notre propre horizon cosmique.

Restreignons nos ambitions et cherchons non plus une réplique exacte de tout notre horizon cosmique, mais juste une copie d'une région de quelques années-lumière de rayon autour de notre Soleil. C'est plus facile encore : nous trouverons en moyenne une telle copie dans toutes les 10^{10100} régions qui font environ 10^{10100} mètres de diamètre. Plus facile encore serait la recherche de copies approximatives. Après tout, s'il n'y a qu'une seule façon de reproduire une région de façon exacte, il y en a beaucoup plus de la recopier *presque* exactement. Si nous pouvions voyager dans ces copies approximatives, nous en trouverions qui sont à peine discernables de la nôtre, et d'autres dans lesquelles les différences seraient extraordinaires, d'autres encore seraient frappantes, ou même choquantes. Chacune des décisions que nous avons pu prendre équivaut à une configuration spéciale de particules. Nous avons tourné à gauche ? Nos particules ont suivi telle trajectoire. Nous avons tourné à droite ? Elles en ont suivi une autre. Et ainsi de suite. Nous avons dit oui ? Les particules de notre cerveau, de nos lèvres, de nos cordes vocales se sont organisées d'une certaine façon. Nous avons dit non ? Toutes ces particules se sont agencées autrement. Et du coup, toutes les actions possibles, tous les choix que nous avons faits et tous ceux que nous avons laissés de côté, se sont joués dans un horizon ou un autre. Dans certains, nos pires craintes concernant notre propre personne, notre famille ou même la vie sur Terre se sont réalisées. Dans d'autres, ce sont nos rêves les plus fous qui ont pris vie. Dans d'autres encore, les différences dans l'agencement des particules ont engendré un environnement méconnaissable. Et dans la majeure partie des horizons, les particules ne sont organisées selon aucun des agencements si spécifiques qui engendrent la vie, et ils ne recèlent donc aucune forme de vie, ou aucune de celles que nous connaissons.

Au fil du temps, la taille de nos empiècements cosmiques représentés sur la figure 2.1-b va augmenter : au bout du compte, les horizons finiront par se chevaucher. À ce moment, les différentes régions ne pourront plus être considérées comme distinctes et isolées. Ces univers parallèles ne seront plus parallèles : ils auront fusionné. Cela étant, notre résultat restera valable. Il nous suffira de définir un nouveau réseau d'empiècements à partir de la distance que la lumière aura parcourue depuis le Big Bang jusqu'à cet instant ultérieur. Les pièces seront plus grandes, mais elles composeront à nouveau un réseau comme celui de la figure 2.1-b, avec leurs centres plus éloignés les uns des autres, mais avec un espace infini à notre disposition, nous avons toute la place pour ce remaniement [16].

Ainsi arrivons-nous à une conclusion aussi généraliste que provocante. La réalité dans un univers infini ne ressemble guère à ce que chacun d'entre nous est en mesure d'imaginer. À tout instant, l'étendue de l'espace contient un nombre infini de domaines séparés – qui composent ce que j'appellerai le « multi-univers en patchwork » – de notre univers observable. Ce dernier et tout ce que nous voyons dans le ciel nocturne n'étant qu'un univers parmi une infinité d'autres. En prospectant au sein de cette collection infinie, nous découvrons que l'agencement des particules se répète obligatoirement un nombre infini de fois. La réalité telle qu'elle est définie dans un univers donné, le nôtre y compris, est donc reproduite dans une infinité d'autres univers de ce multi-univers en patchwork [17].

Que faire de tout cela ?

Cette conclusion peut nous paraître extravagante au point de nous pousser à retourner l'argument. Nous pourrions objecter que l'étrangeté de notre résultat – une infinité de copies de nous, de tous et de tout – prouve qu'il y a erreur dans l'une ou l'autre des hypothèses qui nous ont mené jusqu'ici.

L'hypothèse que l'univers entier est peuplé de particules serait-elle fausse ? Peut-être qu'il n'existe au-delà de notre horizon cosmique qu'une vaste étendue d'espace vide ? Rien n'est impossible, mais les contorsions théoriques qui seraient nécessaires à la mise en œuvre d'une telle hypothèse lui font perdre toute crédibilité. Les théories cosmologiques les plus pointues (vers lesquelles nous nous tournerons d'ici peu) ne nous emmènent absolument pas dans cette direction.

Se pourrait-il que les lois de la physique changent au-delà de notre horizon, ce qui nous empêcherait toute analyse théorique de ces lointains domaines ? Cette fois encore, c'est une possibilité. Cependant, nous verrons au prochain chapitre que certains progrès récents apportent des arguments difficilement contestables en faveur du fait que si ces lois devaient varier, leurs variations ne suffiraient pas à invalider nos conclusions d'un multi-univers en patchwork.

L'univers pourrait-il être fini plutôt qu'infini ? Bien sûr. C'est tout à fait possible. Un espace fini mais suffisamment vaste laisse toujours l'opportunité de quelques empiècements intéressants là-bas au loin. Tandis qu'un petit univers pourrait ne pas avoir assez de place pour contenir suffisamment d'empiècements différents, et encore moins des sosies du nôtre. Ainsi l'univers fini suffisamment petit offre-t-il le moyen le plus convaincant de terrasser le multi-univers façon patchwork.

Mais ces dernières années, les physiciens travaillant à remonter la théorie du Big Bang le plus près possible du temps zéro – à la recherche d'une compréhension approfondie des origines et de la nature de l'atome primitif de Lemaître – ont élaboré un modèle appelé « cosmologie inflationnaire ». Dans cette théorie, les arguments en faveur d'un univers infiniment vaste reçoivent des confirmations théoriques et observationnelles solides, et deviennent même une conclusion quasiment incontournable – comme nous allons le voir dans le chapitre suivant.

Qui plus est, l'inflation met en évidence une variante plus exotique encore des mondes parallèles.

Chapitre 3

Éternité et infini

Le multi-univers inflationnaire

Vers le milieu des années 1900, un groupe de physiciens novateurs comprit que même en éteignant le Soleil, les autres étoiles de la Voie lactée et même les galaxies plus éloignées, l'espace ne serait pas noir pour autant. Certes à l'œil nu nous ne verrions que du noir, mais si nos yeux pouvaient voir le rayonnement dans le domaine des micro-ondes, nous verrions une lueur uniforme dans toutes les directions. Son origine ? Le commencement. Ce que ces physiciens ont découvert, c'est un fond de rayonnement micro-onde imprégnant tout l'espace, vestige de la création de l'univers. L'histoire de cette découverte retrace l'un des plus beaux succès de la théorie du Big Bang, qui mit aussi en lumière l'un de ses défauts de principe. Elle fut donc le terreau de la révolution suivante en cosmologie, après les travaux de Friedmann et Lemaître : la théorie inflationnaire.

La cosmologie inflationnaire modifie la théorie du Big Bang en introduisant une rapide salve d'expansion fulgurante durant les premiers instants de l'univers. Comme nous le verrons, cette modification explique très bien certains aspects (auparavant inextricables) du fond de rayonnement vestige du Big Bang. Mais surtout, la cosmologie de l'inflation occupe un chapitre clé dans notre récit, car les scientifiques se sont rendu compte petit à petit que les versions les plus séduisantes de cette théorie produisaient un vaste panel d'univers parallèles, susceptibles de dépeindre la réalité sous un tout autre jour.

Vestiges d'un commencement chaud bouillant

George Gamow, physicien russe plutôt imposant du haut de son mètre quatre-vingt-dix, connu pour ses importantes contributions à la physique quantique et nucléaire du début du XXe siècle, avait l'esprit aussi vif et enjoué qu'il avait eu la vie dure. En 1932 avec sa femme, il tenta de s'enfuir de l'Union soviétique en ramant sur la mer Noire, à bord d'un kayak bourré de vivres aussi sains que du chocolat et de l'eau-de-vie. Après que le mauvais temps eut ramené les deux fugitifs sur la côte, Gamow parvint à embobiner les autorités avec une histoire d'expérience scientifique ratée, qui devait se faire en mer. Dans les années 1940, une fois en poste à l'université Washington à Saint Louis après avoir réussi à se glisser de l'autre côté du rideau de fer (à pied sec mais sans chocolat), Gamow commença à s'intéresser à la cosmologie. Grâce à l'aide précieuse de son étudiant Ralph Alpher (extrêmement talentueux), les recherches de Gamow apportèrent une description précise et beaucoup plus vivante des premiers moments de l'univers que ce qui émanait des travaux antérieurs de Friedmann (qui avait été un des enseignants de Gamow à Leningrad) et Lemaître. Voici, remise au goût du jour, la théorie de Gamow et Alpher.

Juste après sa naissance, l'univers si extraordinairement dense et chaud fut la scène d'une activité bouillonnante. L'espace connut une expansion rapide qui le refroidit, et permit à la soupe de particules issue du plasma primordial de coaguler. Durant les trois premières minutes, la température chuta extrêmement rapidement, mais resta tout de même suffisamment élevée pour que l'univers puisse fonctionner comme un réacteur nucléaire cosmique, synthétisant les noyaux atomiques les plus simples : hydrogène, hélium et quelques traces de lithium. Mais en quelques minutes seulement, la température atteignit 10^8 kelvins (K), soit environ dix mille fois la température à la surface du Soleil. Bien que toujours très élevée par rapport à nos repères quotidiens, la température de l'univers devint alors trop basse pour que se poursuivent les réactions nucléaires : la frénésie des particules fut calmée net. Et pour l'éternité à venir, il ne devait plus se passer grand-chose d'autre si ce n'est l'expansion de l'univers et le refroidissement du bain de particules.

Et pourtant, quelque 370 000 années plus tard, alors que la température de l'univers avait chuté à 3 000 K (la moitié de la température à la surface du Soleil), la monotonie cosmique connut un rebondissement décisif. Jusqu'alors, l'espace était rempli d'un plasma de particules dotées de charges électriques, principalement des protons et des électrons. Les particules chargées électriquement ayant la faculté de bousculer et rediriger les photons (particules de lumière), le plasma primordial était opaque : les photons, constamment ballottés par les collisions avec les électrons et les protons, ne pouvaient alors émettre qu'une piètre lueur diffuse, un peu comme la lumière des phares d'une voiture au travers d'un brouillard très dense. Une fois la température descendue à 3 000 K, les électrons et noyaux ralentirent suffisamment leur mouvement pour s'assembler et former les premiers atomes : les noyaux happaient des électrons qui se mettaient en orbite. Cela représentait un sacré pas en avant. Car protons et électrons ayant une charge électrique égale mais opposée, leurs unions atomiques sont électriquement neutres. Or, un plasma de composés électriquement neutres laisse passer les photons comme un couteau chaud dans une plaque de beurre : la formation des atomes a levé le brouillard cosmique et libéré l'écho lumineux du Big Bang. Depuis lors, les photons primitifs circulent librement dans l'univers.

Bon, il y a tout de même une mise en garde importante : bien que libérés des bousculades des particules chargées électriquement, les photons subissaient tout de même une autre influence importante. Avec l'expansion de l'espace, tout se dilue et se refroidit, même les photons. Toutefois, contrairement aux particules de matière, les photons refroidis ne sont pas des photons ralentis. Étant des particules de lumière, les photons circulent toujours à la vitesse de la lumière. S'ils sont refroidis, c'est leur énergie et donc leur fréquence vibratoire qui diminue ; ils changent de couleur. Les photons violets vont se décaler vers le bleu, puis le vert, le jaune, le rouge, puis l'infrarouge (ceux-là sont visibles avec des lunettes de vision nocturne), puis les micro-ondes (ceux-là réchauffent la nourriture en parcourant nos fours à micro-ondes) et finalement le domaine des fréquences radio.

Gamow comprit – et Alpher et son collègue Robert Herman calculèrent avec beaucoup de soin – que dans la théorie du Big Bang, l'espace devrait être baigné, partout et de manière uniforme, de photons vestiges du commencement de l'univers, circulant dans tous les sens, dotés d'une fréquence vibratoire déterminée par le facteur d'expansion de l'univers et son refroidissement depuis les milliards d'années qui nous séparent de l'instant de leur émission. Les calculs montrent que ces photons devraient avoir refroidi jusqu'à une température proche du zéro absolu (0 K) et donc avoir des fréquences dans le domaine des micro-ondes. C'est pourquoi on parle de « fond cosmique de rayonnement micro-onde ».

J'ai récemment relu les articles de Gamow, Alpher et Herman qui, dans les années 1940, annonçaient et expliquaient ces conclusions. Ce sont de véritables prodiges de physique théorique. Bien que l'analyse mathématique ne nécessite guère plus que de bonnes bases en physique de niveau universitaire, les résultats sont fondamentaux. Les auteurs concluaient que nous étions tous immergés dans un bain de photons, héritage cosmique que nous aurait légué l'univers à sa naissance.

Sachant tout cela, nous pourrions nous étonner de ce que ces articles passèrent inaperçus. En fait, à l'époque de leur parution, c'était le règne de la physique quantique et nucléaire. La cosmologie n'avait pas encore sa place comme véritable science mesurable, et la communauté des physiciens était moins réceptive à ce qui apparaissait comme des travaux théoriques en marge. Dans une certaine mesure, ces articles restèrent sur la touche aussi à cause du style badin de Gamow, inhabituel dans ce milieu (un jour il a modifié la liste des auteurs d'un article qu'il écrivait avec Alpher et glissé le nom de son ami Hans Bethe, futur prix Nobel, uniquement pour que l'énoncé des auteurs de l'article, Alpher, Bethe, Gamow, ressemble aux trois premières lettres de l'alphabet grec) et probablement responsable du fait que certains physiciens ne s'intéressaient pas autant à lui qu'il le méritait. Gamow, Alpher et Herman eurent toutes les peines du monde à attirer l'attention sur leurs résultats, sans parler de convaincre des astronomes de se consacrer à la détection de ce fond de rayonnement fossile qu'ils avaient prédit. Leurs articles tombèrent dans l'oubli.

Au début des années 1960, deux physiciens de Princeton qui n'avaient jamais entendu parler de ces travaux, Robert Dicke et Jim Peebles, suivirent un raisonnement semblable et comprirent eux aussi que l'héritage du Big Bang devrait se voir dans un fond de rayonnement ubiquitaire, imprégnant tout l'espace [1]. Contrairement aux membres de l'équipe de Gamow, Dicke était un physicien expérimental de renom et n'avait personne à convaincre pour chercher ce rayonnement dans le ciel : il pouvait le faire lui-même. En collaboration avec ses étudiants David Wilkinson et Peter Roll, Dicke imagina une expérience pour mettre en évidence ces photons vestiges du Big Bang. Mais avant même que son équipe de Princeton puisse concrétiser le projet, ils reçurent le coup de téléphone le plus célèbre de toute l'histoire des sciences.

Pendant que Dicke et Peebles faisaient leurs calculs, à moins de cinquante kilomètres de Princeton, dans les laboratoires Bell, les physiciens Arno Penzias et Robert Wilson étaient aux prises avec leur antenne de communication radio (coïncidence : c'était une antenne d'un modèle que Dicke avait conçu dans les années 1940). Malgré toutes leurs tentatives, l'antenne sifflait un bruit de fond continu dont ils n'arrivaient pas à se débarrasser. Penzias et Wilson étaient convaincus que leur matériel était défectueux. S'ensuivit une cascade de discussions qui ne pouvait mieux tomber. Tout commença par une conférence donnée par Peebles en février 1965 à l'université Johns Hopkins, à laquelle assista le radio-astronome Kenneth Turner, qui parla des résultats de Peebles à son collègue Bernard Burke, lequel se trouvait être en lien avec Penzias. Ayant vent des recherches menées à Princeton, l'équipe des laboratoires Bell comprit que leur antenne avait une bonne raison de siffler : elle avait capté les micro-ondes du fond de rayonnement cosmologique ! Penzias et Wilson rappelèrent Dicke, qui put leur confirmer rapidement qu'en effet, ils venaient de se heurter malgré eux à l'écho du Big Bang.

Les deux équipes convinrent de publier leurs articles en même temps dans le prestigieux *Astronomical Journal*. Le groupe de Princeton présentait sa théorie des origines du fond de rayonnement cosmologique, et le groupe des laboratoires Bell expliquait, dans le langage le plus traditionnel possible, sans aucune mention de cosmologie, leur détection d'un fond de micro-onde imprégnant tout l'espace. Aucun de ces deux articles ne mentionnait les travaux antérieurs de Gamow, Alpher et Herman. Pour leur découverte, Penzias et Wilson reçurent le prix Nobel de physique en 1978.

Gamow, Alpher et Herman, absolument consternés, ont dû se démener, les années suivantes, pour faire reconnaître leur travail. Ce n'est que très progressivement et après de nombreux débats que la communauté des physiciens finit par rendre hommage à leur contribution dans cette découverte fondamentale.

L'étrange uniformité des photons fossiles

En quelques dizaines d'années après sa mise en évidence, le fond de rayonnement fossile est devenu un outil majeur des recherches en cosmologie. La raison en est claire. Dans de nombreux domaines scientifiques, les chercheurs donneraient ce qu'ils ont de plus précieux pour le moindre aperçu clair et net sur le passé. Le plus souvent, ils doivent se contenter d'assembler une vision très hypothétique, sur la base de quelques restes – morceaux de fossiles, lambeaux de parchemins ou débris momifiés. La cosmologie est l'un des rares champs de recherches où nous pouvons être témoins des événements de notre histoire. Les myriades de points lumineux que nous observons à l'œil nu dans le ciel nocturne sont des faisceaux de photons qui voyagent vers nous depuis plusieurs années ou plusieurs milliers d'années.

La lumière émanant d'objets plus éloignés, happée au passage par nos télescopes, chemine depuis un temps encore plus long, parfois de plusieurs milliards d'années. Observer ce rayonnement, c'est vraiment, littéralement, observer les temps passés. Ces événements primitifs se sont déroulés très loin de nous, mais l'uniformité apparente de l'univers à grande échelle suggère fortement que ce qui a eu lieu très loin a également eu lieu, en moyenne, tout près. Regarder le ciel, c'est regarder le passé.

Grâce aux photons micro-ondes du fond cosmologique, nous pouvons tirer le meilleur parti de cette opportunité. Peu importent les progrès techniques à venir, ces photons micro-ondes sont les plus anciens que nous pourrons voir, car tous leurs frères aînés furent happés par les brumes qui régnaient aux époques antérieures. Lorsque nous observons les photons du fond de rayonnement cosmologique, nous voyons l'univers tel qu'il était voici près de 14 milliards d'années.

Les calculs montrent qu'à ce jour, il y aurait plus de 400 millions de ces photons fossiles dans chaque mètre cube d'espace. Nos yeux ne sont pas équipés pour les voir, mais les vieilles antennes de télé, oui. Environ 1 % de la neige sur l'écran d'un téléviseur réglé sur une fréquence qui n'émet plus et non branché sur le câble serait dû à ces photons du Big Bang. C'est étrange. Dire que les mêmes ondes qui ont transmis les épisodes de *La croisière s'amuse* ou *Ma sorcière bien-aimée* étaient imprégnées des photons les plus anciens de l'univers, transmetteurs d'une scène qui se tramait alors que l'univers n'avait que quelques centaines de milliers d'années !

Cette prédiction par le modèle du Big Bang de l'imprégnation de l'espace par un fond de rayonnement micro-onde fut un véritable triomphe. Durant près de trois cents ans de recherche scientifique et de progrès techniques, nous sommes passés de nos premières observations dans des télescopes rudimentaires et de nos premières expériences de chute libre du haut d'une tour penchée, à une compréhension des phénomènes physiques en vigueur juste après la naissance de l'univers. Malgré cela, l'analyse ultérieure des données fut un sérieux défi. Les chercheurs obtinrent des mesures encore plus fines de la température de ce rayonnement, non pas avec des antennes de télévision mais grâce aux appareils astronomiques les plus précis jamais conçus. Étrangement, ces résultats montrèrent que le rayonnement est globalement uniforme dans l'espace. Quelle que soit la direction dans laquelle était pointé leur détecteur, la température du rayonnement valait 2,725 degrés de plus que le zéro absolu. Encore fallait-il expliquer cette uniformité extraordinaire.

Grâce à ce que nous avons vu au chapitre 2 (et aux quelques paragraphes précédents), nous pourrions dire : « Eh bien c'est simplement le reflet du principe cosmologique : aucun endroit dans l'univers n'est plus privilégié qu'un autre, si bien que la température devrait être la même partout. » Très juste. Mais souvenons-nous que le principe cosmologique était une *hypothèse* simplificatrice émise par les physiciens – et parmi eux Einstein – de façon à rendre faisables leurs calculs mathématiques sur l'évolution de l'univers. Que le fond de rayonnement micro-ondes soit bien uniforme dans tout l'espace apporte une preuve observationnelle convaincante en faveur du principe cosmologique, et renforce notre confiance dans les conclusions obtenues grâce à ce principe. Mais cette incroyable uniformité du fond de rayonnement a braqué tous les projecteurs directement sur le principe cosmologique. Aussi sensé ce principe soit-il, quel est le mécanisme responsable de cette uniformité cosmique confirmée par toutes nos observations ?

Plus vite que la lumière

Nous connaissons tous cette sensation, en serrant la main de quelqu'un, de la trouver presque brûlante (ce n'est pas si mal) ou froide de sueur (ce n'est pas mieux). Si nous gardions cette main dans la nôtre, ce léger écart de température disparaîtrait très vite. Car lorsque les objets sont en contact, la chaleur migre du plus chaud au plus froid jusqu'à ce que les températures s'équilibrent. Nous en faisons l'expérience continuellement. C'est pour cela que notre café oublié sur un coin de table atteint finalement la température ambiante.

Le même raisonnement permet d'expliquer l'uniformité du fond de rayonnement cosmologique. Comme pour la main dans la main ou le café oublié, l'uniformité de température reflète le retour d'un environnement à une température globale partagée. La seule chose qui change, c'est que ce retour est censé avoir eu lieu à l'échelle du cosmos.

Malheureusement, dans la théorie du Big Bang, cette explication ne marche pas.

Pour que des objets ou des lieux équilibrent leur température, le contact mutuel est une condition indispensable. Que ce soit un contact direct, tel le fait de se tenir les mains, ou tout au moins l'échange d'informations qui permet de corréler les conditions de deux lieux distincts. Un environnement commun n'est possible qu'à la condition de ce partage d'influences mutuelles. La bouteille thermos est justement conçue pour éviter ces interactions, contrecarrer l'uniformité et préserver les différences de température.

Cette simple observation éclaire d'ores et déjà le problème que pose l'explication naïve de l'uniformité de la température cosmologique. Des endroits qui sont très éloignés les uns des autres n'ont pas pu interagir (par exemple un point très loin vers la droite dont la lumière vient juste d'arriver jusqu'à nous, et un autre point tout aussi loin vers la gauche). Bien que nous puissions voir les deux, la lumière émise par chacun de ces points a encore beaucoup de chemin à parcourir avant d'atteindre le second. Ainsi, des observateurs imaginaires postés en ces deux points, l'un à droite, l'autre à gauche, n'auraient pas encore eu l'occasion de se voir l'un l'autre. Or la vitesse de la lumière pose une limite infranchissable à la vitesse de tout ce qui peut se déplacer : autant dire que ces deux observateurs n'ont pas encore eu l'occasion d'interagir de quelque manière que ce soit. Pour reprendre les termes du chapitre précédent, ils se trouvent au-delà de leurs horizons cosmiques respectifs.

Voilà qui expose clairement le problème. Nous serions fort surpris si les habitants de ces deux lieux si éloignés parlaient la même langue et lisaient les mêmes livres. Sans contact ni interaction d'aucune sorte, comment auraient-ils pu élaborer un héritage commun ? Eh bien nous devrions être tout autant surpris d'apprendre que sans le moindre contact apparent, ces régions si éloignées partagent une température commune, avec une précision qui va au-delà de la quatrième décimale !

Il y a quelques années de cela, lorsque j'ai découvert cette énigme, j'étais vraiment surpris. Mais en y réfléchissant à deux fois, c'est l'énigme en elle-même qui m'a laissé perplexe. Comment deux objets qui ont un jour été proches l'un de l'autre – comme tout le reste à l'époque du Big Bang – ont pu être séparés si vite que la lumière émise par l'un n'ait pas le temps d'atteindre l'autre ? Puisque la vitesse de la lumière définit la vitesse maximale possible dans l'univers, comment se fait-il que la distance spatiale entre deux objets puisse être supérieure à la distance que la lumière aurait eu le temps de parcourir ?

La réponse souligne un détail qui n'est pas assez souvent mis en avant. La limitation de vitesse imposée par la lumière ne vaut que pour le mouvement des objets *dans l'espace*. Mais les galaxies s'éloignent les unes des autres non pas parce qu'elles se déplacent dans l'espace – les galaxies n'ont pas de réacteurs – mais parce que l'espace *lui-même* enfle et emporte les galaxies dans son expansion [2]. Et il se trouve que la relativité ne pose aucune limite sur la vitesse d'expansion de l'espace, si bien qu'il n'y a aucune limite à la vitesse à laquelle les galaxies s'éloignent les unes des autres. Le taux de récession entre deux galaxies peut dépasser n'importe quelle vitesse, même la vitesse de la lumière.

En effet, les mathématiques de la relativité générale montrent que lors des premiers instants de l'univers, l'espace aurait enflé si vite que les régions de l'espace se seraient éloignées les unes des autres à une vitesse bien supérieure à celle de la lumière. Résultat : elles n'étaient plus en mesure d'exercer une quelconque influence les unes sur les autres. Il devient alors difficile d'expliquer comment des températures presque rigoureusement identiques ont pu s'établir dans ces régions indépendantes : c'est une énigme que les cosmologues ont baptisée le « problème de l'horizon ».

Ouvrir de nouveaux horizons

En 1979, Alan Guth (qui travaillait à l'époque au Centre de l'accélérateur linéaire de Stanford) proposa une solution qui fut perfectionnée ensuite par les contributions d'Andrei Linde (alors chercheur à l'Institut de physique Lebedev de Moscou) puis Paul Steinhardt et Andreas Albrecht (encore un duo professeur/étudiant, cette fois-ci de l'université de Pennsylvanie). Aujourd'hui, ces travaux sont communément considérés comme la solution au problème de l'horizon. Baptisée « cosmologie inflationnaire », cette théorie s'appuie sur des détails très fins de la relativité générale d'Einstein (que nous allons aborder dans un moment), mais ses grandes lignes sont faciles à comprendre.

Le modèle standard du Big Bang souffre de ce problème de l'horizon car les régions de l'espace s'éloignent trop rapidement pour que l'équilibre thermique ait pu s'installer. La théorie inflationnaire résout le problème en ralentissant la vitesse d'éloignement des régions de l'espace dans les tout premiers instants, afin de laisser suffisamment de temps aux températures pour s'équilibrer. La théorie propose ensuite qu'après ces « poignées de main cosmiques », l'univers ait subi une salve d'expansion extraordinairement rapide et de plus en plus forte – appelée l'expansion *inflationnaire* –, compensant amplement le démarrage ralenti et éloignant suffisamment les différentes régions de l'espace. Les conditions uniformes observées aujourd'hui s'expliquent alors très bien puisque la température commune a pu s'établir avant que l'espace ne subisse cette expansion frénétique [3]. Voilà donc les grandes lignes de ce modèle inflationnaire *.

Gardons toutefois à l'esprit que les physiciens ne dictent pas l'expansion de l'univers. Si l'on en croit nos observations dernier cri, ce sont les équations de la relativité générale d'Einstein qui la régissent. Avec les modifications qu'il apporte au modèle du Big Bang, le scénario

* De manière équivalente, l'expansion exponentielle implique que des régions aujourd'hui très éloignées auraient été beaucoup plus proches les unes des autres dans l'univers primordial que ne l'impose le modèle traditionnel du Big Bang – autre argument en faveur de l'établissement d'une température commune avant l'inflation de l'expansion.

inflationnaire ne sera valide que s'il demeure une solution aux équations d'Einstein. Et on ne peut pas dire que cela saute aux yeux.

Imaginons par exemple que nous puissions mettre à jour les connaissances d'Isaac Newton en accéléré et lui faire un cours de cinq minutes sur la relativité générale, en lui expliquant les tenants et les aboutissants de l'espace courbe et de l'univers en expansion. Je suis à peu près sûr qu'il trouverait tout de même abracadabrante notre présentation de la théorie inflationnaire. Je suis certain qu'il continuerait d'affirmer avec conviction qu'en dépit de nos beaux calculs et de notre nouveau sabir einsteinien, la gravitation demeure une force attractive. Il frapperait du poing sur la table en affirmant que la gravitation agit en rapprochant les objets les uns des autres, et donc en freinant cet éloignement cosmique. Cette expansion qui commence tout doucement puis s'emballe pour un bref instant a beau résoudre le problème de l'horizon, elle reste totalement fictive ! Newton affirmerait que l'attraction de la gravitation aurait sur l'expansion cosmique exactement le même effet que sur une balle de tennis dont la vitesse diminue à mesure qu'elle s'élève dans les airs : l'expansion devrait forcément ralentir avec le temps. Certes, si l'expansion diminue au point de s'annuler et de s'inverser en une contraction de l'espace, alors cette implosion pourrait s'accélérer, tout comme la balle de tennis accélère à nouveau lorsqu'elle entame sa trajectoire descendante. Mais pour Newton, la vitesse de l'*expansion* ne peut pas augmenter.

Newton se trompe, mais nous ne pouvons pas lui en vouloir. Le problème vient de notre résumé accéléré de la relativité générale. Je m'explique : en cinq minutes seulement (dont une consacrée aux règles du tennis) nous nous serions appliqués à expliquer la courbure de l'espace-temps comme source de la gravitation. Newton lui-même avait attiré l'attention sur le fait qu'il n'y a aucun mécanisme connu pour transmettre la gravitation, ce qu'il voyait comme une énorme lacune de sa théorie. Naturellement, nous aurions cherché à lui montrer la solution trouvée par Einstein. Mais la théorie de la gravitation d'Einstein fait beaucoup plus que simplement combler une lacune de la théorie de Newton. La gravitation de la relativité générale est fondamentalement différente de la gravitation de la physique newtonienne et pour ce qui nous occupe, un des aspects de cette différence mérite urgemment d'être mis en avant.

Dans la théorie de Newton, la gravitation ne provient que de la masse des objets. À masse plus élevée, attraction gravitationnelle plus intense. Dans la théorie d'Einstein, la gravitation émane de la masse (et de l'énergie) des objets *mais aussi de leur pression.* Prenons un sachet de chips. Pesons-le. Pesons-le à nouveau, mais après avoir comprimé l'air à l'intérieur jusqu'à une pression importante. Du point de vue de Newton, le poids sera le même car la masse n'a pas changé. Du point de vue d'Einstein, le sachet sous pression pèsera légèrement plus lourd car, même si la masse est inchangée, la pression a augmenté [4]. Au quotidien, nous n'avons pas conscience de cet effet, car il est littéralement dérisoire pour les objets ordinaires. Malgré cela, la relativité générale ainsi que toutes les expériences qui ont montré la validité de cet effet stipulent clairement que la pression contribue à la gravitation.

Cet écart par rapport à la théorie de Newton est fondamental. L'air, qu'il soit confiné dans un sachet de chips, un ballon de baudruche ou notre chambre à coucher, exerce une pression positive : il repousse les bords vers l'extérieur. En relativité générale, une pression positive, au même titre qu'une masse positive, contribue positivement à la gravitation et augmente donc le poids. Mais contrairement à la masse qui est toujours positive, la pression peut parfois être négative. Imaginons un ruban élastique. Lorsqu'on l'étire, les molécules du caoutchouc vont exercer une force vers l'intérieur et non vers l'extérieur : elles exercent ce que les physiciens appellent une pression *négative* (encore appelée « tension »). Tout comme la relativité générale montre qu'une pression positive conduit à une gravitation attractive, eh bien elle montre également qu'une pression négative a l'effet inverse : elle produit une gravitation répulsive.

Une gravitation *répulsive* ?

Alors ça ! Voilà qui va lui clouer le bec, à notre ami Newton. Pour lui, la gravitation ne peut être qu'attractive. Mais gardons nos becs intacts : nous avons déjà rencontré cette clause étrange dans le contrat qui lie la gravitation à la relativité générale. Souvenons-nous de la constante cosmologique d'Einstein ; nous l'avons rencontrée au chapitre premier. J'avais expliqué qu'en dotant l'espace d'une énergie uniforme, une constante cosmologique produisait une gravitation répulsive. Mais à ce moment, je n'avais pas expliqué pourquoi. À présent je peux. Une constante cosmologique ne dote pas seulement l'espace d'une énergie uniforme déterminée par la valeur de ce nombre constant (la troisième ligne du formulaire de déclaration de revenus), elle munit également l'espace d'une pression uniforme négative (nous allons voir pourquoi). Et, comme ci-dessus, si nous calculons la force gravitationnelle produite par chaque contribution, nous trouvons que la pression négative agit à l'opposé des masses et pressions positives : elle produit une gravitation répulsive *.

---

* Nous pourrions penser que la pression négative pourrait exercer une force vers l'intérieur, ce qui serait en opposition avec une gravitation répulsive (et donc dirigée vers l'extérieur). En fait, une pression *uniforme*, qu'elle soit positive ou négative, ne pousse ni ne tire : nos tympans, par exemple, ne se percent que lorsqu'il y a une pression

Sous la plume d'Einstein, cette gravitation répulsive ne fut utilisée qu'à une seule fin – d'ailleurs erronée. Pour aboutir à un univers statique, il proposa d'ajuster précisément la quantité de pression négative imprégnant l'espace de façon que la gravitation répulsive correspondante équilibre exactement les effets de gravitation attractive provenant du contenu matériel ordinaire de l'univers. Comme nous l'avons vu, il a ensuite abandonné cette modification. Soixante ans plus tard, les acteurs de la théorie de l'inflation proposèrent une variante de la gravitation répulsive qui se distingue de la version d'Einstein un peu comme le final de la *Symphonie n° 8* de Mahler se distingue du simple *la* d'un diapason. Plutôt qu'une petite brise extérieure légère et continue pouvant stabiliser l'univers, la théorie inflationnaire envisage un véritable cyclone de gravitation répulsive, aussi bref qu'intense. Avant l'ouragan, les diverses régions de l'espace eurent tout le temps nécessaire pour atteindre une température commune. Pendant l'inflation, elles furent portées par l'espace à des distances si considérables qu'elles atteignent aujourd'hui les positions que nous observons dans le ciel.

Après cela, Newton pourrait à nouveau nous fusiller d'un regard désapprobateur. Toujours aussi sceptique, il pourrait pointer une autre faille dans nos explications. Imaginons qu'il ait réussi à se mettre à niveau sur les détails les plus pointus de la relativité générale grâce à une lecture rapide d'un de nos manuels, et admettons qu'il accepte à présent le fait étrange que la gravitation

---

non uniforme, plus faible d'un côté que de l'autre. La poussée répulsive dont il est question ici est *la force gravitationnelle produite par la présence d'une pression négative uniforme.* C'est une précision difficile, mais fondamentale. Je le répète : alors que la présence de masse ou de pression positive produit une gravitation attractive, la pression négative produit une gravitation moins habituelle car répulsive.

puisse être – en principe – répulsive. « Mais enfin ! pourrait-il dire, qu'est-ce que c'est que cette histoire de pression négative imprégnant tout l'espace ? C'est une chose que d'utiliser la tension d'un élastique en caoutchouc pour donner un exemple de pression négative. C'en est une autre d'affirmer que des milliards d'années plus tôt, juste après le Big Bang, l'espace aurait été empli d'une énorme pression négative uniforme. Quel phénomène, quel processus ou entité pourrait bien fournir une telle pression négative aussi fugace ? »

Eh bien tout le génie de l'inflation, c'est justement qu'elle a une réponse à cette question. Ses concepteurs montrèrent que la pression négative nécessaire à cette salve d'antigravitation émerge naturellement d'un mécanisme dont les ingrédients sont les « champs quantiques ». Pour notre récit, les détails sont très importants car la manière dont l'expansion inflationnaire s'installe se révèle décisive dans la version des univers parallèles qui sera produite.

Champs quantiques

À l'époque de Newton, la physique s'intéressait exclusivement au mouvement des objets visibles – pierres, pommes, boulets de canon ou planètes – et les équations qu'il avait élaborées reflétaient parfaitement cette orientation de l'esprit. Les lois du mouvement de Newton sont la représentation mathématique de la manière dont ces objets concrets se déplacent lorsqu'on les pousse, lorsqu'on les tire, ou lorsqu'on les propulse dans les airs. Plus d'un siècle durant, cette modélisation fut extraordinairement fructueuse. Mais dans le début des années 1800, le scientifique Michael Faraday inaugura un véritable bouleversement intellectuel en introduisant un concept difficile à cerner, mais tellement efficace : celui des *champs*.

Prenons sur le frigo un aimant relativement puissant et plaçons-le au-dessus d'un trombone. Nous savons tous ce qui se passe : le trombone saute se coller à la surface de l'aimant. Cette démonstration est si banale et si ordinaire que nous avons vite fait de ne pas voir ce qu'il y a d'étrange là-dessous. Comment est-ce possible ? Comment une quelconque influence peut-elle s'exercer en l'absence de tout contact entre l'aimant et le trombone ? Ces questions ainsi que nombre d'autres considérations du même ordre conduisirent Faraday à postuler que même si l'aimant ne touche pas le trombone, celui-ci produit quelque chose qui le fait à sa place. Ce quelque chose, c'est ce que Faraday a appelé un « champ magnétique ».

Nous ne pouvons pas voir les champs produits par des aimants ; ni les entendre : aucun de nos sens ne nous le permet. Mais cela ne reflète que nos limitations physiologiques, rien de plus. Comme une flamme crée de la chaleur, un aimant crée un champ magnétique. Au-delà de la limite physique de l'aimant, son champ magnétique est un nuage ou une aura qui emplit l'espace alentour et répond aux exigences de l'aimant.

Le champ magnétique est un champ parmi d'autres. Les particules chargées en produisent d'un autre type : le champ électrique, responsable par exemple de la décharge que l'on reçoit en saisissant la poignée de porte en métal d'une pièce entièrement tapissée de moquette en laine. Fait inattendu, les expériences de Faraday montrèrent que les champs électrique et magnétique sont intimement reliés : il découvrit qu'un champ électrique variable produisait un champ magnétique, et réciproquement. Vers la fin des années 1800, James Clerk Maxwell mit la puissance des mathématiques au service de ces résultats et parvint à décrire les champs électrique et magnétique par des nombres attribués à chaque point de l'espace, dont la valeur reflétait l'influence exercée par le champ en ce point. Les points dans l'espace où les valeurs numériques du champ magnétique sont élevées (comme dans un appareil à IRM) sont des endroits où les objets métalliques seront fortement attirés ou repoussés. Les points où les valeurs du champ électrique sont élevées (par exemple au cœur d'un nuage orageux) sont les points propices aux décharges électriques puissantes que sont les éclairs par exemple.

Maxwell obtint les équations portant aujourd'hui son nom et qui régissent la manière dont l'intensité des champs électrique et magnétique varie d'un point à un autre dans l'espace et d'un instant à l'autre dans le temps. Ces mêmes équations régissent l'océan des variations des champs électrique et magnétique, appelées ondes électromagnétiques, dans lequel nous baignons tous. Que nous allumions téléphone portable, radio ou ordinateur en wifi, les signaux reçus représentent une minuscule partie de l'imbroglio des transmissions électromagnétiques qui nous entourent et nous traversent à chaque seconde. Le plus étonnant, c'est que les équations de Maxwell ont montré que la lumière visible elle-même est une onde électromagnétique, dont nous pouvons voir les oscillations grâce à l'évolution de notre fonctionnement oculaire.

Dans la seconde moitié du XXe siècle, les physiciens unifièrent le concept de champ avec les premiers balbutiements de notre compréhension du monde microscopique qu'offrait la mécanique quantique. Le résultat, nommé « théorie quantique des champs », est un cadre mathématique pour nos théories dernier cri de la matière et des forces de la nature. Grâce à elle, les physiciens réussirent à montrer qu'outre les champs électrique et magnétique, il existe toute une panoplie d'autres champs avec des noms tels que « champs de force nucléaire faible » et « forte » et « champs de l'électron, du quark ou du neutrino ». À l'heure actuelle, un champ demeure purement hypothétique, qui réside aux fondements de la cosmologie inflationnaire : le « champ d'inflaton* ».

Champs quantiques et inflation

Les champs véhiculent de l'énergie. Qualitativement, nous le savons car les champs accomplissent des choses qui requièrent de l'énergie, comme déplacer des objets – un trombone par exemple. Quantitativement, les équations de la théorie quantique des champs nous montrent comment calculer la quantité d'énergie associée à un champ à partir de la valeur numérique de celui-ci au point de l'espace considéré. Plus forte sera cette valeur, plus élevée sera l'énergie du champ. La valeur d'un champ peut varier d'un endroit à un autre, mais si elle devait être constante, c'est-à-dire avoir la même valeur en tout point, alors l'espace serait baigné d'une même énergie en tout point. L'idée géniale de Guth fut d'imaginer que de telles configurations de champ uniforme emplissent l'espace non seulement d'une énergie uniforme, mais également d'une pression négative uniforme. Et c'est ainsi qu'il a découvert *un mécanisme physique produisant une gravitation négative*.

Afin de comprendre pourquoi un champ uniforme crée une pression négative, imaginons tout d'abord une

---

* L'expansion rapide de l'espace est appelée inflation, mais pour s'inscrire dans le schéma historique des dénominations en « on » (électron, proton, neutron, muon, etc.), lorsque les physiciens baptisèrent le champ responsable de l'inflation, ils abandonnèrent le « i ». Ainsi naquit l'inflaton.

situation plus familière avec une pression positive : nous débouchons une bouteille de Dom Pérignon. À mesure que nous remontons le bouchon, nous sentons la pression positive du dioxyde de carbone de ce merveilleux champagne, qui pousse le bouchon vers le haut de la bouteille, vers l'extérieur. Et nous pouvons vérifier directement que cette poussée vers l'extérieur extirpe une petite quantité d'énergie à notre breuvage. Que sont les petites vapeurs en volute qui se forment près du goulot après que nous avons extrait le bouchon ? Eh bien elles proviennent de l'énergie dépensée par le champagne pour pousser le bouchon vers l'extérieur, qui provoque une diminution de température et donc la condensation de vapeur d'eau, exactement comme le fait notre propre souffle par temps froid.

Remplaçons à présent notre champagne par quelque chose de moins festif mais plus pédagogique : un champ dont la valeur est uniforme en tout point à l'intérieur de la bouteille. Cette fois lorsque nous enlèverons le bouchon, cela ne se passera pas du tout de la même façon. En le faisant glisser vers l'extérieur, nous augmentons très légèrement le volume disponible pour le champ à l'intérieur de la bouteille. Un champ uniforme apportant une énergie identique en tout point, plus le volume disponible est grand, plus l'énergie totale contenue dans la bouteille est *élevée*. Si bien qu'à l'inverse de la bouteille de champagne, enlever le bouchon d'une bouteille pleine d'un champ uniforme en *augmente* l'énergie.

Comment est-ce possible ? D'où viendrait-elle, cette énergie ? Imaginons que le contenu de notre bouteille, plutôt que de pousser le bouchon vers l'extérieur, l'attire vers l'intérieur. Cela voudrait dire que nous devrons tirer pour extirper le bouchon, effort qui revient à transmettre l'énergie de nos muscles au contenu de la bouteille. Pour expliquer l'augmentation d'énergie de la bouteille, nous pouvons donc conclure que, contrairement au champagne qui pousse vers l'extérieur, le champ uniforme aspire vers l'intérieur. Voilà ce qu'il y a derrière l'affirmation qu'un champ uniforme exerce une pression négative – et non positive.

Sans sommelier pour déboucher l'univers, la conclusion s'applique néanmoins : s'il existe un champ – celui de l'hypothétique inflaton – possédant une valeur uniforme dans toute une région de l'espace, alors celle-ci aurait non seulement une énergie positive constante, mais également une pression négative. Et nous savons désormais qu'une pression négative crée une gravitation répulsive, qui contribue à accélérer encore l'expansion de l'espace. Lorsque Guth a glissé dans les équations d'Einstein des valeurs numériques pour l'énergie et la pression de l'inflaton, cohérentes avec les conditions extrêmes des premiers instants, les calculs ont abouti à une gravitation répulsive phénoménale. Avec une intensité supérieure de plusieurs ordres de grandeur à la force répulsive imaginée par Einstein des années auparavant lorsqu'il avait badiné avec la constante cosmologique. L'expansion de l'espace correspondante serait spectaculaire. À lui seul, ce résultat était déjà merveilleux. Guth en découvrit en prime un autre incontournable.

Le raisonnement qui explique qu'un champ uniforme possède une pression négative s'applique tout aussi bien à la constante cosmologique. Si la bouteille contient de l'espace vide doté d'une constante cosmologique, alors en enlevant le bouchon, l'espace additionnel que nous rendons disponible contribue à augmenter l'énergie de la bouteille. La source de cette énergie supplémentaire, ce sont nos muscles, qui ont dû s'opposer à une pression négative, dirigée vers l'intérieur, fournie par la constante cosmologique. Comme pour le champ uniforme, la pression négative uniforme de la constante cosmologique produit une gravitation répulsive. Mais en l'occurrence, ce qui nous intéresse, ce ne sont pas tant les similitudes que les différences entre constante cosmologique et champ uniforme.

Une constante cosmologique, ce n'est guère plus qu'un nombre fixe, constant, celui que nous avons ajouté sur la troisième ligne de notre déclaration de revenus pour la relativité générale, celui qui produit la même gravitation répulsive aujourd'hui qu'elle le faisait déjà voici des milliards d'années. En revanche, la valeur d'un champ peut généralement évoluer avec le temps. Lorsque nous allumons notre four à micro-ondes, nous faisons varier les valeurs du champ électromagnétique qui règne à l'intérieur. Lorsque le technicien fait passer une IRM à un patient, il ou elle fait varier le champ électromagnétique à l'intérieur de la cavité. Ce qu'a compris Guth, c'est qu'un champ d'inflaton qui régnerait dans tout l'espace ferait plus ou moins la même chose – s'enclencher d'un coup puis s'éteindre à nouveau –, ce qui permettrait à la gravitation répulsive de n'opérer que sur un court laps de temps. Et ça, c'est fondamental. Nos observations portent à croire que si expansion inflationnaire il y eut, alors celle-ci aurait forcément eu lieu il y a des milliards d'années, puis très vite laissé la place à l'expansion plus tranquille mise en évidence par nos mesures astronomiques. L'un des aspects essentiels du modèle inflationnaire réside donc dans le caractère éphémère de cette flambée de gravitation répulsive.

Les travaux initiés par Guth puis affinés par les contributions de Linde, Albrecht et Steinhardt expliquent le mécanisme physique qui permettrait d'enclencher puis éteindre l'expansion inflationnaire. Pour le comprendre, imaginons une balle ou, mieux ! imaginons Kung Fu Panda, qui est presque une boule finalement, perché en déséquilibre au sommet d'une montagne enneigée. Les physiciens diraient de lui, du fait de sa position, qu'il renferme de l'énergie. Plus précisément, il possède de l'énergie *potentielle*, ce qui signifie qu'il a emmagasiné une énergie prête à être libérée lorsqu'il va rouler jusqu'en bas et transformer cette énergie potentielle en énergie *cinétique* (l'énergie du mouvement). L'expérience le confirme, les lois de la physique l'expliquent, c'est un phénomène des plus élémentaires. Un système doté d'énergie potentielle profitera de n'importe quelle opportunité pour libérer cette énergie. En gros, il tombe.

L'énergie que recèle un champ non nul est aussi une forme d'énergie potentielle, qui peut être libérée exactement de la même manière que celle de Kung Fu Panda. Lorsque celui-ci gravit la montagne, son énergie potentielle augmente en fonction de la forme de la pente – les passages les plus plats s'accompagnent d'une plus faible augmentation de l'énergie potentielle car l'altitude augmente peu, et les parties les plus pentues correspondent à de forts accroissements de l'énergie. De même, l'énergie potentielle d'un champ est décrite par la forme de sa « courbe d'énergie potentielle ». Cette courbe, dont un exemple est représenté sur la figure 3.1, détermine la manière dont varie l'énergie potentielle d'un champ en fonction de sa valeur.

Suivons le raisonnement des inventeurs de l'inflation et imaginons alors l'univers à ses tout débuts, l'espace uniformément rempli d'un champ d'inflaton, à une valeur qui le placerait tout en haut de sa courbe d'énergie potentielle. Imaginons également que cette courbe présente un plateau très peu incliné (comme sur la figure 3.1), qui permet à l'inflaton de s'attarder au sommet. Dans ces conditions, que se passe-t-il ?

Deux choses, toutes deux fondamentales. L'inflaton en équilibre sur le plateau baigne l'espace d'une énergie potentielle et d'une pression négative élevées, responsables de la flambée d'expansion inflationnaire. Mais tout comme notre panda libère son énergie potentielle en dévalant la pente, notre inflaton libère son énergie potentielle en laissant sa valeur en tout point dévaler la pente jusqu'aux valeurs les plus faibles. Puisque sa valeur diminue, l'énergie et la pression négative disparaissent, ce qui met fin à la période d'expansion fulgurante. Autre chose, tout aussi importante : l'énergie libérée par le champ d'inflaton n'est pas perdue. Elle se condense en un bain de particules uniforme qui remplit tout l'espace, à la manière dont la vapeur d'eau se condense en petites gouttelettes. Ce phénomène en deux étapes (expansion brève et rapide, puis condensation de l'énergie en particules) s'accompagne d'une magistrale (et uniforme) expansion d'un espace peuplé par la matière première des structures célestes que nous observons aujourd'hui, étoiles et galaxies.

Les détails dépendent de facteurs que ni la théorie ni l'observation n'ont encore déterminés (la valeur initiale du champ d'inflaton, la forme exacte de la pente d'énergie potentielle, et ainsi de suite) [5] mais dans les versions habituellement utilisées, les calculs montrent que l'énergie de l'inflaton dévalerait la pente en une minuscule fraction de seconde, de l'ordre de 10^{-35} s. Durant cet infime laps de temps, l'espace grossirait d'un facteur considérable, de l'ordre de 10^{30}, voire davantage. Ces nombres sont si extrêmes qu'ils défient le sens commun. En guise d'analogie, disons qu'une région de l'espace de la taille d'un petit pois deviendrait plus vaste que l'univers observable, en un temps si court qu'un simple battement de cils durerait une éternité, un million de milliards de milliards de milliards de fois plus longtemps.

Aussi difficile à imaginer soit-il, ce modèle a ceci d'essentiel que la région de l'espace à l'origine de notre

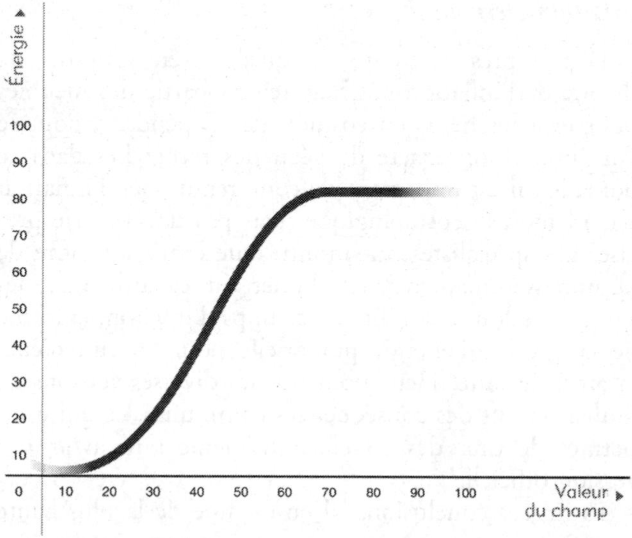

Figure 3.1 L'énergie que renferme le champ d'un inflaton (axe vertical) en fonction des valeurs du champ (axe horizontal).

univers observable était si petite qu'elle a pu accéder facilement à une température uniforme avant de subir la flambée d'expansion et de devenir aussi vaste qu'elle l'est aujourd'hui. L'expansion inflationnaire ainsi que les milliards d'années d'évolution cosmologique ultérieure ont considérablement refroidi l'univers, mais l'uniformité de température établie à l'origine impose le résultat uniforme que nous observons aujourd'hui. Voilà qui résout le mystère de l'uniformité de l'univers. Avec l'inflation, une température uniforme à travers tout l'espace est inévitable [6].

Inflation éternelle

Depuis près de trente ans qu'elle a été proposée, la théorie de l'inflation fait maintenant partie des meubles pour les chercheurs en cosmologie. Cependant, pour se faire une vision exacte de l'état des recherches dans ce domaine, il est important de comprendre que l'inflation est un modèle cosmologique mais pas une théorie précise. Les spécialistes ont montré que l'inflation offre de nombreuses manières de plumer un canard, avec des variantes selon le nombre de champs d'inflaton, la forme de la courbe d'énergie potentielle pour chacun d'eux, et ainsi de suite. Heureusement, les diverses versions de l'inflation ont des conséquences communes, ce qui nous permet de tirer des conclusions même sans avoir *une* version officielle.

Parmi ces conclusions, il en est une de la plus haute importance, mise en évidence pour la première fois par Alexander Vilenkin de l'université de Tufts et étoffée ensuite par d'autres chercheurs, dont Linde [7]. En fait, c'est pour elle que j'ai consacré la première moitié de ce chapitre à expliquer le modèle inflationnaire.

Dans de nombreuses variantes de la théorie, la flambée d'expansion spatiale n'est pas un événement unique. Il se pourrait même que ce phénomène à l'origine de notre univers observable – expansion rapide de l'espace, puis transition vers une expansion plus douce accompagnée de production de particules – puisse se reproduire inlassablement en divers endroits très éloignés dans l'univers. De loin, l'univers serait criblé d'une myriade de régions immensément distantes les unes des autres, chacune étant la conséquence de l'inflation sur une petite portion d'espace. Notre domaine, ce que nous considérons depuis toujours comme *l'Univers*, ne serait que l'une de ces nombreuses régions, quelque part dans un espace tellement plus vaste. Si la vie intelligente existe dans d'autres régions, ces autres créatures partageraient probablement cette conviction que *leur* univers est *l'Univers*. C'est ainsi que la cosmologie inflationnaire nous emmène à pleine vitesse dans notre deuxième variante des mondes parallèles.

Pour comprendre ce multi-univers inflationnaire, nous devons affronter deux complications que notre analogie avec Kung Fu Panda laissait de côté.

Primo, l'image du gros panda au sommet de la montagne offrait une analogie pour un champ d'inflaton doté d'une énergie potentielle et d'une pression négative conséquentes, prêtes à dévaler la pente jusqu'à des valeurs inférieures. Mais contrairement à Kung Fu Panda qui est perché sur *une* montagne, le champ d'inflaton a quant à lui une valeur *en chaque point* de l'espace. La théorie postule que le champ d'inflaton commence avec la même valeur en chaque point d'une région donnée au départ. Ainsi pouvons-nous accéder à une analogie plus juste de la physique en imaginant plein de petits clones de notre panda préféré, chacun sur son propre sommet d'une foultitude de montagnes identiques, rangées bien serrées dans une petite zone de l'espace.

Secundo, jusqu'à présent, nous n'avons guère abordé la nature *quantique* de la théorie quantique des champs. Le champ d'inflaton, comme tout le reste dans notre univers, est sujet à l'incertitude quantique. Cela signifie que sa valeur subit des fluctuations quantiques aléatoires, qui l'augmentent un peu par-ci et la diminuent un peu par-là. Dans notre quotidien, ces fluctuations quantiques sont trop ténues pour qu'on les remarque. Mais les calculs montrent que plus l'inflaton a d'énergie, plus fortes seront les fluctuations dues à l'incertitude quantique. Comme l'énergie de l'inflaton lors de la phase d'expansion inflationnaire était extrêmement élevée, les fluctuations quantiques de l'univers primordial devaient être fortes et imposantes [8].

Il ne suffit donc pas d'imaginer un essaim de gros pandas chacun sur sa montagne ; nous devons également imaginer que tous sont soumis à des vibrations aléatoires – une forte par-ci, une faible par-là, une très forte par là-bas. Alors seulement pouvons-nous comprendre ce qui peut se passer. Les divers pandas resteront perchés sur leurs montagnes respectives pour des durées variables : par endroits, de fortes vibrations feront tomber la majeure partie des pandas au fin fond de la vallée. Ailleurs, une fluctuation moyenne n'en fera dégringoler que quelques-uns ; plus loin encore, certains pandas pourraient être en train de dévaler la pente quand une vibration très forte pourrait les remettre *en haut* de la montagne. Après un certain temps, le paysage serait composé d'un agencement aléatoire de régions (un peu comme le découpage des régions sur le territoire français), certaines n'ayant plus aucun panda en altitude, et d'autres avec quelques pandas toujours perchés en hauteur.

La nature aléatoire des fluctuations quantiques provoque le même genre d'effet pour le champ d'inflaton. Au départ dans une portion d'espace donnée, le champ possède en chaque point une valeur élevée, tout en haut de sa courbe d'énergie potentielle. Puis les fluctuations quantiques font vibrer le tout : la figure 3.2 montre comment l'étendue de l'espace se divise rapidement en zones, certaines où les fluctuations quantiques ont fait dégringoler l'inflaton tout en bas de la pente, d'autres où il est resté tout en haut.

Jusqu'ici, tout va bien. Restons concentrés : c'est là que la cosmologie diverge de l'analogie des pandas. Un champ perché tout en haut de sa courbe d'énergie potentielle influe beaucoup plus sur son environnement qu'un

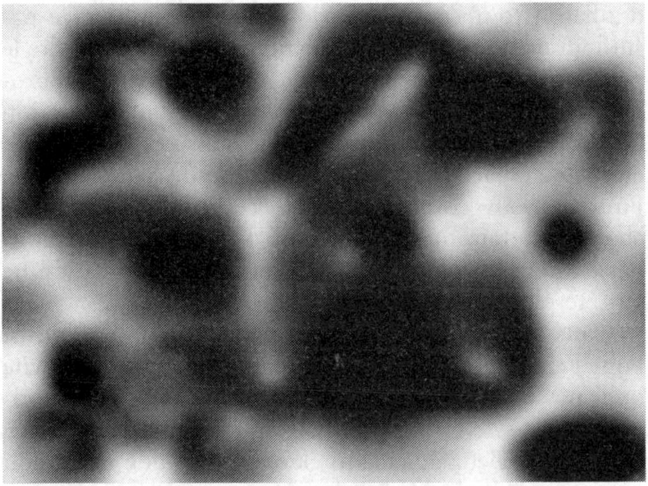

Figure 3.2 Diverses zones où le champ d'inflaton est resté élevé (zones claires) ou bien a dégringolé la pente (zones sombres).

hypothétique panda géant. Grâce au refrain que nous connaissons bien – l'énergie et la pression négative d'un champ uniforme créent une gravitation répulsive – nous devinons que la région baignée par ce champ connaît une expansion considérable. Cela signifie que l'évolution du champ d'inflaton dans l'espace est régie par deux phénomènes opposés. Les fluctuations quantiques, qui tendent à faire dégringoler le champ de son perchoir, *diminuent* la proportion d'espace aux prises avec un champ de haute énergie. L'expansion inflationnaire, en faisant grandir ces zones à toute vitesse, *diminue* la proportion d'espace imprégné de champs de haute énergie.

Lequel l'emporte-t-il ?

Dans la grande majorité des versions de cosmologie inflationnaire, l'augmentation est au moins aussi rapide que la diminution. La raison en est qu'un champ d'inflaton tombé trop vite de son perchoir ne crée pas suffisamment d'expansion inflationnaire pour résoudre le problème de l'horizon. Ainsi, dans les versions appropriées d'un point de vue cosmologique, l'augmentation l'emporte sur la diminution, afin d'assurer un volume élevé de l'espace total ayant un champ de haute énergie. Puisque nous comprenons que ces configurations du champ produiront d'autant plus d'expansions inflationnaires, nous voyons qu'une fois enclenchée, l'inflation ne s'arrête plus jamais.

C'est comme la propagation pandémique d'un virus. Pour l'éradiquer, nous devons éliminer le virus plus vite qu'il ne se reproduit. Le virus inflationnaire se « reproduit » plus vite que le processus qui permet d'en venir à bout (une valeur de champ élevée induit une expansion spatiale rapide et s'étend donc à une région de plus en plus vaste, avec la même valeur du champ). Le virus inflationnaire résiste très bien à son éradication [9].

L'univers et le gruyère

Ensemble, ces éléments nous montrent que la cosmologie inflationnaire offre une vision radicalement nouvelle de l'étendue de la réalité, plus facile à comprendre grâce à une image. Figurons-nous l'univers comme un énorme bloc de gruyère à trous (le gruyère français), avec les parties pleines correspondant aux zones où la valeur du champ d'inflaton est élevée, et les trous aux régions où sa valeur est faible. Autrement dit, les trous sont les portions de l'espace qui, comme la nôtre, ont traversé l'expansion exponentielle et converti l'énergie du champ d'inflaton en un bain de particules qui ont fini par s'agencer en galaxies, en étoiles et en planètes. Avec cette image, nous voyons que ce gruyère cosmique a de plus en plus de trous : les fluctuations quantiques font tomber la valeur du champ d'inflaton en divers endroits, de façon aléatoire. En même temps, les parties en fromage s'étendent de plus en plus puisqu'elles sont soumises à l'expansion inflationnaire créée par leur champ de haute énergie. Ensemble, ces deux procédés donnent un morceau de gruyère cosmique de plus en plus gros, et criblé de trous de plus en plus nombreux. Dans le langage plus habituel à la cosmologie, chaque trou est appelé un « univers bulle [10] ». Chacun d'eux est une ouverture grignotée dans un espace cosmique qui enfle à toute vitesse (voir figure 3.3).

Ne nous laissons pas berner par le terme « univers bulle », qui inspire plutôt quelque chose de petit. Notre univers est gigantesque. Qu'il soit une simple petite région d'une structure encore beaucoup plus vaste – une simple petite bulle dans un énorme bloc de gruyère cosmique – laisse entrevoir l'expansion phénoménale, dans le modèle inflationnaire, de l'univers en tant que tout. Et cela vaut pour toutes les autres bulles. Chacune est un univers aussi réel, aussi gigantesque et expansif que le nôtre.

Dans certaines versions de la théorie inflationnaire, l'inflation n'est pas éternelle. Grâce à quelques menus ajustements – comme le nombre de champs d'inflaton et leur courbe d'énergie potentielle –, les théoriciens parviennent à faire en sorte que l'inflaton soit chassé de son perchoir partout, en temps voulu. Mais ces variantes sont plutôt les exceptions que la règle. Les versions les plus ordinaires proposent un nombre considérable d'univers bulles disséminés dans un espace voué à l'expansion éternelle. Donc si la théorie de l'inflation est juste, et si, comme le montrent de nombreux travaux théoriques, sa réalisation physique est éternelle, alors la conséquence en est inévitablement l'existence d'un multi-univers inflationnaire.

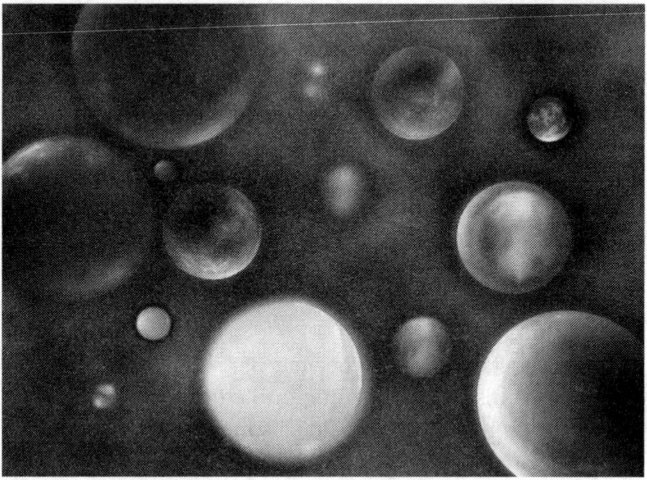

Figure 3.3 Le multi-univers inflationnaire provient de l'éclosion continuelle d'univers-bulles dans un espace en perpétuelle expansion, régi par un champ d'inflaton de haute énergie.

Changement de perspective

À l'époque, dans les années 1980, lorsque Vilenkin comprit la nature éternelle de l'expansion inflationnaire et les univers parallèles qu'elle engendre, il se précipita chez Alan Guth au MIT pour lui en faire part. Au beau milieu de ses explications, il vit la tête de Guth basculer vers l'avant : il s'était endormi. Ce n'était pas forcément mauvais signe car Guth est connu pour piquer du nez pendant les séminaires – je me souviens de l'avoir vu papillonner des paupières lors de certains de mes exposés – et la légende veut qu'il ouvre à demi les paupières pour poser la plus lumineuse des questions. En l'occurrence la communauté des physiciens au complet n'était guère plus enthousiaste que Guth, si bien que Vilenkin classa l'affaire et passa à d'autres projets.

Aujourd'hui ce n'est plus pareil. À l'époque où Vilenkin avait envisagé le multi-univers inflationnaire pour la première fois, les indices en faveur de la théorie inflationnaire étaient maigres. Donc pour les rares chercheurs qui s'y intéressaient un tant soit peu, ces idées d'une expansion inflationnaire fabriquant une nuée d'univers parallèles n'étaient que spéculation sur spéculation. Depuis, les apports observationnels en faveur de l'inflation ont pris énormément d'ampleur, essentiellement grâce aux mesures du fond de rayonnement cosmologique.

Bien que l'uniformité observée du fond de rayonnement cosmologique fût l'une des premières motivations à l'élaboration de la théorie de l'inflation, ses premiers adeptes avaient compris que l'expansion spatiale rapide ne suffit pas à elle seule à expliquer que le rayonnement soit si *parfaitement* uniforme. En effet, les fluctuations quantiques, élargies par l'expansion inflationnaire, auraient eu pour effet de parsemer de petites variations de la température, à la manière de minuscules vaguelettes sur la surface d'un étang parfaitement lisse par ailleurs. Cette réflexion s'est révélée aussi spectaculaire qu'importante*. Voici comment.

L'incertitude quantique aurait imposé des fluctuations quantiques à la valeur du champ d'inflaton. En effet, si la théorie de l'inflation est correcte, la flambée d'expansion inflationnaire se serait arrêtée grâce à une fluctuation quantique suffisamment forte qui aurait, voici près de 14 milliards d'années, fait dévaler la pente de l'énergie potentielle à notre champ d'inflaton. Mais l'histoire ne s'arrête pas là. Car durant sa chute jusqu'à sa valeur minimale – celle qui met un terme à la phase d'expansion

---

* Parmi les chercheurs qui ont joué un rôle dans ces travaux, citons Viatcheslav Mukhanov, Gennady Chibisov, Stephen Hawking, Alexei Starobinsky, Alan Guth, So-Young Pi, James Bardeen, Paul Steinhardt et Michael Turner.

fulgurante – le champ d'inflaton continue de subir des fluctuations quantiques. Et ces fluctuations auraient donc porté l'inflaton à une valeur un peu plus élevée ici, et une autre un peu plus faible là. Un peu comme la surface ondoyante d'un drap que l'on déploie sur un matelas. Cela aurait produit de petites variations dans l'énergie de l'inflaton à travers l'espace. Normalement, ces variations quantiques sont si ténues et sur des échelles si minuscules qu'elles n'ont aucune incidence à l'échelle cosmologique. Mais l'expansion inflationnaire n'a rien de normal.

L'expansion de l'espace est si rapide, même durant la transition hors de la phase inflationnaire, que même le microscopique aurait été transformé en macroscopique. Et tout comme un mot écrit en lettres miniatures sur un ballon de baudruche devient tout à fait lisible après qu'on a gonflé le ballon et donc distendu sa surface, les effets des fluctuations quantiques deviennent visibles lorsque l'expansion inflationnaire distend l'espace cosmique. Plus précisément, cette distension des minuscules différences d'énergie provoquées par les fluctuations quantiques crée des variations de température qui sont imprimées dans le fond de rayonnement micro-onde. D'après les calculs, ces différences de température ne seraient pas affolantes, mais tout de même de l'ordre d'un millième de degré. Autour d'une zone à 2,725 K, la distension des fluctuations quantiques aurait pu créer une région voisine à 2,7245 K et une autre à 2,7255 K par exemple.

Les astronomes ont scruté le ciel de façon extrêmement minutieuse à la recherche de telles variations de température. Et on les a trouvées. Tout comme le prévoyait la théorie, elles se comptent en millièmes de degrés (voir figure 3.4). Plus impressionnant encore : ces

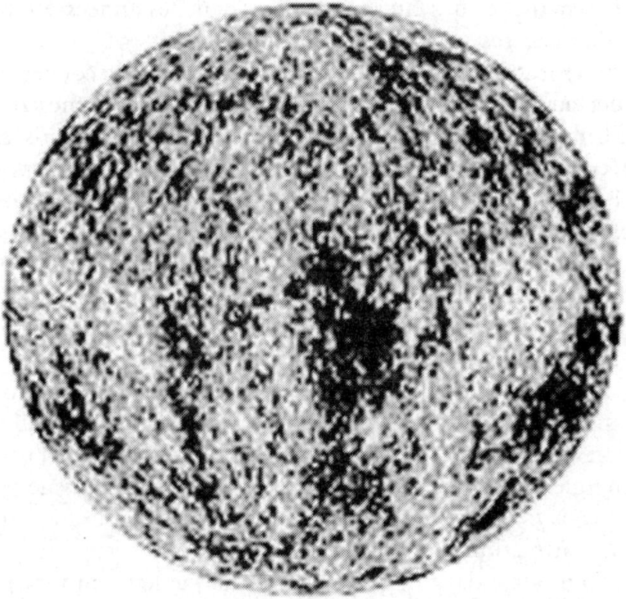

Figure 3.4 L'énorme expansion spatiale de la cosmologie inflationnaire étire les fluctuations quantiques miscroscopiques en variations macroscopiques, produisant des écarts observables de la température du fond de rayonnement cosmologique (les taches sombres étant légèrement plus froides que les claires).

minuscules différences de température dessinent dans le ciel un motif que les calculs expliquent à merveille. La figure 3.5 compare les mesures aux prévisions théoriques des variations de température que nous devrions observer en fonction de la distance entre deux régions (mesurée par l'angle entre leurs lignes de mire respectives depuis la Terre). L'accord est confondant.

Le prix Nobel de physique de 2006 fut décerné à George Smoot et John Mather, à la tête de l'équipe du Cosmic Background Explorer, comptant plus de mille chercheurs, et qui fut la première, dans les années 1990, à détecter ces variations de température.

Ces travaux s'inscrivaient dans la lignée de découvertes spectaculaires, qui avaient commencé avec les recherches d'Einstein, Friedmann et Lemaître ; s'étaient aiguisées avec les calculs de Gamow, Alpher et Herman ; puis ravivées par les idées de Dicke et Peebles ; validées par les observations de Penzias et Wilson et enfin couronnées par l'œuvre d'une armée d'astronomes, de physiciens et d'ingénieurs qui ont mis leurs efforts en commun pour mettre en évidence une minuscule signature cosmologique, en place depuis des milliards d'années.

Qualitativement, nous devrions tous être reconnaissants envers les taches de la figure 3.4. À la fin de l'inflation dans notre univers bulle, les régions dotées d'une énergie légèrement plus élevée (ou de façon équivalente grâce à $E = mc^2$, les régions les plus massives) exerçaient une attraction gravitationnelle légèrement supérieure, attirant ainsi davantage de particules que leur entourage. À leur tour, les plus gros amas exerçaient une attraction gravitationnelle plus forte encore et attiraient donc de plus en plus de matière. Cet effet boule de neige finit par produire des paquets de masse/énergie qui, après des milliards d'années, évoluèrent en étoiles et en galaxies. C'est ainsi que la théorie inflationnaire établit un lien remarquable entre les plus grandes et les plus petites structures du cosmos. L'existence des galaxies, des étoiles, des planètes et de la vie même s'explique par l'amplification, via l'expansion inflationnaire, des microscopiques fluctuations quantiques primordiales.

Les fondements théoriques de l'inflation demeurent hésitants : après tout, l'inflaton n'est qu'un champ hypothétique dont l'existence reste à démontrer. Sa courbe d'énergie potentielle a été postulée par les chercheurs, et non mise en évidence par l'observation. L'inflaton se retrouve on ne sait comment au sommet de sa courbe d'énergie potentielle sur toute une région de l'espace, et ainsi de suite. Malgré tout cela, et même si certains détails de la théorie ne sont pas tout à fait exacts, l'accord entre théorie et observation a convaincu bon nombre de scientifiques que le modèle inflationnaire exploite un filon absolument fondamental de l'évolution cosmique. Et puisque beaucoup des variantes de l'inflation sont éternelles, et produisent un nombre sans cesse croissant d'univers bulles, théorie et observation offrent de concert des arguments convaincants en faveur de cette deuxième version des mondes parallèles.

Confrontations avec le multi-univers inflationnaire

Dans un multi-univers en patchwork, il n'existe pas de distinction nette entre un univers et un autre. Tous font partie d'une même étendue spatiale, dont les propriétés sont globalement les mêmes d'une région à une autre. La plupart d'entre nous n'imagineraient pas que les mondes se répètent ou que nous puissions rencontrer d'autres versions de nous-mêmes, de nos amis ou nos proches. Mais si nous pouvions voyager suffisamment loin, c'est cela que nous trouverions.

Dans un multi-univers inflationnaire, les univers qui le composent sont très isolés. Chacun étant un trou du gruyère cosmique, séparé des autres par des zones où le champ d'inflaton garde une valeur élevée. Puisque ces zones intermédiaires subissent toujours l'expansion inflationnaire, les univers bulles sont isolés les uns des autres à une vitesse fulgurante, proportionnelle à la quantité d'espace en expansion qui les sépare. Plus les bulles sont éloignées, plus rapide est la vitesse de récession ; et les plus distantes s'éloignent même les unes des autres à une vitesse supérieure à celle de la lumière.

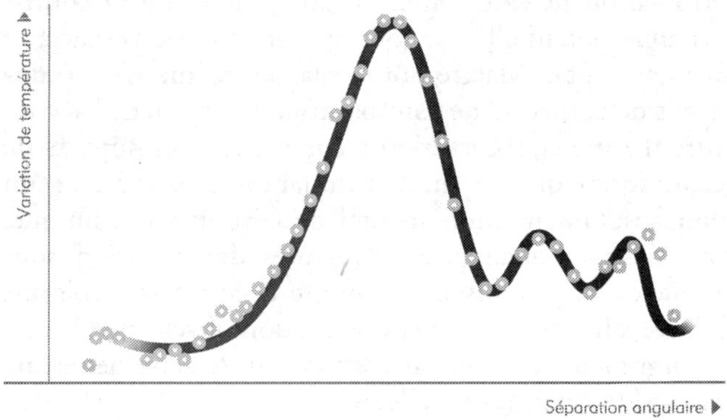

Figure 3.5 Le motif des différences de température dans le fond de rayonnement cosmique. Les variations de température sont représentées sur l'axe vertical et sur l'axe horizontal est indiquée la distance entre deux régions (mesurée par l'angle entre leur ligne de mire respective depuis la Terre – les angles les plus élevés à gauche, les plus serrés à droite)11. La courbe pleine est celle des prédictions théoriques, les données observées sont représentées par les cercles.

Même avec une longévité éternelle et des technologies sans limite, nous ne pourrions jamais franchir un tel gouffre. Nous ne pouvons même pas y envoyer le moindre signal.

Imaginons que nous puissions voyager vers un ou deux de ces univers bulles. Si nous pouvions le faire, que trouverions-nous ? Eh bien, puisque chaque univers bulle a subit la même évolution que le nôtre – l'inflaton dévale la pente, ce qui met fin à l'expansion inflationnaire pour la région considérée – chacun est régi par la même physique théorique et donc les mêmes lois physiques que les nôtres. Mais de même que des jumeaux peuvent, dans des environnements différents, grandir de manière très différente, des lois identiques peuvent, dans des environnements différents, se manifester de manière très différente.

Imaginons par exemple un autre univers bulle très semblable au nôtre, avec des galaxies pleines d'étoiles et de planètes, mais avec une variante essentielle : cet univers est baigné d'un champ magnétique un millier de fois plus fort que celui de nos derniers appareils d'IRM, à ceci près que ce champ-là ne peut pas être éteint par un technicien. Un champ d'une telle puissance influe forcément sur beaucoup de choses. Non seulement tous les objets contenant du fer auraient la fâcheuse habitude de voler le long des lignes du champ, mais même les propriétés élémentaires des particules, des atomes et des molécules seraient différentes. Un champ magnétique trop intense pourrait si fortement perturber le fonctionnement cellulaire que la vie telle que nous la connaissons ne le supporterait pas.

Pourtant, tout comme les lois physiques à l'œuvre à l'intérieur de nos appareils d'IRM sont exactement les mêmes qu'à l'extérieur, les lois fondamentales de la physique régissant cet univers magnétique sont les mêmes que les nôtres. Les écarts des résultats d'expériences ou de mesures ne seraient dus qu'à un aspect de l'environnement : le champ magnétique. Les talentueux scientifiques de cet univers magnétique finiraient certainement par se dépatouiller de ce champ magnétique et par retrouver les mêmes lois mathématiques que celles que nous avons découvertes.

Ces quarante dernières années, nos chercheurs ont imaginé un scénario identique, mais dans notre propre univers. La plus reconnue des théories de physique fondamentale, le « modèle standard de la physique des particules », postule que nous sommes baignés par un champ exotique appelé « champ de Higgs » (du nom du physicien anglais, Peter Higgs, qui proposa cette idée pour la première fois dans les années 1960, notamment grâce aux contributions de Robert Brout, François Englert,

Gerald Guralnik, Carl Hagen et Thomas Kibble). Champ de Higgs et champ magnétique sont tous deux invisibles, et peuvent donc imprégner tout l'espace sans manifester directement leur présence. Cependant, si l'on en croit la théorie des particules, le champ de Higgs se camoufle de manière beaucoup plus subtile. Les particules qui évoluent dans un champ de Higgs uniforme n'accélèrent pas, ne ralentissent pas et ne sont pas contraintes de suivre certaines trajectoires, contrairement à ce qui se passe, pour certaines, dans un champ magnétique. La théorie stipule qu'elles subiraient une influence beaucoup plus fine et fondamentale.

En évoluant dans un champ de Higgs, *les particules fondamentales acquièrent et conservent la masse qu'on leur observe expérimentalement.* Si l'on en croit cette idée, la résistance à la force exercée sur un électron ou un quark pour modifier sa vitesse proviendrait d'un effet de « viscosité » pour la particule dans le champ de Higgs. C'est cette résistance que nous appelons la masse. Si nous pouvions éteindre le champ de Higgs dans une portion de l'espace, les particules la traversant se retrouveraient tout à coup dénuées de masse. Si nous pouvions doubler la valeur du champ de Higgs dans une autre zone, alors les particules passant par là auraient tout à coup le double de leur masse habituelle*.

Provoquer de tels changements reste complètement hypothétique, car la quantité d'énergie nécessaire pour modifier notablement la valeur du champ de Higgs,

---

* J'insiste sur le fait que cela concerne les particules *fondamentales*, quarks et électrons. Pour les particules composites, comme protons et neutrons (3 quarks chacun), la majeure partie de la masse provient des interactions entre leurs constituants élémentaires (l'énergie véhiculée par les gluons de la force nucléaire forte, qui lie les quarks à l'intérieur des protons et neutrons, représente la majeure partie de la masse de ces particules composites).

même dans une minuscule portion de l'espace, dépasse largement nos possibilités *. Dans beaucoup de variantes de la cosmologie inflationnaire, le champ de Higgs aurait naturellement des valeurs différentes selon les univers bulles.

Le champ de Higgs, un peu comme le champ d'inflaton, possède une courbe indiquant quelle quantité d'énergie il incarne en fonction de sa valeur. Toutefois, contrairement à la courbe d'énergie potentielle de l'inflaton, celle du Higgs ne s'arrête pas forcément à une valeur nulle comme sur la figure 3.1, mais roule au fond de l'un des creux de la figure 3.6-a. Imaginons les premiers instants de deux univers bulles, dont le nôtre. Dans les deux univers, la violence et la chaleur du bouillonnement primordial provoquent des variations houleuses de la valeur du champ de Higgs. Avec l'expansion et le refroidissement, le champ de Higgs se stabilise et sa valeur s'arrête dans l'un des creux de la figure 3.6-a. Dans notre univers, sa valeur finale serait, par exemple, celle de gauche, celle qui donne à nos particules élémentaires les propriétés qu'on leur mesure. Dans l'autre univers bulle, les tribulations du Higgs pour l'amener à se stabiliser dans le creux de droite. Cet univers aurait alors des propriétés considérablement différentes des nôtres. Bien que les lois sous-jacentes soient les mêmes dans les deux univers, les masses et autres propriétés des particules élémentaires ne le sont pas.

Même une différence minime dans les propriétés des particules élémentaires pourrait avoir de lourdes conséquences. Si la masse de l'électron dans un autre univers

---

* Notons à ce sujet que l'existence du champ de Higgs vient d'être confirmée expérimentalement à Genève. Les collisions entre protons de très haute énergie dans le LHC ont permis de détecter un petit morceau du champ de Higgs – une particule compatible avec le boson de Higgs. (N.d.E.)

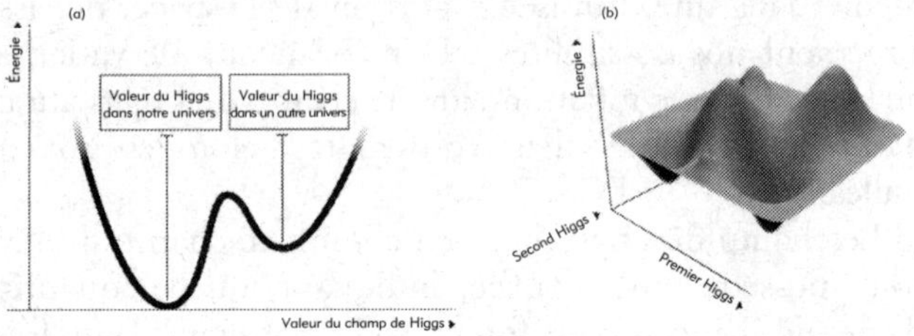

Figure 3.6 **(a)** Une courbe d'énergie potentielle pour le champ de Higgs avec deux creux. Les propriétés habituelles de notre univers correspondent à la stabilisation de la valeur du Higgs dans le creux de gauche. Dans un autre univers, le champ peut se stabiliser dans le creux de droite et produire alors des propriétés physiques différentes. **(b)** Un exemple de courbe d'énergie potentielle pour une théorie à deux champs de Higgs.

bulle était un peu plus élevée qu'elle ne l'est dans le nôtre, électrons et protons auraient tendance à se lier pour former des neutrons, ce qui empêcherait l'abondante production d'hydrogène que nous connaissons. Les forces fondamentales – la force électromagnétique, les forces nucléaires et (nous le croyons) la gravitation – sont également véhiculées par des particules élémentaires. Modifier les propriétés de ces particules revient à modifier radicalement les propriétés des forces. Par exemple, une particule plus lourde se déplacera plus lentement et réduira donc la distance à laquelle la force correspondante peut être transmise. La formation et la stabilité des atomes dans notre univers bulle reposent sur les propriétés des forces nucléaires et électromagnétique. Il suffit qu'elles subissent d'importantes modifications pour que les atomes se délitent ou, plus exactement, qu'ils ne se forment pas du tout. Le moindre changement notable des propriétés des particules élémentaires peut perturber les processus mêmes qui dotent notre univers de ses caractéristiques.

Figure 3.7 Les champs pouvant se stabiliser à des valeurs différentes dans chaque bulle, les univers du multi-univers inflationnaire peuvent chacun avoir leurs propres caractéristiques physiques, même si les univers sont tous régis par les mêmes lois fondamentales.

La figure 3.6-a illustre le cas le plus simple, pour un seul champ de Higgs. Mais les physiciens ont envisagé d'autres scénarios plus compliqués, avec plusieurs champs de Higgs (nous verrons d'ici peu que ces possibilités découlent naturellement de la théorie des cordes), ce qui offre encore plus de diversité des univers bulles. La figure 3.6-b montre un exemple avec deux champs de Higgs. Comme précédemment, les divers creux représentent les différentes valeurs auxquelles le champ peut se stabiliser dans l'un ou l'autre des univers bulles.

Imprégnés de valeurs aussi inhabituelles des divers champs de Higgs, ces univers seraient très différents du nôtre, comme illustré schématiquement sur la figure 3.7.

Une excursion dans les mondes du multi-univers inflationnaire serait une entreprise très dangereuse. Peu d'univers bulles seraient des étapes de choix, car pour beaucoup, les conditions seraient totalement incompatibles avec les processus biologiques essentiels à notre survie. L'expression « on n'est jamais mieux que chez soi » revêt alors un sens tout à fait fondamental. Notre univers bulle pourrait être, dans le multi-univers inflationnaire, l'île idéale au beau milieu d'un archipel absolument immense mais très inhospitalier.

Des univers dans des coquilles de noix

Du fait de leurs différences fondamentales, le multi-univers en patchwork et le multi-univers inflationnaire peuvent sembler n'avoir aucun rapport. La variante en patchwork provient du fait que l'étendue de l'espace est infinie ; la variante inflationnaire du fait de son expansion inflationnaire éternelle. Et pourtant, il existe entre eux un lien profond et merveilleusement satisfaisant, qui ramène le contenu des deux premiers chapitres au point de départ. Les univers parallèles de l'inflation engendrent leurs cousins en patchwork. Et c'est une histoire de temps.

Parmi les nombreuses bizarreries que les travaux d'Einstein ont révélées au grand jour, la fluidité du temps est la plus difficile. Bien que notre expérience quotidienne nous convainque que le temps passe de manière objective, la relativité montre que ce n'est qu'un artefact de la vie à basse vitesse et faible gravitation. Que l'on se rapproche de la vitesse de la lumière ou que l'on subisse un champ gravitationnel intense, et notre conception familière, universelle, du temps s'évanouit. Si notre voisin passe devant chez nous à toute vitesse, des événements que nous verrons arriver au même moment seront observés par lui à des instants différents. Si nous pouvions nous immobiliser près du bord d'un trou noir, une heure écoulée sur notre montre serait une durée démesurément longue sur les horloges restées sur Terre. Ce n'est ni de la magie ni de l'hypnose. L'écoulement du temps dépend de l'observateur – de sa trajectoire et de la gravitation qu'il subit [11].

À l'échelle de l'univers dans son entier, ou disons à l'échelle de notre bulle dans le modèle inflationnaire, cela soulève aussitôt la question suivante : Comment ce temps si malléable, si personnalisable, s'accorde-t-il avec la notion de temps cosmologique absolu ? Nous parlons librement de l'« âge » de notre univers, mais avec ces galaxies en récession si rapide, à des vitesses définies par leur éloignement, est-ce que la relativité de l'écoulement du temps n'est pas le pire des cauchemars pour n'importe quel chronométreur cosmique ? Lorsque nous parlons d'un univers âgé de « 14 milliards d'années », utilisons-nous une horloge particulière pour mesurer cette durée ?

En effet. Et une analyse soigneuse de cette durée cosmique révèle un lien direct entre les univers parallèles des variantes patchwork et inflationnaire.

Toutes les méthodes utilisées pour mesurer l'écoulement du temps reviennent à étudier les changements pour un système physique donné. À l'aide d'une horloge murale ordinaire, nous étudions les changements de position de ses aiguilles. Grâce au Soleil, nous pouvons étudier les changements de sa position dans le ciel. Avec le carbone 14, nous étudions la proportion d'un échantillon donné qui s'est désintégré en azote. L'histoire et la commodité nous ont conduit à utiliser la rotation et la révolution de la Terre comme références physiques à la base de nos concepts de « jour » et « année ». Mais pour mesurer l'écoulement du temps à l'échelle cosmologique, il existe une autre méthode plus adaptée.

Nous avons vu que l'expansion inflationnaire produit de vastes régions dotées de propriétés relativement homogènes en moyenne. Si nous mesurons la température, la pression ou la densité de matière/énergie dans deux grandes portions éloignées d'un même univers bulle, nous obtiendrons les mêmes résultats. Les résultats peuvent changer avec le temps, mais l'uniformité à grande échelle garantit qu'en moyenne, ces changements *ici* seront les mêmes que les changements *là-bas*. En l'occurrence, notons que la densité de masse dans notre univers bulle décroît progressivement depuis le début de notre histoire de plusieurs milliards d'années, grâce à la perpétuelle expansion de l'espace. Mais comme ces changements ont eu lieu de manière uniforme dans notre univers bulle, ils n'ont pas perturbé son homogénéité à grande échelle.

Il se trouve que c'est important : de même que la proportion sans cesse décroissante de carbone 14 d'un échantillon de matière organique permet de mesurer le temps passé sur Terre, la valeur sans cesse décroissante de la densité de masse permet de mesurer le temps passé dans l'espace. De plus, ces changements se faisant de façon uniforme dans tout l'espace, la densité de masse comme marqueur de l'écoulement du temps dote l'univers d'une horloge globale. Si chacun pouvait régler sa montre sur la densité moyenne (et la remettre à l'heure après avoir rôdé près d'un trou noir ou voyagé à des vitesses proches de celle de la lumière), cela préserverait la synchronisation des différentes zones temporelles de notre univers bulle. Lorsque nous parlons de l'âge de l'univers – en l'occurrence l'âge de notre bulle –, nous imaginons qu'il est mesuré sur de telles horloges, réglées à l'heure cosmique ; ce n'est que par rapport à elles que le concept de temps cosmologique a un sens.

Le même raisonnement vaut pour les premiers instants de notre univers bulle, modulo un petit détail : la matière sous sa forme ordinaire n'existait pas encore. Nous ne pouvons donc pas parler de densité de masse. En revanche, le champ d'inflaton représentait le réservoir d'énergie de notre univers bulle – énergie qui sera très vite convertie en particules. Ainsi devons-nous synchroniser nos horloges en fonction de la densité d'énergie du champ d'inflaton.

Cela étant, l'énergie de l'inflaton est déterminée par la valeur du champ, comme le montre sa courbe d'énergie potentielle. Pour donner une valeur au temps à un point donné de notre bulle, nous devons donc déterminer la valeur de l'inflaton en ce point. Deux arbres ont le même âge s'ils ont le même nombre d'anneaux de croissance. Deux morceaux de sédiments glaciaires ont le même âge s'ils possèdent la même quantité de carbone radioactif. De même, deux points de l'espace ont la même notion du temps s'ils ont une même valeur pour le champ d'inflaton. Voilà comment nous définissons et synchronisons les horloges de notre univers bulle.

La raison pour laquelle j'ai abordé ces questions est la suivante : appliquées au gruyère cosmique qu'est le multi-univers inflationnaire, ces observations ont une conséquence tout à fait contraire à l'intuition. Comme pour la célèbre réplique de Hamlet : « Je pourrais être enfermé dans une coquille de noix, et me regarder comme le roi d'un espace infini », chacun des univers bulles semble avoir une étendue spatiale *finie* depuis l'extérieur mais *infinie* depuis l'intérieur. Et c'est une prise de conscience extraordinaire. Un espace infini, voilà justement ce dont nous avons besoin pour les univers parallèles en patchwork. Ainsi pouvons-nous combiner le multi-univers en patchwork au récit inflationnaire.

L'extrême disparité entre les points de vue à l'intérieur et à l'extérieur provient de leurs conceptions du temps si radicalement différentes. Cela n'a rien d'évident, mais nous allons voir que ce qui apparaît comme un temps infini pour un observateur extérieur, apparaît comme un espace infini, à chaque instant du temps, pour un observateur intérieur [12].

L'espace dans un univers bulle

Pour comprendre comment cela s'articule, imaginons Samantha, à l'intérieur d'une région de l'espace dotée d'un inflaton non nul et donc en expansion. Samantha observe la formation d'un univers bulle. En dirigeant son inflatomètre vers la bulle en formation, elle peut suivre en direct les variations de son champ d'inflaton. Bien que la région – le trou dans le gruyère cosmique – soit tridimensionnelle, il est plus simple d'étudier le champ sur une section unidimensionnelle le long d'un diamètre, et c'est ce que fait Samantha. Elle obtient alors les données sur la figure 3.8-a. Chaque ligne au-dessus de la précédente montre l'évolution de la valeur du champ à chaque instant, du point de vue de Samantha. Et comme nous le voyons sur la figure, elle voit l'univers bulle (représenté sur la figure par les zones les plus claires, où la valeur de l'inflaton a chuté) devenir de plus en plus gros.

Imaginons à présent que Jean-Pierre observe lui aussi la formation de cet univers bulle, mais depuis l'intérieur. Il s'efforce de relever avec précision les observations astronomiques indiquées par son inflatomètre. Contrairement à Samantha, Jean-Pierre se conforme à une notion du temps calibrée sur la valeur de l'inflaton. C'est la clé du résultat que nous cherchons à démontrer, alors concentrons-nous bien. Imaginons que chaque personne

70	60	50	40	30	20	10	0	10	20	30	40	50	60	70
80	70	60	50	40	30	20	10	20	30	40	50	60	70	80
90	80	70	60	50	40	30	20	30	40	50	60	70	80	90
100	90	80	70	60	50	40	30	40	50	60	70	80	90	100
100	100	90	80	70	60	50	40	50	60	70	80	90	100	100
100	100	100	90	80	70	60	50	60	70	80	90	100	100	100
100	100	100	100	90	80	70	60	70	80	90	100	100	100	100
100	100	100	100	100	90	80	70	80	90	100	100	100	100	100
100	100	100	100	100	100	90	80	90	100	100	100	100	100	100
100	100	100	100	100	100	100	90	100	100	100	100	100	100	100
100	100	100	100	100	100	100	100	100	100	100	100	100	100	100

Figure 3.8 (a) Chaque ligne retrace la valeur de l'inflaton à un instant donné du point de vue d'un observateur extérieur. Les lignes les plus hautes correspondent aux moments les plus tardifs. Les colonnes indiquent la position dans l'espace. Une bulle est une région de l'espace dont l'expansion inflationnaire cesse du fait de la chute de son champ d'inflaton. Les cases les plus claires correspondent aux valeurs de l'inflaton à l'intérieur de la bulle. Du point de vue de l'observateur extérieur, la bulle ne cesse de grossir.

à l'intérieur de l'univers bulle porte une montre qui mesure et indique la valeur de l'inflaton. Si Jean-Pierre invite des amis à dîner, il leur propose de venir lorsque la valeur de l'inflaton atteint 60. Puisque toutes les montres sont calibrées par la même donnée universelle (la valeur du champ d'inflaton), le dîner se passe à merveille. Tout le monde arrive au même moment, car tous partagent la même synchronisation.

Ayant compris cela, Jean-Pierre peut facilement calculer la taille de l'univers bulle à chaque instant sur sa montre. C'est même un jeu d'enfant : c'est du coloriage, il lui suffit de colorier de la même façon les points qui ont la même valeur du champ d'inflaton. En reliant, Jean-Pierre peut alors représenter tous les lieux contenus dans la bulle à un moment donné dans le temps. De son temps. Le temps de l'intérieur.

Le tracé de Jean-Pierre sur la figure 3.8-b est éloquent. Chaque flèche reliant des points ayant la même valeur du champ d'inflaton, elle représente tout l'espace intérieur à un instant donné. Comme le montre la figure, chaque courbe s'étend indéfiniment : du point de vue de ses occupants, la taille de l'univers bulle est *infinie.* Cela montre que pour l'extérieur le temps qui dure éternellement (que Samatha a illustré par une série de lignes sans fin sur la figure 3.8-a) revient à une étendue spatiale infinie à chaque instant, pour l'intérieur.

C'est quelque chose d'énorme. Au chapitre 2, nous avons vu que le multi-univers en patchwork dépendait du fait que l'espace soit infini, et nous avions vu qu'il pouvait aussi bien l'être ou ne pas l'être. Nous voyons maintenant que chaque univers bulle du multi-univers inflationnaire est fini du point de vue d'un observateur extérieur, mais infini depuis l'intérieur. Si le multi-univers inflationnaire existe, alors les occupants d'une bulle (nous) sont à la fois des membres du multi-univers inflationnaire *et* de l'univers en patchwok [13].

La première fois que j'ai entendu parler des multi-univers inflationnaire et en patchwork, c'est la diversité que produit l'inflation qui m'a le plus convaincu. La cosmologie inflationnaire résout beaucoup de problèmes de longue date tout en proposant des prédictions qui s'accordent très bien avec nos observations. Avec le raisonnement que nous avons vu, l'inflation est naturellement un processus sans fin : elle produit univers bulle après univers bulle, mais nous n'en occupons qu'un seul. Quant à l'univers en patchwork, qui déploie toutes ses possibilités si l'espace est non seulement immense mais

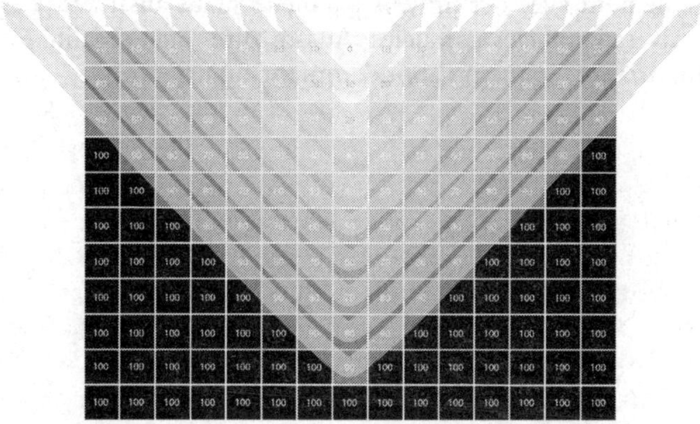

Figure 3.8 (b) La même information que sur la figure 3.8-a est interprétée différemment par un observateur intérieur à la bulle. Les mêmes valeurs de l'inflaton correspondent à des instants identiques : les flèches relient tous les points de l'espace qui existent au même moment dans le temps de l'intérieur. Les valeurs les plus basses correspondent aux instants les plus tardifs. Notons que les flèches pourraient continuer indéfiniment : pour un observateur à l'intérieur de l'univers bulle, l'espace est infini.

infini (la répétition est possible dans un univers immense, mais elle est certaine dans un univers infini), il ne semblait pas inévitable : après tout, l'univers pouvait toujours avoir une taille finie. Mais nous voyons à présent que les univers bulles de l'inflation éternelle, lorsqu'ils sont analysés du point de vue de leurs occupants, sont bel et bien infinis. Les univers parallèles inflationnaires génèrent ceux du patchwork.

Si l'on en croit la meilleure théorie cosmologique disponible pour expliquer les meilleures données cosmologiques disponibles, nous serions les habitants d'un vaste système inflationnaire d'univers parallèles, chacun d'eux abritant sa propre série d'univers parallèles en patchwork. La recherche dernier cri nous concocte un cosmos non seulement avec des univers parallèles, mais aussi avec des univers parallèles parallèles. Autant dire que la réalité est luxuriante, et même abondamment luxuriante !

Chapitre 4

L'UNIFICATION DES LOIS DE LA NATURE

En route vers la théorie des cordes

Du Big Bang à l'inflation, la cosmologie moderne suit le même fil conducteur : celui de la relativité générale d'Einstein. Avec sa nouvelle théorie de la gravitation, Einstein a révolutionné notre conception de l'espace et du temps rigides et immuables : la science doit maintenant composer avec une cosmologie dynamique. Les bouleversements de cette ampleur sont rares. Et pourtant, Einstein rêvait d'atteindre des sommets encore plus hauts. Avec l'arsenal mathématique dont il disposait et l'intuition géométrique qu'il s'était forgée, Einstein décida dans les années 1920 d'élaborer une théorie des champs *unifiée*.

Einstein envisageait un modèle qui tisserait toutes les forces de la nature en une seule étoffe mathématique. Plutôt qu'une série de lois pour tel phénomène physique, et une série différente pour tel autre phénomène, Einstein voulait réunir toutes les lois en une seule. L'histoire aura accordé peu d'influence aux dizaines d'années de labeur qu'Einstein a consacrées à l'unification – son rêve était noble et il était en avance sur son temps – mais d'autres ont pris le relais et accompli des progrès importants, le modèle le plus avancé étant celui de la *théorie des cordes*.

Mes précédents ouvrages, *L'Univers élégant* et *La Magie du cosmos* relataient l'histoire et les principes de la théorie des cordes. Depuis son apparition, la théorie a dû affronter une avalanche d'interrogations de la part du public. Ce qui est tout à fait légitime. En dépit de tous ses apports, la théorie des cordes doit toujours proposer des prédictions précises à soumettre à l'expérience afin de se voir confirmée ou infirmée. Comme les trois prochaines variantes de multi-univers (jusqu'au chapitre 6) découlent de la théorie des cordes, nous devons aborder la situation actuelle de la théorie ainsi que les liens possibles à l'expérimentation et aux données observationnelles. Voilà donc l'objectif de ce chapitre.

Une brève histoire de l'unification

À l'époque où Einstein cherchait à unifier les lois de la physique, les seules forces connues étaient la gravitation, décrite par sa théorie de la relativité générale, et la force électromagnétique, décrite par les équations de Maxwell. Einstein imaginait de les unifier en une seule équation mathématique, qui décrirait à elle seule tous les rouages des lois de la nature. Einstein plaçait tous ses espoirs dans cette théorie unifiée. À ses yeux, le travail d'unification accompli par Maxwell au XIXe siècle était – à juste titre – une contribution modèle aux connaissances de l'humanité. Avant Maxwell, l'électricité qui traversait un câble, la force produite par un aimant et la lumière du Soleil baignant la Terre étaient considérées comme trois phénomènes distincts et indépendants. Maxwell a révélé qu'ils forment en réalité une trinité scientifique inextricable. Les courants électriques *produisent* des champs magnétiques ; les aimants en mouvement autour d'un câble *produisent* des courants électriques et les perturbations ondulatoires des champs électriques et magnétiques *produisent* la lumière. Einstein espérait que ses propres travaux continueraient le travail de consolidation initié par Maxwell en ajoutant la prochaine étape, et peut-être la dernière, vers une description unifiée de toutes les lois de la nature – description qui réunirait gravitation et électromagnétisme.

Ce n'était pas un petit projet et Einstein ne le prenait pas à la légère. Il avait une faculté sans égale pour se consacrer de manière exclusive au problème qu'il s'était posé à lui-même : durant ses trente dernières années, ce problème de l'unification des forces était devenu une véritable obsession. Helen Dukas, sa secrétaire et gouvernante, était à son chevet à l'hôpital de Princeton, le 17 avril 1955, veille de sa mort. Elle raconte que même cloué au lit, Einstein, qui se sentait plus vigoureux, lui demanda les pages d'équations sur lesquelles il avait manipulé des symboles mathématiques sans fin, avec l'espoir déclinant de voir apparaître une théorie des champs unifiée. Einstein s'est éteint avant de voir le jour se lever. Ses derniers griffonnages n'apportèrent rien de neuf à l'unification [1].

Les contemporains d'Einstein étaient peu nombreux à partager sa passion pour l'unification. Du milieu des années 1920 au milieu des années 1960, les physiciens, portés par la mécanique quantique, étaient occupés à décrypter les secrets de l'atome et à comprendre comment maîtriser sa puissance. Étaler au grand jour les constituants de la matière avait eu un effet de séduction immédiat et irrépressible. Si beaucoup de chercheurs s'accordaient à penser que l'unification était un objectif fort louable, celle-ci n'eut cependant qu'un intérêt passager à cette époque où théoriciens et expérimentateurs travaillaient d'arrache-pied à comprendre les lois du monde microscopique. Après le décès d'Einstein, les recherches sur l'unification s'arrêtèrent.

L'échec de sa quête d'une théorie unifiée s'aggrava davantage encore lorsque les recherches montrèrent que l'unification qu'il envisageait était trop restreinte. Non seulement Einstein avait sous-estimé le rôle de la physique quantique (il pensait que la théorie unifiée remplacerait la mécanique quantique et que celle-ci n'avait donc pas à en faire partie dès le début) mais ses travaux ne tenaient pas compte des deux nouvelles forces mises en évidence par les expériences : la force nucléaire forte et la force nucléaire faible. Le première est comme le ciment qui assure la cohésion du noyau des atomes, et la seconde est, entre autres, responsable de la désintégration radioactive. L'unification doit donc réunir non pas deux mais quatre forces : le rêve d'Einstein semble encore plus inaccessible.

Le vent a tourné vers la fin des années 1960, début des années 1970. Les physiciens réalisaient que les méthodes de la théorie quantique des champs utilisées avec succès pour décrire la force électromagnétique s'appliquaient tout aussi bien aux forces nucléaires faible et forte. Les trois forces non gravitationnelles pouvaient donc être modélisées grâce au même langage mathématique. En outre, un lien entre les forces électromagnétique, nucléaire faible et nucléaire forte semblait transparaître de l'analyse approfondie de ces théories quantiques de champs – principalement grâce aux travaux de Sheldon Glashow, Steven Weinberg et Abdus Salam, qui leur valurent de remporter le prix Nobel en physique, et plus tard dans les recherches de Glashow et son collègue à Harvard, Howard Georgi. En suivant la piste ouverte par Einstein plus d'un demi-siècle plus tôt, ces théoriciens proposèrent que ces trois forces distinctes en apparence puissent être trois manifestations d'une même force monolithique [2].

Ces travaux représentaient de belles avancées sur le chemin de l'unification, mais au-dessus de cette encourageante mer d'huile, planait un gros nuage noir. Lorsque les scientifiques appliquaient les méthodes de la théorie quantique des champs à la quatrième force de la nature – la gravitation – les mathématiques ne fonctionnaient plus. Les calculs mêlant la mécanique quantique à la théorie de la relativité générale d'Einstein donnaient des résultats aberrants, aboutissant à un véritable charabia mathématique. En dépit du succès de la relativité générale et de la mécanique quantique dans leurs domaines de prédilection respectifs – le très grand et le très petit –, ces résultats absurdes que l'on obtient lorsqu'on tente de les réunir entravent très sérieusement notre compréhension des lois fondamentales. Si les lois dont nous disposons se révèlent incompatibles entre elles, alors de toute évidence c'est que ces lois ne sont pas les bonnes. L'unification était initialement un objectif esthétique, elle est devenue une nécessité logique.

Le milieu des années 1980 connut un revirement fondamental : un nouveau modèle, la « théorie des supercordes », attira l'attention des physiciens du monde entier. Elle apaisait l'hostilité entre relativité générale et mécanique quantique, et offrait donc l'espoir que la gravitation puisse être incorporée au modèle quantique unifié. L'ère de l'unification par les supercordes venait de commencer. La recherche allait bon train et les calculs défilaient sur des milliers d'articles, étoffant tel ou tel aspect de la théorie et posant les bases d'une formulation systématique. Tout ce travail fournit une structure mathématique impressionnante et compliquée, mais cette théorie des supercordes (ou en abrégé : « théorie des cordes ») restait néanmoins fort mystérieuse[3].

Puis, au début des années 1990, la volonté des chercheurs de lever le voile sur ces mystères emmena la théorie des cordes dans une direction inattendue : celle des multi-univers. Les chercheurs savaient depuis longtemps que les méthodes mathématiques utilisées en théorie des cordes s'appuyaient sur de nombreuses approximations, signe qu'elles avaient besoin de perfectionnement. Après quelques remaniements, les calculs montrèrent clairement que notre univers pourrait faire partie d'un multi-univers. En fait, les mathématiques de la théorie des cordes suggèrent que nous faisons partie non pas d'un mais de toute une série de multi-univers différents.

Pour saisir toute l'ampleur de ces rebondissements aussi passionnants que controversés, et pour comprendre leur rôle dans notre quête des lois les plus fondamentales du cosmos, prenons un pas de côté pour faire un état des lieux de la théorie des cordes.

Champs quantiques, nouvelle version

En premier lieu, penchons-nous plus attentivement sur le succès de la théorie quantique des champs traditionnelle. Cela préparera notre discussion de l'unification par la théorie des cordes et mettra en lumière des liens essentiels entre ces deux formulations des lois de la nature.

Comme nous l'avons vu au chapitre 3, la physique classique définit les champs comme une sorte de bain imprégnant toute une portion de l'espace, capable de transmettre des perturbations sous forme d'ondes et de vagues. Si Maxwell pouvait décrire la lumière qui éclaire ces lignes par exemple, il déborderait d'enthousiasme sur les ondes électromagnétiques produites par le Soleil ou par la lampe, qui ondulent dans l'espace jusqu'à cette page. Il décrirait le mouvement des ondes par les mathématiques, avec des nombres pour définir l'intensité et la direction du champ en chaque point de l'espace. À un champ ondulatoire correspondent des nombres variables : en chaque point, la valeur numérique du champ augmente et diminue de manière cyclique.

Lorsqu'on applique la mécanique quantique au concept du champ, le résultat c'est la théorie quantique des champs, qui est caractérisée par deux propriétés essentielles. Nous les avons déjà rencontrées toutes les deux, mais elles valent bien une petite remise à niveau. Premièrement, l'incertitude quantique provoque des variations aléatoires de la valeur du champ en chaque point de l'espace – souvenons-nous des fluctuations du champ d'inflaton. Deuxièmement, la mécanique quantique montre que tout comme l'eau est composée de molécules de H_2O, un champ est composé de particules infinitésimales appelées les « quanta » du champ. Pour le champ électromagnétique, les quanta sont les photons. Ainsi les spécialistes en théorie quantique modifieraient-ils la description classique de Maxwell en disant d'une ampoule électrique, par exemple, qu'elle émet un flux continu de cent milliards de milliards de photons par seconde.

Des dizaines d'années de recherche ont montré que ces aspects de la mécanique quantique appliqués aux champs sont tout à fait généraux. Tous les champs sont soumis aux fluctuations quantiques. Et chaque champ est associé à sa propre espèce de particule. Les électrons sont les quanta du champ de l'électron. Les quarks sont les quanta du champ du quark. En guise d'image mentale (très) rudimentaire, les physiciens imaginent parfois les particules comme des petites pépites très denses du champ qui leur est associé. Cela étant, les mathématiques de la théorie quantique des champs décrivent ces particules comme des points sans étendue spatiale ni structure interne [4].

Notre confiance envers la théorie quantique des champs vient d'un fait essentiel : il n'y a pas un seul résultat expérimental qui contredise ses prédictions. Au contraire, les données confirment que les équations de la théorie quantique des champs décrivent le comportement des particules avec une précision époustouflante. L'exemple le plus impressionnant provient de la théorie quantique du champ pour la force électromagnétique : l'« électrodynamique quantique ». Grâce à elle, les physiciens ont entrepris des calculs approfondis sur les propriétés magnétiques des électrons. Ces calculs ne sont pas faciles, et il aura fallu plusieurs dizaines d'années pour venir à bout des plus élaborés. Mais le jeu en valait la chandelle. Les résultats concordent avec nos mesures les plus récentes avec une précision allant jusqu'à la *dixième* décimale ! Un accord presque inimaginable entre théorie et expérience.

Face à un tel succès, nous sommes tentés de penser que la théorie quantique des champs offre le cadre mathématique idéal pour comprendre les forces de la nature. Toute une bande de physiciens célèbres ont cru à cette vision. Dès la fin des années 1970, en travaillant sans relâche, bon nombre de ces visionnaires parvinrent à montrer qu'effectivement, cela fonctionnait à merveille pour les forces nucléaires faible et forte. Toutes deux sont modélisées avec une grande précision par des champs – les champs fort et faible – qui se comportent et interagissent entre eux suivant les règles mathématiques de la théorie quantique des champs.

Cependant, comme nous l'avons vu dans l'historique, bon nombre de ces physiciens comprirent très vite que pour la dernière des forces fondamentales – la gravitation – l'affaire était beaucoup plus subtile. Dès que les équations de la relativité générale sont mêlées à celles de la théorie quantique, les mathématiques se défilent. Prenons ces équations combinées, et tentons de calculer la probabilité quantique d'un processus physique (comme la probabilité que deux électrons se heurtent, étant donné leur répulsion électromagnétique et leur attraction gravitationnelle) ; nous obtenons une réponse du genre l'*infini*. Certes, il y a des choses dans l'univers qui peuvent être décrites par une valeur infinie, comme l'étendue de l'espace ou la quantité de matière qu'il pourrait contenir, mais ce n'est pas le cas des probabilités. Par définition, une probabilité ne peut prendre que des valeurs entre 0 et 1 (ou, si l'on parle en pourcentage, entre 0 et 100). Une probabilité infinie ne signifie pas que quelque chose a de grandes chances de se réaliser ou se réalisera à coup sûr : cela n'a aucun sens. Cela revient à parler du treizième œuf d'une boîte de douze ! Une probabilité infinie c'est un message mathématique très clair : les équations combinées n'ont aucun sens.

Les physiciens ont traqué l'erreur jusqu'au principe d'incertitude. Les techniques mathématiques avaient été élaborées pour analyser les fluctuations des champs électromagnétiques, fort et faible, mais appliquées au champ gravitationnel – le champ qui régit la courbure de l'espace-temps lui-même – ces méthodes sont inopérantes, les calculs électromagnétiques fort et faible sont farcis d'incohérences telles que des probabilités infinies.

Pour se faire une idée de la question, imaginons-nous propriétaire d'une vieille demeure sur l'île de la Réunion. Si nos locataires organisent des fêtes trop bruyantes, peut-être aurons-nous bien du mal à les supporter, mais nous ne nous inquiétons pas de leur incidence sur l'intégrité structurelle de notre vieille bâtisse. En revanche, en cas de séisme, la situation sera beaucoup plus tendue. Les fluctuations des trois forces non gravitationnelles – les champs qui sont des locataires de la bâtisse espace-temps – sont les invitées de ces fêtes incessantes. Il a fallu toute une génération de physiciens théoriciens pour arriver à dompter ces bruyantes fluctuations : dès les années 1970, ils détenaient des méthodes mathématiques permettant de décrire les propriétés quantiques des forces non gravitationnelles. Quant aux fluctuations du champ gravitationnel, elles sont fondamentalement différentes : elles s'apparentent plutôt aux séismes. Étant intriquées dans la structure même de l'espace-temps, ces fluctuations quantiques secouent notre bâtisse de fond en comble. Employées à décrire des fluctuations quantiques aussi omniprésentes, nos méthodes mathématiques s'écroulent [5].

Durant des années, les physiciens fermèrent les yeux car ce problème ne surgit que dans les situations les plus extrêmes. La gravitation n'entre en scène que pour des objets très massifs, et la mécanique quantique pour des choses minuscules. Rares sont les domaines à la fois si massifs et minuscules que nous ayons besoin de la relativité générale *et* de la mécanique quantique. Toutefois, il en existe. Lorsque gravitation et mécanique quantique sont toutes deux concernées, soit par le Big Bang, soit par les trous noirs (deux exemples avec des masses extrêmes confinées à une taille dérisoire), les mathématiques s'effondrent à un point critique des calculs, et nous laissent avec des questions sans réponse sur le commencement de l'univers ou la fin qu'il pourrait connaître, au cœur d'un trou noir.

Le plus décourageant, c'est qu'outre des exemples précis comme ceux des trous noirs ou du Big Bang, nous savons calculer la masse au-delà de laquelle, et la taille en deçà de laquelle, un système physique a besoin à la fois de la gravitation et de la mécanique quantique. Le résultat, c'est environ 10^{19} fois la masse d'un proton (elle s'appelle la « masse de Planck »), confinée à l'intérieur d'un volume aussi minuscule que 10^{-99} centimètre cube (l'équivalent d'une sphère de 10^{-33} cm de rayon, longueur appelée « longueur de Planck » et mise en image sur la figure 4.1) [6].

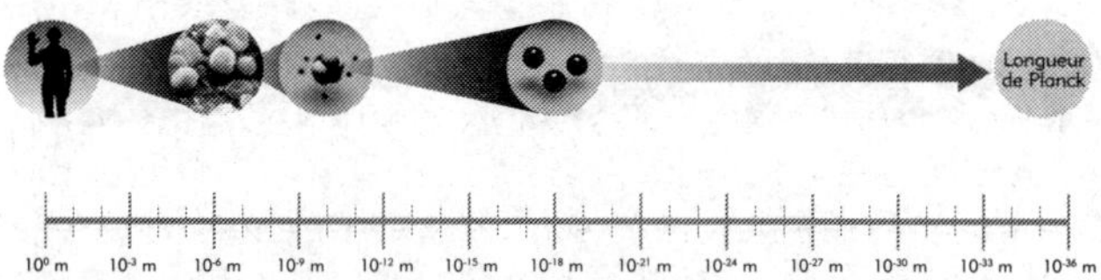

Figure 4.1 La longueur de Planck, où s'affrontent gravitation et mécanique quantique, est cent millions de milliards de fois plus petite que tout ce que nous avons pu explorer expérimentalement. De gauche à droite, chaque tronçon représente une diminution de la taille d'un facteur mille. Cela permet au graphique de tenir sur une page, mais cela minimise l'immense étendue de cet éventail de longueurs. Pour mieux le saisir, notons que si un simple atome était mis à l'échelle de l'univers observable, alors la longueur de Planck aurait la taille d'un arbre.

L'empire de la gravitation quantique est donc plus d'un million de milliards de fois en deçà de ce que nous pouvons sonder même avec les plus puissants accélérateurs du monde. Cet immense territoire non encore cartographié pourrait tout à fait être en proie à de nouveaux champs et à leurs particules – et qui sait quoi d'autre. Unifier la gravitation et la mécanique quantique, c'est s'engager dans un périple jusqu'à ces confins, affronter le connu et l'inconnu sur une étendue gigantesque et, pour la majeure partie, expérimentalement hors d'atteinte.

Voilà qui laisse imaginer la surprise et le scepticisme ayant pu accueillir, dans les années 1980, les rumeurs qui, au sein de la communauté des physiciens, annonçaient une découverte théorique considérable dans la quête de l'unification : une nouvelle théorie appelée la théorie des cordes.

La théorie des cordes

Bien que la théorie des cordes ait une réputation impressionnante, ses idées de départ sont très simples.

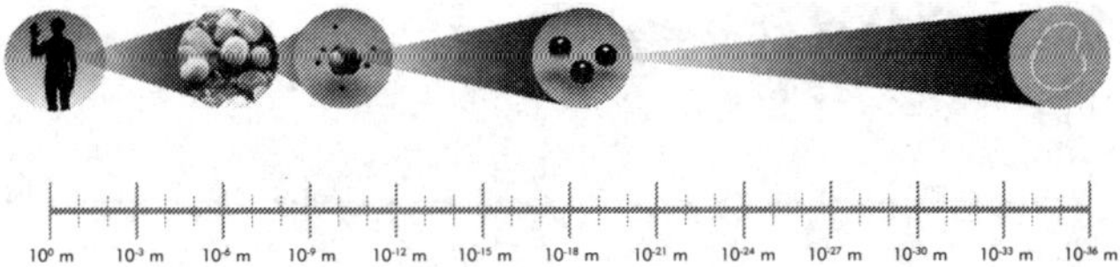

Figure 4.2 En vertu de la théorie des cordes, la physique à l'échelle de Planck révélerait que les constituants élémentaires de la matière sont des brins de cordes. Comme nos instruments n'ont pas une résolution suffisante pour les voir, ces cordes nous apparaissent comme des points.

Nous avons vu qu'avant la théorie des cordes, les ingrédients fondamentaux de nos théories de la nature étaient des particules ponctuelles – des points sans structure interne – régies par les équations de la théorie quantique des champs. À chaque type de particule est associé un type de champ particulier. La théorie des cordes défie cette vision des choses en proposant que les particules ne soient pas des points mais de minuscules brins de cordes en vibration, comme l'indique la figure 4.2. La théorie stipule qu'en regardant de très près une particule censée être élémentaire, nous verrions vibrer une corde minuscule. Au cœur de l'électron, nous trouverions une corde ; au cœur du quark, une corde.

La théorie va plus loin : elle suggère que si nous pouvions les observer encore plus précisément, nous verrions que les cordes constituantes de particules différentes sont les mêmes, mais qu'elles vibrent différemment – c'est le leitmotiv de l'unification par les cordes. L'électron est moins massif que le quark : cela se traduit, en théorie des cordes, par un mode vibratoire moins énergétique pour la corde de l'électron que pour celle du quark (et l'on retrouve encore l'équivalence entre masse et énergie de la célèbre formule $E = mc^2$). L'électron possède aussi une charge électrique, qui est supérieure à celle du quark : cette différence se retrouve dans d'autres variations entre les schémas vibratoires respectifs de chaque corde. Un peu comme les notes musicales produites par des vibrations différentes des cordes d'une guitare, les différentes propriétés des particules seraient créées par les différents modes vibratoires des cordes de la théorie des cordes.

En fait, la théorie nous incite à envisager non seulement que cette corde vibrante définit les propriétés de sa particule hôte, mais surtout qu'elle *est* cette particule. Sa taille infinitésimale est de l'ordre de la longueur de Planck – 10^{-33} cm –, et même les instruments les plus perfectionnés à ce jour ne peuvent atteindre une telle résolution. Le LHC du CERN accélère les particules jusqu'à des énergies plus de 10 milliards de fois supérieures à celle d'un proton au repos, et cela ne représente qu'une résolution de 10^{-19} cm. Même jusqu'à un millionième de milliardième de l'épaisseur d'un cheveu, cela reste plusieurs ordres de grandeur au-dessus de la résolution de la longueur de Planck. Et donc, tout comme la Terre vue de Pluton ressemblerait à un point, les cordes paraissent ponctuelles même lorsqu'on les analyse avec les accélérateurs de particules les plus perfectionnés du monde. Malgré cela, la théorie des cordes affirme que les particules sont des cordes.

Voilà en bref ce qu'est la théorie des cordes.

Cordes, points et gravitation quantique

La théorie des cordes a beaucoup d'autres cartes dans son jeu, et les progrès accomplis depuis son apparition ont énormément enrichi la description rudimentaire que je viens d'en faire. Dans la fin de ce chapitre (ainsi qu'aux chapitres 5, 6 puis 9), nous aborderons certaines de ces avancées décisives, mais je souhaite tout d'abord souligner trois choses essentielles.

Premièrement, lorsqu'un physicien propose une théorie avec des champs quantiques, il doit choisir quels seront les champs de son modèle. Ce choix est guidé par les contraintes expérimentales (à chaque particule connue correspond un champ quantique) et par le contexte théorique (certaines particules hypothétiques et le champ qui leur est associé, comme l'inflaton, permettent de travailler sur certains problèmes ou énigmes en particulier). Le modèle standard de la physique des particules en est l'exemple parfait. Considéré comme le couronnement de la physique des particules du XXIe siècle grâce à son succès à décrire la foultitude de données collectées dans les accélérateurs de particules du monde entier, le modèle standard est une théorie de champ quantique qui contient *cinquante-sept* champs différents (les champs correspondant à l'électron, le neutrino, le photon, les divers quarks – le quark *u*, le quark *d*, le quark *c*, etc.). L'extraordinaire succès du modèle standard est absolument indéniable, mais beaucoup de physiciens ont le sentiment qu'une compréhension vraiment fondamentale ne devrait pas exiger un assortiment d'ingrédients aussi disparate.

L'un des atouts de la théorie des cordes provient de ce que les particules émergent de la théorie elle-même : à chaque mode vibratoire de la corde correspond une variété donnée de particule. Puisque les modes vibratoires déterminent les propriétés de la particule correspondante, avec une compréhension de la théorie suffisante pour cerner toutes les vibrations, nous devrions pouvoir expliquer *toutes* les propriétés de *toutes* les particules. Tout cela est si prometteur que nous caressons l'espoir de voir la théorie des cordes surpasser la théorie quantique des champs en permettant de retrouver toutes les propriétés des particules par de simples calculs. Cela permettrait non seulement de tout unifier sous l'égide de la théorie des cordes, mais cela impliquerait également que toutes les « surprises » à venir – comme la découverte de nouvelles particules – font d'ores et déjà partie de la théorie des cordes et pourraient donc être accessibles, en principe, par des calculs soigneux. La théorie des cordes ne se construit pas pièce par pièce jusqu'à obtenir une description globale de la nature. Elle s'attaque d'entrée de jeu à une vision globale.

Deuxièmement, parmi les modes de vibration possibles des cordes, il en est un qui présente exactement les bonnes propriétés pour modéliser la particule quantique du champ gravitationnel. Bien que les tentatives antérieures de réunir gravitation et mécanique quantique aient toutes échoué, les recherches avaient néanmoins mis en évidence quelles devraient être les propriétés de la particule associée au champ de gravitation quantique – nommée « graviton ». Ces travaux montrèrent que le graviton devait être dénué de masse et de charge, et qu'il devait être de « spin 2 » (propriété quantique stipulant, grosso modo, que le graviton tourne sur lui-même deux fois plus vite qu'un photon) [7]. Ce qui est extraordinaire, c'est que les premiers chercheurs qui ont travaillé sur les cordes – John Schwarz, Joël Scherk et, indépendamment, Tamiaki Yoneya – ont justement découvert, parmi les modes vibratoires accessibles aux cordes, un mode qui avait les mêmes propriétés que la gravitation. Exactement les mêmes. Le milieu des années 1980 confirma la validité mathématique de la théorie des cordes comme théorie quantique (en grande partie grâce aux travaux de Schwarz et son collaborateur Michael Green), et la présence de gravitons fut alors interprétée par le fait que la théorie des cordes proposait une théorie quantique de la gravitation. C'est la plus belle réussite sur le curriculum vitæ de la théorie des cordes, et aussi la raison pour laquelle elle a très vite occupé le devant de la scène scientifique internationale * [8].

Troisièmement, aussi radicale que puisse être la proposition de la théorie des cordes, elle s'inscrit dans une démarche tout à fait appréciée dans l'histoire de la physique. Généralement, les nouvelles théories ne font pas tomber leurs prédécesseurs en désuétude : elles les englobent tout en permettant d'étendre la portée et la précision des phénomènes physiques décrits. La relativité restreinte a étendu notre compréhension des choses au royaume des vitesses les plus rapides ; la relativité générale l'a étendue davantage encore, jusqu'au royaume des masses les plus élevées (le domaine des champs gravitationnels intenses) ; la mécanique quantique et la théorie quantique des champs ont étendu la portée de nos modèles au monde des courtes distances. Les concepts mis en jeu et les propriétés mises en évidence ne ressemblent à rien de ce qui avait été imaginé avant ces théories. Et pourtant, lorsqu'on les applique aux conditions plus familières des vitesses, des tailles et des masses du quotidien, elles se réduisent aux descriptions en vigueur avant le XXe siècle – la mécanique classique de

---

* Mon premier livre, *L'Univers élégant*, explique comment la théorie des cordes a surmonté les problèmes qui empêchaient les précédentes tentatives de réunir gravitation et mécanique quantique, principalement au chapitre 6 (et notamment la note 8 pour un aperçu plus formel). Voici toutefois un résumé encore plus rapide. Les particules ponctuelles ne peuvent occuper qu'un unique point de l'espace, tandis que les cordes possèdent une longueur et occupent donc une toute petite étendue spatiale. Celle-ci a pour effet d'allonger l'échelle de distance de nos bruyantes fluctuations quantiques qui coupait court aux tentatives précédentes. Vers la fin des années 1980, les indices s'accumulaient en faveur du succès de la théorie des cordes à réunir relativité générale et mécanique quantique. Des travaux plus récents (voir le chapitre 9) le confirment de façon implacable.

Newton, les champs classiques de Faraday et Maxwell, et ainsi de suite.

La théorie des cordes a le potentiel requis pour apporter la prochaine et dernière étape de cette progression. Elle répond à la fois du domaine revendiqué par la relativité et du domaine quantique. De plus, et cela mérite toute notre attention, la théorie des cordes y parvient de façon à englober toutes les découvertes qui l'ont précédée. Nous pourrions penser qu'une théorie de brins de cordes en vibration n'aurait pas grand-chose à voir avec le modèle de gravitation de l'espace-temps courbe de la relativité générale. Et pourtant, les mathématiques de la théorie des cordes, appliquées à une situation où la gravitation intervient sans la mécanique quantique (le cas d'un objet massif de grande taille, comme le Soleil), font rejaillir les équations d'Einstein. De même, les cordes en vibration et les particules ponctuelles n'ont guère de points communs. Et pourtant, les mathématiques de la théorie des cordes, appliquées à une situation où la mécanique quantique intervient sans gravitation (comme de petites collections de cordes qui ne vibrent pas trop vite, ne se déplacent pas trop vite ni ne s'étirent trop : autrement dit, des cordes faiblement énergétiques – faiblement massives – pour lesquelles le rôle de la gravitation est négligeable), et les calculs de la théorie des cordes se transforment en ceux de la théorie quantique des champs.

Voilà ce que résume le graphique sur la figure 4.3, qui montre les liens entre les principales théories que les physiciens ont élaborées depuis Newton. La théorie des cordes aurait pu rompre de manière radicale avec la tradition. Elle aurait pu s'écarter complètement de la trame représentée sur ce graphique. Et pourtant il n'en est rien. La théorie des cordes est suffisamment révolutionnaire pour s'affranchir du carcan de la physique du XXe siècle,

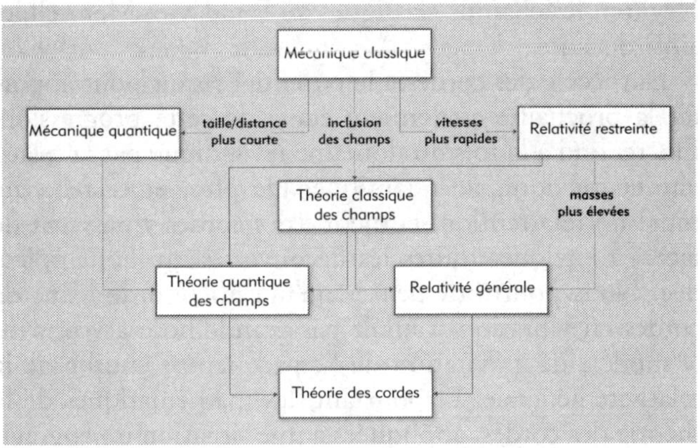

Figure 4.3 Représentation graphique des liens entre les principales théories physiques. Traditionnellement, les nouvelles théories validées étendent le domaine d'application de celles qui les ont précédées (aux masses plus élevées, aux vitesses plus rapides, aux distances plus courtes), tout en se réduisant à elles dans des contextes physiques moins extrêmes. La théorie des cordes s'inscrit dans cette progression historique : elle étend notre domaine de compréhension tout en se réduisant, dans les conditions idoines, à la relativité générale ou à la théorie quantique des champs.

et à la fois assez conventionnelle pour permettre à trois cents ans de découvertes antérieures de trouver une place dans ses calculs.

Les dimensions de l'espace

Et maintenant, passons à des choses plus étranges. Le passage des particules ponctuelles aux brins en vibration n'est qu'un des éléments du nouveau modèle proposé par la théorie des cordes. Dans les premières années de recherches sur les cordes, les physiciens rencontraient de gros écueils mathématiques (appelés « anomalies quantiques »), conduisant à des processus physiques impossibles comme la disparition ou la création spontanée d'énergie. Typiquement, lorsque leur théorie souffre de ce genre de mal, les physiciens réagissent clairement et simplement : ils renoncent à leur théorie. Et dans les années 1970, c'est ce que beaucoup de chercheurs choisirent de faire pour la théorie des cordes. Beaucoup, mais pas tous, et ceux qui restèrent dans la course parvinrent à trouver un moyen de continuer.

Grâce à une avancée spectaculaire, ils découvrirent que ces problèmes étaient liés au nombre de dimensions de l'espace. Leurs calculs montraient que si l'univers avait plus que les trois dimensions de l'espace dont nous faisons l'expérience au quotidien (plus que droite/gauche, haut/bas et devant/derrière), alors les équations de la théorie des cordes pouvaient être purgées de leurs détails problématiques. Plus précisément, dans un univers doté de neuf dimensions d'espace et une dimension de temps, soit au total dix dimensions d'espace-temps, les équations de la théorie des cordes devenaient limpides.

J'adorerais pouvoir expliquer sans aucune technicité le cheminement jusqu'à ce résultat, mais j'en suis incapable et je ne connais personne capable de le faire. Je m'y étais essayé dans *L'Univers élégant*, mais d'une manière qui ne décrivait, de façon simple, l'influence du nombre de dimensions que sur les vibrations des cordes. Je n'expliquais pas d'où provenait ce nombre de dix dimensions. Voici donc, en termes quelque peu techniques, le minimum minimorum. La théorie des cordes contient une équation dont un terme s'écrit sous la forme (D – 10) x (*problèmes*), où D représente le nombre de dimensions de l'espace-temps, et *problèmes* une expression mathématique responsable de processus physiques impossibles comme la transgression de la conservation de l'énergie, mentionnée plus haut. Quant à savoir pourquoi les équations prennent cette forme-là précisément, eh bien ça je ne saurais l'expliquer de façon intuitive, sans technique. Quoi qu'il en soit, lorsqu'on fait les calculs, c'est ce qu'on obtient. La clé de tout cela, c'est que si le nombre de dimensions de l'espace-temps vaut dix, et non le quatre attendu, alors ce morceau d'équation devient 0 multiplié par *problèmes*. Or 0 peut multiplier n'importe quoi, cela donnera toujours 0. Ainsi dans un univers à dix dimensions d'espace-temps, les problèmes disparaissent. Voilà comment les calculs nous en débarrassent. Vraiment. Et voilà pourquoi les spécialistes en théorie des cordes envisagent un univers doté de plus de quatre dimensions d'espace-temps.

Cela étant, quiconque n'a jamais entendu parler de dimensions supplémentaires, aussi désireux soit-il de suivre la voie tracée par les mathématiques, risque de trouver la solution complètement azimutée. Les dimensions de l'espace ne peuvent pas être portées disparues comme nos clés de voiture ou la deuxième chaussette de notre paire préférée. Si l'univers ne s'étendait pas seulement en longueur, en largeur et en hauteur, quelqu'un s'en serait tout de même rendu compte ! Eh bien pas forcément. Remontons l'histoire jusqu'au tout début du XXe siècle : déjà à l'époque, plusieurs articles visionnaires du mathématicien allemand Theodor Kaluza et du physicien suédois Oskar Klein suggéraient l'existence de dimensions supplémentaires capables de se soustraire à la détection. Leurs articles imaginaient qu'à l'inverse des dimensions spatiales habituelles, qui s'étendent sur des distances immenses, voire infinies, les dimensions supplémentaires pourraient être minuscules et enroulées sur elles-mêmes, donc très difficiles à voir.

Pour s'en faire une idée, imaginons une paille. Pour l'occasion, imaginons une paille résolument inhabituelle : de diamètre ordinaire, elle serait haute comme la tour Eiffel. Comme la surface de n'importe quelle paille, celle de la nôtre possède deux dimensions. La longue dimension verticale en est une ; la petite dimension circulaire, qui fait le tour de la paille, est la deuxième. Observons cette paille depuis le Sacré-Cœur, comme sur la figure 4.4-a. Elle est si fine que nous ne verrions qu'une ligne verticale allant du sol au sommet de la tour. À cette distance, notre acuité visuelle ne suffit pas à distinguer la petite dimension circulaire. Cela pourrait nous amener à penser, à tort, que cette longue tige est une surface à une dimension plutôt qu'une paille à deux dimensions [9].

Prenons une autre image. Imaginons un immense tapis qui recouvrirait la totalité du lac Léman. Vu d'avion, ce tapis aurait tout d'une surface à deux dimensions, nord/sud et est/ouest. Mais après notre saut en parachute, nous voyons le tapis de près et réalisons que sa surface est un véritable monument composé de petites boucles de laine nouées en chaque point de la toile de fond lisse et plate. Le tapis possède donc deux grandes dimensions faciles à voir (nord/sud et est/ouest) ainsi qu'une dimension plus petite (les petites boucles) beaucoup plus difficile à détecter (figure 4.4-b).

Les travaux de Kaluza-Klein proposaient que l'espace lui-même possède outre nos trois grandes dimensions, faciles à voir, d'autres dimensions plus petites et plus difficiles à mettre en évidence. La raison pour laquelle nous avons tous connaissance des trois dimensions ordinaires, c'est qu'à l'image de la dimension verticale de notre paille ou des dimensions nord/sud et est/ouest du tapis, ces dimensions sont immenses (peut-être même infinies). Tandis que s'il existait une dimension supplémentaire bouclée sur elle-même comme les parties circulaires de la paille ou du tapis, mais de taille extraordinairement petite (disons des millions et des milliards de fois plus petite qu'un atome), elle pourrait être tout aussi omniprésente

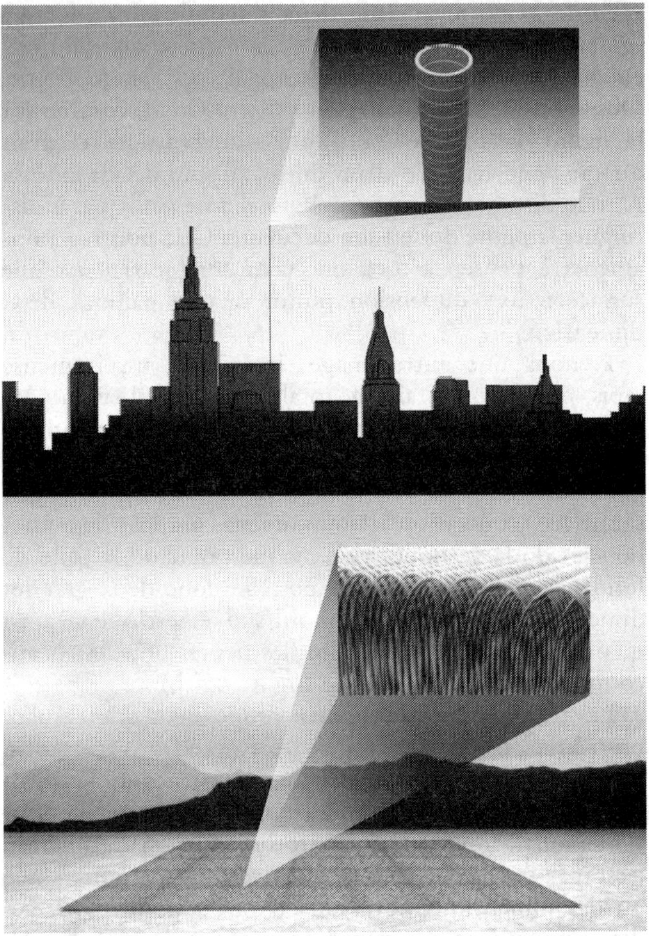

Figure 4.4 (a) La surface d'une longue paille possède deux dimensions : la dimension verticale est longue et facile à voir tandis que la dimension circulaire est petite et plus difficile à détecter. **(b)** Un gigantesque tapis à trois dimensions : les deux dimensions nord/sud et est/ouest sont grandes et faciles à voir tandis que la dimension circulaire, dans les boucles du tapis, est petite et plus difficile à détecter.

que les trois grandes dimensions, mais néanmoins échapper à notre détection même par les instruments les plus perfectionnés. Cette dimension serait bel et bien portée disparue. Ainsi commençait la théorie de Kaluza-Klein, proposition en vertu de laquelle notre univers aurait d'autres dimensions spatiales que les trois dimensions de notre quotidien (figure 4.5).

Ce raisonnement laisse entendre que l'idée des dimensions spatiales additionnelles a beau être étonnante, elle n'en est pas pour autant absurde. C'est un bon début, mais une question essentielle se pose : pourquoi a-t-on eu besoin d'une idée aussi saugrenue à l'époque, dans les années 1920 ? Les motivations de Kaluza venaient de travaux qu'il avait effectués après avoir découvert la théorie de la relativité générale d'Einstein. Il avait réalisé qu'en un coup de crayon – littéralement – il pouvait modifier les équations d'Einstein pour les appliquer à un univers possédant une dimension d'espace supplémentaire. En analysant ces équations ainsi modifiées, il obtint un résultat tellement saisissant qu'il se départit de sa retenue habituelle et, d'après les dires de son fils, saisit son bureau des deux mains, sauta sur ses pieds et se mit à chanter un air du *Mariage de Figaro*[10]. Dans ces équations modifiées, Kaluza retrouvait celles qu'Einstein avait utilisées avec succès pour décrire la gravitation dans nos trois dimensions spatiales habituelles – plus une de temps. Mais, ses calculs faisant intervenir une dimension d'espace supplémentaire, Kaluza obtint en toute logique une équation supplémentaire. Et attention ! En extrayant cette équation, il reconnut l'équation que Maxwell avait écrite plus d'un demi-siècle auparavant pour modéliser le champ électromagnétique.

Kaluza montrait ainsi que dans un univers doté de dimensions supplémentaires, la gravitation et l'électromagnétisme pouvaient tous deux être décrits comme des

Figure 4.5 – La théorie de Kaluza-Klein postule l'existence d'une dimension spatiale supplémentaire en chaque point des trois dimensions spatiales ordinaires. Si nous pouvions faire un agrandissement suffisamment approfondi de la structure spatiale, cette dimension supplémentaire finirait par se voir.
(Pour faciliter la lecture de cette image, la dimension supplémentaire n'est représentée que sur les points d'un plan quadrillé.)

oscillations de l'espace-temps. Celles de la gravitation concernent les trois dimensions spatiales ordinaires tandis que l'électromagnétisme courbe la quatrième. Le gros problème de la suggestion de Kaluza était d'expliquer pourquoi nous ne voyons pas cette quatrième dimension spatiale. C'est là que Kaluza marqua l'histoire, en proposant le raisonnement d'échelle expliqué plus haut : les dimensions supplémentaires à celles dont nous faisons directement l'expérience peuvent échapper à notre observation et à nos appareils de mesure pourvu qu'elles soient suffisamment petites.

En 1919, lorsqu'il eut connaissance de cette proposition d'unification par des dimensions supplémentaires, Einstein fut décontenancé. Il était impressionné par ce modèle qui faisait progresser son rêve d'une théorie unificatrice, mais il était hésitant à l'égard de cette approche si extravagante. Après plusieurs années de réflexion durant le temps d'acceptation de l'article de Kaluza pour publication, Einstein finit par accueillir l'idée avec plus de chaleur, et devint même l'un des meilleurs champions des dimensions spatiales cachées. Dans ses propres recherches d'une théorie unifiée, il revint régulièrement sur ce thème.

En dépit de cette acceptation par Einstein, les recherches ultérieures sur l'idée de Kaluza-Klein rencontrèrent bon nombre d'écueils, le plus coriace étant son incapacité à décrire, dans sa structure mathématique, le détail des propriétés des particules matérielles comme l'électron. Des dizaines d'années durant, les recherches trouvèrent quelques moyens ingénieux d'éluder le problème et proposèrent diverses généralisations ou modifications de la théorie originale de Kaluza-Klein. Toutefois, aucune n'étant dénuée d'embûches, dès les années 1940, l'idée de l'unification fut pratiquement abandonnée.

Trente ans plus tard naquit la théorie des cordes. Or, les mathématiques de la théorie des cordes ne se contentent pas d'autoriser que l'univers ait plus de trois dimensions, elles l'*imposent*. Ainsi la théorie des cordes offrait-elle un nouveau cadre prêt à l'emploi pour mettre en application les idées de Kaluza-Klein. À la question : « Si la théorie des cordes est bien la tant attendue théorie unifiée, pourquoi n'avons-nous jamais vu les dimensions supplémentaires qu'elle requiert ? », les travaux de Kaluza-Klein répondent comme un écho qui se propage depuis quarante ans : les dimensions sont tout autour de nous mais simplement trop petites pour que nous les voyions. La théorie des cordes a remis en service la suggestion de Kaluza-Klein, et dès le milieu des années 1980, de nombreux chercheurs de par le monde avaient bon espoir que ce n'était qu'une question de temps (et un temps court pour les plus enthousiastes) avant que la théorie des cordes produise une théorie complète de la matière et de toutes les forces.

De grandes attentes

Durant les premières années de la théorie des cordes, les progrès se faisaient tellement rapidement qu'il était presque impossible d'en suivre tous les rebondissements. Beaucoup de chercheurs comparèrent l'atmosphère de l'époque à celle des années 1920, lorsque les scientifiques étaient pris dans le tourbillon du monde quantique, tout nouvellement découvert. Avec un tel engouement, il est compréhensible que certains physiciens aient envisagé une rapide résolution des problèmes majeurs de la physique : l'union de la gravitation et de la mécanique quantique ; l'unification de toutes les forces de la nature ; l'explication des propriétés de la matière ; la détermination du nombre de dimensions spatiales ; l'énigme des singularités des trous noirs ; les mystères de l'origine de l'univers. Toutefois, comme le prévoyaient les chercheurs les plus chevronnés, ces attentes se révélèrent prématurées. La théorie des cordes est si riche, d'une telle ampleur et si difficile mathématiquement, que la recherche actuelle, près de trois décennies après l'euphorie des débuts, ne nous a menés qu'à mi-chemin de ces voies d'exploration. De plus, le royaume quantique étant quelques centaines de milliards de milliards de fois plus petit que tout ce que nous savons observer expérimentalement à ce jour, les évaluations plus pondérées prévoient qu'il reste un long chemin à parcourir.

Où en sommes-nous sur ce chemin ? Pour le reste de ce chapitre, je présenterai une vue d'ensemble des progrès accomplis dans divers domaines (en réservant ceux qui touchent au thème des univers parallèles pour les chapitres à venir), tout en mettant en lumière les accomplissements réalisés à ce jour et les défis qui menacent.

La théorie des cordes et les propriétés des particules

L'une des questions les plus fondamentales de toute la physique est celle de comprendre pourquoi les particules élémentaires ont les propriétés qu'elles ont. Pourquoi, par exemple, l'électron possède-t-il la masse qui lui est propre, ou le quark *u* sa charge électrique ? La question attire l'attention non seulement pour son intérêt en soi, mais aussi pour un fait terriblement attrayant, que nous avons abordé plus haut. Si les propriétés des particules avaient été différentes, par exemple, si l'électron était légèrement plus lourd ou plus léger, ou la répulsion électrique entre les électrons plus ou moins forte, alors les réactions nucléaires au cœur des étoiles comme notre soleil seraient imposibles. Or, sans étoiles, l'univers ne serait plus le même [11]. Plus précisément, sans la chaleur et la lumière du Soleil, l'enchaînement complexe des événements qui ont conduit à la vie sur Terre n'aurait pas pu avoir lieu.

Le défi – considérable – est le suivant : avec du papier et un crayon, éventuellement un ordinateur, et notre meilleure compréhension des lois de la physique, il s'agit de calculer les propriétés des particules et de trouver des résultats en accord avec les valeurs mesurées. Si nous parvenons à relever ce défi, cela représenterait l'un des plus grands progrès dans notre compréhension des raisons pour lesquelles notre univers est tel qu'il est.

En théorie quantique des champs, le défi est insurmontable. Définitivement. Pour la théorie quantique des champs, les propriétés des particules sont des *données de départ* – des aspects appartenant à la définition de la théorie – et peuvent donc s'adapter allègrement à une large palette de valeurs pour les masses et les charges [12]. Dans un monde imaginaire où l'électron aurait une masse ou une charge plus élevée ou plus basse que dans le nôtre, la théorie quantique des champs absorberait ces variations sans sourciller : cela ne serait qu'un simple ajustement de la valeur d'un paramètre des équations.

La théorie des cordes peut-elle faire mieux ?

L'une des plus belles réussites de la théorie des cordes (et c'est l'une des facettes qui m'a le plus impressionné lorsque j'ai étudié le sujet) est que les propriétés des particules sont *déterminées par la taille et la forme des dimensions supplémentaires*. Parce que les cordes sont minuscules, elles ne vibrent pas seulement dans les trois grandes dimensions ordinaires ; elles vibrent également dans les toutes petites dimensions enroulées. Un peu comme le flux de l'air dans un instrument à vent crée des modes vibratoires qui dépendent de la forme géométrique de l'instrument, les cordes de la théorie des cordes possèdent des modes vibratoires définis par la forme géométrique des dimensions enroulées. Souvenons-nous que les modes vibratoires des cordes déterminent les propriétés des particules telles que la masse ou la charge électrique, et nous voyons aussitôt que ces propriétés découlent donc de la géométrie des dimensions supplémentaires.

Donc, si nous connaissions précisément l'allure des dimensions supplémentaires de la théorie des cordes, nous serions en bonne voie pour prédire les propriétés détaillées de ces cordes vibrantes et notamment celles des particules élémentaires correspondant aux vibrations de cordes. Le souci, c'est (et ça a toujours été) que personne n'a été en mesure de révéler la géométrie exacte des dimensions supplémentaires. Les équations de la théorie des cordes imposent des restrictions mathématiques à la géométrie des dimensions supplémentaires : celle-ci doit appartenir à une classe d'espaces appelée les variétés de Calabi-Yau du nom des mathématiciens Eugenio Calabi et Shing-Tung Yau, qui ont étudié leurs propriétés bien avant que l'on découvre leur rôle en théorie des cordes (voir figure 4.6). Le problème, c'est qu'il n'existe pas un seul et unique espace de Calabi-Yau. À la manière des instruments de musique, il existe des espaces de Calabi-Yau de formes et de tailles très diverses. Et tout comme chaque instrument de musique produit des sons différents, diverses tailles ou formes des dimensions supplémentaires (ainsi que d'autres aspects plus détaillés que nous aborderons au prochain chapitre) produisent des modes vibratoires différents et donc des séries de propriétés différentes pour les particules. Le fait que nous n'ayons pas de spécification unique pour les dimensions supplémentaires représente la plus grosse pierre d'achoppement parmi celles qui empêchent les théoriciens des cordes de proposer des prédictions fermes et définitives.

Quand j'ai commencé à travailler sur la théorie des cordes, dans le milieu des années 1990, nous ne connaissions qu'un petit nombre de variétés de Calabi-Yau, si bien qu'il était tout à fait concevable d'étudier chacune isolément pour trouver un accord avec la physique observable. Ma thèse de doctorat franchissait l'un des premiers pas dans cette direction. Quelques années plus tard, alors que j'étais en post-doc (travaillant avec le Yau de Calabi-Yau), le nombre de variétés de Calabi-Yau avait atteint plusieurs milliers, si bien que l'analyse exhaustive de chaque cas commençait à ressembler plutôt à un véritable défi – mais c'est à cela que servent les étudiants en thèse… Cependant, le temps passant, les pages du catalogue des Calabi-Yau continuèrent de se multiplier : comme nous le verrons au chapitre 5, elles sont aujourd'hui plus nombreuses que les grains de sable sur une plage. Sur chaque plage. Du monde entier. Et de loin. Analyser mathématiquement chaque possibilité est devenu absolument hors de propos. Les théoriciens des cordes ont donc continué de chercher des directives émanant des mathématiques de la théorie qui pourraient isoler un Calabi-Yau particulier comme *le* bon espace. À ce jour, aucun n'a réussi.

Ainsi, à l'égard des propriétés des particules fondamentales, la théorie des cordes n'a pas encore tenu sa promesse. Elle n'offre jusqu'à présent aucune amélioration par rapport à la théorie quantique des champs [13].

Gardons toutefois à l'esprit que l'argument principal de la théorie des cordes est sa capacité à résoudre *le* dilemme fondamental de la physique théorique du XXe siècle, à savoir les hostilités ouvertes entre relativité générale et mécanique quantique. Au sein de la théorie des cordes, la relativité générale et la mécanique quantique se rejoignent enfin harmonieusement. C'est en *cela* que la théorie des cordes représente une avancée considérable, en surmontant le principal obstacle ayant dérouté la théorie quantique des champs. Qu'une meilleure compréhension des mathématiques de la théorie des cordes nous permette de

Figure 4.6 Agrandissement de la structure spatiale de la théorie des cordes, montrant un exemple de dimensions supplémentaires enroulées en forme de Calabi-Yau. Comme sur l'entoilage d'un tapis, la forme de Calabi-Yau serait attachée en chaque point des trois dimensions macroscopiques ordinaires (représentées ici par le quadrillage à deux dimensions), mais pour faciliter la lecture visuelle, les formes ne sont indiquées qu'aux croisements du quadrillage.

choisir une forme unique pour les dimensions supplémentaires et d'expliquer toutes les propriétés des particules observées, et cela serait un triomphe monumental. Mais rien ne nous garantit que la théorie des cordes puisse relever ce défi. Rien n'impose qu'elle doive le faire. La théorie quantique des champs a été très justement couronnée d'un succès phénoménal, et pourtant elle est incapable d'expliquer les propriétés des particules fondamentales. Si la théorie des cordes n'y parvient pas non plus mais qu'elle surpasse la théorie quantique des champs par un aspect fondamental, en incluant la gravitation, cela représenterait en soi un progrès extraordinaire.

En effet, comme nous le verrons au chapitre 6, dans un cosmos plein de mondes parallèles (ce que suggère l'interprétation moderne de la théorie des cordes), il serait parfaitement aberrant d'espérer que les mathématiques choisissent une forme donnée unique pour les dimensions supplémentaires. Au contraire, tout comme les nombreuses formes différentes d'ADN offrent une abondante diversité de formes de vie sur Terre, eh bien de même les différentes formes des dimensions supplémentaires pourraient offrir une abondante variété d'univers peuplant un multi-univers régi par les cordes.

Théorie des cordes et expérience

Si les cordes sont aussi petites que le suggère la figure 4.2, alors pour explorer leur étendue spatiale – justement la caractéristique qui les distingue des particules ponctuelles – il nous faudrait des accélérateurs plusieurs millions de milliards de fois plus puissants que le LHC (*Large Hadron Collider*). À l'aide des techniques aujourd'hui disponibles, un tel accélérateur serait grand comme une galaxie et consommerait tellement d'énergie par seconde que celle-ci pourrait alimenter le monde entier pour un millénaire. À moins d'une révolution technologique sans précédent, cela nous garantit qu'aux énergies relativement basses que nos accélérateurs peuvent atteindre, les cordes apparaissent comme des particules ponctuelles. Voilà la version expérimentale du fait que j'ai mis en lumière précédemment : aux basses énergies, les mathématiques de la théorie des cordes redonnent les mathématiques de la théorie quantique des champs. Ainsi, même si la théorie des cordes est véritablement *la* théorie fondamentale, elle se fera passer pour la théorie quantique des champs pour une vaste palette des expériences à notre portée.

Et c'est une excellente chose. Bien que la théorie quantique des champs ne soit pas équipée pour réunir relativité générale et mécanique quantique, ni pour prédire les propriétés fondamentales des particules élémentaires, elle explique néanmoins de nombreux autres résultats expérimentaux. Elle fait cela en prenant les propriétés mesurées des particules comme données d'entrée (lesquelles définissent le choix des champs et les courbes d'énergie de la théorie quantique des champs) et en utilisant les mathématiques pour prédire la manière dont les particules vont se comporter dans diverses expériences, généralement en accélérateurs. Les résultats obtenus sont extrêmement précis, et c'est pourquoi des générations de physiciens des particules ont fait de la théorie quantique des champs leur théorie de prédilection.

Le choix des champs et des courbes d'énergie de la théorie quantique des champs équivaut au choix de la forme des dimensions supplémentaires de la théorie des cordes. Le défi à relever par la théorie des cordes provient de ce que les mathématiques reliant les propriétés des particules (comme leurs masses et leurs charges) à la forme des dimensions supplémentaires est d'une complexité extraordinaire. Cela rend difficile le travail dans le sens rétrograde – c'est-à-dire dans le sens où les données expérimentales sont utilisées pour guider les choix des dimensions supplémentaires, un peu comme les données guident le choix des champs et des courbes d'énergie en théorie quantique des champs. Un jour peut-être aurons-nous la dextérité théorique qui nous permettra d'exploiter les données expérimentales pour définir la forme des dimensions supplémentaires de la théorie des cordes, mais nous n'en sommes pas là.

Dans un futur proche, la voie la plus prometteuse pour relier la théorie des cordes aux données expérimentales concerne les prédictions qui, si elles admettent des explications par des méthodes plus traditionnelles, sont expliquées de façon beaucoup plus naturelle et convaincante par la théorie des cordes. Tout comme nous pourrions imaginer que ce livre ait été dactylographié avec les pieds, l'hypothèse la plus naturelle et la plus convaincante (et qui plus est correcte) reste tout de même qu'il ait été tapé avec les mains ! Ce genre de considérations appliqué aux expériences qui sont rassemblées dans le tableau 4.1 permettent de construire des arguments convaincants en faveur de la théorie des cordes.

Les applications vont des expériences de physique des particules menées au LHC (à la recherche de particules supersymétriques et d'indices de l'existence de dimensions supplémentaires), aux expériences de table (mesurant l'intensité de l'attraction gravitationnelle à des échelles d'un millionième de mètre, voire moins), en passant par les observations astronomiques (recherchant des ondes gravitationnelles particulières ou d'infimes variations du fond de rayonnement cosmique). Notre tableau explique les diverses approches mais la conclusion globale est facile à tirer. Toute signature positive de l'une ou l'autre de ces expériences peut s'expliquer sans faire appel à la théorie des cordes. Par exemple, bien que les mathématiques de la supersymétrie (première ligne du tableau 4.1) aient été découvertes par le truchement des travaux sur la théorie des cordes, elles ont depuis lors été incluses dans les modèles existant avant la théorie des cordes. La découverte de particules supersymétriques nous confirmerait donc un aspect de la théorie des cordes, sans pour autant constituer une preuve tangible en sa faveur. De même, bien que les dimensions supplémentaires s'expriment naturellement en théorie des cordes, nous avons vu qu'elles peuvent également figurer dans des théories indépendantes de la théorie des cordes – Kaluza ne pensait pas à la théorie des cordes lorsqu'il a proposé cette idée. L'issue la plus optimiste dans ce tableau 4.1 serait une série de résultats positifs qui disposeraient divers éléments du puzzle de la théorie des cordes à leur place. Tout comme l'idée de dactylographier un livre avec les orteils, les explications hors théorie des cordes deviendraient complètement tarabiscotées face à une telle collection de résultats positifs.

Des résultats expérimentaux négatifs fourniraient beaucoup moins d'information utilisable. L'échec à trouver des particules supersymétriques peut tout autant signifier qu'elles n'existent pas, ou bien qu'elles sont trop lourdes pour être produites par le LHC. L'échec à démontrer l'existence de dimensions supplémentaires pourrait être dû au fait qu'elles n'existent pas, mais tout autant au fait qu'elles sont trop petites pour être à la portée de notre technologie. L'échec à trouver des trous noirs microscopiques pourrait révéler que la gravitation ne s'intensifie pas aux plus courtes distances, ou encore que nos accélérateurs sont trop faibles pour sonder suffisamment le royaume microscopique jusqu'aux échelles de distances où cette intensité devient notable. L'échec à trouver des signatures de la théorie des cordes dans l'observation d'ondes gravitationnelles pourrait indiquer que la théorie des cordes est erronée, mais elle pourrait aussi indiquer que leurs signatures sont trop ténues pour être mesurées par les appareils actuels.

À ce jour, les résultats expérimentaux positifs les plus prometteurs ne seraient donc pas forcément en mesure de confirmer la validité de la théorie des cordes, tandis que les résultats négatifs n'ont guère de chances de prouver son invalidité [14]. Cela étant, restons vigilant. Si nous devions trouver demain une preuve en faveur des dimensions supplémentaires, de la supersymétrie, des mini-trous noirs ou de toute autre signature potentielle, cela représenterait une étape considérable dans la quête d'une théorie unifiée. Cela redonnerait confiance dans le fait que la route que nous avons commencé à tracer se dirige bel et bien dans la bonne direction.

Expérience / Observation	Explication
Supersymétrie	Le « super » de la théorie des supercordes se réfère à la supersymétrie, un aspect mathématique doté d'une conséquence immédiate : à chaque espèce connue de particules serait associée une autre espèce partenaire possédant les mêmes propriétés électriques et nucléaires. Les théoriciens émettent l'hypothèse que ces particules ont jusqu'à présent échappé à la détection parce qu'elles sont plus lourdes que leurs partenaires observées : elles sont donc hors de portée des accélérateurs ordinaires. Le LHC pourrait avoir suffisamment d'énergie pour les produire ; ainsi l'espoir est-il largement partagé que nous soyons à deux doigts de mettre en évidence la supersymétrie de la nature.
Dimensions supplémentaires et gravitation	Parce que l'espace est le transmetteur de la gravitation, davantage de dimensions impliquent un domaine plus large dans lequel la gravitation peut se diffuser. Tout comme une goutte d'encre se dilue de plus en plus lorsqu'elle tombe dans un verre d'eau, l'intensité de la gravitation serait diluée davantage lorsque celle-ci se dilue dans les dimensions supplémentaires – ce qui permet d'expliquer pourquoi la gravitation semble si faible (lorsque nous soulevons une tasse de café, nos muscles l'emportent sur la force de gravitation de la Terre entière). Si nous pouvions mesurer l'intensité de la gravitation sur des distances plus courtes que la taille des dimensions supplémentaires, alors nous pourrions la cerner avant qu'elle ne se dilue complètement et découvrir une intensité beaucoup plus forte. À ce jour, les mesures effectuées sur des échelles aussi courtes que le micron (10^{-6} mètre) n'ont montré aucun écart par rapport à ce que nous attendons dans un monde à trois dimensions spatiales.

Dimensions supplémentaires et énergie manquante	Si les dimensions supplémentaires existent mais avec une taille inférieure au micron, alors elles seront inaccessibles aux expériences tentant de mesurer directement l'intensité de la gravitation. Mais le LHC offre un autre moyen de révéler leur existence. Les débris produits par des collisions frontales entre deux protons très rapides peuvent être éjectés des dimensions ordinaires et coincés dans les autres (où, pour des raisons que nous aborderons plus tard, les débris en question seraient probablement des particules de gravitation : les gravitons). Si cela devait se produire, alors ces débris emporteraient de l'énergie et, par voie de conséquence, nos détecteurs enregistreraient un peu moins d'énergie après la collision qu'avant. Ce signal d'énergie manquante représenterait une preuve solide en faveur de l'existence de dimensions supplémentaires.
Dimensions supplémentaires et mini-trous noirs	Les trous noirs sont habituellement décrits comme les vestiges d'étoiles très massives qui ont épuisé leur carburant nucléaire avant de s'effondrer sous leur propre poids, mais il s'agit là d'une description très limitée. *N'importe quel corps* peut devenir un trou noir pourvu qu'il soit suffisamment comprimé. En outre, s'il existe des dimensions supplémentaires avec pour conséquence une gravitation plus intense sur de courtes distances, alors il serait plus facile de former des trous noirs puisqu'une gravitation plus intense implique qu'il faille moins de compression pour produire la même attraction gravitationnelle. Même deux protons seulement, en les faisant se heurter aux vitesses phénoménales auxquelles ils accèdent dans le LHC, peuvent contenir suffisamment d'énergie dans un volume suffisamment petit pour enclencher la formation d'un mini-trou noir. Ce serait un trou noir infime, mais avec une signature sans équivoque. L'analyse mathématique

	menée par Stephen Hawking montre que de mini-trous noirs se désintégreraient rapidement en un flot de particules plus légères, dont les traces pourraient être saisies par les détecteurs du collisionneur.
Ondes gravitationnelles	Bien que les cordes soient minuscules, si nous pouvions en attraper une, nous pourrions l'étirer considérablement. Certes, il nous faudrait exercer une traction de plus de 10^{20} tonnes, mais étirer une corde ne dépend que de l'énergie que l'on peut y consacrer. Les théoriciens ont imaginé des situations exotiques dans lesquelles l'énergie nécessaire à leur étirement pourrait provenir de processus astrophysiques, lesquels conduiraient ainsi à de longues cordes flottant dans l'espace. Même très lointaines, ces cordes pourraient être détectables. Les calculs montrent qu'en vibrant, ces longues cordes créent des vagues d'espace-temps – des ondes gravitationnelles – de forme très caractéristique, offrant donc une signature observationnelle claire et nette. D'ici aux prochaines décennies, voire même plus rapidement, des détecteurs hautement sensibles installés sur Terre ainsi que dans l'espace (si les finances le permettent) devraient permettre de mesurer ces ondes.
Fond cosmique de rayonnement micro-ondes	Le fond de rayonnement cosmique micro-ondes a déjà montré ses capacités à sonder la physique quantique : les différences de température mesurées dans le rayonnement de fond proviennent des fluctuations quantiques étirées à grande échelle par l'expansion spatiale. (Souvenons-nous de l'analogie du message écrit tout petit sur un ballon de baudruche, qui devient visible une fois le ballon gonflé.) Avec l'inflation, l'étirement de l'espace est si considérable que même de minuscules empreintes possiblement laissées par des cordes pourraient aussi être étirées suffisamment pour

	être détectables – peut-être par le satellite Planck de l'Agence spatiale européenne. Échec ou réussite, tout dépend des détails du comportement des cordes dans les premiers instants de l'univers – la nature du message qu'elles auraient laissé sur le ballon cosmique en inflation. Diverses idées ont été proposées et les calculs correspondants ont été effectués. Les théoriciens attendent maintenant que les données parlent d'elles-mêmes.

Tableau 4.1 Expériences et observations susceptibles d'établir un lien entre théorie des cordes et données expérimentales.

Théorie des cordes, singularités et trous noirs

Dans la grande majorité des situations, la mécanique quantique et la gravitation s'ignorent allègrement l'une l'autre, la première s'appliquant aux petites choses telles que les molécules et les atomes, la seconde aux grands objets tels que les étoiles et les galaxies. Mais ces deux théories sont contraintes de baisser leur garde dans tous les domaines connus sous le nom de « singularités ». Une singularité, c'est n'importe quel contexte physique, réel ou hypothétique qui se révèle si extrême (masse gigantesque, taille minuscule, énorme courbure d'espace-temps, déchirures de l'espace-temps) que la mécanique quantique et la relativité générale se détraquent et donnent des résultats du même acabit que ce qu'indique une calculatrice lorsqu'on divise un nombre par 0.

L'objectif prioritaire de toute théorie quantique de la gravitation est donc de réunir mécanique quantique et gravitation d'une façon qui permette de guérir la théorie de ces singularités. Les mathématiques correspondantes ne devraient jamais s'effondrer – même au moment du Big Bang ou au centre d'un trou noir [15] –, et devraient donc permettre de décrire toutes ces situations qui défient la recherche depuis si longtemps. Or, c'est là que la théorie des cordes a fait les progrès les plus spectaculaires : en domptant une liste de singularités sans cesse croissante.

Dans le milieu des années 1980, l'équipe de Lance Dixon, Jeff Harvey, Cumrun Vafa et Edward Witten a compris que certains trous dans l'espace (appelés des « singularités d'orbifold »), qui laissaient les mathématiques d'Einstein en échec, ne posent aucun problème en théorie des cordes. La clé du succès, c'est que les particules ponctuelles peuvent « tomber » dans les trous, tandis que les cordes non. Parce que les cordes sont des objets dotés d'une extension spatiale, elles peuvent rencontrer un trou et s'enrouler autour ou bien s'y coincer, mais ces interactions modérées laissent les équations de la théorie des cordes tout à fait saines et sauves. Or cela est important non tant parce que ces ruptures dans l'espace peuvent avoir lieu – peut-être que oui, peut-être que non –, mais surtout parce que la théorie des cordes nous propose exactement ce que nous attendons d'une théorie quantique de la gravitation : un moyen de donner un sens à une situation qui réside au-delà de ce que la mécanique quantique et la relativité générale peuvent accomplir à elles seules.

Dans les années 1990, dans des travaux menés en collaboration avec Paul Aspinwall et David Morrison, et indépendamment par Edward Witten, nous avions démontré que des singularités encore plus intenses (ce que l'on appelle des singularités *flop*), dans lesquelles une portion sphérique de l'espace est comprimée à une taille infinitésimale, peuvent également être domptées par la théorie des cordes. Le raisonnement intuitif mis en jeu est qu'en se déplaçant, la corde peut passer autour de cette portion d'espace comprimée comme un cerceau autour d'une bulle de savon, et peut même agir comme barrière protectrice. Les calculs montrent que cet « écran de corde » annule toutes les conséquences potentiellement catastrophiques inhérentes à cette singularité, si bien que les équations de la théorie des cordes n'en souffrent aucunement – par d'erreurs du type « 1 divisé par 0 » – même si les équations de la relativité générale ordinaire, elles, s'effondrent complètement.

Dans les années qui ont suivi, les chercheurs ont montré que diverses autres singularités compliquées (portant des noms tels que « conifold », « orientifold », « enhançon »...) se comportent très bien sous le contrôle de la théorie des cordes. Ainsi s'allonge la liste des situations qui auraient fait dire à Einstein, Bohr, Heisenberg, Wheeler ou Feynman que « nous ne savons tout bonnement pas ce qui se passe » et dont la théorie des cordes offre pourtant une description complète et cohérente.

C'est un énorme progrès. Mais il reste un défi de taille pour la théorie des cordes avec les singularités des trous noirs et du Big Bang, qui sont plus graves que les précédentes. Les théoriciens ont consacré beaucoup d'efforts à tenter d'atteindre cet objectif, et de nombreux progrès importants ont été accomplis. Mais le résumé de toute l'histoire reste tout de même qu'il y a encore beaucoup de chemin à parcourir avant que ces singularités plus mystérieuses et plus profondes ne soient réellement comprises.

Néanmoins, l'un des principaux progrès en ce sens a permis de comprendre un certain aspect des trous noirs. Comme nous le verrons au chapitre 9, des travaux par Jacob Bekenstein et Stephen Hawking avaient établi dans les années 1970 que les trous noirs contiennent une quantité très particulière de désordre, que l'on appelle en termes techniques l'*entropie*. Si l'on en croit la physique élémentaire, tout comme le désordre d'un tiroir à chaussettes reflète les nombreux réarrangements aléatoires possibles de son contenu, le désordre au sein d'un trou noir reflète les nombreux réarrangements aléatoires possibles de l'intérieur du trou noir. Mais malgré toutes leurs tentatives, les physiciens ne parvinrent pas à comprendre les trous noirs suffisamment bien pour identifier leur intérieur, et encore moins pour étudier les réarrangements possibles. Les théoriciens des cordes Andrew Strominger et Cumrun Vafa nous sortirent de l'impasse. Grâce à un mélange des ingrédients fondamentaux de la théorie des cordes (dont nous rencontrerons certains dans le chapitre 5), ils ont créé un modèle mathématique du désordre d'un trou noir, avec une transparence suffisante pour leur permettre d'extraire une valeur numérique de l'entropie. Le résultat qu'ils obtinrent s'accordait pile poil avec le résultat de Bekenstein-Hawking. Même si leurs travaux laissaient de nombreuses questions sans réponse (comme celle d'identifier explicitement les constituants microscopiques des trous noirs), ils offraient la première modélisation quantique valable du désordre des trous noirs[16].

Les progrès remarquables accomplis dans le traitement des singularités et de l'entropie des trous noirs ont apporté à la communauté des physiciens une confiance solide dans le fait que le reste des défis concernant les trous noirs et le Big Bang finiront par être relevés.

Théorie des cordes et mathématiques

Faire le lien avec les données, expérimentales ou observationnelles, est le seul moyen de savoir si la théorie des cordes décrit correctement la nature. Cet objectif s'est révélé difficile à atteindre. La théorie des cordes, en dépit de tout ce qu'elle propose, n'en demeure pas moins qu'une construction purement mathématique. Mais la théorie des cordes n'est pas qu'une consommatrice de mathématiques. Certaines de ses plus importantes contributions furent apportées *aux* mathématiques.

Lorsqu'il a élaboré la théorie de la relativité générale au début du XXe siècle, Einstein a épluché toutes les archives mathématiques à la recherche d'un langage rigoureux pour décrire l'espace-temps courbe. Les travaux de mathématiciens tels que Carl Friedrich Gauss, Bernhard Riemann et Nikolaï Lobatchevski offrirent une base stable à son succès. En un sens, la théorie des cordes nous aide aujourd'hui à rembourser la dette intellectuelle d'Einstein en contribuant au développement de nouvelles mathématiques. Les exemples sont nombreux, et je me permettrai de n'en choisir qu'un, qui illustre la nature des exploits mathématiques de la théorie des cordes.

La relativité générale a établi un lien étroit entre la géométrie de l'espace-temps et la physique que nous observons. Les équations d'Einstein, avec la distribution de matière et d'énergie dans une région donnée, nous indiquent la forme résultante de l'espace-temps. Différents environnements physiques (différentes configurations de masse et d'énergie) produisent des espaces-temps de formes différentes ; différents espaces-temps correspondent à des environnement physiques différents. Que ressentirions-nous si nous tombions dans un trou noir ? Cela nous pouvons le calculer avec la géométrie d'espace-temps que Karl Schwarzschild a découverte en étudiant la solution sphérique aux équations d'Einstein. Et si le trou noir tourne rapidement sur lui-même ? Cela nous pouvons le calculer avec la géométrie spatiale obtenue en 1963 par le mathématicien néo-zélandais Roy Kerr. En relativité générale, la géométrie est le yin du yang de la physique.

La théorie des cordes offre une échappatoire à cette conclusion en établissant qu'il peut exister *différentes* formes de l'espace-temps correspondant à des descriptions physiquement indiscernables de la réalité.

Voici une manière de le comprendre. Depuis l'Antiquité jusqu'à l'ère des mathématiques modernes, nous avons modélisé les espaces géométriques comme une collection de points. Une balle de ping-pong, par exemple, est décrite par la collection de points qui constitue sa surface. Avant la théorie des cordes, les constituants fondamentaux de la matière étaient eux aussi modélisés par des points – des particules ponctuelles – et cet aspect commun met en parallèle géométrie et physique. Mais en théorie des cordes, les ingrédients fondamentaux ne sont pas des points. Ce sont des cordes. Cela suggère que la physique cordée serait liée à une nouvelle forme de géométrie, élaborée non plus sur le concept de point mais plutôt sur celui de boucle. La nouvelle géométrie est appelée la géométrie des cordes.

Pour s'en faire une idée, imaginons une corde se déplaçant dans un espace géométrique. Notons que la corde peut se mouvoir au même titre qu'une particule ponctuelle, glissant nonchalamment de-ci, de-là, heurtant les murs, dévalant monts et vallées et ainsi de suite. Mais dans certaines situations, les cordes peuvent aussi faire quelque chose de nouveau. Imaginons que l'espace (ou une portion de l'espace) soit configuré comme un cylindre. Une corde peut s'enrouler autour de cette portion d'espace à la manière d'un élastique autour d'une canette de bière, en une configuration impossible pour une particule ponctuelle. Ces cordes « enroulées » et leurs cousines « non enroulées » sondent l'espace géométrique de manières différentes. Si un tel cylindre venait à grossir, la corde enroulée autour répondrait en s'étirant, tandis qu'une corde non enroulée qui glisserait à sa surface ne subirait pas de modification. Ainsi les cordes enroulées et non enroulées sont sensibles à des aspects différents de la forme sur laquelle elles se déplacent.

Cette observation est importante car elle conduit à des conclusions frappantes et tout à fait inattendues. Les théoriciens des cordes ont trouvé des paires de formes géométriques qui ont des aspects complètement différents lorsqu'elles sont chacune parcourues par des cordes enroulées. En revanche – et c'est là le clou du spectacle – lorsqu'elles sont parcourues par des cordes enroulées *et* des cordes non enroulées, ces formes deviennent indiscernables. Ce que les cordes non enroulées voient sur un espace, les cordes enroulées le voient sur l'autre, et *vice versa*, tant et si bien que les images globales de la physique complète de la théorie des cordes sont identiques au final.

De telles paires de formes représentent un outil mathématique puissant. En relativité générale, si l'on s'intéresse à l'un ou l'autre aspect physique, nous devons mener à bien un calcul mathématique utilisant l'unique espace géométrique disponible correspondant à la situation étudiée. Mais en théorie des cordes, l'existence de paires de formes géométriques physiquement équivalentes nous offre le choix : nous pouvons choisir de faire les calculs avec l'une ou l'autre forme de la paire. Ce qui est extraordinaire, c'est que même si nous sommes sûrs d'obtenir en fin de compte le même résultat avec l'une ou l'autre forme, eh bien les détails mathématiques intermédiaires peuvent être très différents. Dans de nombreuses situations, des calculs insurmontables dans l'une des deux formes géométriques deviennent excessivement simples dans l'autre. Et n'importe quelle situation qui facilite les calculs est forcément très précieuse.

Au fil des années, mathématiciens et physiciens ont tiré parti de ce dictionnaire du complexe au facile et ont ainsi résolu bon nombre d'épineux problèmes mathématiques.

L'un dont je suis particulièrement féru concerne le décompte du nombre de sphères pouvant être confinées (mathématiquement) à l'intérieur d'un espace de Calabi-Yau donné. Les mathématiciens s'intéressaient à la question depuis longtemps mais sauf dans les cas les plus simplistes, les calculs étaient infaisables. Prenons le Calabi-Yau de la figure 4.6. Lorsqu'une sphère est confinée dans cet espace, elle peut s'enrouler plusieurs fois autour d'une portion de la forme de Calabi-Yau, un peu comme un lasso peut s'enrouler plusieurs fois autour d'un tonneau. Donc de combien de façons pouvons-nous confiner une sphère dans cette forme si elle s'y entoure, disons, cinq fois ? Auparavant, lorsqu'on leur posait une question comme celle-ci, les mathématiciens ne pouvaient que se racler la gorge, baisser les yeux vers leurs chaussures et partir très vite pour un rendez-vous urgent. La théorie des cordes a lissé les difficultés : en traduisant ce type de calculs vers ceux, beaucoup plus faciles, qui se font sur la deuxième forme de la paire de Calabi-Yau, les théoriciens des cordes obtinrent des réponses qui remirent les mathématiciens sur les rails. Quel est le nombre de sphères enroulées 5 fois sur l'espace de Calabi-Yau de la figure 4.6 ? 229 305 888 887 625. Et si les sphères s'enroulent dix fois autour d'elles-mêmes ? 704 288 164 978 454 686 113 488 249 750. Vingt fois ? 53 126 882 649 923 577 113 917 814 483 472714 066 922 267 923 866 471 451 936 000 000. Ces nombres se sont révélés être les présages de tout un spectre de résultats ouvrant un nouveau chapitre dans l'histoire des découvertes mathématiques [17].

Donc, que la théorie des cordes soit ou non une approche correcte pour décrire l'univers physique, elle s'est d'ores et déjà imposée comme un outil puissant pour analyser le monde mathématique.

L'état actuel de la théorie des cordes : évaluation

Élaboré à partir des quatre dernières sections, le tableau 4.2 présente un état des lieux de la théorie des cordes, avec quelques observations additionnelles qui ne figuraient pas dans le texte ci-dessus. Il dépeint une théorie en cours d'évolution, qui a déjà accompli des progrès considérables, mais n'a pas encore été testée à la plus importante des échelles : celle de la confirmation expérimentale. La théorie restera spéculative tant que n'aura pas été établi un lien convaincant avec l'expérience ou l'observation. Le grand défi, c'est d'établir ce lien. Mais ce n'est pas un défi propre à la théorie des cordes. Quelle qu'elle soit, toute tentative d'unifier gravitation et mécanique quantique pénètre un domaine qui réside bien au-delà de la recherche expérimentale de pointe. Cela fait partie du lot dès lors qu'on se fixe un objectif aussi fondamental et ambitieux. Repousser les limites du savoir, chercher à répondre aux questions les plus profondes que la pensée humaine se pose depuis des milliers d'années, voilà une entreprise formidable qui ne se fait pas en un jour. Ni même en quelques dizaines d'années.

Dans leur évaluation de l'état actuel des connaissances, nombre de théoriciens des cordes estiment qu'une prochaine grande étape serait de formuler les équations de la théorie sous la forme la plus complète, la plus juste et la plus utile possible. Une bonne partie des recherches menées durant la première vingtaine d'années de la théorie des cordes, jusqu'au milieu des années 1990, furent menées à bien grâce à des équations approchées dont beaucoup étaient convaincus qu'elles illustraient les principaux aspects de la théorie tout en étant trop rudimentaires pour conduire à des prédictions plus fines. De récents progrès, que nous allons aborder maintenant, ont catapulté notre compréhension loin au-delà de ce que pouvaient accomplir les méthodes approximatives. Si certaines prédictions demeurent hors de portée, une nouvelle vision des choses a émergé. Elle provient d'une série de découvertes qui a créé une grande ouverture sur les possibles implications de la théorie et parmi celles-ci de nouvelles variétés de mondes parallèles.

Objectif	**L'objectif est-il nécessaire ?**	**État de la théorie des cordes**
Unifier la gravitation et la mécanique quantique	**Oui** L'objectif premier est de réunir la relativité générale et la mécanique quantique.	**Excellent** Une myriade de calculs et d'idées confirment que la théorie des cordes est une bonne union de la relativité générale et de la mécanique quantique [18].
Unifier toutes les forces	**Non** L'unification de la gravitation et de la mécanique quantique ne nécessite pas de pousser l'unification jusqu'aux autres forces de la nature.	**Excellent** Bien qu'elle ne soit pas indispensable, trouver une théorie unifiée de toutes les forces a longtemps été une quête de la recherche en physique. La théorie des cordes réalise cela en décrivant toutes les forces de la même manière – leurs quanta sont des cordes exécutant des modes vibratoires particuliers.
Inclure les découvertes fondamentales des recherches antérieures	**Non** En principe, une théorie couronnée de succès n'a pas besoin de ressembler à ses ancêtres.	**Excellent** Bien que les nouveaux progrès ne reprennent pas forcément les anciens, l'histoire montre que cela se passe souvent ainsi. Les nouvelles théories couronnées de succès englobent souvent les précédentes comme des cas

		particuliers. La théorie des cordes inclut les principales découvertes antérieures émanant des modèles physiques qui ont jusqu'à présent été couronnés de succès.
Expliquer les propriétés des particules	**Non** C'est un objectif louable qui, s'il était atteint, offrirait un niveau d'explication très fondamental, mais ce n'est pas un prérequis pour une théorie quantique de la gravitation.	**Indéterminé, pas de prédiction** En allant au-delà de la théorie quantique des champs, la théorie des cordes offre un cadre pour expliquer les propriétés des particules. Mais à ce jour, ce potentiel n'est pas réalisé : les différentes formes possibles des dimensions supplémentaires impliquent beaucoup de collections possibles différentes pour les propriétés des particules. Il n'y a pas de moyen aujourd'hui à notre portée de sélectionner une forme parmi les autres.
Confirmation expérimentale	**Oui** C'est le seul moyen de savoir si une théorie offre une description correcte de la nature.	**Indéterminé, pas de prédiction** C'est le critère le plus important. À ce jour, la théorie des cordes n'a pas été testée. Les optimistes espèrent que les expériences menées au LHC et les observations par les télescopes montés sur satellites auront la capacité de rapprocher la théorie des cordes des données expérimentales. Mais

		rien ne garantit que la technologie actuelle soit suffisamment perfectionnée pour atteindre cet objectif.
Remédier aux singularités	**Oui** Une théorie quantique de la gravitation devrait pouvoir donner un sens aux singularités qui émergent dans des situations qui sont réalisables, même si ce n'est qu'en principe.	**Excellent** Les progrès sont considérables : beaucoup de singularités de divers types ont été résolues par la théorie des cordes. La théorie doit toujours s'atteler à celles des trous noirs et du Big Bang.
Entropie des trous noirs	**Oui** L'entropie des trous noirs offre une interface de marque entre gravitation et mécanique quantique.	**Excellent** La théorie des cordes a réussi à calculer explicitement et à confirmer la formule proposée pour l'entropie en 1970.
Contributions mathématiques	**Non** Rien n'impose que des théories correctes de la nature contribuent aux mathématiques.	**Excellent** Bien que les apports mathématiques ne soient pas nécessaires à la validation de la théorie des cordes, certains ont émergé de la théorie des cordes et illustrent par leur importance la profondeur de son étayage mathématique.

Tableau 4.2 État des lieux succinct de la théorie des cordes à ce jour.

Chapitre 5

DIMENSIONS SUPPLÉMENTAIRES

Les multi-univers de branes et les multi-univers cycliques

Intérieur nuit, dans mon bureau de l'université Cornell, il y a de cela pas mal d'années : j'étais occupé à finaliser l'examen de physique prévu le lendemain matin pour les élèves de deuxième année et souhaitais leur concocter un problème un peu plus motivant que d'habitude car il s'agissait de la meilleure classe. Mais il était déjà tard et j'avais faim. Plutôt que d'étudier soigneusement diverses possibilités nouvelles, j'ai choisi de modifier un problème standard que la majeure partie d'entre eux avait déjà rencontré, et de le transformer en problème d'examen. Cela me permettrait de rentrer plus vite chez moi. (Les détails importent peu mais le problème avait à voir avec le mouvement d'une échelle posée contre un mur, qui perd ses appuis et tombe. J'avais modifié le problème original en faisant varier la densité de l'échelle avec la hauteur.) Durant l'examen du lendemain matin, je me suis installé pour rédiger la solution… uniquement pour me rendre compte que la modification que je croyais toute simple rendait le problème excessivement difficile. Si le problème original se résolvait en une demi-page, celui-ci m'en prit six au complet ! Même si j'écris gros, le message est clair.

Ce petit incident illustre la règle plus que l'exception. Les problèmes des manuels scolaires sont très particuliers, conçus soigneusement pour être complètement solubles avec la juste dose de travail. Mais il suffit d'une légère modification, d'un changement de telle ou telle hypothèse ou de telle ou telle simplification, et ces problèmes peuvent devenir très complexes, voire impossibles à résoudre. Autrement dit, ils peuvent très vite devenir aussi difficiles à étudier que les situations réelles.

Le fait est que la majorité des phénomènes, depuis le mouvement des planètes jusqu'aux interactions entre particules, est tout bonnement trop compliquée pour qu'ils soient décrits mathématiquement avec une précision parfaite. Le travail des physiciens théoriciens consiste en fait à imaginer, dans un contexte donné, quelles complications peuvent être ignorées pour aboutir à une formulation mathématique maniable, qui permette tout de même de saisir l'essentiel. Pour prédire le mouvement de révolution de la Terre, nous devons tenir compte des effets de la gravitation du Soleil ; si nous incluons également la Lune, tant mieux, mais il se trouve que les mathématiques se complexifient énormément. (Au XIXe siècle, le mathématicien français Charles-Eugène Delaunay publia deux volumes de 900 pages sur la danse gravitationnelle complexe entre Soleil, Terre et Lune.) Si nous tentons d'aller plus loin et d'inclure les influences de toutes les autres planètes, alors l'analyse devient écrasante. Heureusement, pour beaucoup d'applications, nous pouvons ignorer sans risque toutes les influences à l'exception de celle du Soleil, l'effet des autres corps du système solaire sur le mouvement de la Terre n'étant pas significatif. Voilà le type d'approximations qui illustrent mes propos précédents sur le fait que l'art de la physique réside dans le choix des choses à ignorer.

Comme le savent bien les physiciens en activité, une approximation n'est pas seulement un puissant moyen de progresser, cela peut aussi être dangereux. Des complications d'importance minime pour répondre à une question donnée peuvent parfois avoir une conséquence étonnamment significative dans un autre contexte. A priori, une simple goutte de pluie ne change pas grand-chose au poids d'un rocher. Mais si celui-ci est en équilibre au bord d'une falaise, alors cette petite goutte de pluie pourrait tout à fait le faire tomber et provoquer une avalanche. Une approximation qui laisserait de côté la petite goutte de pluie passerait à côté d'un détail essentiel.

Dans le milieu des années 1990, les théoriciens des cordes découvrirent un élément de l'ordre de cette goutte de pluie. Ils comprirent que diverses approximations mathématiques, amplement utilisées pour travailler avec la théorie des cordes, passaient à côté d'un pan de physique essentiel. Avec le développement et l'utilisation de méthodes mathématiques de plus en plus précises, les théoriciens des cordes purent finalement aller au-delà de ces approximations. C'est alors que de nombreux aspects inattendus de la théorie furent mis en lumière. Parmi eux de nouveaux types d'univers parallèles dont une variété particulière pourrait être la plus accessible de toutes à l'expérience.

Au-delà des approximations

Toutes les disciplines importantes et établies de la physique théorique – comme la mécanique classique, l'électromagnétisme, la mécanique quantique et la relativité générale – sont définies par une équation centrale ou un ensemble d'équations. (Bien qu'il soit inutile de connaître ces équations en première intention, j'en ai listé quelques-unes dans les notes [1].) Le défi provient de ce que dans toutes les situations, hormis les plus simples, les équations sont extraordinairement difficiles à résoudre. Pour cette raison, les physiciens ont l'habitude de faire appel à des simplifications – comme ignorer la gravitation de Pluton ou considérer que le Soleil est parfaitement rond – qui facilitent les mathématiques et conduisent à des solutions approchées à notre portée.

Longtemps, les recherches en théorie des cordes furent confrontées à un défi plus important encore. Trouver les équations centrales de la théorie était si difficile que les physiciens ne pouvaient élaborer que des versions approchées. Et même les équations approchées étaient si complexes qu'il fallait encore simplifier pour trouver les solutions, si bien que les recherches étaient basées sur des approximations d'approximations. Toutefois, durant les années 1990, la situation s'est considérablement améliorée. Dans une série de travaux, quelques théoriciens des cordes montrèrent comment dépasser les approximations et aboutirent à une compréhension et une clarté sans précédent.

Pour comprendre ces développements, imaginons Jean-Pierre décidé à jouer les deux prochains tirages d'un Loto international. Il calcule ses chances de gagner. Il explique à Samantha qu'avec une chance sur un milliard chaque semaine, s'il joue aux deux prochains, ses chances de gagner passent à deux pour un milliard : 0,000000002. Samantha sourit en coin. « Eh bien tu y es presque, Jean-Pierre. » « Ah oui, petite maligne, qu'entends-tu par là ? » « Eh bien, dit-elle, tu as surestimé tes chances. Si tu gagnes la première fois, en rejouant une seconde fois, tu n'augmentes pas tes chances de gagner puisque tu aurais déjà gagné. Si tu gagnes deux fois, nous aurons plus d'argent, ça c'est sûr, mais puisque tu cherches à calculer tes chances de gagner tout court, eh bien le fait de gagner la seconde après la première ne fait aucune différence. Donc pour obtenir la réponse que tu cherches, mon chéri, il te faudrait ôter les chances de gagner les *deux* tours – une sur un milliard multiplié par une sur un milliard, soit 0,000000000000000001. Cela donne au bout du compte 0,000000001999999999. Des questions, Jean-Pierre ? »

Outre le ton de suffisance, la méthode de Samantha est un bon exemple de ce que les physiciens appellent une approche perturbative. En faisant un calcul, il est souvent facile de faire une première passe incluant seulement les contributions les plus importantes (le point de départ de Jean-Pierre), et ensuite une deuxième passe avec des détails plus fins, qui modifient ou « perturbent » la première réponse obtenue, comme le fait la contribution de Samantha. Cette approche se généralise facilement. Si Jean-Pierre envisageait de jouer au Loto pour les dix semaines à venir, la première approche porterait ses chances de gagner à dix pour un milliard soit 0,00000001. Mais, comme dans l'exemple précédent, cette approximation ne tient pas compte des situations où il gagnerait plusieurs fois. Lorsque Samantha prend le relais, sa seconde passe intègre au calcul les cas où Jean-Pierre gagnerait plusieurs fois – disons le premier et le deuxième Loto, ou le premier et le troisième, ou le deuxième et le quatrième, etc. Chacune de ces corrections, comme le remarque Samantha ci-dessus, sont proportionnelles à une chance pour un milliard multipliée par une chance pour un milliard. Mais il y a aussi une chance, plus petite encore, que Jean-Pierre gagne trois fois ; la troisième passe de Samantha tiendrait compte de cela en apportant des modifications proportionnelles à 1 pour un milliard multiplié par lui-même trois fois soit 0,000000000000000000000000001. La quatrième passe ferait de même avec la chance, plus dérisoire encore, de gagner quatre fois. Chaque nouvelle contribution est beaucoup plus petite que la précédente si bien qu'à un certain point, Samantha pourra considérer la réponse suffisamment précise et s'en contenter.

Les calculs en physique et dans beaucoup d'autres branches scientifiques se font souvent d'une façon analogue. Pour comprendre comment deux particules vont entrer en collision frontale dans le LHC, la première passe imagine qu'elles se heurtent une fois et rebondissent (elles se « heurtent » sans vraiment se toucher, mais plutôt en échangeant des « balles » transmetteuses de force, comme un photon libéré par une des particules et absorbé par l'autre). La deuxième passe prend en compte les chances qu'ont les particules de se heurter deux fois (autrement dit d'échanger deux photons) ; la troisième modifie le résultat des deux premières en prenant en compte la probabilité que les particules se heurtent trois fois et ainsi de suite (voir la figure 5.1). Comme avec la loterie, cette approche perturbative fonctionne très bien pourvu que les chances d'occurrence d'interactions plus nombreuses diminuent très vite (de même que les chances de gagner un plus grand nombre de fois au Loto).

Pour la loterie, cette diminution des probabilités de gains multiples est déterminée à chaque nouvelle passe par un facteur de 1 sur un milliard. Dans notre exemple de physique des particules, elle est déterminée à chaque échange de photon supplémentaire par un facteur numérique appelé « constante de couplage » et dont la valeur modélise la probabilité qu'une particule libère une balle transmetteuse d'interaction et que la seconde particule la réceptionne. Pour des particules comme les électrons, régies par la force électromagnétique, les mesures expérimentales ont déterminé que la constante de couplage associée aux photons vaut environ 0,0073 [2]. Pour les

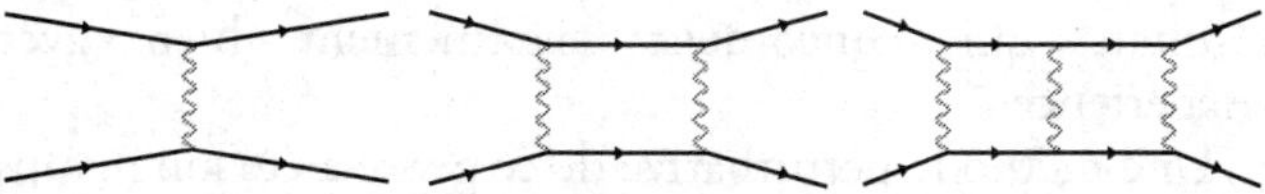

Figure 5.1 Deux particules (représentées par les deux lignes pleines sur la gauche du diagramme) interagissent en s'échangeant des « balles » (qui sont des particules transmettant de la force d'interaction, et représentées par les lignes ondulées) avant de rebondir (les deux lignes pleines repartant vers la droite). Chaque diagramme contribue à la probabilité globale de collision entre les particules. Les contributions des processus avec davantage de « balles » sont de plus en plus faibles.

neutrinos, gouvernés par la force nucléaire faible, la constante de couplage vaut environ 10^{-6}. Les quarks, composants des protons accélérés dans le LHC et dont les interactions sont régies par la force nucléaire forte, la constante de couplage est à peine en dessous de 1. Ces nombres ne sont pas aussi petits que les probabilités de gagner au loto (0,000000001) mais si par exemple nous multiplions plusieurs fois 0,0073 par lui-même le résultat devient rapidement minuscule. À la première nous obtenons 0,0000533, à la seconde 0,000000389. Voilà qui explique pourquoi les théoriciens vont rarement s'embêter à inclure dans les calculs les cas où les électrons se heurtent un grand nombre de fois. Les calculs pour un grand nombre de collisions sont extrêmement compliqués à mener et les contributions résultantes sont si dérisoires que nous pouvons nous contenter de calculer jusqu'à quelques échanges de photons et la réponse n'en est pas moins extrêmement précise.

Certes, les physiciens adoreraient avoir des résultats exacts. Mais pour beaucoup de calculs, les mathématiques sont tout bonnement trop difficiles, si bien que l'approche perturbative est notre meilleure option. Heureusement, pour des constantes de couplage suffisamment petites, les calculs approximatifs produisent des résultats qui concordent extrêmement bien avec l'expérience.

Une méthode perturbative de ce genre a été longtemps utilisée dans la recherche sur la théorie des cordes. La théorie contient un nombre, appelé la « constante de couplage des cordes » (ou « couplage des cordes » pour faire court) qui régit les probabilités d'interaction entre deux cordes. Si la théorie se révèle correcte, le couplage des cordes devrait un jour être mesuré, tout comme les constantes de couplage mentionnées ci-dessus. Mais puisque ce type de mesures est actuellement purement hypothétique, la valeur de la constante de cordes est une parfaite inconnue. Durant les dernières décennies, sans expérience pour guide, les théoriciens des cordes ont posé comme hypothèse de départ que le couplage des cordes avait une valeur peu élevée. Dans une certaine mesure, cela ressemble à l'ivrognc qui cherche ses clés juste sous la lumière du lampadaire : une petite constante de couplage permettait aux physiciens d'éclairer leurs calculs à la lumière des approximations perturbatives. Puisque de nombreuses théories couronnées de succès avant la théorie des cordes ont bel et bien de petites valeurs de couplage, nous pourrions modifier quelque peu notre analogie en disant que l'ivrogne a légitimement pris l'habitude de trouver ses clés sous la lumière du lampadaire. D'une manière ou d'une autre, cette hypothèse s'appuie sur de nombreux calculs mathématiques, qui ont non seulement éclairci les processus fondamentaux des interactions entre cordes, mais ont également beaucoup révélé sur les équations fondamentales sous-jacentes.

Si la constante de couplage des cordes est bel et bien faible, alors ces calculs approchés devraient modéliser avec précision la physique de la théorie des cordes. Mais si notre hypothèse était fausse ? Contrairement à ce que nous avons trouvé avec le loto ou les collisions d'électrons, une grande constante de couplage signifierait que les corrections successives à l'approximation de première passe donneraient des contributions *de plus en plus élevées*, si bien que nous n'aurions jamais la possibilité d'arrêter le calcul. Les milliers de calculs ayant utilisé la méthode perturbative perdraient tout leur sens ; des années de recherche seraient perdues. En plus de cela, même avec un couplage de cordes modérément faible, nous pourrions aussi nous inquiéter de ce que nos approximations, au moins dans certaines circonstances, passaient outre certains phénomènes essentiels, du même acabit que la goutte de pluie qui tombe sur le rocher en équilibre.

Dans le courant des années 1990, il n'y avait guère de réponse à ces épineuses questions. Dès la seconde moitié de cette décennie, le silence laissa la place à une clameur innovatrice. Les chercheurs trouvèrent de nouvelles méthodes mathématiques susceptibles de déjouer les problèmes de l'approche perturbative grâce à ce que l'on appelle la dualité.

Dualité

Dans les années 1980, les théoriciens ont réalisé qu'il n'existait pas une seule théorie des cordes mais plutôt cinq versions différentes que l'on a dotées des noms accrocheurs type I, type IIA, type IIB, hétérotique O et hétérotique E. Je n'ai pas encore mentionné cette complication car, en dépit des différences de détails mises en évidence par les calculs, les cinq théories ont les mêmes caractéristiques générales – des cordes vibrantes et des dimensions spatiales supplémentaires – que celles sur lesquelles nous nous sommes penchés jusqu'à présent. Mais nous en sommes arrivés à un point où les cinq variantes sur le thème des théories des cordes commencent à se manifester.

Durant des années, les physiciens se sont appuyés sur les méthodes perturbatives pour analyser chacune de ces cinq théories. Pour la théorie de type I, ils ont supposé que le couplage était faible, et se sont donc engouffrés dans des calculs avec des passes successives, comme celui de Jean-Pierre et Samantha pour le Loto. Avec la théorie hétérotique O, ainsi que toutes les autres théories des cordes, ils firent de même. Mais en dehors de ce domaine très restreint des faibles couplages de cordes, les chercheurs ne pouvaient rien faire de plus que de hausser les épaules, lever les mains au ciel et admettre que leurs calculs étaient trop médiocres pour apporter grand-chose de fiable.

Ce fut ainsi jusqu'au printemps 1995, lorsque Edward Witten a ébranlé toute la communauté des théoriciens des cordes avec une série de résultats saisissants. S'appuyant sur les travaux de scientifiques parmi lesquels Joe Polchinski, Michael Duff, Paul Townsend, Chris Hull, John Schwarz, Ashoke Sen et de nombreux autres, Witten a montré que les théoriciens des cordes pouvaient en toute sécurité naviguer au-delà des berges des faibles couplages. L'idée centrale était aussi simple que puissante : Witten proposait que lorsque les constantes de couplage d'une formulation donnée de théorie des cordes étaient portées à une valeur plus élevée, la théorie – chose surprenante – se transformait aussitôt en quelque chose de parfaitement familier : une autre des formulations de théorie des cordes, mais avec une constante de couplage portée à une valeur plus petite encore. Par exemple, lorsque le couplage de la corde de type I est élevé, elle se transforme en corde de type hétérotique O avec un couplage faible. Cela signifie que les cinq théories des cordes ne sont pas si différentes finalement. Chacune semble différente lorsqu'elle est étudiée dans un contexte limité – aux faibles valeurs de la constante de couplage – mais lorsque cette restriction est levée, chaque théorie des cordes se transforme en une autre.

J'ai récemment découvert une image extraordinaire qui, vue de près, représente Albert Einstein et, lorsqu'on s'éloigne, devient de plus en plus floue, pour finalement, de loin, se préciser à nouveau en Marilyn Monroe (voir la figure 5.2). Si nous ne voyions que les images qui sont aux deux extrêmes, nous aurions toutes les raisons de penser que l'on regarde deux images complètement différentes. Mais si nous étudions l'image attentivement en regardant les distances intermédiaires, nous voyons que les portraits d'Einstein et de Monroe sont deux aspects d'une même image. Il en va de même lorsqu'on étudie deux théories des cordes : dans les cas extrêmes où toutes deux ont un couplage faible, elles semblent aussi différentes que Albert et Marilyn. Si nous nous arrêtions là, comme le firent les théoriciens des cordes pendant des années, nous en conclurions que ce sont là deux théories distinctes. Mais si nous examinons les théories en laissant varier leurs couplages sur un panel de valeurs intermédiaires, nous verrions, comme pour Albert et Marilyn, que l'une se transforme en l'autre.

La transformation d'Albert Einstein en Marilyn Monroe est amusante. La transformation d'une théorie des cordes en une autre est transformatrice. Elle implique que si les calculs perturbatifs dans une théorie des cordes ne peuvent pas être menés parce que le couplage est trop élevé, ceux-ci peuvent être translatés en toute confiance dans le langage d'une autre formulation de théorie des cordes dans lequel l'approche perturbative fonctionne car le couplage est faible. Les physiciens appellent cette transition entre deux théories naïvement distinctes la « dualité ». Elle est devenue l'un des thèmes les plus influents

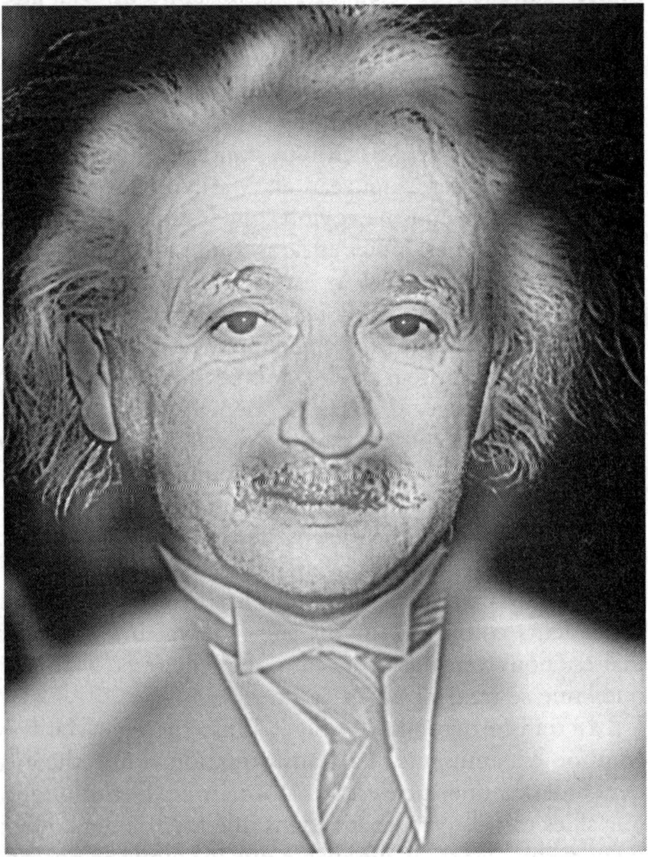

Figure 5.2 De près, l'image ressemble à Albert Einstein et de loin, à Marilyn Monroe. (Cette image a été créée par Aude Oliva du Massachusetts Institute of Technology.)

des recherches en théorie des cordes. En offrant deux descriptions mathématiques d'une seule et même physique, la dualité double notre arsenal mathématique. Des calculs impossibles à effectuer d'un point de vue deviennent parfaitement faisables dans l'autre *.

Witten proposait, et d'autres chercheurs ont apporté leurs contributions dans ce sens, que les cinq théories des cordes soient liées par un réseau de telles dualités [3]. Cette union globale, appelée « théorie M » (nous verrons pourquoi d'ici peu), combine les apports des cinq formulations, intriqués par les diverses relations de dualité, pour apporter une compréhension approfondie de chacune. L'un de ces aspects, essentiel à ce qui nous occupe dans cet ouvrage, montre qu'il y a beaucoup plus que des cordes dans la théorie des cordes.

Les branes

Lorsque j'ai commencé à me pencher sur la théorie des cordes, je me posais la même question que beaucoup de gens m'ont posée ensuite : Qu'est-ce que les cordes ont de particulier ? Pourquoi ne s'intéresser qu'à des ingrédients fondamentaux dotés d'une longueur seulement ? Après tout, la théorie elle-même nécessite que celles-ci évoluent dans un environnement (l'univers spatial) doté de neuf dimensions, alors pourquoi ne pas considérer des entités qui seraient comme des feuilles à deux dimensions, des gouttes à trois dimensions ou même d'autres formes de plus haute dimension ? La réponse que j'ai reçue en tant qu'étudiant, dans les

---

* Nous pouvons imaginer cela comme une vaste généralisation des résultats abordés au chapitre 4, dans lesquels différentes formes des dimensions supplémentaires peuvent conduire à des modèles physiques identiques.

années 1980, et que j'ai souvent expliquée dans mes cours jusqu'au milieu des années 1990, c'est que les mathématiques permettant de décrire des constituants fondamentaux ayant plus d'une dimension spatiale souffraient d'incohérences rédhibitoires (par exemple des processus quantiques qui auraient des probabilités négatives sont des résultats mathématiques parfaitement dénués de sens). Mais lorsque ces mêmes mathématiques sont appliquées aux cordes, les incohérences disparaissent d'elles-mêmes et laissent une description mathématique convaincante * [4]. Les cordes étaient clairement une catégorie à part.

Tout au moins c'est ce qu'il semblait.

Munis de leur méthode calculatoire tout nouvellement découverte, les physiciens ont commencé à analyser leurs équations plus précisément et à obtenir des résultats inattendus. L'un des plus surprenants établissait que les raisons d'exclure les autres éléments outre les cordes ne tenaient pas la route. Les théoriciens comprirent que les problèmes mathématiques rencontrés auparavant pour ces ingrédients de plus haute dimension tels que disques ou bulles, étaient des artefacts dus aux approximations utilisées. Grâce à des méthodes plus précises, une petite armée de théoriciens établit qu'en effet, des ingrédients de plus haute dimension rôdent dans l'ombre des mathématiques de la théorie des cordes [5]. Les techniques perturbatives étaient trop rudimentaires pour mettre ces ingrédients en lumière, mais les nouvelles méthodes en sont capables. Dès la fin des années 1990, il était devenu

* Ce n'est nullement le résultat d'une mystérieuse coïncidence mathématique. Il se trouve que, mathématiquement parlant, les cordes sont des objets hautement symétriques, et c'est cette symétrie qui permet de se débarrasser des incohérences. Voir la note 4 pour plus de détails.

évident que la théorie des cordes n'était pas qu'une théorie contenant des cordes.

L'analyse révèle l'existence d'objets avec des formes de frisbees ou de tapis volants par exemple, dotés de deux dimensions spatiales, appelées « membranes » (l'une des significations possible du « M » de la théorie M) ou parfois « deux-branes ». Et il y en a d'autres. Ont été mis en évidence des objets avec trois dimensions spatiales, des « trois-branes » ; des objets avec quatre dimensions spatiales, des « quatre-branes » et ainsi de suite, jusqu'aux « neuf-branes ». Les mathématiques sont très claires : toutes ces entités peuvent vibrer et onduler, tout comme les cordes. En effet, dans ce contexte, les cordes sont même vues comme des « une-brane » – un simple représentant parmi une liste étonnamment longue d'ingrédients élémentaires de la théorie.

Cette révélation s'assortit d'une autre, tout aussi époustouflante pour ceux qui avaient passé l'essentiel de leur vie professionnelle à travailler sur le sujet, et en vertu de laquelle le nombre de dimensions spatiales nécessaires à la théorie n'était en fait pas égal à neuf. Il en faut dix. Et si nous incluons la dimension du temps, le nombre total de dimensions spatio-temporelles vaut onze. Comment est-ce possible ? Souvenons-nous du fameux morceau « (D – 10) x (*problèmes*) » rencontré au chapitre 4, sous-jacent à la conclusion d'un espace-temps à dix dimensions. Les calculs qui avaient mené à cette équation étaient, ici encore, fondés sur une approximation perturbative supposant que le couplage des cordes était faible. Surprise, surprise, cette approximation passait à côté d'une dimension spatiale supplémentaire de la théorie ! La raison que Witten mit en évidence est que la valeur du couplage contrôle directement la taille de cette dixième dimension spatiale restée inconnue jusqu'alors.

En prenant une faible valeur du couplage, involontairement, les chercheurs rendaient cette dimension toute petite – si petite qu'elle devenait même invisible aux mathématiques elles-mêmes. Les nouvelles méthodes, plus précises, réparaient cette erreur, révélant que l'univers de la théorie des cordes/théorie M avait dix dimensions d'espace plus une de temps, soit un total de onze dimensions d'espace-temps.

Je me souviens de l'étonnement et de la sidération qu'on pouvait lire sur tous les visages lors de la conférence internationale sur la théorie des cordes à l'université de Californie du Sud de 1995, lorsque Witten annonça certains de ces résultats, qui furent les premières étapes de ce que l'on appelle aujourd'hui la deuxième révolution de la théorie des cordes*. En ce qui concerne les multi-univers, ce sont les branes qui sont importantes. Grâce à elles, les chercheurs ont été conduits pas à pas vers une autre variante d'univers parallèles.

Branes et mondes parallèles

Nous imaginons généralement que les cordes sont minuscules, ce qui rend justement les tests de la théorie si difficiles. Cependant, nous avons vu au chapitre 4 que les cordes ne sont pas forcément minuscules. En fait, la longueur d'une corde est régie par son énergie. Les énergies associées aux masses des électrons, des quarks et des autres particules connues sont si ténues que les cordes correspondantes seraient effectivement minuscules. Mais si nous pouvions injecter suffisamment d'énergie dans une corde, nous pourrions l'étirer et la rendre plus

* La première révolution était celle des résultats de 1984 de John Schwarz et Michael Green, qui fut à l'origine de la version moderne du sujet.

longue. Nous sommes très loin de pouvoir faire cela sur Terre, mais c'est seulement dû à une limitation de nos techniques. Si la théorie des cordes est correcte, une civilisation plus avancée que nous pourrait faire grossir des cordes à n'importe quelle taille. Les phénomènes cosmologiques naturels ont la capacité de produire de longues cordes ; par exemple, les cordes pourraient s'enrouler autour d'une portion de l'espace et se retrouver prises dans l'expansion cosmologique si bien qu'elles s'étireraient énormément. L'une des signatures expérimentales possibles recensées dans le tableau 4.1 était celle des ondes gravitationnelles que de si longues cordes pourraient émettre en vibrant à très grande distance dans l'espace.

Tout comme les cordes, il peut exister de grandes branes de haute dimension. Ce qui ouvre sur une toute nouvelle description du cosmos par la théorie des cordes. Pour comprendre cela, imaginons tout d'abord une longue corde, aussi longue qu'un câble électrique qui continue aussi loin que l'œil peut le voir. Imaginons ensuite une vaste deux-branes, comme une immense nappe, dont la surface s'étend à l'infini. Toutes deux sont faciles à visualiser car nous pouvons les envisager dans l'espace à trois dimensions de notre expérience quotidienne.

Pour une trois-branes énorme, voire infiniment grande, la situation n'est plus la même. Une trois-branes comme celle-ci emplirait tout l'espace que nous occupons, comme l'eau d'un gigantesque aquarium. Cette omniprésence suggère d'envisager la trois-branes comme le substrat même de l'espace plutôt que comme un objet plongé dans nos trois dimensions d'espace. Tout comme le poisson vit dans l'eau de l'aquarium, nous vivrions sur cette trois-branes qui remplit tout l'espace. L'espace, ou tout au moins celui que nous peuplons, serait beaucoup plus corporel que ce que nous imaginons généralement. L'espace serait une chose, un objet, une entité – une trois-branes. Lorsque nous marchons ou courons, lorsque nous vivons et respirons, nous nous déplaçons sur et dans cette trois-branes. Les théoriciens des cordes appellent cela le « scénario des mondes de branes » ou « des mondes branes ».

C'est là que les univers parallèles des cordes font leur entrée.

J'ai présenté la relation entre trois-branes et espace tridimensionnel car je voulais faire le lien avec la réalité du quotidien. Mais en théorie des cordes, il y a plus que trois dimensions d'espace. Et un espace ayant plus de dimensions offre beaucoup de possibilités d'accueillir plusieurs trois-branes. Commençons modestement et imaginons deux immenses deux-branes. Ce n'est pas forcément facile à visualiser. Moi je trouve ça difficile. L'évolution nous a préparé à identifier les objets, qu'ils représentent une opportunité ou un danger, à l'intérieur d'un espace tridimensionnel. Par conséquent, bien que nous puissions aisément imaginer deux objets de l'espace tridimensionnel ordinaire, peu d'entre nous possèdent la faculté de visualiser deux entités tridimensionnelles séparées mais coexistantes, dont chacune pourrait remplir l'espace à trois dimensions. Pour nous faciliter la présentation de ce scénario des branes mondes, supprimons une dimension spatiale de notre visualisation et imaginons la vie sur une immense deux-branes. Pour nous faciliter l'imagerie, imaginons la deux-branes comme une tranche de pain immense et extraordinairement fine*.

* En toute rigueur, une tranche de pain est plutôt tridimensionnelle (longueur et largeur à la surface de la tranche, et aussi profondeur, dans l'épaisseur de la tranche), mais laissons cela de côté : l'épaisseur de la tranche de pain nous rappellera que nos tranches prétendument bidimensionnelles remplacent des trois-branes à des fins de visualisation.

Pour utiliser cette métaphore à bon escient, imaginons que la tranche de pain inclut la totalité de ce que nous avons traditionnellement appelé l'univers – les nébuleuses, d'Orion, de la Tête de cheval, du Crabe ; la Voie lactée au complet ; les galaxies d'Andromède, M104 (du Sombrero), M51 (du Tourbillon) et ainsi de suite – absolument tout ce qui peuple notre espace à trois dimensions, comme l'illustre la figure 5.3-a. Pour visualiser une seconde trois-branes, imaginons simplement une deuxième gigantesque tranche de pain. Où donc ? Eh bien plaçons-la à côté de la nôtre, à peine décalée dans les dimensions supplémentaires (voir figure 5.3-b). Pour visualiser trois, quatre ou tout autre nombre de trois-branes, ce n'est pas plus difficile. Il nous suffit d'ajouter des tranches à la miche de pain cosmique. Si cette métaphore de la miche de pain propose une succession de branes alignées les unes à côtés des autres, nous imaginons aisément d'autres possibilités plus générales. Les branes peuvent être orientées dans tous les sens, et peuvent également posséder diverses dimensions, plus ou moins nombreuses que celles-ci.

Les mêmes lois fondamentales de la physique s'appliqueraient pour toute la collection de branes, puisque toutes émergent d'une seule et même théorie, à savoir la théorie des cordes/théorie M. Mais comme pour les univers bulles du multi-univers inflationnaire, les détails environnementaux comme la valeur de tel ou tel champ imprégnant telle ou telle brane, ou même le nombre de leurs dimensions spatiales, peuvent affecter profondément leurs caractéristiques physiques. Certaines branes mondes pourraient ressembler beaucoup au nôtre, avec des galaxies, des étoiles et des planètes ; d'autres pourraient être très différents. Quelques-unes de ces branes pourraient même abriter des formes de vie intelligente qui, comme nous, pourraient croire que leur tranche –

Figure 5.3 (a) Dans le scénario des branes mondes, ce que nous envisagions traditionnellement comme l'ensemble du cosmos réside à l'intérieur d'une trois-branes. Pour nous faciliter la représentation, nous supprimons une dimension et ne montrons la brane monde qu'en deux dimensions ; nous ne montrons également qu'une petite partie de la brane, celle-ci pouvant s'étendre à l'infini. **(b)** L'espace multidimensionnel de la théorie des cordes peut accueillir de nombreuses branes mondes parallèles.

leur étendue d'espace – représente la totalité du cosmos. Dans ce scénario des branes mondes de la théorie des cordes, nous voyons maintenant que c'est un point de vue fort restrictif. Avec les branes mondes, notre univers n'est qu'un des nombreux mondes qui peuplent le « multi-univers de branes ».

Lorsque le multi-univers de branes fit son apparition au sein de la communauté de la théorie des cordes, la première réaction fut de se poser une question évidente : s'il y a des branes géantes juste à côté de nous, des univers parallèles flottant non loin, en harmonie avec leur environnement, pourquoi ne les voyons-nous pas ?

Branes collantes et tentacules gravitationnels

Il existe deux modèles de cordes : les brins et les boucles. Jusqu'à présent, je n'ai pas beaucoup parlé de cette distinction car elle n'est pas essentielle pour comprendre la majeure partie des aspects globaux de la théorie. Mais pour les branes mondes, la distinction entre boucles et brins est fondamentale. Nous pouvons le comprendre grâce à une simple question : Les cordes peuvent-elles s'échapper des branes ? La réponse est : Une boucle le peut, pas un brin.

Comme le comprit le célèbre théoricien des cordes Joe Polchinski, tout tient aux extrémités des brins de cordes (encore appelées les cordes ouvertes). Les équations qui ont convaincu les physiciens que les branes font partie de la théorie des cordes ont également révélé que les cordes et les branes ont une relation très intime. Les branes sont les seuls endroits où peuvent se trouver les extrémités des cordes ouvertes, comme le montre la figure 5.4. Les calculs ont révélé que chercher à détacher une extrémité de corde d'une brane est tout bonnement impossible, comme de chercher à diminuer la valeur de π ou augmenter celle de racine de deux. Physiquement, cela reviendrait à enlever le pôle Nord ou Sud de l'extrémité d'un aimant. C'est impossible. Les cordes ouvertes se déplacent librement sur et dans leur brane, glissant sans effort de-ci, de-là, mais elles ne peuvent pas la quitter.

Si ces idées vont au-delà du simple intérêt mathématique et que nous vivons bel et bien sur une brane, eh bien nous subissons à l'instant même l'attraction que notre brane exerce sur les extrémités des cordes ouvertes. Tentons de sauter hors de notre brane. Tentons une nouvelle fois, plus fort. Nous sommes toujours là. Dans une brane monde, les cordes qui nous composent et le reste de la matière ordinaire sont des cordes ouvertes. Nous pouvons sauter de bas en haut, nous échanger une balle de tennis ou envoyer des ondes sonores jusqu'à nos oreilles, tout cela sans la moindre résistance de la part de notre brane, mais nous ne pouvons pas quitter notre brane. Si nous tentons de nous en extraire, les extrémités de nos cordes ouvertes nous raccrochent à la brane, de façon permanente. Notre réalité pourrait être une plaque flottant dans un espace de plus haute dimension, mais dans laquelle nous serions prisonniers permanents, sans possibilité de nous aventurer au-dehors et explorer le vaste cosmos.

La même image vaut pour les particules qui transmettent les trois forces non gravitationnelles. L'analyse montre qu'elles aussi proviennent des brins de cordes. Les plus remarquables sont les photons, pourvoyeurs de la force électromagnétique. La lumière visible, qui est un flux de photons, peut donc cheminer librement dans la brane, de ces lignes à nos yeux, ou de la galaxie d'Andromède à l'observatoire du mont Wilson, mais eux aussi sont prisonniers et ne peuvent s'échapper. Une autre brane monde pourrait passer à quelques millimètres de

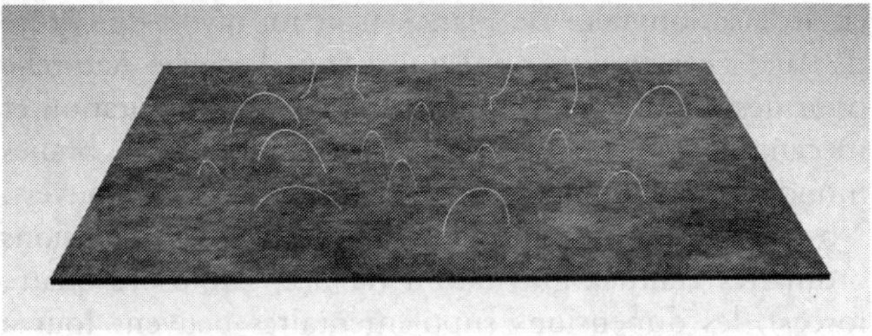

Figure 5.4 Les branes sont les seuls endroits où peuvent se trouver les extrémités des brins de cordes (cordes ouvertes).

la nôtre, comme la lumière ne peut pas franchir l'espace qui les sépare, eh bien nous ne pourrons jamais voir sa présence.

La seule force qui est quelque peu différente à cet égard est la gravitation. Ce qui distingue les gravitons des autres c'est, comme nous l'avons vu au chapitre 4, qu'ils possèdent un spin 2, soit le double des particules provenant des cordes ouvertes (comme les photons) qui véhiculent les autres forces. Le fait que les gravitons possèdent un spin double de celui d'un brin de corde signifie que nous pouvons les envisager comme composés de deux de ces brins, dont les extrémités se fondent les unes dans les autres pour former une boucle. Comme les boucles n'ont pas d'extrémité, les branes ne peuvent les piéger. Les gravitons peuvent donc quitter une brane et y revenir. Dans un scénario de brane monde, la gravitation serait donc notre seul moyen d'exploration au-delà de l'étendue de notre espace à trois dimensions.

Cette prise de conscience joue un rôle central dans les tests possibles de la théorie des cordes que nous avons présentés au chapitre 4 (voir le tableau 4.1). Dans les années 1980 et 1990 avant l'événement des branes, les physiciens imaginaient que les dimensions supplémentaires de la théorie des cordes devaient avoir comme taille environ la longueur de Planck (soit un rayon de l'ordre de 10^{-33} centimètre), puisque c'était l'échelle naturelle pour des phénomènes impliquant à la fois gravitation et mécanique quantique. Mais le scénario des branes mondes nous invite à un raisonnement plus ouvert. Notre seule interaction au-delà des trois dimensions ordinaires étant la gravitation (la plus faible des quatre forces), les dimensions supplémentaires peuvent tout à fait être beaucoup plus vastes et avoir néanmoins échappé à la détection. Jusqu'à présent.

Si les dimensions supplémentaires existent, et qu'elles sont *beaucoup* plus grandes que prévu auparavant – peut-être un milliard de milliard de milliard de fois plus grandes (environ 10^{-4} centimètre) – alors les expériences conçues pour mesurer l'intensité de la gravitation décrites dans la deuxième colonne du tableau 4.1 devraient avoir quelque chance de les détecter. Lorsque des objets s'attirent mutuellement par gravitation, ils échangent des flux de gravitons ; ces gravitons sont des messagers invisibles qui transmettent l'influence de la gravitation. Plus les objets échangent de gravitons, plus forte est l'attraction gravitationnelle mutuelle. Lorsque certains de ces gravitons fuient de notre brane vers les dimensions supplémentaires, cela dilue l'attraction gravitationnelle entre lesdits objets. Plus grandes sont les dimensions supplémentaires, plus forte est cette dilution, et plus faible apparaît la gravitation. En mesurant avec soin l'attraction gravitationnelle entre deux objets que l'on rapproche à une distance plus courte que la taille des dimensions supplémentaires, nos expérimentateurs envisagent d'intercepter les gravitons avant qu'ils ne fuient de notre brane ; si tout cela est correct, ils mesureraient alors une intensité proportionnellement plus forte pour la gravitation. Ainsi, bien que je ne l'aie pas mentionné au chapitre 4, cette approche pour révéler les dimensions supplémentaires s'appuie sur le scénario de la brane monde.

Une augmentation plus modeste de la taille des dimensions supplémentaires, avec seulement 10^{-18} centimètre, les mettrait à la portée du LHC. Comme nous l'avons vu à la troisième ligne du tableau 4.1, les collisions de très haute énergie entre protons peuvent projeter des débris dans les dimensions supplémentaires, et se traduire dans nos dimensions ordinaires par une perte d'énergie qui pourrait être détectable. Cette expérience repose également sur le scénario de brane monde. Les données attestant de cette énergie manquante pourraient s'expliquer en supposant que notre univers existe sur une brane et que les débris ayant la possibilité de quitter cette brane (les gravitons) ont emporté de l'énergie.

Les mini-trous noirs – quatrième ligne du tableau 4.1 – sont encore un autre produit dérivé des branes mondes. Le LHC aurait une chance de produire des mini-trous noirs par les collisions protons/protons seulement si l'intensité intrinsèque de la gravitation se révèle élevée pour les courtes distances. Comme ci-dessus, le scénario des branes monde offre cette possibilité.

Les détails jettent un éclairage neuf sur ces trois expériences. Non seulement elles cherchent à mettre en évidence des structures exotiques telles que les dimensions supplémentaires ou de minuscules trous noirs, mais également des preuves que nous vivons sur une brane. Un résultat positif apporterait non seulement des arguments en faveur du scénario de brane monde de la théorie des cordes, mais aussi des preuves indirectes de l'existence d'univers au-delà du nôtre. Si nous parvenons à montrer que nous vivons sur une brane, les calculs ne donnent aucune raison de penser que la nôtre soit la seule qui existe.

Temps, cycles et multi-univers

Les multi-univers que nous avons rencontrés jusqu'à présent, s'ils se distinguaient par leurs détails, avaient tous un même aspect en commun. Dans les multi-univers en patchwork, inflationnaire ou de branes, les autres univers sont « quelque part » dans l'espace. Pour le multi-univers en patchwork, ce « quelque part » est extrêmement éloigné, au sens ordinaire du terme ; pour le multi-univers inflationnaire, cela signifie au-delà de notre univers bulle à travers un domaine en expansion extrêmement rapide ; pour le multi-univers de branes, cela implique éventuellement une courte distance, mais une séparation dans une autre dimension. Les indices en faveur du scénario des branes mondes nous amènent à envisager sérieusement une autre variété de multi-univers, qui influence non pas les opportunités liées à l'espace, mais celles liées au temps [6].

Depuis Einstein, nous savons que l'espace et le temps peuvent se déformer, se courber et s'étirer. Mais nous n'envisageons généralement pas que ce soit l'univers entier qui glisse comme ci ou comme ça. Quel sens donner à l'idée que l'intégralité de l'espace se déplace de quelques centimètres vers la « droite » ou vers la « gauche » ? C'est une sacrée colle d'un point de vue théorique, et pourtant avec le scénario des branes monde cela devient tout simple. Comme les particules et les cordes, les branes peuvent évidemment se déplacer dans leur environnement. Donc, si l'univers que nous observons et que nous connaissons est une trois-branes, il est tout à fait possible que nous soyons en train de flotter dans une étendue spatiale de plus haute dimension *.

* Nous pourrions toujours nous interroger pour savoir si l'intégralité de cette étendue spatiale de plus haute dimension peut se déplacer. Même si la question est intéressante en soi, elle n'apporte rien dans la discussion qui nous occupe.

Si nous vivons bel et bien sur une brane en mouvement, et qu'il existe d'autres branes alentour, alors que se passerait-il si deux branes venaient à se heurter l'une l'autre ? Bien que certains détails n'aient pas été complètement établis, nous pouvons être certains qu'une collision entre deux branes – une collision entre deux univers – sera un phénomène violent. La possibilité la plus simple serait celle de deux trois-branes parallèles se rapprochant de plus en plus jusqu'à se heurter de plein fouet, comme une paire de cymbales. L'énergie colossale de leur mouvement relatif produirait une explosion de particules et de rayonnement qui anéantirait toutes les structures organisées au sein de chaque brane univers.

Pour un groupe de chercheurs parmi lesquels Paul Steinhardt, Neil Turok, Burt Ovrut et Justin Khoury, ce cataclysme inspire non seulement une fin mais également un commencement. Un environnement extrêmement chaud et dense dans lequel les particules fusent dans tous les sens… voilà qui rappelle fortement les conditions juste après le Big Bang. Ainsi, il se pourrait que lorsque deux branes se heurtent de la sorte, elles font voler en éclats toutes les structures qui s'étaient construites durant leur histoire respective, des galaxies aux planètes en passant par les êtres vivants, pour laisser place à une renaissance cosmique. En effet, une trois-branes emplie d'un plasma brûlant de particules et de rayonnement réagit exactement comme le ferait n'importe quel espace tridimensionnel : par l'expansion. Ce faisant, l'environnement se refroidit, permet aux particules de s'associer, jusqu'à former au bout du compte une nouvelle génération d'étoiles et de galaxies. Certains chercheurs ont proposé de baptiser ce remaniement d'univers, à l'instar du Big Bang, le « big splat ».

Aussi évocateur soit-il, ce « splat* » passe à côté d'un des aspects les plus importants de ces collisions de branes. Selon Steinhardt et ses collaborateurs, lors de leur collision, les branes se heurtent mais sans se coller. Elles rebondissent. La force gravitationnelle qu'elles exercent l'une sur l'autre ralentit ensuite progressivement leur mouvement relatif. Elles atteignent au bout du compte une distance de séparation maximale et, à partir de là, commencent à se rapprocher une nouvelle fois. Lorsqu'elles se rassemblent à nouveau, chacune prend de la vitesse jusqu'à la collision, et le feu d'artifice que cela occasionne sur chaque brane réinitialise les conditions pour une nouvelle ère d'évolution cosmologique. Par nature, cette cosmologie implique donc des mondes qui se répètent par cycles dans le temps, produisant une nouvelle variante d'univers parallèles appelée « multi-univers cyclique ».

Si nous vivons sur une brane du multi-univers cyclique, les autres univers membres (outre notre brane partenaire avec laquelle nous entrons régulièrement en collision) sont dans notre passé et notre futur. Steinhardt et ses collaborateurs ont cherché à estimer l'échelle de temps d'un cycle complet de ce tango de collision cosmique – naissance, évolution et mort – et ont obtenu un résultat de l'ordre de mille milliards d'années. Dans ce scénario, l'univers tel que nous le connaissons ne serait que le dernier en date d'une série qui se succède dans le temps, et dont certains prédécesseurs ont pu abriter des formes de vie intelligente ainsi que leur culture, aujourd'hui éteintes de longue date. Un jour, toutes nos contributions et celles de toutes les autres formes de vie de notre univers disparaîtront de la même manière.

---

* Que l'on pourrait traduire en français par « floc ». (*N.d.T.*)

Passé et futur des univers cycliques

Bien que le modèle des branes mondes en soit la finalisation la plus aboutie, les cosmologies cycliques ont une longue histoire. À cause de la rotation de la Terre, responsable de l'alternance des jours et des nuits, ou encore de son mouvement orbital, responsable de la répétition successive des saisons, de nombreuses sociétés traditionnelles ont adopté des modèles cycliques dans leurs tentatives de comprendre l'univers. L'une des plus anciennes cosmologies préscientifiques, celle de la tradition hindouiste, envisage un emboîtement complexe de cycles cosmologiques dans des cycles qui, selon les interprétations, s'étaleraient sur des millions ou des milliards d'années. Les penseurs occidentaux, en remontant aussi loin que le philosophe présocratique Héraclite ou l'homme d'État romain Cicéron, ont également imaginé diverses théories cosmologiques cycliques. Un univers consumé par le feu et renaissant de ses cendres encore fumantes était un scénario populaire parmi ceux qui s'intéressaient aux questions nobles telles que celle de nos origines cosmiques. Avec la progression du christianisme, le concept de genèse comme un événement unique à un instant donné dans le temps prit progressivement le dessus, mais les théories cycliques continuèrent sporadiquement d'attirer l'attention.

Dans l'ère scientifique moderne, on a cherché des modèles cycliques depuis les premières investigations cosmologiques s'appuyant sur la relativité générale. Alexandre Friedmann, dans un livre célèbre publié en Russie en 1923, signalait que certaines de ses solutions cosmologiques aux équations gravitationnelles d'Einstein suggéraient un univers en oscillation, qui subirait l'expansion avant d'atteindre une taille maximale et de se contracter jusqu'à se réduire à un « point » et recommencer une nouvelle expansion[7]. En 1931, après avoir abandonné son modèle d'univers statique, Einstein lui-même avait étudié les possibilités d'un univers oscillatoire. Parmi ce type de travaux, les plus précis étaient ceux que Richard Tolman, de l'institut CalTech en Californie, publia entre 1931 et 1934. Tolman avait entrepris une investigation mathématique approfondie des modèles de cosmologie cyclique et par là lancé un vent de recherches qui ont continué jusqu'à nos jours (souvent reléguées dans des impasses de la physique, mais parfois aussi éclatant au grand jour).

Parmi les attraits de ces cosmologies cycliques, il y a cette possibilité apparente d'éviter l'épineuse question du commencement de l'univers. Si l'univers vit cycle après cycle, et si les cycles ont toujours eu lieu (et auront peut-être toujours lieu), alors cela élude le problème du commencement. Chaque cycle possède son propre commencement, auquel la théorie propose une cause physique très claire : la fin du cycle précédent. Et si l'on s'interroge sur le commencement du cycle d'univers au complet, eh bien la réponse est simplement que ce commencement n'existe pas car les cycles se répètent depuis une éternité.

Ainsi, en un certain sens, les modèles cycliques tentent d'avoir le beurre et l'argent du beurre cosmologique. Dans les premiers jours de la cosmologie scientifique, la théorie de l'état stationnaire proposait sa propre solution à cette question des origines cosmiques, en suggérant que même si l'univers est en expansion, il n'a pas eu de commencement pour autant : avec l'expansion, la matière est continuellement créée pour remplir l'espace additionnel, ce qui maintient des conditions constantes dans tout le cosmos et pour l'éternité. Cependant, la théorie de l'état stationnaire est en opposition avec les observations astronomiques qui montrent avec force qu'il y eut, à des époques reculées, des conditions extrêmement différentes de celles que nous observons aujourd'hui. Les plus utilisées furent les observations mettant en évidence une phase cosmologique primitive qui était loin d'être continue et stationnaire, mais plutôt chaotique et explosive. Le Big Bang fait complètement s'écrouler les rêves d'états stationnaires et ramène au centre du débat la question des origines. C'est là que les cosmologies cycliques offrent une alternative intéressante. Chaque cycle peut bel et bien inclure un passé de type Big Bang, en accord avec les données astronomiques. Mais en assemblant un nombre infini de cycles, la théorie réussit toujours à éviter d'avoir à fournir un commencement à tout. Ainsi, il semble que les cosmologies cycliques réunissent les aspects les plus attrayants des modèles de l'état stationnaire et du Big Bang.

Puis dans les années 1950, l'astrophysicien danois Herman Zanstra attira l'attention de la communauté sur un problème des modèles cycliques qui était déjà implicitement présent dans les travaux de Tolman plusieurs dizaines d'années auparavant. Zanstra montra qu'il ne pouvait pas y avoir eu un nombre infini de cycles avant le nôtre. La faille de ces modèles cosmologiques provenait du second principe de la thermodynamique. Ce second principe, que nous présenterons plus avant au chapitre 9, stipule que le désordre – l'entropie – augmente nécessairement avec le temps. C'est quelque chose dont nous faisons quotidiennement l'expérience. Nos cuisines, aussi ordonnées soient-elles au début de la journée, ont cette fâcheuse tendance à finir en bazar avant la nuit ; de même pour les buanderies, les bureaux ou les salles de jeux. Dans ces situations de tous les jours, l'accroissement de l'entropie est simplement pénible ; dans les cosmologies cycliques, elle est tout bonnement décisive. Comme Tolman s'en était rendu compte, les équations de la relativité générale relient le contenu en entropie de l'univers à la durée d'un cycle. Une plus grande entropie est synonyme d'un plus grand désordre de particules confinées par la contraction de l'univers, ce qui provoque un rebond plus intense, une plus grande expansion de l'espace et donc des cycles plus longs. Si l'on regarde en arrière depuis l'époque actuelle, ce second principe de la thermodynamique implique que plus les cycles sont anciens, moins ils auraient eu d'entropie (puisque le second principe stipule que l'entropie augmente vers le futur, c'est qu'elle doit diminuer vers le passé *) et donc plus courte aurait été leur durée. Traduisant cela en termes mathématiques, Zanstra a montré qu'en remontant suffisamment loin dans le passé, les cycles auraient été de plus en plus courts jusqu'à s'arrêter complètement. Ainsi auraient-ils eu un commencement.

Steinhardt et compagnie clamèrent haut et fort que leur nouvelle version de la cosmologie cyclique évitait cet écueil. Dans leur modèle, les cycles proviennent non pas de l'expansion de l'univers suivie de sa contraction puis à nouveau d'expansion, mais de la séparation entre branes monde, lesquelles sont en expansion, puis contraction, puis à nouveau expansion. Les branes elles-mêmes sont continuellement en expansion – et ce pour la totalité de chacun des cycles. L'entropie se construit d'un cycle au suivant comme l'exige le second principe, mais parce que les branes sont en expansion, l'entropie est sans cesse répartie dans des volumes de plus en plus vastes. L'entropie totale augmente, mais la *densité* d'entropie diminue. À la fin de chaque cycle, l'entropie est tellement diluée que sa densité est proche de zéro – comme une remise à zéro. Ainsi, contrairement à ce qui se passe dans l'analyse

* Pour les lecteurs habitués aux énigmes liées à la flèche du temps, notons que je suppose ici que l'entropie décroît vers le passé, ce qui est en accord avec les observations. Voir le chapitre 6 de *La Magie du cosmos* pour une explication à cet égard.

de Tolman et Zanstra, les cycles peuvent continuer indéfiniment du passé vers le futur. Le multi-univers cyclique des branes mondes n'a pas besoin d'un commencement du temps [8].

Esquiver un casse-tête vieux comme le monde représente la cerise sur le gâteau du multi-univers cyclique. Mais comme le signalent ses défenseurs, le multi-univers cyclique propose bien davantage qu'une simple résolution d'énigmes cosmologiques – il permet de faire des prédictions précises qui le distinguent du modèle inflationnaire communément adopté par la communauté. En cosmologie inflationnaire, la violente salve d'expansion de l'univers primordial aurait tellement perturbé l'espace que des ondes gravitationnelles importantes auraient été produites. Les vagues dans l'espace-temps auraient laissé leur empreinte sur le fond de rayonnement cosmologique, et des observations de haute résolution sont aujourd'hui menées pour les mettre en évidence. En revanche, une collision de branes crée un maelström temporaire – mais sans l'extraordinaire expansion inflationnaire de l'espace, toutes les ondes gravitationnelles éventuellement créées seraient certainement trop faibles pour générer un signal durable. Ainsi, toute indication en faveur d'ondes gravitationnelles produites durant l'univers primordial irait à l'encontre du modèle du multi-univers cyclique. D'un autre côté, si nous n'observions aucune indication de ces ondes gravitationnelles, cela représenterait un énorme défi pour bon nombre de modèles inflationnaires et rendrait par la même occasion le modèle cyclique beaucoup plus attrayant.

Le multi-univers cyclique est largement connu de la communauté des physiciens mais il est accueilli, tout aussi largement, avec beaucoup de scepticisme. Les observations ont le pouvoir de changer cela. Si le LHC nous apporte des indices en faveur des branes mondes et si les ondes gravitationnelles de l'univers primordial restent insaisissables, le multi-univers cyclique gagnerait beaucoup de partisans.

Flux

La prise de conscience mathématique que la théorie des cordes n'est pas qu'une théorie des cordes mais une théorie qui inclut également des branes aura eu une incidence capitale sur les recherches de ce domaine. Le scénario des branes mondes et les multi-univers qui en découlent ne sont qu'un des domaines de recherches secondaires susceptibles de remodeler notre vision de la réalité en profondeur. Sans les méthodes mathématiques plus exactes élaborées ces quinze dernières années, la plupart de ces travaux seraient restés hors d'atteinte. Malgré tout cela, le principal problème que les physiciens espéraient résoudre grâce à ces méthodes exactes n'a toujours pas été résolu – le choix de la forme des dimensions supplémentaires parmi les nombreux candidats mis en évidence par les analyses théoriques. Loin de là. Les nouvelles méthodes n'ont fait que rendre le problème encore plus difficile. Elles nous ont amenés à découvrir une foultitude de nouvelles formes possibles pour les dimensions supplémentaires, augmentant ainsi énormément le nombre de candidats mais sans offrir la moindre lueur sur la manière dont les nôtres devraient se singulariser.

Au cœur de ces travaux réside l'une des propriétés des branes appelée le « flux ». Tout comme un électron produit un champ électrique, comme un brouillard électrique qui imprègne toute une région de l'espace autour de lui, tout comme un aimant produit un champ magnétique, tel un brouillard magnétique qui imprègne la région autour de lui, une brane produit un « champ de brane », comme un brouillard de brane qui imprègne son environnement, comme représenté sur la figure 5.5. Lorsque Faraday menait ses premières expériences avec des champs électriques et magnétiques dans le début des années 1800, il imaginait de quantifier leur intensité en la représentant par la densité des lignes de champs à une distance donnée de la source, et il baptisa cette mesure le « flux » du champ. Ce mot fait désormais partie du vocabulaire des physiciens. L'intensité d'un champ de brane sera elle aussi représentée par le flux qu'il produit.

Les théoriciens des cordes, y compris Raphael Bousso, Polchinski, Steven Giddings, Shamit Kachru et nombre d'autres, ont vu qu'une description complète des dimensions supplémentaires de la théorie des cordes nécessitait non seulement de préciser leur forme et leur taille – ce sur quoi les chercheurs dans ce domaine, moi y compris, se sont concentrés plus ou moins exclusivement dans les années 1980 et début 1990 – mais également les flux de branes qui les imprègnent.

Depuis les premiers travaux mathématiques sur les dimensions supplémentaires des cordes, les chercheurs savent que les espaces de Calabi-Yau contiennent généralement beaucoup de régions ouvertes, comme l'espace du trou d'un beignet ou de l'intérieur d'une sculpture de verre. Mais ce ne fut qu'au tout début des années 2000 que les théoriciens comprirent que ces régions ouvertes ne devaient pas forcément être complètement vides. Elles peuvent être enveloppées par une brane ou traversées par son flux, comme sur la figure 5.6. Les recherches antérieures (résumées par exemple dans *L'Univers élégant*) n'avaient pour la plupart pris en compte que des variétés de Calabi-Yau « nues », sans aucune de ces parures. Lorsque les chercheurs ont compris qu'une forme de Calabi-Yau pouvait être revêtue de ces caractéristiques additionnelles, ils mirent en lumière une collection phénoménale de formes pour les dimensions supplémentaires.

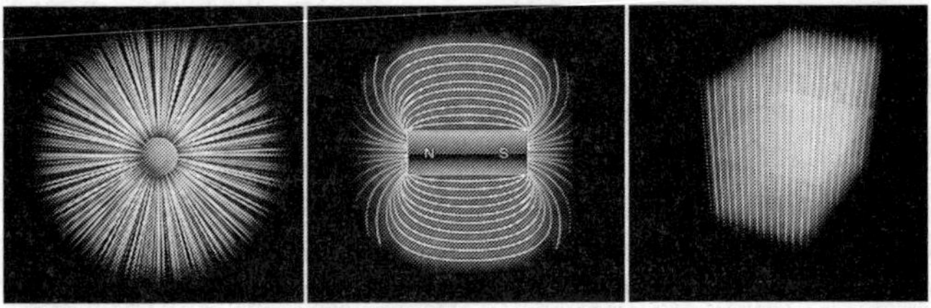

Figure 5.5 Le flux électrique produit par un électron ; le champ magnétique produit par un aimant ; le champ de brane produit par une brane.

Un rapide comptage peut nous donner une idée des échelles. Regardons les flux. De même que la mécanique quantique établit que photons et électrons existent en unités discrètes – nous pouvons avoir 3 photons et 7 électrons, mais pas 1,2 photon ou 6,4 électrons –, elle stipule que les lignes de flux existent en paquets discrets. Ceux-ci peuvent pénétrer une surface environnante une fois, deux fois, trois fois et ainsi de suite. Mais hormis cette restriction aux nombres entiers, il n'existe en principe aucune autre limite. En pratique, lorsque la quantité de flux est importante, elle tend à déformer la forme de Calabi-Yau environnante tant et si bien que les méthodes mathématiques auparavant fiables deviennent inexactes. Pour éviter de s'aventurer dans ces eaux mathématiquement troubles, les chercheurs n'envisagent généralement que des flux au nombre de 10 ou moins [9].

Cela signifie que pour une forme de Calabi-Yau donnée contenant une région ouverte, nous pouvons la revêtir de flux de dix manières différentes, et cela produit dix nouvelles formes possibles pour les dimensions supplémentaires. Si un Calabi-Yau donné possède deux régions de ce type, il existe donc 10 × 10 = 100 différentes configurations de flux possibles (10 flux possibles à travers la première et 10 à travers la seconde) ; avec

Figure 5.6 Une partie des dimensions supplémentaires en Calabi-Yau de la théorie des cordes peut être enveloppée par des branes et traversée par leur flux. La figure montre une version simplifiée d'un espace de Calabi-Yau, un « beignet à trois trous », et représente les branes enveloppées et les lignes de flux de manière schématique, avec des bandes lumineuses encerclant des portions de l'espace.

trois régions ouvertes, il existe 10^3 possibilités et ainsi de suite. Jusqu'à quel point ce nombre peut-il être élevé ? Certaines variétés de Calabi-Yau possèdent environ cinq cents régions ouvertes. *Avec ce même raisonnement, nous obtenons 10^{500} formes différentes pour les dimensions supplémentaires.*

Ainsi, plutôt que de trier les candidats parmi quelques formes spécifiques des dimensions supplémentaires, les méthodes mathématiques de pointe nous ont livré une corne d'abondance de nouvelles possibilités. Tout à coup, les espaces de Calabi-Yau peuvent s'habiller avec beaucoup plus de tenues qu'il n'existe de particules dans tout l'univers observable. Certains théoriciens des cordes en ont été très affligés. Comme nous l'avons vu avec insistance dans le précédent chapitre, sans un moyen pour choisir la forme exacte des dimensions supplémentaires – dont nous comprenons maintenant qu'elle implique également de choisir le flux qui l'habillera – les mathématiques de la théorie des cordes perdent tout leur pouvoir prédictif. Beaucoup d'espoirs avaient été placés dans les méthodes capables de dépasser les limitations de la théorie des perturbations. Et pourtant, lorsque certaines de ces méthodes ont vu le jour, le problème de la sélection de la forme des dimensions supplémentaires n'a fait qu'empirer. Certains théoriciens des cordes en ont perdu la foi.

D'autres, plus optimistes, pensent qu'il est trop tôt pour abandonner. Ils ont bon espoir qu'un jour – peut-être très proche, peut-être très lointain – nous découvrirons le principe manquant qui détermine l'allure des dimensions supplémentaires, y compris les flux pouvant habiller leur forme.

D'autres ont choisi une voie plus radicale. Ceux-là suggèrent que toutes ces années de vaines tentatives à cerner la forme des dimensions supplémentaires sont peut-être une indication. Peut-être, poursuivent-ils effrontément, devons-nous prendre au sérieux *toutes* les formes possibles émergeant des mathématiques de la théorie des cordes, ainsi que leurs flux. Peut-être, insistent-ils, la raison pour laquelle les mathématiques contiennent toutes ces possibilités vient-elle du fait que *toutes sont réelles*, chaque forme représentant les dimensions supplémentaires de son propre univers séparé. Et, avec la réalisation de ce qui ressemble à nos rêves parmi les plus fous sur les données observées, peut-être est-ce précisément ce dont nous avons besoin pour nous atteler à ce qui pourrait être le plus épineux de tous les problèmes : celui de la constante cosmologique.

Chapitre 6

Réflexions nouvelles sur une constante ancienne

Le multi-univers paysage

À première vue, la différence entre 0 et 0,0000000 000000000000000000000000000000000000 000000000000000000000000000000000000000000000 0000000000000000000000000000000000001 peut sembler dérisoire. Et à l'échelle de ce qui nous est familier, c'est le cas. Pourtant, les physiciens pensent de plus en plus que cette minuscule différence pourrait être responsable d'un décalage décisif dans notre manière d'envisager la réalité.

Ce nombre minuscule fut mesuré en 1998 par deux équipes d'astronomes faisant des observations méticuleuses sur les étoiles en explosion dans de lointaines galaxies. Depuis lors, le travail d'un grand nombre de chercheurs a confirmé leurs résultats. Quel est ce nombre et pourquoi en faire toute une histoire ? Les preuves s'accumulent en faveur de ce que j'ai appelé plus haut la troisième ligne de la déclaration de revenus de la relativité générale : la constante cosmologique d'Einstein, qui précise la quantité d'énergie sombre, invisible, qui imprègne la structure de l'espace.

Comme ce résultat résiste aux analyses les plus scrupuleuses, les physiciens envisagent avec de plus en plus de confiance l'idée que sont en train de devenir caduques les dizaines d'années d'observations et de déductions théoriques qui avaient convaincu la grande majorité des chercheurs que la constante cosmologique valait zéro. Les théoriciens se sont empressés de comprendre où ils avaient pu se tromper. Mais ce n'était pas le cas pour tous. Des années plus tôt, un courant de pensée controversé avait proposé qu'une constante cosmologique non nulle serait possible. Quelle était l'hypothèse de départ ? Le fait que nous vivions dans un univers parmi d'autres. Parmi *beaucoup* d'autres.

La constante cosmologique – le retour

Souvenons-nous que la constante cosmologique, si elle existe, remplit l'espace d'une énergie uniforme invisible – l'énergie sombre – dont la signature caractéristique serait sa force gravitationnelle répulsive. Einstein s'était penché sur cette idée en 1917, en faisant appel à l'antigravitation de la constante cosmologique pour équilibrer l'attraction gravitationnelle de la matière ordinaire et donc permettre à l'univers d'être statique, ni en expansion ni en contraction *.

Plusieurs personnes ont raconté qu'en apprenant les observations de Hubble de 1929 établissant que l'espace

* Détail de langage : j'utiliserai généralement les termes « constante cosmologique » ou « énergie sombre » comme s'ils étaient interchangeables. Lorsque j'aurai besoin d'être plus précis, je prendrai la valeur de la constante cosmologique pour désigner la *quantité* d'énergie sombre imprégnant l'espace. Comme indiqué plus haut, les physiciens utilisent souvent le terme « énergie sombre » de façon plus libre, pour tout ce qui ressemble de près ou de loin à une constante cosmologique sur des échelles de temps raisonnablement longues, mais qui peut également varier lentement et donc n'être pas réellement constante.

est en expansion, Einstein aurait qualifié la constante cosmologique de la « plus grosse erreur de sa vie ». George Gamow raconte une conversation dans laquelle Einstein aurait dit cela, mais connaissant le penchant de Gamow pour les hyperboles amusantes, certains ont remis en question la validité de cette histoire [1]. Ce qui est certain, c'est qu'Einstein a éliminé la constante cosmologique de ses équations lorsque les observations ont montré que sa conviction d'un univers statique était erronée, et il écrivit des années plus tard que si « l'expansion de Hubble avait été découverte à l'époque de la création de la théorie générale de la relativité, la constante cosmologique n'aurait jamais été introduite dans les équations [2] ». Mais le recul sur nos actes passés n'est pas toujours réaliste ; il estompe parfois les évidences antérieures. Dans une lettre écrite en 1917 au physicien Willem de Sitter, Einstein présentait un point de vue plus nuancé : « Quoi qu'il en soit, une chose est sûre. La théorie de la relativité générale autorise l'introduction de la constante cosmologique dans les équations du champ. Un jour, notre connaissance de la composition des étoiles fixes, de leur mouvement apparent et de la position des lignes spectrales comme fonction de la distance seront probablement suffisamment approfondies pour que nous puissions décider empiriquement si oui ou non la constante cosmologique s'annule. La conviction est une bonne motivation, mais un mauvais juge [3]. »

Quatre-vingts ans plus tard, le projet Supernova Cosmology, conduit par Saul Perlmutter et l'équipe High-Z Supernova Search, menée par Brian Schmidt, ont suivi ce raisonnement. Ils ont analysé avec soin de nombreuses lignes spectrales (les détails de la lumière émise par les étoiles distantes) et, comme Einstein l'avait imaginé, ils ont pu faire des propositions empiriques sur la question de l'annulation de la constante cosmologique.

Le résultat fut un choc pour beaucoup de monde : tout semble leur indiquer qu'elle ne s'annule pas.

Destinée cosmique

Lorsque ces astronomes s'attelèrent à ces travaux, aucun des deux groupes ne s'intéressait à mesurer la constante cosmologique. Les deux équipes avaient pour objectif de mesurer un autre paramètre cosmologique, à savoir le taux de ralentissement de l'expansion de l'espace. La gravitation attractive ordinaire agit en amenant les objets plus proches les uns des autres, ce qui a pour effet de freiner l'expansion. Le taux précis de ce ralentissement est essentiel pour comprendre ce que deviendra l'univers dans un avenir éloigné. Un fort taux de ralentissement impliquerait que l'expansion de l'espace diminuerait jusqu'à zéro pour ensuite s'inverser, conduisant à une période de contraction spatiale. Sans interruption, ce phénomène conduirait l'univers à un « Big Crunch » (l'inverse du Big Bang) ou peut-être à un effet rebond, comme dans les modèles cycliques que nous avons vus au précédent chapitre. Un léger taux de ralentissement pourrait finir très différemment. Un peu comme une balle lancée à très haute vitesse peut échapper à l'attraction gravitationnelle de la Terre et partir à tout jamais dans l'espace, si la vitesse de l'expansion spatiale est suffisamment élevée, et le taux de ralentissement suffisamment bas, l'espace pourrait poursuivre son expansion à jamais. En mesurant ce taux de ralentissement cosmique, les deux groupes de chercheurs s'intéressaient au sort de l'univers à long terme.

La méthode de ces deux équipes était très simple : il s'agissait de mesurer la vitesse d'expansion de l'espace en divers instants dans le passé, et en comparant ces diverses vitesses, déterminer le taux auquel l'expansion a ralenti au cours de l'histoire. Très bien. Mais comment faire ? Comme pour beaucoup de questions en astronomie, la réponse est à trouver dans des mesures précises des rayonnements lumineux. Les galaxies sont des phares dans la nuit, car leur mouvement retrace l'expansion spatiale. Si nous pouvions déterminer à quelle vitesse des galaxies situées à certaines distances s'éloignaient de nous à l'époque lointaine où elles émettaient la lumière que nous observons aujourd'hui, nous pourrions déterminer la vitesse d'expansion de l'espace en divers instants dans le passé. En comparant ces vitesses, nous pourrions obtenir le taux de ralentissement cosmique. Voilà les grandes lignes.

Pour pouvoir entrer dans les détails, deux questions essentielles doivent trouver leur réponse. À partir de nos observations actuelles des galaxies lointaines, qu'est-ce qui nous permet de déterminer leur distance et leur vitesse ? Commençons par la distance.

Distance et luminosité

L'un des plus anciens et plus importants problèmes en astronomie est celui de la détermination de la distance des objets célestes. L'une des premières techniques utilisées, la « parallaxe », est une méthode dont les enfants de cinq ans font quotidiennement l'expérience. Les enfants sont parfois fascinés (durant un temps) par le fait de regarder un même objet d'un œil, en fermant alternativement l'œil droit puis le gauche, car l'objet semble sauter d'un côté à l'autre. Si nous ne nous souvenons pas d'avoir eu cinq ans, rien ne nous empêche de tenter l'expérience avec ce livre, en en fixant l'un des coins. Le « saut » vient de ce que nos deux yeux étant légèrement séparés l'un de l'autre, ils ne fixent pas un même point avec le même angle de ligne de mire. Pour des objets plus éloignés, le saut est moins notable car la différence entre les angles diminue. Cette simple observation peut être mise en équations, et l'on obtient un lien précis entre la différence angulaire des lignes de mire de nos deux yeux – la parallaxe – et la distance de l'objet que l'on observe. Mais peu importent les détails, notre système visuel le fait automatiquement. C'est pour cela que nous voyons le monde en 3D*.

Lorsqu'on observe les étoiles la nuit, la parallaxe est trop faible pour être mesurée avec précision ; nos yeux sont trop près l'un de l'autre pour que la différence angulaire soit significative. Mais il y a un moyen de contourner cela : si nous mesurons la position d'une même étoile à deux reprises, à six mois d'intervalle, nous l'observons donc depuis deux positions différentes de la Terre plutôt que depuis les positions de chacun de nos yeux. Plus grande sera la distance entre ces deux positions d'observation, plus grande sera la parallaxe ; elle reste petite mais dans certains cas, elle est tout de même assez grande pour être mesurée. Au début des années 1800, il y avait une forte compétition entre groupes de scientifiques pour devenir le premier à mesurer cette parallaxe stellaire ; en 1838 l'astronome et mathématicien allemand Friedrich Bessel remporta ce conflit de coqs, lorsqu'il parvint à mesurer la parallaxe pour une étoile dans la constellation du Cygne appelée 61 Cygni. La différence angulaire s'élevait à 0,000084 degré, ce qui situait l'étoile à environ 10 années-lumière.

* C'est aussi sur ce principe que fonctionne le cinéma en 3D : du fait de l'ajustement du décalage spatial sur l'écran de deux images presque identiques, notre cerveau interprète les parallaxes ainsi créées comme des distances différentes, créant de cette façon l'illusion d'une image en 3D.

Depuis lors, les techniques ont été sérieusement perfectionnées et les satellites effectuent désormais des mesures de parallaxe beaucoup plus fines que ce qu'avait réussi Bessel. Ces progrès ont permis de déterminer avec beaucoup plus de précision les distances des étoiles jusqu'à quelques milliers d'années-lumière. Au-delà, les différences angulaires à nouveau trop petites et la méthode se révèle caduque.

Une autre méthode, capable de mesurer des distances stellaires nettement supérieures, s'appuie sur une idée encore plus simple : plus l'on éloigne un objet lumineux, que ce soient les phares d'une voiture ou une étoile, plus la lumière qu'il émet se diffusera le long de son trajet jusqu'à nous, et donc plus il nous apparaîtra assombri. En comparant la luminosité *apparente* (la luminosité observée depuis la Terre) à la luminosité *intrinsèque* (la luminosité que nous observerions si nous étions tout près de l'objet), nous pouvons donc en déduire la distance.

Le problème, qui n'est pas des moindres, réside dans l'évaluation de la luminosité intrinsèque des objets astrophysiques. Une étoile semble-t-elle plus sombre parce qu'elle est particulièrement éloignée ou parce qu'elle n'émet pas beaucoup de lumière ? Voilà qui aide à comprendre pourquoi tant d'efforts ont été consacrés à trouver des variétés astronomiques suffisamment communes pour que leur luminosité intrinsèque puisse être déterminée sans avoir besoin d'aller y voir de plus près. Si nous pouvions trouver ces « chandelles standard », nous aurions une référence uniforme pour évaluer les distances. Le degré d'atténuation de la luminosité d'une telle chandelle standard par rapport à une autre nous indiquerait aussitôt à quelle distance elle se trouve.

Plus d'un siècle durant, diverses chandelles standard ont été proposées et utilisées, avec plus ou moins de succès. Plus récemment, les méthodes les plus fructueuses ont utilisé un type d'explosion stellaire appelée supernova de type Ia. Une explosion en supernova de type Ia a lieu lorsqu'une étoile naine blanche attire de la matière de la surface d'une étoile partenaire, typiquement une géante rouge en orbite relativement proche. La physique, bien connue, des structures stellaires stipule que si la naine blanche attire suffisamment de matière (tant et si bien que sa masse augmente au-delà de 1,4 fois celle du Soleil), elle finit par ne plus pouvoir supporter son propre poids. La naine blanche gorgée s'effondre donc sur elle-même, et enclenche une explosion si violente que la lumière émise est comparable à celle de la centaine de milliards d'étoiles de sa galaxie.

Ces explosions en supernovæ sont des chandelles standard idéales. Elles sont tellement puissantes que nous pouvons facilement les voir même à des distances considérables. L'essentiel, c'est que ces explosions étant toutes le résultat du même processus physique – une naine blanche dont la masse dépasse 1,4 fois celle du Soleil et qui s'effondre donc sur elle-même – les supernovæ brillent avec une luminosité intrinsèque maximale extrêmement semblable de l'une à l'autre. Cependant, la difficulté dans l'utilisation des supernovæ de type Ia c'est que dans une galaxie ordinaire, elles n'ont lieu qu'une fois toutes les quelques centaines d'années : comment les prendre sur le fait ? Les deux équipes du projet Supernova Cosmology et du High-Z Supernova Search ont surmonté cet obstacle d'une manière qui rappelle les études épidémiologiques : on peut obtenir des informations précises même sur des conditions relativement rares en étudiant de grandes populations. De même, grâce à des télescopes équipés de détecteurs grand angle pouvant étudier plusieurs milliers de galaxies à la fois, les chercheurs parviennent à localiser des douzaines de supernovæ de type IA, qu'ils peuvent ensuite analyser plus en détail avec des télescopes plus conventionnels. C'est ainsi que grâce à leur luminosité, les deux équipes de chercheurs purent calculer la distance de douzaines de galaxies distantes de milliards d'années-lumière – c'est-à-dire une première étape dans la tâche qu'ils s'étaient fixée.

À qui est cette distance ?

Avant de passer à l'étape suivante, à savoir la détermination de la vitesse d'expansion de l'univers lorsque ces supernovæ distantes ont explosé, permettez-moi d'éclaircir un point susceptible de prêter à confusion. Lorsque nous parlons de distance à des échelles aussi extraordinairement vastes, et dans le contexte d'un univers qui est continuellement en expansion, la question se pose inévitablement de savoir quelle est exactement la distance que mesurent les astronomes. Est-ce la distance entre les positions que nous et la galaxie considérée occupions quelque éternité plus tôt, à l'époque où la galaxie émettait la lumière que nous voyons aujourd'hui ? Ou bien est-ce la distance entre notre position actuelle et la position de la galaxie à l'époque où elle émettait la lumière que nous observons aujourd'hui ? Ou encore est-ce la distance entre notre position actuelle et la position actuelle de la galaxie ?

Voici la manière que j'estime être la plus claire pour réfléchir à ces questions, ainsi qu'un nouveau lot de questions cosmologiques tout aussi déroutantes.

Imaginons que nous souhaitions connaître les distances, à vol d'oiseau, entre trois grandes villes, mettons Oslo, Marrakech et Paris. Nous mesurons donc leur éloignement sur une carte du monde. Nous trouvons que Marrakech est à 34 centimètres de Oslo ; Oslo est à

13 centimètres de Paris, et Paris à 21 centimètres de Marrakech. Nous convertissons ensuite ces résultats en distances réelles grâce à la légende de la carte, qui indique le facteur de conversion : 1 centimètre = 100 kilomètres. Nous en déduisons que les trois villes sont respectivement à environ 3 400 km, 1 300 km et 2 100 km les unes des autres.

Imaginons à présent que la surface de la Terre gonfle uniformément, au point de doubler toutes les distances. Cela remanierait certainement beaucoup de choses, mais notre carte du monde resterait parfaitement valable, à condition de modifier un élément de la légende : le facteur de conversion stipule à présent que 1 centimètre = 200 kilomètres. Ainsi, nos 34, 13 et 21 centimètres sur la carte représentent désormais 6 800, 2 600 et 4 200 kilomètres respectivement, sur cette planète gonflée. Si l'expansion de la Terre devait continuer, notre carte statique et immuable resterait correcte, pourvu que nous continuions à mettre à jour sa légende en modifiant le facteur de conversion à chaque instant (1 cm = 200 km à midi, = 300 km à 14 heures, 400 km à 16 heures et ainsi de suite) pour traduire la manière dont les lieux s'éloignent les uns des autres sur cette surface en expansion.

Cette image de la Terre en expansion est relativement utile car les mêmes considérations s'appliquent à l'univers dans son ensemble. Les galaxies ne se déplacent pas elles-mêmes. Mais plutôt, comme les villes sur notre Terre en expansion, celles-ci s'éloignent à toute vitesse les unes des autres parce que le substrat sur lequel elles reposent – l'espace lui-même – est en expansion. Cela signifie que si un cartographe du cosmos avait répertorié les positions des galaxies sur une carte voilà plusieurs milliards d'années, cette carte serait tout aussi valable aujourd'hui qu'à l'époque[4]. Mais comme la légende sur la carte de la Terre en expansion, la légende de la carte cosmique doit être mise à jour pour prendre en compte les variations du facteur de conversion entre les distances sur la carte et les distances réelles. Le facteur de conversion cosmologique s'appelle le « facteur d'échelle » de l'univers ; dans un univers en expansion, le facteur d'échelle augmente avec le temps.

Dès lors que nous envisageons un univers en expansion, je suggère fortement que nous prenions une carte cosmique qui ne change pas. Voyons la chose simplement comme si une carte ordinaire était posée à plat sur une table, prenant en compte l'expansion de l'espace par la mise à jour continuelle de la légende. Avec un peu d'habitude, nous verrons que cette approche simplifie beaucoup les obstacles théoriques.

Pour ce qui nous concerne, imaginons la lumière émise par une explosion de supernova dans la lointaine galaxie Noa. Lorsque nous comparons la luminosité apparente de la supernova avec sa luminosité intrinsèque, nous mesurons la dilution de l'intensité de la lumière entre l'émission (figure 6.1-a) et la réception (figure 6.1-c), par le fait qu'elle se soit diffusée sur une vaste sphère (le cercle dessiné sur la figure 6.1-d) durant son voyage. En mesurant cette dilution, nous déterminons la taille de la sphère – sa surface – et nous pouvons ensuite, avec un peu de géométrie comme on en fait au lycée, en déduire le rayon de la sphère. Ce rayon retrace l'historique complet de cette émission lumineuse, et sa longueur vaut donc la distance que la lumière a parcourue. C'est alors que surgit la question qui fut à l'origine de cette section : à laquelle de ces trois candidates à la distance correspond cette mesure ?

Durant le voyage de la lumière, l'espace a continué son expansion. Mais sur la carte cosmique statique, le seul changement que cela occasionne est une mise à jour

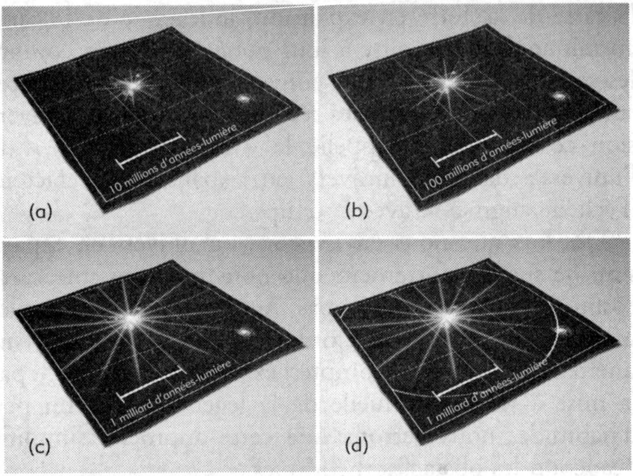

Figure 6.1 **(a)** La lumière provenant d'une supernova distante chemine dans l'espace jusqu'à nous (nous sommes situés dans la galaxie dessinée à droite de la carte). **(b)** Durant le voyage de la lumière, l'expansion de l'univers continue, ce qui se reflète dans la légende de la carte. **(c)** Lorsque nous recevons la lumière émise, son intensité a été diluée au cours de son voyage. **(d)** Lorsque nous comparons la luminosité apparente d'une supernova à sa luminosité intrinsèque, nous mesurons l'aire de la sphère sur laquelle elle rayonne (représentée ici par un cercle) et donc également son rayon. Le rayon de cette sphère retrace le parcours de la lumière. Sa longueur indique la distance actuelle entre nous et la galaxie qui abritait la supernova. C'est donc cette distance que déterminent nos observations.

régulière du facteur d'échelle indiqué par la légende. Puisque nous recevons la lumière de la supernova *maintenant*, puisque cette lumière vient juste de terminer son voyage *maintenant*, nous devons utiliser le facteur d'échelle qui figure *maintenant* sur la légende de notre carte pour transformer la distance sur la carte (la trajectoire depuis la supernova jusqu'à nous représentée sur la figure 6.1-d) en la distance physique réellement parcourue. Cette procédure conduit clairement à la distance qui sépare *maintenant* la galaxie Noa de notre position : il s'agit du troisième de nos choix possibles.

Notons également que, l'univers étant continuellement en expansion, les premiers tronçons du parcours d'un photon continuent de s'étirer bien après son passage. Si un photon pouvait peindre une ligne dans l'espace à l'endroit de sa trajectoire, la longueur de cette ligne augmenterait avec l'expansion de l'espace. En appliquant le facteur d'échelle de notre carte à l'époque de la réception de ce photon à la fin de son périple, la troisième réponse inclut directement toute l'expansion. C'est bien la bonne méthode, car la diminution d'intensité de la lumière dépend de la taille de la sphère que la lumière a atteint *maintenant* – et le rayon de cette sphère donne la longueur du chemin parcouru par la lumière à sa valeur de *maintenant*, qui inclut l'expansion post facto [5].

Comparer la luminosité intrinsèque d'une supernova avec sa luminosité apparente nous donne donc la distance *actuelle* entre nous et la galaxie qui l'abrite. Ce sont ces distances qu'ont mesurées nos deux groupes d'astronomes [6].

Les couleurs de la cosmologie

Voilà qui est clair concernant les mesures de distances de galaxies éloignées contenant des supernovæ de type Ia. Comment nous renseigner sur le taux d'expansion de l'univers en des temps reculés, à l'époque où ces balises cosmiques se sont déclenchées ? La physique mise en jeu n'est pas beaucoup plus complexe que celle des enseignes au néon.

Une enseigne au néon rayonne en rouge car, lorsqu'un courant électrique parcourt le gaz contenu à l'intérieur, les électrons en orbite dans les atomes de néon sont momentanément portés à des états d'énergie supérieure. Puis, lorsque les atomes de néon se calment, les électrons excités redescendent à leur état de mouvement ordinaire et libèrent l'énergie excédentaire en émettant des photons. La couleur de ces photons – leur longueur d'onde – est déterminée par l'énergie qu'ils recèlent. Une découverte fondamentale de la mécanique quantique du début du XXe siècle était que les atomes d'un élément donné ont une collection unique d'états d'énergie accessibles aux électrons ; cela se traduit par une collection unique et caractéristique des photons libérés. Pour les atomes de néon, la couleur dominante est rouge (ou plus précisément un orange qui tire vers le rouge) et c'est cela qui explique la couleur des enseignes au néon. D'autres éléments – hélium, oxygène, chlore et ainsi de suite – auront le même comportement, la différence entre chacun se retrouvant dans la longueur d'onde des photons émis. Une enseigne d'une autre couleur que le rouge serait très probablement remplie de mercure (si elle est bleue) ou d'hélium (si elle est dorée) ou constituée de tubes recouverts de substances (généralement du phosphore) dont les atomes peuvent émettre de la lumière d'autres longueurs d'onde.

Beaucoup d'observations astronomiques reposent sur ces mêmes considérations. Les astronomes utilisent les télescopes pour recueillir la lumière émise par des objets distants et grâce aux couleurs qu'ils observent – liées à la longueur d'onde de la lumière qu'ils détectent – ils peuvent identifier la composition chimique des sources. Une des premières démonstrations fut faite durant l'éclipse solaire de 1868, lorsque l'astronome français Pierre Janssen et, indépendamment, l'Anglais Joseph Norman Lockyer étudièrent la lumière émise par les couches externes du Soleil, observées autour des contours de la Lune. Ils trouvèrent une émission étonnamment lumineuse, avec une longueur d'onde que personne ne parvint à reproduire en laboratoire avec les substances connues. Cela conduisit à l'hypothèse (osée mais correcte) que la lumière avait été émise par un élément encore inconnu. Cette substance inconnue était l'hélium, qui peut donc revendiquer la distinction d'être le seul élément à avoir été découvert dans le Soleil avant de l'être sur Terre. Cette découverte a mis en évidence qu'à l'instar des lignes qui façonnent nos empreintes digitales de manière unique, les atomes sont identifiés par les longueurs d'onde de la lumière qu'ils émettent (et qu'ils absorbent).

Dans les années qui ont suivi, les astronomes qui ont étudié les longueurs d'onde de la lumière émises par des sources astronomiques de plus en plus lointaines ont pris conscience de quelque chose de surprenant. Bien que la collection des longueurs d'onde mesurées ressemblât à celle relevée en laboratoire avec des atomes bien connus tels que l'hydrogène et l'hélium, toutes étaient légèrement plus longues. Pour une source distante, la longueur d'onde pouvait être de 3 % plus longue, pour une autre de 12 % et pour une autre encore de 21 %. Les astronomes ont appellé cet effet le « décalage vers le rouge » (*redshift* en anglais) par référence au fait que plus longue est la longueur d'onde, plus la lumière (tout au moins dans la partie visible du spectre) devient rouge.

Attribuer un nom au phénomène c'est un bon départ, mais qu'est-ce qui étire ainsi les longueurs d'onde ? La réponse bien connue, provenant des observations de Vesto Slipher et Edwin Hubble, est que l'univers est en expansion. La carte statique introduite plus tôt offre un cadre sur mesure pour comprendre cela de façon intuitive.

Imaginons une onde lumineuse qui oscille depuis la galaxie Noa jusqu'à la Terre. À mesure que nous relevons la progression de la lumière à travers notre carte immuable, nous voyons une succession uniforme de crêtes et de creux qui se succèdent à mesure de l'évolution du train d'onde en direction de notre télescope. L'uniformité des ondes pourrait nous amener à penser que la longueur d'onde de la lumière à la réception (c'est-à-dire la distance entre deux crêtes successives) sera la même qu'à l'émission. Mais la partie délicieusement intéressante de cette histoire fait son entrée lorsque l'on utilise la légende de la carte pour convertir les distances mesurées en distances réelles. Du fait de l'expansion de l'univers, le facteur de conversion de la carte est supérieur lorsque la lumière a terminé son voyage que lorsqu'elle a été émise. Les conséquences en sont que si les longueurs d'onde mesurées sur la carte sont invariables, lorsqu'on les convertit en distances réelles, elles *augmentent*. Ainsi, lorsque nous recevons finalement la lumière, sa longueur d'onde est supérieure à celle qu'elle avait à l'époque de son émission. C'est comme si les ondes lumineuses étaient des petits brins de fils cousus sur un morceau d'élasthanne. De même qu'étirer l'élasthanne étire les points de coutures, l'expansion de l'espace étire les ondes lumineuses.

Nous pouvons présenter cela de manière quantitative. Si la longueur d'onde de la lumière reçue semble allongée de 3 %, alors c'est que l'univers est 3 % plus étendu aujourd'hui qu'il ne l'était lors de l'émission. Si la longueur d'onde apparaît 21 % plus longue, c'est que l'univers a connu une expansion de 21 % pendant le trajet de la lumière juqu'à nous. Les mesures du décalage vers le rouge nous renseignent donc sur la *taille* de l'univers à l'époque où la lumière que nous étudions aujourd'hui a été émise, par comparaison à la taille de l'univers aujourd'hui*.

* Si l'espace est infiniment vaste, nous pourrions nous demander ce que signifie de le dire plus grand aujourd'hui qu'il ne l'était dans

La dernière étape est immédiate : plusieurs mesures de décalage vers le rouge peuvent conduire à une détermination de l'évolution de l'expansion de l'univers au cours du temps.

Un trait de crayon sur le mur d'une chambre d'enfant permet de garder trace de sa taille à une date donnée. Une série de traits indique sa taille en différentes dates. Avec suffisamment de marques semblables, nous pouvons déterminer à quelle vitesse l'enfant a grandi selon les différentes époques de son évolution. Une poussée de croissance vers 9 ans, une période de ralentissement vers 11 ans, un autre pic rapide vers 13 ans, et ainsi de suite. Lorsque les astronomes mesurent le décalage vers le rouge d'une supernova de type Ia, ils tracent un « trait de crayon » du même ordre pour l'étendue de l'espace. Un peu comme pour les marques de la taille d'un enfant, une série de telles mesures du décalage vers le rouge pour diverses supernovæ de type Ia permettent de calculer à quelle vitesse croissait l'univers en diverses époques dans le passé. Munis de ces données, les astronomes pouvaient ensuite déterminer le taux de ralentissement de l'expansion de l'espace. Voilà quel était le plan d'attaque imaginé par nos deux équipes de recherche.

Pour le mener à bien, il leur restait à réaliser une dernière étape : dater les traits de crayon pour la taille de

---

le passé. La réponse en est que « plus grand » concerne les distances entre les galaxies aujourd'hui par comparaison aux distances entre les mêmes galaxies dans le passé. L'expansion de l'univers signifie que les galaxies sont à présent plus éloignées les unes des autres, ce qui se reflète dans la valeur plus importante du facteur d'échelle de l'univers. Dans le cas d'un univers infini, « plus grand » ne qualifie donc pas la taille globale de l'espace, puisque l'infini est toujours infini. Mais par commodité de langage, je continuerai à parler du changement de taille de l'univers, même dans le cas d'un espace infini, tout en gardant en tête que je pense aux changements de distance entre les galaxies.

l'univers. Les chercheurs doivent donc déterminer quand la lumière d'une supernova donnée a été émise. C'est ce qu'il y a de plus simple. La différence entre la luminosité apparente et intrinsèque d'une supernova indique sa distance, et puisque nous connaissons la vitesse de la lumière, nous savons immédiatement calculer depuis combien de temps la lumière émise chemine. Le raisonnement est correct, mais il y a tout de même une subtilité importante, liée à l'étirement « post facto » de la trajectoire de la lumière expliquée plus haut.

La lumière qui chemine dans un univers en expansion parcourt une certaine distance partiellement du fait de sa vitesse intrinsèque dans l'espace, mais également du fait de l'étirement de l'espace lui-même. Nous pouvons comparer cela à ce qui se passe sur un tapis roulant d'aéroport. Sans augmenter notre vitesse intrinsèque, nous avançons plus vite que d'ordinaire grâce au mouvement du tapis qui s'additionne au nôtre. De la même manière, sans augmenter sa vitesse intrinsèque, la lumière d'une supernova éloignée chemine plus loin qu'elle ne le fera intrinsèquement car l'étirement de l'espace s'additionne à son mouvement. Pour évaluer correctement le moment de l'émission de la lumière que nous recevons, nous devons donc prendre en compte ces deux contributions à la distance parcourue. Les calculs se compliquent un peu (j'invite les curieux à consulter les notes de fin) mais tout cela est désormais très bien compris des chercheurs [7].

Grâce au soin accordé à ce point, ainsi qu'à de nombreux autres détails théoriques et observationnels, les deux groupes purent évaluer le facteur d'échelle de l'univers à divers instants clairement définis dans le passé. Autrement dit, ils parvinrent à trouver une série de traits de crayon marquant la taille de l'univers, et donc à déterminer comment le taux d'expansion a évolué au cours de l'histoire cosmique.

Accélération cosmique

Après maintes vérifications et re-vérifications, les deux équipes publièrent leurs conclusions. Ces 7 derniers milliards d'années, contrairement à ce que nous pensions depuis longtemps, l'expansion de l'espace n'a pas ralenti. Elle s'est *accélérée*.

La figure 6.2 offre un résumé de ces travaux novateurs, ainsi que les observations ultérieures qui les ont confirmés davantage encore. Les observations ont montré que jusqu'à il y a 7 milliards d'années, le facteur d'échelle se comportait bel et bien comme attendu : sa valeur a diminué graduellement. S'il avait continué ainsi, le graphique de la figure 6.2 se serait nivelé ou orienté vers le bas. Mais les données montrent qu'aux environs du trait de crayon d'il y a 7 milliards d'années eut lieu un événement décisif. Le graphique remonte vers le haut, ce qui traduit que le taux de croissance du facteur d'échelle se met à *augmenter*. L'univers passe aux vitesses supérieures avec l'expansion de l'espace qui commence à accélérer.

Ce graphique scelle le destin de notre univers. Avec une expansion accélérée, l'espace continuera de s'étirer indéfiniment, éloignant encore davantage et indéfiniment les galaxies les unes des autres. D'ici à une centaine de milliards d'années, toutes les galaxies qui comptent aujourd'hui parmi nos voisines (à savoir une douzaine de galaxies liées gravitationnellement et appelés notre « groupe local ») seront sorties de notre horizon cosmique et occuperont un royaume à tout jamais hors de notre portée. À moins que les astronomes du futur ne bénéficient des données émanant de périodes antérieures,

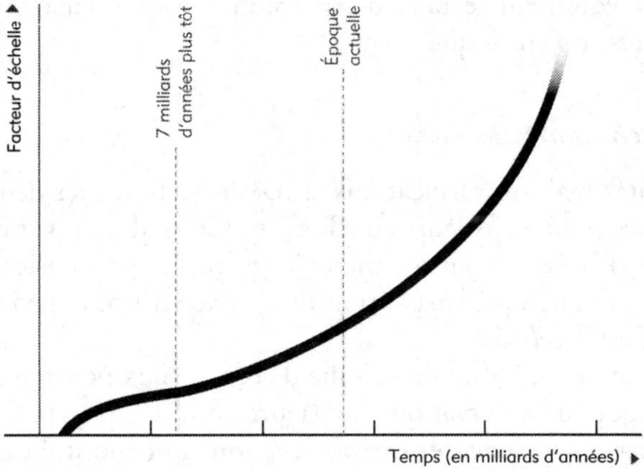

Figure 6.2 Le facteur d'échelle de l'univers au fil du temps, montrant que l'expansion cosmique a ralenti jusqu'à il y a environ 7 milliards d'années, puis a commencé à s'accélérer.

leurs théories cosmologiques chercheront des explications pour un univers comme un îlot peuplé d'autant de galaxies que d'élèves dans une école de campagne, flottant dans une sombre mer immuable. Nous vivons une période tout à fait privilégiée. Toutes les perspectives que nous donne l'univers, l'expansion accélérée nous les reprendra.

Comme nous le verrons dans les pages qui suivent, la vision limitée qu'auront les astronomes du futur est d'autant plus frappante qu'on la compare à l'énormité de l'étendue cosmique à laquelle notre génération a eu accès en tentant de comprendre l'accélération de l'expansion.

La constante cosmologique

Si nous voyions *augmenter* la vitesse d'une balle lancée dans les airs, nous en déduirions que quelque chose l'a poussée au-delà de la surface de la Terre. Les spécialistes des supernovæ en concluent de la même façon que l'accélération inattendue de l'exode cosmique implique nécessairement une quelconque poussée vers l'extérieur, quelque chose qui soit capable de contrebalancer l'attraction de la gravitation vers l'intérieur. Comme nous le savons bien désormais, cela correspond justement à la fiche de poste de la constante cosmologique, et de la gravitation répulsive qu'elle engendre, ce qui en fait une excellente candidate. Les observations faites sur les supernovæ ont donc ramené la constante cosmologique sous les feux de la rampe, non pas sur le simple « mauvais jugement d'une conviction » auquel avait fait allusion Einstein des années plus tôt, mais bien grâce à la puissance des données expérimentales.

Les données ont également permis aux chercheurs de définir la valeur numérique de la constante cosmologique – la quantité d'énergie sombre imprégnant l'espace. Exprimant le résultat en termes d'une quantité de masse équivalente comme c'est d'usage parmi les physiciens (qui utilisent $E = mc^2$ sous la forme moins célèbre $m = E/c^2$), les chercheurs ont montré que les données émanant des supernovæ imposent une constante cosmologique juste en dessous des 10^{-29} gramme par centimètre cube [8]. La tension vers l'extérieur produite par une constante cosmologique aussi petite aurait été masquée durant les 7 premiers milliards d'années par l'attraction vers l'intérieur de la matière et énergie ordinaire, conformément aux données observationnelles. Mais l'expansion de l'espace aurait ensuite dilué la matière et l'énergie ordinaires, tant et si bien que la constante cosmologique aurait finalement pris le dessus. Souvenons-nous que la constante cosmologique ne se dilue pas ; la gravitation répulsive provenant de la constante cosmologique est une caractéristique intrinsèque de l'espace – chaque mètre cube d'espace contribue par la même pression vers l'extérieur, régie par la valeur de la constante cosmologique. Plus il y a d'espace entre deux objets du fait de l'expansion spatiale, plus forte est la force qui les éloigne les uns des autres. Vers 7 milliards d'années, la gravitation répulsive de la constante cosmologique aurait pris le dessus : l'expansion de l'univers n'aurait cessé d'accélérer depuis lors, comme le montrent les données sur la figure 6.2.

Pour se conformer au mieux aux conventions d'usage, je dois exprimer la valeur de la constante cosmologique dans les unités plus communément utilisées par les physiciens. Il est tout aussi étrange de demander à un maraîcher 10^{15} picogrammes de pommes de terre (je demanderais plutôt 1 kilogramme, ce qui revient au même mais dans des unités plus intuitives) ou de demander à un ami de nous attendre 10^{9} nanosecondes (plutôt que 1 seconde) que de parler à un physicien de l'énergie de la constante cosmologique en grammes par centimètre cube. Pour des raisons que nous comprendrons bientôt, le choix le plus naturel est d'exprimer la valeur de la constante cosmologique comme un multiple de ce que l'on appelle la masse de Planck (environ 10^{-5} gramme) par longueur de Planck au cube (c'est-à-dire un cube de 10^{-33} centimètre de côté, c'est-à-dire un volume de 10^{-99} centimètre cube). Dans ces unités, la valeur de la constante cosmologique vaut environ 10^{-123} : le voilà le nombre minuscule qui a ouvert ce chapitre [9].

Comment pouvons-nous être sûrs de ce résultat ? Depuis les premières mesures, les données établissant l'accélération de l'expansion n'ont fait que devenir de plus en plus concluantes. En outre, des mesures complémentaires (s'appuyant par exemple sur les détails du fond de rayonnement micro-ondes ; voir le chapitre 14 de *La Magie du cosmos*) concordent parfaitement bien avec les résultats émanant des supernovæ. S'il reste une marge de manœuvre, elle réside dans ce que nous pouvons accepter comme explication de l'expansion accélérée. Avec la relativité générale comme description mathématique de la gravitation, la seule option est effectivement l'antigravité d'une constante cosmologique. D'autres explications émergent si nous modifions le modèle en incluant des champs quantiques exotiques (qui peuvent, comme nous l'avions vu avec la cosmologie inflationnaire, se faire passer durant un certain temps pour une constante cosmologique) [10], ou en modifiant les équations de la relativité générale (si bien que la gravitation attractive diminue avec la distance encore plus vite que ne le stipulent les équations de Newton ou d'Einstein, ce qui permettrait à des régions plus éloignées de s'éloigner plus vite encore, sans que nous ayons besoin de faire appel à une constante cosmologique). Toujours est-il qu'à ce jour, l'explication la plus simple et la plus convaincante des observations de l'expansion accélérée est une constante cosmologique non nulle et donc un espace baigné d'énergie sombre.

Pour beaucoup de chercheurs, la découverte d'une constante cosmologique non nulle est le résultat observationnel le plus surprenant de toute leur vie.

Expliquer le zéro

Lorsque j'eus vent de ces résultats de supernovæ qui suggéraient une constante cosmologique non nulle, ma réaction fut typique de beaucoup de physiciens. « Ce n'est pas possible. » La majeure partie des théoriciens (mais pas tous) avait conclu des dizaines d'années plus tôt que la valeur de la constante cosmologique était nécessairement zéro. Cela venait initialement de cette fameuse « plus grosse erreur » d'Einstein, mais avec le temps, une multitude d'arguments convaincants s'accumula en sa faveur. Et le plus puissant venait des considérations liées à l'incertitude quantique.

Du fait de l'incertitude quantique et de l'agitation correspondante de tous les champs quantiques, même l'espace vide est le siège d'une intense activité microscopique. Et tout comme les atomes qui fusent dans une boîte ou des enfants sur une aire de jeux, l'agitation quantique renferme de l'énergie. Contrairement aux atomes ou aux enfants, l'agitation quantique est partout, incontournable et inévitable. Nous pouvons déclarer une région de l'espace zone sinistrée et renvoyer chez elle l'agitation quantique, l'énergie fournie par cette dernière imprègne l'espace et ne peut pas être enlevée. La constante cosmologique n'étant rien d'autre que de l'énergie imprégnant l'espace, les fluctuations quantiques offrent un mécanisme microscopique pour produire cette constante cosmologique. C'est un point très important. Souvenons-nous qu'en introduisant la constante cosmologique, Einstein fit les choses de façon abstraite – sans préciser ce qu'elle pouvait être, d'où elle pouvait venir ni comment elle entrait dans la danse. Son lien avec l'agitation quantique montre que même si Einstein n'avait pas rêvé de cette constante cosmologique, inévitablement, quelque chercheur en mécanique quantique aurait fini par le faire. Avec la mécanique quantique, nous sommes contraints de considérer une contribution d'énergie fournie par des champs qui sont uniformément répartis dans l'espace, ce qui nous conduit directement à la notion de constante cosmologique.

La question que cela soulève concerne un détail numérique. *Combien d'énergie ces fluctuations quantiques contiennent-elles ?* Lorsque les théoriciens tentèrent le calcul, ils obtinrent un résultat ridicule : il devrait y avoir une quantité d'énergie *infinie* dans n'importe quel volume de l'espace. Pour comprendre pourquoi, imaginons un champ fluctuant à l'intérieur d'une boîte ayant une taille donnée. La figure 6.3 montre quelques exemples des fluctuations possibles. Chacune de ces possibilités contribue au contenu énergétique du champ (en fait, plus la longueur d'onde est courte, plus l'oscillation est rapide et donc l'énergie importante). Et puisqu'il existe un nombre infini de différentes formes d'ondes possibles, chacune avec une longueur d'onde plus courte que la précédente, l'énergie totale contenue dans ces fluctuations est infinie [11].

Bien que ce résultat soit clairement inacceptable, il n'a guère provoqué de crises d'apoplexie car les chercheurs ont reconnu le symptôme d'un problème plus fondamental dont nous avons déjà discuté : l'hostilité entre gravitation et mécanique quantique. Chacun sait que l'on ne peut plus se fier à la théorie quantique des champs sur des distances extrêmement courtes. Les fluctuations quantiques avec des longueurs d'onde aussi petites que l'échelle de Planck, soit 10^{-33} cm ou moins, possèdent une énergie si phénoménale (et son équivalent en masse via $m = E/c^2$) que la force gravitationnelle intervient. Ainsi, les décrire correctement nécessiterait un modèle réunissant mécanique quantique et relativité générale. Conceptuellement, cela place la discussion entre les mains de la théorie des cordes, ou de toute autre proposition de théorie quantique qui inclut la gravitation. Mais la réponse la plus immédiate et la plus pragmatique parmi les chercheurs fut simplement de dire que les calculs devraient négliger les fluctuations aux échelles

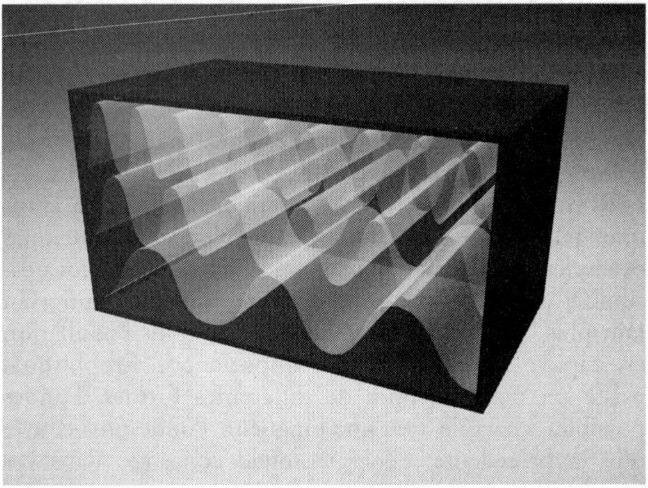

Figure 6.3 Il existe un nombre infini d'ondes possibles pour n'importe quel volume, et donc un nombre infini de fluctuations quantiques différentes. Cela conduit au résultat problématique d'une contribution infinie à l'énergie.

inférieures à l'échelle de Planck. Sans cette approximation, nous nous retrouvons à faire des calculs de théorie quantique des champs en dehors de son domaine de validité. L'espoir était donc qu'un jour, nous comprendrions suffisamment la théorie des cordes ou la gravitation quantique pour pouvoir nous atteler à ces fluctuations minuscules, et en attendant, le consensus intermédiaire consiste à laisser en quarantaine les fluctuations plus pernicieuses. Les choses sont plutôt claires : si l'on ignore les fluctuations plus petites que la longueur de Planck nous obtenons un nombre fini, si bien que l'énergie totale à laquelle elles contribuent dans une région donnée de l'espace sera également finie.

Voilà qui est mieux. Tout au moins, cela renvoie nos ennuis à des recherches ultérieures qui, croisons les doigts, devraient parvenir à dompter les fluctuations quantiques de très petite longueur d'onde. Malgré cela, les chercheurs trouvèrent que la réponse obtenue pour l'énergie avait beau être finie, elle n'en était pas moins colossale, de l'ordre de 10^{94} grammes par centimètre cube. Voilà qui est largement supérieur à ce que nous obtiendrions même si nous pouvions comprimer toutes les étoiles de toutes les galaxies connues dans un dé à coudre. Sur un cube infinitésimal dont chaque côté vaudrait la longueur de Planck, cette densité phénoménale s'élèverait à 10^{-5} gramme par longueur de Planck au cube ou encore 1 masse de Planck par volume de Planck (voilà pourquoi ce sont là les unités de choix, naturelles et sensées pour parler de ces choses-là, à l'instar des kilos pour les pommes de terre et des secondes pour le temps d'attente). Une constante cosmologique de cette amplitude provoquerait une expansion tellement fabuleuse qu'absolument tout volerait en éclats, depuis les galaxies jusqu'aux atomes. Plus précisément, les observations astronomiques ont établi une limite stricte sur la valeur que la constante cosmologique pouvait atteindre, si tant est qu'elle soit non nulle, et les résultats théoriques dépassent cette limite d'un facteur énorme, de plus de cent ordres de grandeur. Bien qu'un nombre énorme mais fini pour la valeur de l'énergie imprégnant l'espace vaille mieux qu'une valeur infinie, les physiciens ont compris qu'il était indispensable de réduire le résultat de leurs calculs.

C'est là que les préjugés théoriques entrent en ligne de compte. Supposons pour le moment que la constante cosmologique ne soit pas simplement petite : supposons qu'elle vaille zéro. Zéro est un nombre apprécié des théoriciens car il existe un bon moyen, testé et éprouvé, de le faire jaillir des calculs : la symétrie. Imaginons par exemple que Jean-Pierre ait commencé des cours du soir et qu'en guise de devoirs à la maison, il ait à additionner les puissances soixante-troisièmes de chacun des dix premiers chiffres : $1^{63} + 2^{63} + 3^{63} + 4^{63} + 5^{63} + 6^{63} + 7^{63} + 8^{63} + 9^{63} + 10^{63}$, puis à additionner le résultat à la somme des puissances soixante-troisièmes de chacun des opposés : $(-1)^{63} + (-2)^{63} + (-3)^{63} + (-4)^{63} + (-5)^{63} + (-6)^{63} + (-7)^{63} + (-8)^{63} + (-9)^{63} + (-10)^{63}$. Au bout du compte, qu'est-ce que ça donne ? Tandis qu'il calcule laborieusement les puissances une par une, avec une frustration croissante face à des nombres de plus de douze chiffres, Samantha s'en mêle : « Utilise la symétrie, Jean-Pierre ! » « Hein ? » Ce qu'elle veut dire, c'est que chaque terme de la première série possède un équivalent qui l'équilibre dans la seconde série : $1^{63} + (-1)^{63}$ donne zéro (un nombre négatif élevé à une puissance impaire reste négatif) ; 2^{63} et $(-2)^{63}$ s'annulent, et ainsi de suite. La symétrie entre les deux séries conduit à une annulation complète, comme si les enfants assis de part et d'autre d'un jeu de bascule avaient exactement le même poids. Sans le moindre calcul, Samantha démontre que le résultat vaut zéro.

Beaucoup de physiciens pensaient – ou, devrais-je dire plutôt, espéraient – trouver une annulation du même genre, due à une symétrie encore inconnue dans les lois de la physique, qui sauverait in extremis les calculs de l'énergie des fluctuations quantiques. Les physiciens imaginaient qu'en comprenant mieux la physique mise en jeu, les énormes énergies pourraient s'annuler avec des contributions tout aussi énormes qui les compenseraient exactement. C'était plus ou moins la seule stratégie que les physiciens pouvaient élaborer pour dompter le résultat provocant obtenu par les calculs plus rudimentaires. Et c'est pour cela que beaucoup de théoriciens en conclurent que la constante cosmologique devait valoir zéro.

La supersymétrie offre un exemple concret qui permettrait d'y parvenir. Souvenons-nous du chapitre 4 (tableau 4.1) où nous avions vu que la supersymétrie propose un appariement de particules et donc de champs : les électrons sont appariés avec des particules appelées des électrons supersymétriques, ou « sélectrons » ; les quarks sont appariés avec les squarks ; les neutrinos avec les sneutrinos et ainsi de suite. Toutes ces « sparticules » sont pour le moment hypothétiques, mais les expériences des prochaines années au LHC pourraient changer cet état de fait. Quoi qu'il en soit, il se passe quelque chose d'étonnant lorsque les théoriciens étudient mathématiquement les fluctuations quantiques associées à chacun des champs appariés. Pour chaque fluctuation du premier champ existe une fluctuation correspondante du champ apparié, ayant la même intensité mais un signe opposé, un peu comme dans les devoirs de maths de Jean-Pierre. Et tout comme dans cet exemple, lorsque l'on additionne toutes ces contributions paire par paire, elles s'annulent et donnent au final un résultat qui vaut zéro [12]. L'entourloupe, qui est de taille, c'est que l'annulation totale n'a lieu que si les deux membres d'une même paire ont non seulement les mêmes charges électrique et nucléaire (ce qui est le cas), mais également la même masse. Or, les données expérimentales ont d'ores et déjà éliminé cette éventualité. Même si la supersymétrie est une symétrie de la nature, les données montrent que celle-ci ne peut exister dans sa forme la plus puissante. Les particules encore inconnues (selectrons, squarks, sneutrinos, etc.) doivent être beaucoup plus lourdes que leurs homologues connus – c'est la seule explication au fait qu'elles n'aient pas encore été détectées dans nos accélérateurs. Lorsque l'on prend en compte les masses des différentes particules, la symétrie est brisée, l'équilibre est modifié et les annulations ne sont plus exactes : au final, le résultat redevient énorme.

Au fil des années, de nombreuses propositions analogues furent énoncées, avec divers nouveaux principes de symétrie et mécanismes d'annulation, mais aucune ne parvint à établir théoriquement que la constante cosmologique doit être nulle. Malgré tout, la plupart des chercheurs interprétèrent la chose comme un signe de notre parfaite incompréhension de la physique, et non du fait que l'hypothèse d'une constante cosmologique nulle était peut-être erronée.

L'un des physiciens qui refusa l'orthodoxie fut le lauréat du prix Nobel Steven Weinberg*. Dans un article publié en 1987, plus d'une dizaine d'années avant la révolution suscitée par les mesures de supernovæ, Weinberg proposa un modèle théorique alternatif avec des conclusions tout à fait différentes : une constante cosmologique qui serait très faible, mais *non nulle*. Les calculs de Weinberg s'appuyaient sur l'un des concepts qui ont polarisé l'attention de la communauté des physiciens depuis des dizaines d'années, à savoir un principe que certains vénèrent et que d'autres décrient, un principe que certains estiment fondamental et d'autres absurde. Voici son nom officiel, trompeur s'il en est : il s'agit du « principe anthropique ».

Anthropocosmologie

Le modèle héliocentrique de Nicolas Copernic est reconnu comme la première démonstration scientifique convaincante du fait que nous autres humains ne

* L'astrophysicien George Efstathiou fut également l'un des pionniers à soutenir avec force et conviction l'idée d'une constante cosmologique non nulle.

sommes pas le centre du cosmos. Les recherches modernes ont renforcé cette leçon avec détermination. Nous comprenons aujourd'hui que le résultat de Copernic n'est qu'un élément parmi toute une série de mouvements rétrogrades emboîtés les uns dans les autres, détrônant d'anciennes hypothèses sur le statut particulier de l'humanité : nous n'occupons pas le centre du système solaire, nous ne résidons pas au centre de la galaxie, nous ne sommes pas au centre de l'univers, et nous ne sommes même pas composés de ces ingrédients sombres qui composent la vaste majorité de la masse de l'univers. Cette rétrogradation cosmique, depuis la tête d'affiche jusqu'au rôle de figurant, illustre parfaitement ce que les scientifiques appellent maintenant le « principe copernicien » : dans le grand ordre des choses, tout ce que nous connaissons tend à montrer que les êtres humains n'occupent pas une place particulière.

Près de cinq cents ans après le travail de Copernic, lors d'une conférence commémorative à Cracovie, fut proposée une alternative séduisante au principe de Copernic – il s'agissait de l'intervention du physicien australien Brandon Carter. Sa conviction était que d'adhérer sans réserve au principe de Copernic pouvait, dans certaines circonstances, priver les chercheurs d'importantes occasions de progresser. Certes, admettait Carter, nous autres humains ne sommes pas au centre de l'ordre cosmique. Certes, continuait-il, pour suivre la lignée de travaux proposés par des scientifiques tels que Alfred Russel Wallace, Abraham Zelmanov ou Robert Dicke, il existe un domaine dans lequel nous *pouvons* jouer un rôle absolument indispensable : celui de nos propres observations. Aussi loin que nous ayons pu rétrograder avec Copernic et son héritage, nous faisons la tête d'affiche lorsque l'on accorde du crédit à la collecte et l'analyse des données qui façonnent nos convictions. Ce fait étant inéluctable, nous devons considérer ce que les statisticiens appellent « le biais de sélection ».

C'est une idée simple et largement applicable. Si nous souhaitons étudier des populations de truites et que nous passons au peigne fin le désert du Sahara, nos données seront biaisées par le fait que nous avons choisi un environnement particulièrement défavorable au sujet de notre étude. Si nous cherchons à étudier l'intérêt que porte le grand public à l'opéra, mais que nous n'envoyons nos questionnaires qu'aux abonnés à la revue « Pas de vie sans opéra », nos résultats n'auront aucune valeur car les sujets ne sont pas représentatifs de la population globale. Si nous interrogeons un groupe de réfugiés ayant enduré des conditions particulièrement difficiles pour survivre, nous pourrions en venir à conclure que cette ethnie serait la plus résistante de la planète. Mais dès lors que nous réalisons avec horreur que nous ne parlons qu'au 1 % de survivants, nous comprenons en quoi cette déduction est biaisée : seuls les plus forts ont survécu à l'exode.

Il est essentiel de veiller à ces biais pour obtenir des résultats significatifs et éviter les recherches vaines tentant d'expliquer des conclusions fondées sur des données non représentatives. Comment expliquer l'extinction des truites ? Pourquoi cette ruée du public vers l'opéra ? Comment se fait-il que cette ethnie fasse preuve d'une telle résilience ? Les observations ainsi biaisées peuvent nous conduire à des quêtes qui n'ont aucun sens explicatif, pour des éléments qui deviennent tout à fait différents dès lors qu'on les envisage avec une autre vision des choses, plus représentative.

Dans la plupart des cas, ce type de biais est facile à identifier et à corriger. Mais il existe un autre type de biais, plus subtil et si élémentaire qu'il peut facilement passer inaperçu. Il s'agit d'un biais pour lequel les limitations concernant l'époque et le lieu dans lesquels il nous est possible de vivre peuvent avoir une incidence fondamentale sur ce que nous sommes en mesure de voir. Si nous ne prenons pas en compte ces limitations intrinsèques à nos observations, alors comme dans les exemples ci-dessus, nous pouvons tirer des conclusions erronées, parmi lesquelles certaines peuvent nous emmener sur des chemins stériles, en quête d'explication d'un prétexte sans réelle importance, tel le MacGuffin de Hitchcock.

Par exemple, imaginons que nous cherchions à comprendre (comme le fit l'éminent scientifique Johannes Kepler) pourquoi la Terre est située à 150 millions de kilomètres du Soleil. Nous souhaitons trouver, dans les fondamentaux des lois de la physique, quelque élément qui nous permette d'expliquer ce fait observationnel. Imaginons que, des années durant, nous ayons cherché sans relâche sans parvenir à élaborer une explication convaincante. Devrions-nous continuer nos tentatives ? Si nous réfléchissons à nos efforts en prenant en compte le biais de sélection, nous verrions rapidement que nous courons après du vent.

Les lois de la gravitation, celle de Newton comme celle d'Einstein, permettent aux planètes d'être en orbite autour d'une étoile à n'importe quelle distance. Si nous pouvions nous emparer de la Terre, la déplacer à une distance arbitraire du Soleil, puis la remettre en mouvement à la bonne vitesse (une vitesse facile à calculer grâce à de la physique élémentaire), elle se remettrait joyeusement en orbite. La seule particularité dans le fait d'être situé à 150 millions de kilomètres du Soleil, c'est que nous bénéficions d'une fourchette de températures propice à notre présence sur Terre. Si notre planète était beaucoup plus proche ou plus éloignée du Soleil, les températures seraient beaucoup plus chaudes ou plus froides, ce qui éliminerait un ingrédient essentiel de notre forme de vie : l'eau sous forme liquide. Voilà qui révèle le biais intrinsèque. Le fait même que *nous* mesurions la distance depuis notre planète jusqu'au Soleil implique que le résultat que nous trouvons réside dans la fourchette de valeur compatible avec notre propre existence. Sans cela, nous ne serions pas là pour nous interroger sur la distance Terre/Soleil.

Si la Terre était la seule planète du système solaire, ou la seule planète de l'univers, nous pourrions nous sentir contraints de poursuivre plus loin nos investigations. Certes, pourrions-nous dire, je comprends que mon existence est liée à la distance de la Terre au Soleil, et pourtant cela accroît encore mon besoin d'expliquer pourquoi la Terre se trouve à cette distance si confortable et si propice à la vie. N'est-ce qu'une belle coïncidence ? Existe-t-il une explication plus fondamentale ?

Mais il se trouve que la Terre n'est pas la seule planète de l'univers, ni même du système solaire. Il en existe beaucoup d'autres. Et ce simple fait éclaire ces questions d'une lumière fort différente. Pour comprendre ce que j'entends par là, imaginons que nous pensions – à tort – qu'un certain magasin ne vende qu'une seule taille de chaussures. Quelle n'est pas notre surprise lorsque le vendeur nous apporte une paire qui nous va parfaitement. Alors, pourrions-nous dire : « De toutes les tailles de chaussures possibles, quelle surprise que la seule qu'ils aient soit la bonne pour moi. N'est-ce qu'une belle coïncidence ? Existe-t-il une explication plus fondamentale ? » Dès que nous apprenons que le magasin propose en fait une large gamme de tailles différentes, la question s'évapore. Un univers avec de nombreuses planètes, situées à des distances variables de leur étoile, c'est exactement la même chose. De même qu'il n'est pas tellement surprenant que parmi toutes les paires de chaussures de la boutique, il en existe au moins une paire qui nous aille, il n'est pas tellement surprenant que parmi toutes les planètes de tous les systèmes solaires de toutes les galaxies, il en existe au moins une qui soit à la bonne distance de son étoile pour abriter des conditions propices à notre forme de vie. Et c'est évidemment sur une telle planète que nous vivons. Puisque nous ne pourrions tout bonnement pas survivre sur les autres.

Ainsi n'y a-t-il aucune raison fondamentale au fait que la Terre se trouve à 150 millions de kilomètres du Soleil. La distance orbitale d'une planète à son étoile n'est due qu'aux aléas de leur histoire, aux innombrables détails des événements subis par le nuage de gaz à partir duquel le système solaire s'est condensé ; c'est une contingence hors de portée de l'explication fondamentale. En effet, ces phénomènes astrophysiques ont produit des planètes partout dans le cosmos, en orbite autour de leurs étoiles respectives, à toutes sortes de distances différentes. Nous nous trouvons sur l'une de ces planètes, située à 150 millions de kilomètres de son étoile parce que c'est une planète sur laquelle notre forme de vie *a pu* évoluer. Si nous ne prenons pas en compte ce biais de sélection, alors nous nous retrouvons à en chercher une explication plus profonde. Mais c'est en pure perte.

Le travail de Carter insistait sur l'importance de considérer ce biais, ce qu'il appela le principe anthropique (un nom mal choisi car l'idée s'appliquerait tout aussi bien à n'importe quelle forme d'intelligence entreprenant des recherches et des observations, et pas seulement à nous autres humains). Personne ne releva cet élément des arguments de Carter. La controverse porta sur sa proposition que le principe anthropique pourrait étendre son influence non seulement aux choses de l'univers, comme les distances planétaires, mais aussi à l'univers lui-même.

Qu'est-ce que cela signifie ?

Imaginons que nous nous interrogions sur une propriété fondamentale de l'univers comme la valeur de la masse de l'électron, 0,00054 (exprimée comme une fraction de la masse du proton), ou l'intensité de la force électromagnétique, 0,0073 (exprimée par sa constante de couplage), ou, plus important pour ce qui nous occupe ici, la valeur de la constante cosmologique, $1{,}38 \times 10^{-123}$ (exprimée en unités de Planck). Notre intention est d'expliquer pourquoi ces constantes ont les valeurs qu'elles ont. Nous pouvons essayer et essayer encore, mais reviendrons toujours bredouille. Carter nous propose un pas en arrière. Peut-être échouons-nous pour la même raison que nous ne parvenons pas à expliquer la distance Terre/Soleil : il n'existe aucune explication fondamentale. De même qu'il existe de nombreuses planètes situées à diverses distances et que nous occupons forcément une de celles dont l'orbite est propice aux conditions favorables à l'apparition de la vie, peut-être existe-t-il de nombreux univers avec différentes valeurs de ces « constantes » et que nous occupons forcément celui dont les valeurs sont propices à notre existence.

Avec cette façon de penser, s'interroger sur la raison pour laquelle les constantes prennent les valeurs qu'on leur mesure revient à se poser la mauvaise question. Aucune loi n'impose leur valeur à ces constantes ; leurs valeurs peuvent varier et varient au sein du multi-univers. Notre biais de sélection garantit que nous nous trouvions dans une partie du multi-univers où les constantes ont les valeurs qui nous sont familières, tout simplement parce que nous n'existerions pas dans les parties du multi-univers où les valeurs sont différentes.

Notons que ce raisonnement s'effondre si notre univers devait être unique, car nous pourrions alors nous poser les questions de la « belle coïncidence » ou de l'« explication plus profonde ». Une explication convaincante du fait que la boutique possède notre taille de chaussures vient de ce que les étagères y sont remplies d'un grand nombre de tailles, une explication convaincante du fait que notre planète soit située à une distance biologiquement amicale de son étoile provient de ce qu'il existe des planètes situées à de nombreuses distances différentes de leur étoile, de même une explication convaincante en faveur des valeurs des constantes de la nature vient du vaste assortiment d'univers équipés de diverses valeurs différentes pour ces constantes. Ce n'est que dans cette configuration – celle d'un multi-univers, et un costaud – que le raisonnement anthropique peut transformer le mystérieux en terre à terre *.

Il est donc clair que le degré auquel nous adoptons l'approche anthropique dépend de notre degré de conviction à l'égard de ces trois hypothèses fondamentales : 1) notre univers fait partie d'un multi-univers ; 2) d'univers à univers du multi-univers, les constantes prennent diverses valeurs ; et 3) pour la plupart des valeurs des constantes qui s'écartent de celles que nous mesurons, la vie telle que nous la connaissons ne pourrait pas exister.

Dans les années 1970, lorsque Carter proposa ces idées, la notion d'univers parallèles était un anathème pour beaucoup de physiciens. Certes, nous avons toujours beaucoup de raisons d'être sceptiques. Mais nous avons vu dans les précédents chapitres que même si les indices en faveur de l'une ou l'autre variante de multi-univers restent hésitants, nous avons de bonnes raisons

* Au chapitre 7 nous étudierons plus en détail et plus généralement les défis qui accompagnent le test de nos théories impliquant un multi-univers ; nous analyserons également de plus près le rôle du raisonnement anthropique dans la production d'expériences potentiellement vérifiables.

d'accorder un véritable crédit à cette nouvelle vision de la réalité : l'hypothèse n° 1. De plus en plus de scientifiques en conviennent. Quant à l'hypothèse n° 2, nous avons vu également, par exemple, que dans les multiunivers inflationnaire et de branes, nous attendons effectivement que les propriétés physiques telles que les constantes de la nature varient d'univers en univers. Plus loin dans ce chapitre, nous étudierons ce point de plus près.

Et qu'en est-il de l'hypothèse n° 3 concernant la vie et les constantes ?

La vie, les galaxies et les nombres de la nature

Pour beaucoup des constantes de la nature, même de menues variations peuvent rendre impossible la vie telle que nous la connaissons. Que la constante gravitationnelle soit un peu plus forte et les étoiles brûleront trop vite pour que la vie puisse apparaître sur les planètes environnantes. Que la force électromagnétique soit plus intense, et les atomes d'hydrogène se repousseront trop fortement les uns les autres pour qu'ils puissent fusionner et alimenter les étoiles [13]. Qu'en est-il de la constante cosmologique ? L'existence de la vie dépend-elle de sa valeur ? C'est la question que Steven Weinberg s'est posée dans son article de 1987.

Parce que l'avènement de la vie est un phénomène complexe que nous commençons tout juste à comprendre, Weinberg reconnaissait qu'il était vain d'espérer définir une valeur de la constante cosmologique qui pourrait avoir une influence directe sur les myriades d'étapes qui ont insufflé la vie dans la matière. Mais plutôt que de capituler, Weinberg a proposé une solution de remplacement intelligente à la formation de la vie : la formation des galaxies. Sans les galaxies, disait-il, la formation des étoiles et des planètes serait totalement compromise, avec des conséquences catastrophiques sur les chances d'apparition de la vie. Cette approche n'était pas seulement extrêmement raisonnable, elle était également très utile : elle ramenait les projecteurs sur l'influence que la valeur de la constante cosmologique pouvait avoir sur la formation des galaxies et cela, c'était un problème que Weinberg pouvait résoudre.

La physique de tout cela est élémentaire. Les détails précis de la formation des galaxies appartiennent à un domaine de recherche très actif, mais dans les grandes lignes, le processus ressemble à un effet boule de neige astrophysique. Un amas de matière se forme ici ou là et, ayant une densité supérieure à ce qu'il y a tout autour, il exerce une attraction gravitationnelle plus forte sur la matière environnante si bien qu'il grossit davantage. Le cycle continue de s'alimenter lui-même jusqu'à produire finalement une masse tourbillonnante de gaz et de poussières à partir desquels se formeront étoiles et planètes. Ce que comprit Weinberg, c'est qu'une constante cosmologique avec une valeur suffisamment élevée pourrait interrompre ce processus d'accumulation. La gravitation répulsive qu'elle génère, si elle est suffisamment forte, pourrait contrecarrer la formation des galaxies en faisant voler en éclats les amas initiaux (petits et fragiles) avant même qu'ils aient eu le temps de devenir suffisamment forts pour attirer la matière environnante.

Weinberg a travaillé sur les mathématiques sous-jacentes et a trouvé qu'une constante cosmologique plus élevée que quelques centaines de fois la densité de matière actuelle, c'est-à-dire quelques protons par mètre cube, suffirait à perturber la formation des galaxies. (Weinberg considéra également l'influence d'une constante cosmologique négative. Les contraintes dans ce cas sont encore plus sévères, car une valeur négative augmente l'attraction de la gravitation et fait s'effondrer l'univers avant même que les étoiles n'aient pu s'allumer.) Imaginons alors que nous fassions partie d'un multi-univers et que les valeurs de la constante cosmologique varient largement d'un univers à l'autre, un peu comme la distance orbitale des planètes à leur étoile varie beaucoup de système solaire en système solaire – les seuls univers pouvant avoir des galaxies, et donc les seuls univers que nous pourrions occuper sont ceux dans lesquels la constante cosmologique n'est pas plus élevée que la limite de Weinberg qui, dans les unités de Planck, vaut environ 10^{-121}.

Après des années d'efforts vains émanant de la communauté des physiciens, c'était le premier calcul théorique proposant une valeur pour la constante cosmologique qui ne soit pas absurdement élevée par comparaison aux limites imposées par les observations astronomiques. Ce calcul ne contredisait pas non plus la croyance largement répandue à l'époque de ces travaux de Weinberg, que la constante cosmologique devait être nulle. Weinberg franchit un pas supplémentaire, en encourageant une interprétation encore plus virulente de ses résultats. Il proposa que nous devions nous attendre à nous trouver dans un univers doté d'une constante cosmologique dont la valeur est aussi petite qu'elle doit l'être pour que nous puissions exister, mais pas tellement plus petite. Une constante beaucoup plus petite, proposait-il, demanderait une explication allant au-delà de la compatibilité avec notre existence. Autrement dit, il faudrait justement le type d'explication que la physique a vaillamment recherché, jusqu'à présent en vain. Cela conduisit Weinberg à envisager que des mesures plus fines pourraient un jour révéler que la constante cosmologique n'est pas nulle mais possède une valeur proche ou égale à la limite supérieure que nous avons calculée.

Comme nous l'avons vu, une dizaine d'années après l'article de Weinberg, les observations émanant du projet Supernova Cosmology et de l'équipe High-Z Supernova Search ont montré que cette idée était prophétique.

Mais pour comprendre complètement cette vision peu conventionnelle, nous devons nous pencher plus avant sur le raisonnement de Weinberg. Ce dernier imagine un multi-univers tentaculaire peuplé d'une telle diversité qu'il doit nécessairement contenir au moins un univers ayant la constante cosmologique que nous observons. Mais quel type de multi-univers garantit, ou tout au moins offre le plus de chances d'être ainsi ?

Pour aller jusqu'au bout du raisonnement, considérons tout d'abord le même problème avec des nombres plus simples. Imaginons que nous travaillons pour le fameux producteur de films Harvey W. Einstein ; celui-ci nous charge de lancer le casting pour le premier rôle de son prochain film indépendant *Pulp Friction.* « Vous le voulez de quelle taille ? » demandons-nous. « Je ne sais pas. Plus d'un mètre, moins de deux. Mais vous avez intérêt à me trouver quelqu'un qui fasse l'affaire, quelle que soit la taille que je vais choisir. » Nous sommes tentés de reprendre notre patron en objectant que, grâce à l'incertitude quantique, nous n'avons vraiment pas besoin d'avoir *toutes* les hauteurs représentées, mais en repensant à ses méthodes de management, nous préférons garder le silence.

Nous avons donc une décision à prendre. Combien d'acteurs allons-nous auditionner ? Si W. mesure leur taille au centimètre près, il y a une centaine de possibilités entre un et deux mètres. Mais puisque certains acteurs pourront avoir la même taille, certaines tailles risqueront de ne pas être représentées et nous ferions mieux d'en prévoir plus que cent. Par sécurité, peut-être devrions-nous lancer l'annonce pour quelques centaines d'acteurs. Cela fait beaucoup mais tout de même moins que si W. mesurait leur taille avec une précision millimétrique. Dans ce cas, c'est un millier de tailles différentes entre un et deux mètres, et par sécurité, il nous faudrait réunir plusieurs milliers d'acteurs.

Le même raisonnement vaut pour des univers avec diverses constantes cosmologiques. Supposons que tous les univers d'un multi-univers possèdent des valeurs de la constante cosmologique entre zéro et un (dans les unités de Planck habituelles) ; des valeurs plus petites conduisent à des univers qui s'effondrent et pour des valeurs supérieures, nos formulations mathématiques ne s'appliquant plus, cela compromet toute notre compréhension des choses. Ainsi, tout comme les tailles des acteurs prenaient leurs valeurs sur une fourchette de un (en mètres), de même les constantes cosmologiques de l'univers s'étalent sur une fourchette de un (dans les univers de Planck). Quant à la précision, l'analogue de W. mesurant au centimètre ou au millimètre près, c'est la précision avec laquelle nous pouvons mesurer la constante cosmologique. La précision actuelle avoisine 10^{-124} (en unités de Planck). Dans le futur, notre précision augmentera sans doute, mais comme nous le verrons, cela n'affectera pas tellement nos conclusions. Ainsi, de même qu'il existe 10^2 tailles possibles tous les 10^{-2} mètre (1 cm) sur une fourchette de 1 mètre, il existe 10^3 tailles possibles espacées de 10^{-3} mètre (1 mm) sur cette même fourchette de 1 mètre, et il y a donc 10^{124} valeurs différentes possibles de la constante cosmologique, espacées de 10^{-124} entre les valeurs 0 et 1.

Pour s'assurer que chaque constante cosmologique est bien représentée, il nous faudrait donc un multi-univers contenant au moins 10^{124} univers différents. Mais comme c'est le cas avec les acteurs, nous devons prendre en compte de possibles doublons, à savoir des univers ayant la même valeur de constante cosmologique. Donc pour plus de sécurité et pour mettre toutes les chances de notre côté, il nous faudrait un univers avec beaucoup plus que 10^{124} univers, disons un million de fois plus, ce qui nous amène au superbe nombre de 10^{130} univers. Je reste un peu cavalier car avec des nombres aussi élevés, les valeurs précises importent peu. Aucun exemple familier ne s'approche un tant soit peu du nombre d'univers envisagés ici – ni le nombre de cellules du corps humain (10^{13}), ni le nombre de secondes écoulées depuis le Big Bang (10^{18}), ni le nombre de photons dans la partie observable de l'univers (10^{88}). Au final, la proposition de Weinberg pour expliquer la valeur de la constante cosmologique ne fonctionne que si nous faisons partie d'un multi-univers comprenant un très grand nombre d'univers ; leurs constantes cosmologiques doivent s'étaler sur 10^{124} valeurs distinctes. Seul un tel nombre d'univers offre une chance qu'existe un univers avec une constante cosmologique égale à la nôtre.

Existe-t-il des modèles théoriques qui conduisent naturellement à une profusion si extraordinaire d'univers dotés de constantes cosmologiques différentes [14] ?

Du vice à la vertu

Il existe de tels modèles. Nous en avons rencontré un dans le précédent chapitre. En comptant les différentes formes possibles des dimensions supplémentaires de la théorie des cordes, en incluant les flux pouvant passer entre elles, nous arrivions à 10^{500}. Par comparaison, 10^{124} devient dérisoire. Même multiplié par quelques centaines d'ordres de grandeur, 10^{124} reste minuscule devant 10^{500}. Nous pouvons soustraire 10^{124} à 10^{500} une fois, deux fois, trois fois et même un milliard de fois, cela ne change pas grand-chose : le résultat reste quasiment 10^{500}.

Fait important, la constante cosmologique varie bel et bien d'un de ces univers à l'autre. Tout comme le flux magnétique véhicule de l'énergie (il peut déplacer des choses), les flux qui passent entre les trous des Calabi-Yau possèdent eux aussi de l'énergie, dont la quantité dépend sensiblement des détails de la forme géométrique. Avec deux variétés de Calabi-Yau différentes et différents flux pénétrant leurs différents trous, les énergies seront elles aussi différentes. Et puisque toute forme de Calabi-Yau est attachée à chaque point des trois grandes dimensions ordinaires de l'espace, un peu comme des boucles en chaque maille d'un immense tapis, l'énergie contenue par la forme considérée emplirait uniformément les trois grandes dimensions (de même que tout le tapis deviendrait uniformément très lourd même si nous imbibions uniquement chaque fibre individuellement). Ainsi, pour celle qui, parmi les 10^{500} variétés de Calabi-Yau et de flux, compose nos dimensions supplémentaires, l'énergie qu'elle contient contribue à la valeur de la constante cosmologique. Les résultats obtenus par Raphael Bousso et Joe Polchinski ont mis des chiffres sur cette observation. Ils proposèrent que les diverses constantes cosmologiques parmi les 10^{500} et quelques différentes formes possibles des dimensions supplémentaires soient distribuées uniformément sur une large fourchette de valeurs.

C'est exactement ce dont nous avons besoin. Avec 10^{500} marques réparties sur une fourchette de 0 à 1, nous pouvons être sûrs que beaucoup seront proches de la valeur de la constante cosmologique que les astronomes ont mesurée ces dix dernières années. Il peut être difficile de trouver les bons exemples parmi les 10^{500} possibilités car même si les meilleurs ordinateurs d'aujourd'hui analysent chaque forme possible pour les dimensions supplémentaires en une seule seconde, après un milliard d'années, ils n'auraient examiné que 10^{32} exemples. Mais ce raisonnement suggère néanmoins fortement qu'ils existent.

Certes, une collection de 10^{500} différentes formes possibles pour les dimensions supplémentaires nous éloigne davantage du concept de l'univers unique que ce que quiconque aurait imaginé avec la théorie des cordes. Et pour ceux qui s'étaient accrochés avec vigueur au rêve d'Einstein d'une théorie unifiée décrivant un seul univers – le nôtre – ces avancées provoquèrent un certain inconfort. Mais l'analyse de la constante cosmologique éclaire la situation d'une lumière différente. Plutôt que de sombrer dans le désespoir de ne pas aboutir à un univers unique, nous pouvons nous réjouir : la théorie des cordes rend tout à fait plausible la partie la plus douteuse de la proposition de Weinberg concernant la constante cosmologique, à savoir la nécessité qu'il existe plus de 10^{124} univers.

La dernière étape, version courte

Différents éléments d'une même histoire semblent se regrouper. Mais il reste une faille dans le raisonnement. C'est une chose pour la théorie des cordes de permettre un grand nombre possible d'univers. C'en est une autre que d'affirmer que la théorie des cordes garantit bel et bien l'existence de tous les univers possibles, comme autant de mondes parallèles peuplant un vaste multiunivers. Comme l'a mis en lumière Leonard Susskind – en s'inspirant des travaux novateurs de Shamit Kachru, Renata Kallosh, Andrei Linde et Sandip Trivedi –, si nous incluons l'inflation éternelle dans le tableau, alors cette faille peut être comblée [15].

Je vais à présent expliquer cette dernière étape, mais en cas de saturation ou de grande impatience, il faut savoir qu'elle peut être résumée en trois phrases. Le multi-univers inflationnaire – le gruyère cosmique en expansion pour toujours – contient un nombre considérable et sans cesse croissant d'univers bulles. L'idée est que lorsque la cosmologie inflationnaire et la théorie des cordes se mélangent, le processus d'inflation éternelle saupoudre les bulles des 10^{500} formes possibles des dimensions supplémentaires de la théorie des cordes – une forme des dimensions supplémentaires pour chaque bulle. Cela offre donc un modèle cosmologique qui peut réaliser toutes les possibilités. Avec ce raisonnement, nous vivons dans la bulle dont les dimensions supplémentaires produisent un univers, avec constante cosmologique et tout ce qu'il faut pour être propice à notre forme de vie et dont les propriétés correspondent à nos observations.

Dans le reste de ce chapitre, je souhaite développer les détails, mais il est possible de passer cette partie et d'aller directement à la dernière section du chapitre.

Le paysage des cordes

En expliquant la cosmologie inflationnaire au chapitre 3, j'ai utilisé une variante d'une célèbre métaphore. Le sommet de la montagne représente la plus haute valeur d'énergie contenue dans un champ d'inflation imprégnant tout l'espace. Le fait de rouler jusqu'au pied de la montagne pour se stabiliser en un point du bas du terrain représente le fait que l'inflation perd son énergie, laquelle est convertie en particules de matière et de rayonnement.

Revisitons trois aspects de cette métaphore à la lumière de ce que nous avons appris entre-temps. Premièrement, nous avons appris que l'inflation est la seule source d'énergie pouvant remplir l'espace ; d'autres contributions proviennent de l'agitation quantique de tous les champs qui existent – électromagnétique, nucléaire et ainsi de suite. Pour remanier la métaphore en fonction de cela, nous dirons que l'altitude reflète maintenant l'énergie combinée de toutes les sources possibles qui imprègne uniformément tout l'espace.

Deuxièmement, la métaphore originale imaginait la vallée, la base de la montagne, où l'inflaton finit par se stabiliser, comme une sorte de « niveau de la mer », d'altitude zéro, où l'inflaton a perdu toute son énergie (et pression). Avec notre métaphore remaniée, l'altitude de la base de la montagne représente l'énergie combinée des diverses sources imprégnant l'espace après la fin de l'inflation. C'est un autre nom pour la constante cosmologique de cet univers bulle. Le mystère dans l'explication de la constante cosmologique se transforme donc en celui de l'explication de l'altitude de la base de notre montagne – pourquoi est-elle si proche du niveau de la mer, et pourtant pas exactement à son niveau ?

Finalement, nous avions initialement considéré le plus simple des terrains montagneux, un simple sommet descendant doucement vers sa base où l'inflaton pouvait se stabiliser (voir la figure 3.1). Puis nous sommes allés un pas plus loin, en prenant compte d'autres ingrédients (champs de Higgs) dont l'évolution et le lieu de stabilisation finale influencent les propriétés physiques manifestes dans les univers bulles (voir la figure 3.6). En théorie des cordes, la diversité des univers possibles est plus riche encore. La forme des dimensions supplémentaires détermine les propriétés physiques au sein d'un univers bulle donné, et les « points d'équilibre », les diverses vallées de la figure 3.6-b représentent alors les différentes formes que peuvent prendre les dimensions supplémentaires. Pour prendre en compte les 10^{500} formes possibles pour ces dimensions, il faut un terrain montagneux avec une riche diversité de vallées, de sommets et d'affleurements, comme le symbolise la figure 6.4. Toute irrégularité du terrain où une bille pourrait s'immobiliser représente une forme possiblement accessible aux dimensions supplémentaires ; l'altitude au point considéré représente la constante cosmologique de l'univers bulle correspondant. La figure 6.4 illustre ce que l'on appelle le « paysage des cordes ».

Avec cette compréhension approfondie de la métaphore de la montagne – ou du paysage – nous pouvons à présent voir comment les processus quantiques affectent la forme des dimensions supplémentaires dans ce modèle. Comme nous le verrons, la mécanique quantique éclaircit le paysage.

Effet tunnel dans le paysage

Bien que la figure 6.4 soit nécessairement schématique (chacun des différents champs de Higgs de la figure 3.6 possède son propre axe ; de même chacun des 500 différents flux de champs pouvant entourer une forme de Calabi-Yau devrait avoir son propre axe – mais dessiner des montagnes dans un espace 500-dimensionnel c'est un gros défi), elle suggère néanmoins que les univers dotés de formes différentes des dimensions supplémentaires font partie d'un même terrain [16]. Lorsque l'on tient compte de la physique quantique, avec des résultats découverts indépendamment de la théorie des cordes par le célèbre physicien Sidney Coleman en collaboration avec Frank De Luccia, les liens entre ces univers permettent d'étonnantes transmutations.

Figure 6.4 Le paysage des cordes peut se visualiser schématiquement comme un terrain montagneux dans lequel différentes vallées représentent différentes formes des dimensions supplémentaires, et l'altitude représente la valeur de constante cosmologique.

Le cœur de la physique mise en jeu provient d'un phénomène connu sous le nom d'effet tunnel. Imaginons une particule, par exemple un électron, qui rencontre une barrière solide, disons un bloc d'acier de trois mètres d'épaisseur qu'il ne peut absolument pas traverser si l'on en croit la physique classique. La marque de la mécanique quantique, c'est que cette notion classique rigide de « ne pas pouvoir traverser » se translate souvent en une déclaration quantique plus souple du genre « a une probabilité faible mais non nulle de traverser ». La raison en est que l'agitation quantique d'une même particule lui permet, une fois de temps en temps, de se matérialiser tout à coup de l'autre côté d'une barrière censée être impénétrable. L'instant auquel cet effet tunnel a lieu est aléatoire ; le mieux que nous puissions faire, c'est de prédire la probabilité que cet événement ait lieu durant tel ou tel intervalle de temps. Mais les calculs nous disent que si nous attendons suffisamment longtemps, n'importe quelle barrière finira par être traversée. Et c'est ce qui se passe. Sans cela, le Soleil ne brillerait pas : pour que les noyaux d'hydrogène puissent être assez proches pour fusionner, ils doivent traverser la barrière de répulsion électromagnétique de leurs protons par effet tunnel.

Coleman et De Luccia, ainsi que beaucoup d'autres chercheurs qui ont ensuite suivi leur piste, ont démultiplié l'effet tunnel de particules isolées à un univers dans son entier, face à une barrière « impénétrable » séparant sa configuration actuelle d'une autre configuration possible. Pour se faire une idée de ce que ce résultat signifie, imaginons deux univers possibles qui sont identiques à un champ près, qui imprègne tout l'espace pour chacun, et dont l'énergie est plus élevée dans l'un, plus faible dans l'autre. En l'absence de barrière, la plus haute valeur de l'énergie du champ descend jusqu'à la plus basse comme une bille le long d'une pente, comme nous l'avons vu au cours de la discussion sur la cosmologique inflationnaire. Mais que se passe-t-il si la courbe d'énergie du champ possède une « bosse montagneuse » qui sépare sa valeur actuelle de celle qu'elle tendrait à prendre, comme le révèle la figure 6.5 ? Coleman et De Luccia montrèrent qu'à l'instar de ce qui se passe pour une particule isolée, un univers peut faire ce que la physique classique interdit : il peut sauter – par effet tunnel – de l'autre côté de la barrière et atteindre la configuration de plus basse énergie.

Comme nous parlons d'un univers et non d'une simple particule, l'effet tunnel est plus complexe. Ce

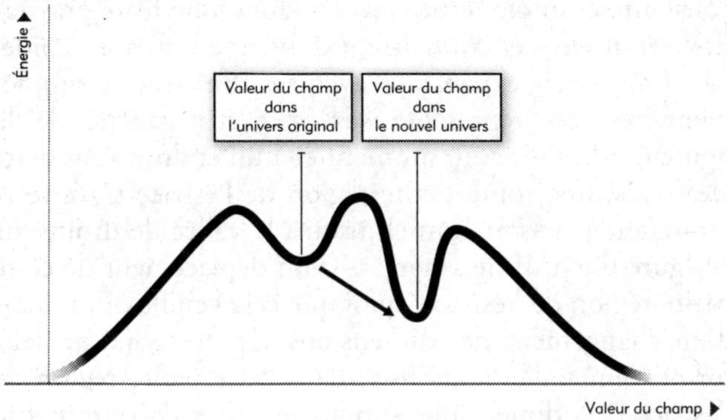

Figure 6.5 Exemple de courbe d'énergie du champ possédant deux valeurs – deux creux ou deux vallées – accessibles au champ à l'équilibre. Un univers baigné du champ ayant la plus haute énergie peut se retrouver dans la valeur plus basse par effet tunnel. Le phénomène commence par l'effet tunnel d'une petite région aléatoire de l'espace dans l'univers original ; cette région prend ensuite de l'ampleur, et convertit un domaine de plus en plus vaste de la plus haute à la plus basse valeur de l'énergie.

n'est pas simplement la valeur du champ partout dans l'espace qui traverse simultanément la barrière, précisent Coleman et De Luccia, mais plutôt un « germe » d'effet tunnel qui crée une petite bulle quelque part, de façon aléatoire, avec la plus faible valeur de l'énergie du champ. Cette bulle va ensuite grossir de plus en plus telle la glace-neuf du roman de Kurt Vonnegut, et agrandir ainsi le domaine dans lequel le champ a traversé par effet tunnel jusqu'à plus basse énergie.

Ces idées peuvent être appliquées directement au paysage des cordes. Imaginons que l'univers possède une forme particulière pour les dimensions supplémentaires, qui corresponde à la vallée de gauche sur la figure 6.6-a. Du fait de la haute altitude de ce point d'équilibre, nos trois dimensions d'espace ordinaires sont baignées d'une constante cosmologique élevée – donc une forte gravitation répulsive – et connaissent donc une inflation rapide. Cet univers en expansion, avec ses dimensions supplémentaires, est représenté sur la partie gauche de la figure 6.6-b. Puis à un moment et à un endroit tous deux aléatoires, une toute petite région de l'espace traverse la montagne par effet tunnel jusqu'à la vallée de droite sur la figure 6.6-a. Il ne s'agit pas d'un déplacement de cette petite région de l'espace (quoi que cela veuille dire), mais d'un changement des dimensions supplémentaires (leur forme, leur taille, leurs flux) dans cette petite région de l'espace. Les dimensions supplémentaires de cette petite région se transmutent, en acquérant la forme associée à la vallée de droite sur la figure 6.6-a. Ce nouvel univers bulle existe au sein de l'original, comme l'illustre la figure 6.6-b.

Le nouvel univers va rapidement enfler tout en continuant de transformer les dimensions supplémentaires à mesure de son expansion. Mais puisque la constante cosmologique de ce nouvel univers a diminué – son altitude dans le paysage est inférieure à celle de l'original – la gravitation répulsive y est plus faible et son expansion sera moins rapide que celle de l'univers original. Ainsi avons-nous un univers bulle en expansion, avec une nouvelle forme pour les dimensions supplémentaires, à l'intérieur d'un univers bulle en expansion encore plus rapide, avec une autre forme pour les dimensions supplémentaires [17].

Le processus peut se répéter. En d'autres endroits à l'intérieur de l'univers original ou à l'intérieur de la nouvelle bulle, d'autres effets tunnel peuvent produire d'autres apparitions de bulles, créant des régions ayant d'autres formes encore pour les dimensions supplémentaires (figure 6.7). Après un certain temps, c'est toute l'étendue de l'espace qui sera criblée de bulles à l'inté-

Figure 6.6 (a) Un exemple d'effet tunnel au sein du paysage des cordes. **(b)** L'effet tunnel crée une petite région de l'espace – représentée par la petite bulle sombre – au sein de laquelle la forme des dimensions supplémentaires a changé.

rieur d'autres bulles – chacune subissant l'expansion inflationnaire, mais chacune avec une forme différente pour les dimensions supplémentaires et chacune avec une constante cosmologique plus petite que l'univers bulle plus grand au sein duquel elle s'est créée.

Le résultat est une version plus complexe de l'univers gruyère que nous avions rencontré dans nos pérégrinations avec l'inflation éternelle. Dans cette version, nous avions deux types de régions : les régions « fromage » qui subissaient l'expansion inflationnaire et les « trous » ne la subissant pas. C'était l'équivalent direct du paysage simplifié avec une seule montagne, dont la base était prise au niveau de la mer. Le paysage plus riche de la théorie des cordes, avec ses divers sommets et vallées correspondant à différentes valeurs de la constante cosmologique, conduit aux nombreuses régions différentes sur la figure 6.7 – des bulles à l'intérieur de bulles à l'intérieur de bulles, comme une série de poupées russes dont chacune serait peinte par un artiste différent. Finalement, les séries interminables d'effets tunnel quantiques à travers le paysage montagneux des cordes permet de réaliser toutes les formes possibles des dimensions supplémentaires dans l'un ou l'autre univers bulle. Voici donc le « multi-univers paysage ».

Ce multi-univers paysage est précisément ce qu'il nous faut pour l'explication par Weinberg de la constante cosmologique. Nous avons vu que le paysage des cordes garantit qu'il existe, en principe, des formes *possibles* pour les dimensions supplémentaires qui auraient une constante cosmologique à peu près de la valeur que nous observons : il existe des vallées dans le paysage des cordes dont la faible altitude correspond très bien à la constante cosmologique très faible mais non nulle qu'ont mise en évidence les observations de supernovæ. Lorsque le paysage des cordes se combine avec l'inflation éternelle,

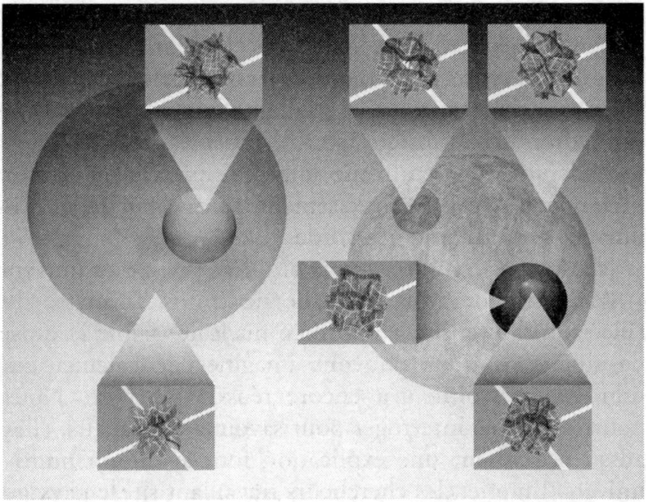

Figure 6.7 L'effet tunnel peut se répéter, et produire une vaste séquence imbriquée d'univers bulles en expansion les uns dans les autres, chacun avec une forme différente des dimensions supplémentaires.

toutes les formes possibles des dimensions supplémentaires, y compris celles qui ont une petite constante cosmologique, voient le jour. Par endroits au sein de la vaste série de bulles imbriquées qu'est le multi-univers paysage, se trouvent des univers dont la constante cosmologique avoisine 10^{-123}, le nombre minuscule sur lequel s'est ouvert ce chapitre. Et si l'on poursuit le raisonnement, c'est donc dans l'une de ces bulles que nous vivons.

Et le reste de la physique ?

La constante cosmologique n'est qu'une des caractéristiques de l'univers que nous occupons. Certes, elle fait partie des plus mystérieuses car la faible valeur qu'on lui observe dénote farouchement avec les nombres que l'on obtient généralement à partir de la théorie habituelle. Ce gouffre attire une attention toute particulière sur la constante cosmologique et souligne l'urgence de trouver un cadre, aussi exotique soit-il, capable de l'expliquer. Les adeptes du mécanisme imbriqué présenté ci-dessus prétendent que c'est précisément ce que fait le multi-univers de la théorie des cordes.

Mais qu'en est-il des autres propriétés de notre univers – l'existence de trois types de neutrinos, la masse de l'électron, l'intensité de la force nucléaire faible et ainsi de suite ? Si nous pouvons imaginer de calculer ces nombres, personne n'a encore réussi à le faire. Nous pourrions nous interroger pour savoir si ces valeurs, elles aussi, nécessitent une explication fondée sur un multi-univers. En effet, les chercheurs travaillant sur le paysage des cordes ont trouvé que ces nombres, comme la constante cosmologique, varient aussi de place en place et ne sont donc pas déterminés de manière unique – tout au moins dans notre compréhension actuelle de la théorie des cordes. Cela conduit à une perspective très différente de ce qui était dans l'air à l'époque des premières recherches sur le sujet. Et celle-ci suggère que tenter de calculer les propriétés des particules fondamentales, comme tenter d'expliquer la distance entre la Terre et le Soleil, est une erreur. Tout comme les distances planétaires, certaines voire toutes ces propriétés pourraient varier d'un univers à l'autre.

Toutefois, pour que ce raisonnement soit crédible, nous devons au moins savoir non seulement qu'il existe des univers bulles dans lesquels la constante cosmologique possède la bonne valeur, mais aussi que dans l'une au moins de ces bulles, les forces et les particules possèdent des propriétés en accord avec ce que les scientifiques de notre univers ont mesuré. Nous devons être sûrs que notre univers est, dans tous ses détails, quelque part dans le paysage. C'est là l'objectif d'un champ de recherches actuellement très dynamique appelé « construction de modèles de cordes ». Ce programme de recherche consiste à sonder les paysages de cordes et étudier les différentes formes possibles des dimensions supplémentaires d'un point de vue mathématique, à la recherche d'univers qui ressemblent le plus au nôtre. C'est un formidable défi car les paysages sont trop vastes et compliqués pour qu'on les étudie complètement de manière systématique. Les progrès nécessitent de sérieux talents mathématiques et une solide intuition pour savoir quelles pièces assembler – la forme des dimensions supplémentaires, leur taille, les flux des champs qui entourent leurs trous, la présence de diverses branes et ainsi de suite. Ceux qui mènent cette danse combinent le meilleur de la rigueur scientifique et de la sensibilité artistique. À ce jour, personne n'a encore trouvé d'exemple qui reproduise exactement les caractéristiques de notre univers. Mais avec 10^{500} possibilités attendant d'être découvertes, le consensus est que notre univers a sa place quelque part dans ce paysage.

Est-ce toujours de la science ?

Avec ce chapitre, nous venons de franchir une étape du raisonnement. Jusqu'à présent, nous avons exploré les conséquences sur la réalité, au sens large, de divers travaux de recherche en physique fondamentale et en cosmologie. Je savoure l'idée que des copies de la Terre existent quelque part au fin fond de l'espace, ou que notre univers soit l'une des nombreuses bulles d'un cosmos en inflation, ou que nous vivions sur l'une des nombreuses branes monde composant une énorme miche cosmique. Toutes ces idées sont indéniablement aussi provocantes que séduisantes.

Mais avec le multi-univers paysage, nous avons abordé les univers parallèles d'une tout autre manière. Dans ce que nous venons de voir, le multi-univers paysage n'élargit pas seulement notre vision de ce qui pourrait exister au-delà de ce que nous connaissons. C'est en fait tout un panel d'univers parallèles, de mondes que nous ne pourrons peut-être jamais ni visiter, ni voir, ni tester, ni influencer, qui nous permet de réfléchir sur les observations que nous faisons ici même, dans notre univers.

Ce qui soulève une question essentielle : est-ce toujours de la science ?

Chapitre 7

SCIENCE ET MULTI-UNIVERS

Déduction, explication et prédiction

Lorsque David Gross, colauréat du prix Nobel de physique de 2004, s'insurgea contre le multi-univers paysage de la théorie des cordes, il y a fort à parier qu'il citait le discours de Winston Churchill du 29 octobre 1941 : « Ne cédez jamais. Ne cédez jamais. Jamais, jamais, jamais, au grand jamais, ne cédez jamais en rien de grand et petit, important et dérisoire. Ne cédez jamais. » Lorsque Paul Steinhardt, professeur de sciences occupant la chaire Albert Einstein à l'université de Princeton et codécouvreur de la version moderne de la cosmologie inflationnaire, parle de sa répugnance pour le multi-univers, sa rhétorique est moins fleurie et la comparaison qu'il fait avec la religion n'est pas des plus favorables. Martin Rees, astronome royal au Royaume-Uni, voit les multi-univers comme la prochaine étape naturelle dans notre compréhension de tout ce qui existe. Leonard Susskind pense que ceux qui ignorent la possibilité que nous puissions faire partie d'un multi-univers ne font que faire l'autruche devant une vision des choses qui pourtant s'impose. Ce ne sont là que quelques exemples. Il en existe de nombreux autres, de quelque bord que ce soit, farouches opposants ou fervents adeptes, qui n'expriment pas toujours leur opinion en termes châtiés.

Durant les vingt-cinq années que j'ai consacrées à la recherche en théorie des cordes, je n'ai jamais vu de passions aussi enflammées ni de langage aussi virulent que dans les discussions autour du paysage de la théorie des cordes et du multi-univers qui pourrait en découler. Et cela n'a rien de surprenant. Beaucoup de ces travaux sont un véritable champ de bataille au centre duquel se trouve l'âme même de la science.

L'âme de la science

Si le multi-univers paysage fut le catalyseur, les débats portent sur des aspects fondamentaux de n'importe quelle théorie de multi-univers. Scientifiquement, est-il justifié de parler de multi-univers alors que cela implique des domaines inaccessibles, non seulement en pratique mais, dans beaucoup de cas aussi, en principe ? La notion même de multi-univers est-elle vérifiable ou réfutable ? Ce recours au multi-univers peut-il nous fournir un pouvoir explicatif auquel nous n'aurions pas accès autrement ?

Face à une réponse négative à ces questions, soutenue par les détracteurs de ces théories, les partisans des multi-univers ont une position inhabituelle. Ils défendent des propositions impossibles à confirmer, impossibles à réfuter, faisant appel à des royaumes cachés tout à fait hors de portée pour nous – nous sommes donc loin de ce que la plupart d'entre nous appellent de la science. Et c'est justement cela qui déclenche les passions. Les partisans du multi-univers objectent que si la manière dont certains multi-univers s'articulent avec les observations est différente de ce dont nous avons l'habitude – cela peut être plus indirect, moins explicite, voire exiger que la chance sourie tout particulièrement à nos expériences futures – pour des propositions respectables, ces articulations ne sont pas fondamentalement absentes. Sans pour autant se confondre en excuses, ce raisonnement pose un regard expansif sur ce que peuvent révéler nos théories et nos observations, et sur la manière de vérifier nos diverses propositions.

Prendre ou non parti pour le multi-univers dépend aussi de notre vision des devoirs et obligations de la science. On résume souvent la science à l'idée qu'elle consiste à trouver des régularités dans les rouages de l'univers ; à expliquer comment ces régularités illuminent et reflètent les lois de la nature sous-jacentes ; et à tester les lois proposées en faisant des prédictions vérifiables ou réfutables par de nouvelles expériences ou observations. Aussi raisonnable soit-elle, cette description passe sous silence le fait que dans son état actuel, la science est une entreprise beaucoup moins soignée, dans laquelle poser les bonnes questions se révèle souvent aussi important que de trouver et vérifier les réponses proposées. Et les questions ne sont pas en attente dans une sorte de réservoir où la science n'aurait alors plus qu'à choisir les bonnes. En fait, les questions d'aujourd'hui sont très souvent façonnées par les recherches d'hier. Les grands progrès répondent généralement à certaines questions, mais en soulèvent une nuée d'autres que nous ne pouvions pas même imaginer auparavant. Dans le jugement que nous portons sur une avancée de la science quelle qu'elle soit, y compris les théories de multi-univers, nous devons considérer non seulement ses capacités à révéler des vérités cachées, mais aussi ses conséquences sur les questions que nous sommes amenés à nous poser. Autrement dit, son incidence sur la pratique même de la science. Cela deviendra clair d'ici peu : les théories de multi-univers ont la capacité de reformuler certaines des questions les plus profondes sur lesquelles s'échinent les scientifiques depuis des dizaines d'années. Cette perspective exalte les uns et fait enrager les autres.

Nous venons de planter le décor, abordons maintenant de façon systématique la légitimité, la testabilité et l'utilité de ces modèles qui envisagent notre univers comme un élément parmi de nombreux autres.

Multi-univers accessibles

Il est difficile d'aboutir à un consensus sur ces questions, notamment parce que le concept de multi-univers n'est pas monolithique. Nous en avons déjà rencontré cinq versions – patchwork, inflationnaire, de branes, cyclique et paysage – et, dans les chapitres qui suivent, nous en rencontrerons quatre autres. Chose compréhensible, la notion générique de multi-univers a la mauvaise réputation d'être inaccessible à toute vérification. Après tout, nous considérons des univers qui ne sont pas le nôtre, mais comme nous n'avons accès qu'à celui-ci, nous pourrions tout aussi bien parler de fantômes ou de dragons. Et en effet, c'est cela le cœur du problème, que nous allons affronter d'ici peu. Notons que certains multi-univers autorisent bel et bien des interactions entre leurs univers. Nous avons vu que dans le multi-univers de branes, des boucles de cordes libres peuvent passer d'une brane à une autre. Et dans le multi-univers inflationnaire, les univers bulles peuvent se trouver en contact encore plus rapproché.

Souvenons-nous que l'espace entre deux univers bulles du multi-univers inflationnaire est baigné d'un champ d'inflaton dont l'énergie et la pression négative restent élevées, si bien qu'il connaît une expansion inflationnaire. Cette expansion éloigne les bulles univers. En gardant en tête que l'expansion inflationnaire est cumulative – plus il y a d'espace en expansion entre deux bulles, plus vite celles-ci s'éloignent l'une de l'autre – nous en venons à comprendre quelque chose d'intéressant : si deux bulles se forment *vraiment* proches l'une de l'autre, alors il y aura si peu d'espace entre elles que le rythme de leur éloignement sera plus lent que le rythme de l'expansion. Cela conduit les bulles à entrer en collision.

Ce raisonnement émane des mathématiques. Dans le multi-univers inflationnaire, les univers peuvent entrer en collision. De plus, des groupes de recherche (dont Jaume Garriga, Alan Guth et Alexander Vilenkin ; Ben Freivogel, Matthew Kleban, Alberto Nicolis et Kris Sigurdson ; ainsi que Anthony Aguirre et Matthew Johnson) ont mis en évidence que si certaines collisions peuvent perturber fortement la structure interne de chaque bulle univers, d'autres peuvent avoir des issues plus douces évitant les catastrophes mais laissant néanmoins des signatures observables. Les calculs montrent que si nous avions un accrochage de ce genre avec un autre univers, l'impact enverrait des ondes de choc dans l'espace, lesquelles modifieraient la répartition des zones chaudes et froides du fond de rayonnement micro-ondes [1]. Les chercheurs travaillent aujourd'hui sur les empreintes que laisserait une telle perturbation, afin de comprendre les premières bases pour des observations qui pourraient un jour apporter des preuves en faveur de collisions de notre univers avec d'autres – et donc en faveur de l'existence d'autres univers.

Aussi séduisante que soit cette perspective, qu'en serait-il si aucune des recherches d'interaction ou de rencontre avec un autre univers ne se révélait fructueuse ? Dans une perspective tout à fait réaliste, nous pouvons nous demander ce que deviendrait le concept de multi-univers si nous ne trouvions jamais aucune signature expérimentale ou observationnelle d'autres univers.

La science et l'inaccessible : partie I

Peut-on justifier scientifiquement le fait d'évoquer des univers non observables ?

Chaque modèle théorique s'accompagne d'une architecture donnée – les ingrédients fondamentaux de la théorie, et les lois mathématiques qui les gouvernent. Outre la définition de la théorie, cette architecture détermine aussi le type de questions que nous pouvons poser au sein de ladite théorie. L'architecture d'Isaac Newton était tout à fait concrète. Les mathématiques s'occupaient des positions et des vitesses d'objets que nous rencontrons directement ou que nous voyons communément, rochers, balles, Lune ou Soleil. Un nombre considérable d'observations confirmèrent les prédictions de Newton, et nous ont ainsi donné confiance dans le fait que cette théorie décrit bel et bien le mouvement des objets familiers. L'architecture de James Clerk Maxwell a introduit une importante part d'abstraction. Champs électriques et magnétiques sont des objets pour lesquels l'évolution n'a pas doté nos sens d'une affinité directe. Bien que nous voyions la « lumière » – les ondes électromagnétiques dont les longueurs d'onde correspondent à celles que nos yeux peuvent détecter –, nos expériences visuelles ne retracent pas directement les champs vibratoires que la théorie postule. Malgré cela, nous savons construire des appareils élaborés qui mesurent ces vibrations et, avec l'abondance de prédictions théoriques qu'ils ont vérifiées, confirment que nous baignons dans un océan vibrant d'ondes électromagnétiques. Au XXe siècle, la science fondamentale en est arrivée à s'appuyer de plus en plus sur des aspects inaccessibles. L'espace et le temps, par leur union, fournissent le cadre de la relativité restreinte. Dotés de la flexibilité einsteinienne, ils deviennent la scène malléable de la relativté générale. Si j'ai déjà entendu le tic-tac d'une montre et utilisé une règle pour mesurer une distance, je n'ai jamais pu saisir l'espace-temps comme je peux saisir les accoudoirs de mon fauteuil. Je ressens les effets de la gravitation mais sans pouvoir affirmer que je suis immergé dans l'espace-temps courbe, je me retrouve dans la situation maxwellienne. Je suis convaincu que les théories de la relativité restreinte et générale sont correctes non parce que j'ai un accès tangible à leurs ingrédients fondamentaux, mais parce que j'accepte les modèles qu'elles proposent et que leurs mathématiques font des prédictions sur des choses que je peux mesurer. Et ces prédictions se révèlent extraordinairement précises.

La mécanique quantique augmente encore d'un cran ce caractère inaccessible. L'ingrédient central de la mécanique quantique est l'onde de probabilité, régie par une équation découverte dans les années 1920 par Erwin Schrödinger. Bien que ces ondes soient la marque de fabrique de cette théorie, nous verrons au chapitre 8 que l'architecture de la physique quantique garantit qu'elles sont impossibles à observer. Les ondes de probabilité permettent de prédire la probabilité de trouver telle ou telle particule à tel ou tel endroit, mais les ondes elles-mêmes échappent au domaine de la réalité quotidienne [2]. Néanmoins, parce que ses prédictions ont tant de succès, des générations de scientifiques ont accepté cette situation pourtant étrange : une théorie introduit une construction radicalement nouvelle et fondamentale qui, si l'on en croit la théorie elle-même, n'est pas observable.

Ce qui ressort de ces quelques exemples, c'est que le succès d'une théorie peut servir de justification après coup pour son architecture élémentaire, même quand cette dernière reste tout à fait au-delà de notre portée. Cela fait tellement partie de l'expérience quotidienne des physiciens théoriciens que le langage utilisé et les questions formulées font régulièrement référence, sans la moindre hésitation, à des choses qui sont loin d'être aussi accessibles que des tables et des chaises et dont certaines résident au-delà des limites de l'expérience directe*.

Si nous allons plus loin encore et utilisons l'architecture d'une théorie pour apprendre des choses sur les phénomènes qu'elle occasionne, ce sont encore d'autres types d'inaccessibilité qui se présentent. Les trous noirs émergent des mathématiques de la relativité générale et les observations astronomiques ont apporté des indices substantiels en faveur de leur existence et même de leur banalité. Malgré cela, l'intérieur d'un trou noir est un environnement exotique. Si l'on en croit les équations d'Einstein, la limite du trou noir, son horizon d'événements, est une surface de non-retour. Nous pouvons le traverser vers l'intérieur, mais pas vers l'extérieur. Nous autres observateurs de l'extérieur ne verrons jamais l'intérieur d'un trou noir, non pour des considérations pra-

* Parce qu'il existe des points de vue différents sur le rôle de la théorie scientifique dans la quête de notre compréhension de la nature, les arguments que j'avance peuvent être sujets à toutes sortes d'interprétations. Les deux principaux sont le « réalisme », qui estime que les théories mathématiques peuvent permettre de sonder la nature de la réalité, et l'« instrumentalisme », qui estime que la théorie fournit un moyen de prédire ce que nos appareils de mesure devraient enregistrer, mais sans rien indiquer sur la réalité sous-jacente. Après des années de débats rigoureux, les philosophes des sciences ont élaboré de nombreux raffinements de ces façons de voir les choses. Mon point de vue ainsi que l'approche que je propose dans ce livre font clairement partie du camp des réalistes. En particulier, ce chapitre, qui examine la validité scientifique de certains types de théories et ce qu'elles pourraient impliquer quant à la nature de la réalité, est typiquement un chapitre au sujet duquel diverses orientations philosophiques pourraient présenter des approches considérablement différentes.

tiques mais comme conséquence des lois mêmes de la relativité générale. Et pourtant, le consensus général est que la région de l'autre côté de l'horizon des trous noirs existe bel et bien.

L'application de la relativité générale à la cosmologie offre des exemples encore plus extrêmes d'inaccessibilité. Pour ceux qui sont prêts à accepter un voyage sans retour, l'intérieur d'un trou noir est tout au moins une destination possible. Mais les domaines résidant au-delà de notre horizon cosmique sont impossibles à atteindre, même si nous parvenions à voyager à la vitesse de la lumière. Dans un univers en accélération tel que le nôtre, ce point s'impose avec force comme une évidence. Étant donné la valeur de l'accélération cosmologique (en admettant qu'elle ne changera jamais), tout objet plus éloigné de nous que de 20 milliards d'années-lumière sera forcément au-delà de ce que nous pouvons voir, mesurer, visiter ou influencer. Au-delà de cette distance, l'espace s'éloignera toujours de nous si rapidement que toute tentative de combler la distance qui nous sépare serait tout aussi vaine que celle d'un kayakiste remontant un courant plus rapide que son rythme à la rame.

Les objets qui ont toujours été au-delà de notre horizon cosmique sont des objets que nous n'avons jamais observés et que nous n'observerons jamais ; inversement, ils ne nous ont jamais observés et ne nous observeront jamais. Les objets qui ont été à l'intérieur de notre horizon cosmique à un moment donné dans le passé, mais qui en sont sortis du fait de l'expansion spatiale sont des objets que nous avons pu voir à l'époque mais que nous ne reverrons plus jamais. Et pourtant, je pense que nous pouvons nous accorder sur le fait que ces objets sont aussi réels que toute autre chose concrète, de même que les domaines qu'ils occupent. Il serait étrange d'affirmer qu'une galaxie que nous avons pu voir à une certaine époque mais qui a échappé à notre horizon cosmique entre-temps aurait pénétré un domaine qui n'existe pas, et qui, du fait de son inaccessibilité permanente, devrait être rayé de la carte de la réalité. Même si nous ne pouvons observer ni influencer de tels domaines, ils ont leur place dans notre vision de ce qui existe [3].

Ces exemples illustrent bien que la science n'est pas étrangère à ces théories qui incluent des éléments inaccessibles, que ce soient des ingrédients fondamentaux ou des conséquences secondaires. Notre confiance envers ces intangibles réside dans notre confiance envers la théorie. Lorsque la mécanique quantique invoque les ondes de probabilité, son impressionnante aptitude à décrire des choses que l'on peut mesurer, comme le comportement des atomes ou des particules subatomiques, nous contraint d'adopter la réalité éthérée qu'elle postule. Lorsque la relativité générale prédit l'existence de lieux que nous ne pouvons pas observer, son incroyable succès à décrire des choses que nous pouvons observer, comme le mouvement des planètes ou les trajectoires de la lumière, nous contraint de considérer ses prédictions avec sérieux.

Ainsi, pour accroître notre confiance en une théorie, il n'est pas nécessaire que tous ses aspects soient vérifiables ; une collection fiable et variée de prédictions confirmées suffit. Depuis bien plus d'un siècle, la recherche scientifique a accepté qu'une théorie puisse faire appel à des éléments cachés voire inaccessibles – pourvu qu'elle fasse également des prédictions intéressantes, novatrices et vérifiables pour une abondance de phénomènes observables.

Voilà qui laisse entendre que nous pouvons avancer des arguments convaincants en faveur d'une théorie avec un multi-univers même si nous ne pouvons obtenir aucune preuve directe de l'existence d'autres univers que le nôtre. Si les indices expérimentaux et observationnels en faveur d'une théorie donnée nous obligent à l'accepter, et si cette théorie est construite sur une structure mathématique solide, alors il n'y a pas lieu de passer ses caractéristiques au peigne fin : nous devons l'accepter tout entière. Et si la théorie implique l'existence d'autres univers, alors c'est là la réalité que cette théorie nous demande d'adopter.

Ainsi, en principe – et ne nous trompons pas, il s'agit bien d'un argument de principe –, la simple évocation d'univers inaccessibles ne boute pas, à elle seule, telle ou telle proposition hors du champ de la science. Pour mieux comprendre, imaginons qu'un jour nous parvenions à réunir suffisamment de preuves expérimentales et observationnelles en faveur de la théorie des cordes. Peut-être qu'un accélérateur du futur pourra détecter des séquences de modes vibratoires de cordes ou des preuves de l'existence des dimensions supplémentaires ; peut-être que des observations astronomiques pourront détecter des caractéristiques liées aux cordes dans le fond de rayonnement cosmologique, ou les signatures de l'existence de longues cordes étirées ondulant dans l'espace. Allons plus loin et supposons que notre compréhension de la théorie des cordes ait tellement progressé que nous avons eu la confirmation absolue et irréfutable que la théorie génère le multi-univers paysage. En dépit des objections prétendant le contraire, une théorie fortement confirmée par l'expérience et les observations et dont la structure interne requiert un multi-univers nous mène inexorablement à la conclusion qu'il est temps pour nous de « capituler * ».

* Dans un multi-univers contenant un grand nombre d'univers différents, on pourrait se dire raisonnablement qu'en dépit de ce que les expériences et les observations révèlent, il existe un univers parmi ceux de l'immense collection inhérente à la théorie qui est compatible avec ces résultats. Il n'y aurait dans ce cas aucune preuve expérimen-

Ainsi, pour répondre à la question posée dans l'intitulé de cette section, disons que dans un contexte scientifique correct, il ne serait pas seulement respectable d'évoquer un multi-univers, mais que *ne pas* le faire trahirait d'importants préjugés scientifiques.

La science et l'inaccessible : partie II

Nous avons vu les questions de principe ; où en sommes-nous en pratique ?

Les plus sceptiques répondraient justement que c'est une chose d'avoir un argument de principe sur la manière dont une théorie de multi-univers pourrait être acceptée ; c'en est une autre d'évaluer si certaines des propositions de multi-univers que nous avons vues seraient de bonnes candidates au titre de théories confirmées expérimentalement et qui plus est prédisant l'existence d'autres univers. Sont-elles de bonnes candidates ?

Le multi-univers en patchwork provient d'un espace infini, une possiblité qui cadre parfaitement avec la relativité générale. Le hic, c'est que la relativité générale autorise que l'étendue de l'espace soit infinie, mais ne l'*impose* pas, ce qui explique d'autre part pourquoi, même si la relativité générale est un modèle reconnu, le multi-univers parchwork reste hypothétique. Un espace infini provient directement de l'inflation éternelle – souvenons-nous que chaque univers bulle semble infini lorsqu'on le voit depuis l'intérieur – mais dans ce cadre, le multi-univers en patchwork est incertain car la proposi-

tale qui puisse réfuter cette théorie, ni aucune donnée qui puisse être correctement interprétée comme une preuve en faveur de la théorie. Je reviendrai sur cette question d'ici peu.

tion sous-jacente, à savoir l'inflation éternelle, reste hypothétique.

Il en va de même avec le multi-univers inflationnaire, qui provient lui aussi de l'inflation éternelle. Les observations astronomiques menées ces dix dernières années ont entretenu la confiance de la communauté des physiciens envers la cosmologie inflationnaire, mais n'ont rien à dire sur l'hypothèse que l'expansion inflationnaire soit éternelle. Bien que beaucoup de versions soient éternelles et produisent univers bulle sur univers bulle, les études théoriques montrent que certaines versions ne donnent qu'une seule étendue spatiale qui gonfle.

Les multi-univers de branes, cyclique et paysage découlent de la théorie des cordes et souffrent donc d'une grande incertitude. Aussi remarquable que soit la théorie des cordes, aussi riche que soit devenue sa structure mathématique, la pénurie de prédictions testables et l'absence concomitante de contact avec l'expérience ou l'observation relègue cette théorie au rang de spéculation scientifique. De plus, la théorie étant toujours en pleine construction, il n'est pas clair de savoir quels aspects continueront de jouer un rôle important dans les remaniements futurs. Est-ce que les branes, essentielles aux multi-univers de branes et multi-univers cyclique, restent fondamentales ? Est-ce que l'abondance de possibilités pour les dimensions supplémentaires, essentielle au multi-univers paysage, restera en lice ou finirons-nous par trouver un principe mathématique qui sélectionne une seule forme particulière ? Nous ne savons tout bonnement pas répondre.

Donc, bien que nous puissions imaginer d'élaborer des arguments convaincants en faveur d'une théorie de multi-univers qui fassent peu ou pas appel à ses prédictions de mondes parallèles, cette approche ne marcherait pas pour les scénarios de multi-univers que nous avons rencontrés. Tout au moins pas encore. Pour les évaluer, nous devrons aborder de front leurs prédictions de multi-univers.

Le pouvons-nous ? Est-ce que la présence d'autres univers dans une théorie donnée peut conduire à des prédictions testables même si ces univers résident au-delà de la portée de nos expériences et observations ? Nous allons aborder cette question en plusieurs étapes. Nous suivrons la même démarche que ci-dessus, en allant du principe à la pratique.

Prédictions dans un multi-univers : partie I

Si les univers constituant un multi-univers sont inaccessibles, peuvent-ils néanmoins contribuer de manière significative à des prédictions ?

Certains scientifiques résistant aux théories de multi-univers voient cette entreprise comme l'acceptation d'un échec, comme un renoncement à part entière à l'objectif tant recherché consistant à comprendre pourquoi l'univers que nous voyons a les propriétés qu'il a. Je les comprends bien, moi qui, parmi tant d'autres, ai travaillé des dizaines d'années à la promesse de la théorie des cordes de calculer tous les aspects fondamentaux observables de notre univers, y compris les valeurs des constantes de la nature. Si nous acceptons le fait que nous occupons un multi-univers dans lequel certaines, voire toutes les constantes, varient d'un univers à l'autre, alors nous acceptons que cet objectif est erroné. Si les lois fondamentales autorisent, par exemple, que l'intensité de la force électromagnétique puisse prendre des valeurs différentes à travers le multi-univers, alors la notion même du calcul de *la bonne* intensité perd tout son sens, comme si on demandait à un pianiste de choisir *la* note.

Mais la question est la suivante : les variations de tels paramètres impliquent-elles que nous perdions tout pouvoir prédictif (ou « postdictif ») sur les paramètres propres à notre univers ? Pas nécessairement. Bien que le multi-univers exclue l'unicité, il est possible que nous conservions néanmoins un certain degré de capacité prédictive. Tout tient aux statistiques.

Prenons des chiens. Ils n'ont pas tous le même poids. Certains sont très légers, comme les chihuahuas, qui parfois pèsent moins de 1 kg ; d'autres sont très lourds, comme les dogues allemands, qui peuvent peser jusqu'à 90 kg. Si l'on nous lançait le défi de prédire le poids du premier chien que nous croiserons dans la rue, disons que le mieux que nous puissions faire serait de choisir un nombre au hasard entre ces deux extrêmes. Et pourtant, avec un peu plus d'informations, nous pourrions faire une prédiction plus juste. En nous renseignant sur la population des chiens de notre quartier, comme le nombre correspondant à telle ou telle race, la distribution des poids au sein de chacune de ces races et peut-être également des informations sur le nombre de fois où chacune a besoin d'être promenée dans la journée, alors nous pourrions deviner quel serait le poids du chien que nous avons le plus de *probabilité* de rencontrer.

Ce ne serait pas une prédiction exacte, car les résultats statistiques le sont rarement. Mais selon la distribution des chiens, nous parvenons déjà à faire beaucoup mieux que juste tirer un nombre du chapeau. Si la distribution des chiens dans notre voisinage est très irrégulière, avec 80 % de labradors dont le poids moyen tourne autour de 30 kg, et les 20 % restants vont du scottish terrier au caniche, avec une moyenne de 15 kg, alors nous pourrions miser sans trop de risque sur un poids entre 27 et 33 kg. Certes, il est possible que le prochain chien que nous rencontrerons soit un minuscule caniche nain, mais il y a de grandes chances que non. Pour des distributions encore plus marquées, nos prédictions seront encore plus précises. Si par exemple 95 % des chiens du voisinage sont des labradors de 31 kg, alors nous ne risquons pas beaucoup de nous tromper en prédisant que le prochain que nous croiserons dans la rue sera l'un de ceux-là.

Une approche statistique du même genre peut s'appliquer à un multi-univers. Imaginons que nous travaillions sur une théorie de multi-univers avec une grande diversité d'univers possibles et différents – présentant différentes valeurs des intensités des forces, des propriétés des particules, de la constante cosmologique, et ainsi de suite. Imaginons en outre que le processus de formation de ces univers (comme l'apparition des univers bulles du multi-univers paysage) soit suffisamment bien compris pour nous permettre de déterminer la distribution de ces univers et de leurs diverses propriétés à travers le multi-univers. Cette information nous permet de tirer des conclusions qui ont un sens.

Pour illustrer les diverses possibilités, supposons que nos calculs aboutissent à une distribution simple : certaines propriétés varient beaucoup d'un univers à l'autre, mais certaines ne changent pas. Par exemple, imaginons qu'une série de particules soit commune à tous les univers du multi-univers, dont les masses et charges possèdent la même valeur dans chaque univers. Une distribution de ce type produit des prédictions extrêmement claires. Si les expériences que nous menons dans notre univers isolé ne trouvent pas cette série de particules prédites par les calculs, alors nous pouvons éliminer cette théorie, ses multi-univers et tout le toutim. C'est ainsi que la connaissance de la distribution des univers rend ce multi-univers réfutable. Inversement, si nos expériences trouvaient les particules prédites, cela augmenterait notre confiance envers la validité de cette théorie [4].

Prenons un autre exemple et imaginons un multi-univers dans lequel la constante cosmologique varie sur un large éventail de valeurs, mais d'une matière très peu uniforme, comme l'illustre schématiquement la figure 7.1. Ce graphe indique la proportion des univers du multi-univers (axe vertical) qui ont une valeur donnée de la constante cosmologique (axe horizontal). Si nous vivions dans un tel multi-univers, les mystères de la constante cosmologique prendraient une tout autre tournure. La plupart des univers de ce scénario possèdent une constante cosmologique proche de ce que nous avons mesuré dans notre univers. Ainsi, bien que l'éventail des valeurs *possibles* soit considérable, cette distribution implique que les valeurs que nous observons n'ont rien de particulier. Dans un multi-univers comme celui-ci, nous ne serions pas plus surpris que notre univers ait une constante cosmologique de 10^{-123} que nous ne le serions de rencontrer un labrador de 31 kg lors de notre prochaine promenade dans le quartier. Étant donné la distribution considérée, c'est tout bonnement la chose la plus probable qui puisse arriver.

Voici une variation sur le même thème. Imaginons que, dans un modèle donné de multi-univers, la valeur de la constante cosmologique varie énormément, mais contrairement à l'exemple ci-dessus, elle varie uniformément. Le nombre d'univers ayant une valeur donnée de la constante cosmologique est comparable au nombre d'univers ayant n'importe quelle autre valeur de la constante cosmologique. Imaginons de plus qu'une analyse mathématique soigneuse montre une caractéristique inattendue de cette distribution. Pour ces univers dans lesquels la constante cosmologique prend ses valeurs dans l'éventail que nous avons observé, les calculs montrent

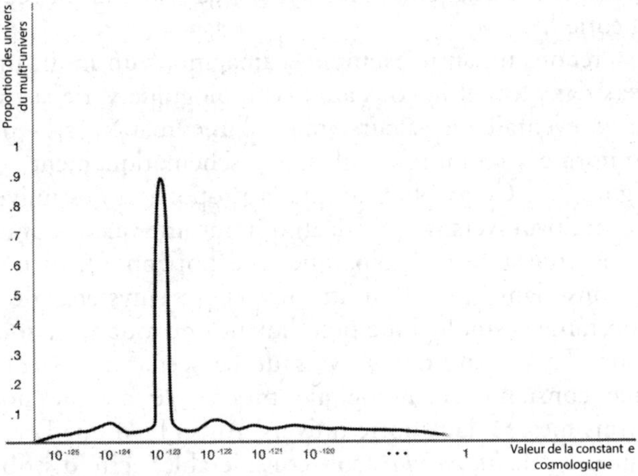

Figure 7.1 Une distribution possible des valeurs de la constante cosmologique dans un hypothétique multi-univers, illustrant que les distributions hautement irrégulières peuvent éclaircir des observations autrement incompréhensibles.

qu'on trouve toujours un type de particule dont la masse serait, disons, cinq mille fois celle du proton – trop lourde pour avoir été détectée dans nos accélérateurs du XXe siècle, mais accessible à ceux du XXIe. Du fait de l'étroite corrélation entre ces deux caractéristiques physiques, cette théorie de multi-univers est réfutable elle aussi. Si nous ne parvenons pas à mettre en évidence ces particules lourdes, alors cela démontre la fausseté de ce multi-univers. Au contraire, la découverte de cette variété de particules renforcerait notre confiance en la validité de cette théorie.

Je me permets de souligner que ces scénarios sont hypothétiques. Je les mentionne car ils mettent en lumière une forme de raisonnement scientifique et de vérification dans le contexte d'un multi-univers. J'ai suggéré plus haut que si une théorie de multi-univers produit des caractéristiques vérifiables au-delà de la prédiction qu'il existe d'autres univers, alors il est possible – en principe – de construire une argumentation solide même si les autres univers sont inaccessibles. Les exemples que nous venons de voir le montrent de manière explicite. Pour ce type de propositions de multi-univers, la réponse à la question posée dans le titre de cette section serait oui, sans équivoque.

Le plus important dans un « multi-univers prédictif » c'est qu'il n'est pas composé d'un mélange hétéroclite d'univers. En fait, la capacité à faire des prédictions vient de la structure mathématique sous-jacente à ce multi-univers : les propriétés physiques sont distribuées parmi les univers qui le constituent de manière très uniforme ou au contraire très irrégulière.

Comment est-ce possible ? Et si nous laissons de côté les questions « de principe », est-ce possible dans les théories de multi-univers que nous avons rencontrées ?

Prédictions dans un multi-univers : partie II

Nous avons vu les questions de principe ; où en sommes-nous en pratique ?

La distribution des chiens du quartier dépend de diverses influences, parmi lesquelles des aspects culturels et financiers ainsi qu'une part de hasard pur et dur. Comme c'est assez complexe, si nous devions faire des prédictions statistiques, l'idéal serait d'éviter les considérations sur l'avènement d'une distribution donnée, et de consulter directement les données émanant des fichiers vétérinaires. Malheureusement dans le cas des multi-univers, nous n'avons pas de recensement de ce type, et cette option ne fait pas partie des possibles. Nous sommes contraints de nous fier à notre compréhension théorique sur la formation de chaque multi-univers pour déterminer la distribution de ses univers.

Le multi-univers paysage, fondé sur l'inflation éternelle et la théorie des cordes est un bon cas d'étude. Dans ce modèle, le bimoteur qui alimente la production de nouveaux univers est l'expansion inflationnaire combinée à l'effet tunnel quantique. Souvenons-nous : un univers en inflation, correspondant à l'une ou l'autre vallée du paysage des cordes, subit un effet tunnel vers l'une des montagnes environnantes et s'établit dans une autre vallée. Le premier univers – avec des propriétés définies telles que l'intensité des forces, les propriétés des particules, la valeur de la constante cosmologique, et ainsi de suite – se voit doté de la bulle en expansion du nouvel univers (voir la figure 6.7), avec un nouvel éventail de propriétés physiques, et le processus continue ainsi.

Cela étant, ce processus d'effet tunnel étant un phénomène quantique, ces événements ont un caractère probabiliste. Nous ne pouvons pas savoir à l'avance où et quand ils vont avoir lieu. Mais nous pouvons prédire la *probabilité* qu'un effet tunnel ait lieu durant un intervalle de temps donné et dans une direction donnée – ces probabilités dépendant des détails des propriétés du paysage de cordes, comme l'altitude des divers pics montagneux et des vallées (autrement dit la valeur de leurs constantes cosmologiques respectives). Les effets tunnel les plus probables auront lieu plus souvent, et la distribution correspondante des univers en sera le reflet. La stratégie consiste donc à utiliser les mathématiques de la cosmologie inflationnaire et de la théorie des cordes pour calculer la distribution des univers et de diverses propriétés physiques dans le multi-univers paysage.

Le hic c'est que jusqu'à présent, personne n'y est parvenu. Notre compréhension actuelle suggère un paysage de cordes luxuriant avec un nombre colossal de montagnes et de vallées, ce qui rend extrêmement difficile le traitement mathématique des détails pour le multi-univers correspondant. Des travaux novateurs de cosmologistes et de théoriciens des cordes ont beaucoup contribué à notre compréhension, mais les investigations restent rudimentaires[5].

Pour aller plus loin, les défenseurs des multi-univers préconisent d'introduire un autre élément important dans le débat : ce qui concerne les biais de sélection et que nous avons introduit dans le chapitre précédent, à savoir le raisonnement anthropique.

Prédictions dans un multi-univers : partie III

Raisonnement anthropique

Beaucoup des univers d'un multi-univers donné sont voués à rester sans vie. Comme nous l'avons vu, la raison en est que si les paramètres fondamentaux de la nature s'écartent de leurs valeurs connues, cela tend à entraver les conditions favorables à l'apparition de la vie[6]. Notre existence même implique que nous ne puissions jamais nous trouver dans aucun de ces domaines privés de vie, et il n'y a guère à expliquer pourquoi nous n'observons pas les autres combinaisons de propriétés. Si une théorie de multi-univers implique l'existence d'un seul univers porteur de vie, eh bien nous sommes vernis. Si le calcul des propriétés mathématiques de cet univers si spécial montrait qu'elles diffèrent de celles que nous avons mesurées dans notre propre univers, alors nous pourrions éliminer cette théorie. Si, en revanche, les propriétés mathématiques correspondent aux nôtres, alors nous aurions une justification impressionnante en faveur de ce multi-univers anthropique – et de bonnes raisons d'étendre amplement notre vision de la réalité.

Dans le cas plus plausible où il n'y aurait pas un seul univers abritant la vie, un certain nombre de théoriciens (parmi lesquels Steven Weinberg, Andrei Linde, Alex Vilenkin, George Efstathiou et beaucoup d'autres encore) ont proposé une approche statistique améliorée. Plutôt que de calculer les proportions, au sein du multi-univers, de divers types d'univers, ils imaginèrent de calculer plutôt le nombre d'habitants – que les physiciens appellent généralement des observateurs – se trouvant dans divers types d'univers. Dans certains univers, les conditions sont tout bonnement incompatibles avec la vie, si bien que les observateurs y seront rares, aussi rares que les occasionnels cactus qu'on peut rencontrer au fin fond du désert. D'autres univers, aux conditions plus hospitalières, grouillent d'observateurs. L'idée est que, tout comme les données vétérinaires de recensement canin nous permettent de prédire quel type de chien nous pourrions rencontrer, le recensement des observateurs nous permet de prédire quelles propriétés un habitant quelconque du multi-univers – à commencer par nous, dans ce raisonnement – peut s'attendre à observer.

Un exemple concret fut proposé en 1997 par Weinberg et ses collaborateurs Hugo Martel et Paul Shapiro. Pour un multi-univers dans lequel la constante cosmologique varie d'univers en univers, ils ont estimé l'abondance de la vie dans chacun d'eux. Cette tâche complexe fut possible grâce à l'approximation de Weinberg que nous avons vue au chapitre 6 : plutôt que la vie à proprement parler, ils ont regardé la formation des galaxies. Plus il y a de galaxies, plus il y a de systèmes planétaires et donc plus il y a de chances qu'ait pu apparaître la vie, et en particulier la vie intelligente. Cela étant, comme l'a découvert Weinberg en 1987, même une constante cosmologique modeste engendre suffisamment de gravitation répulsive pour empêcher la formation des galaxies si bien qu'il suffit de ne considérer que les domaines du multi-univers ayant des constantes cosmologiques suffisamment faibles. Une constante cosmologique négative donne un univers qui s'effondre bien avant que puissent se former des galaxies : ces domaines du multi-univers peuvent donc eux aussi être laissés de côté par cette analyse. Le raisonnement anthropique concentre donc notre attention sur les parties du multi-univers dans lesquelles la constante cosmologique prend des valeurs très proches les unes des autres ; comme nous l'avons vu au chapitre 6, les calculs montrent que pour qu'un univers contienne des galaxies, sa constante cosmologique doit être inférieure à 200 fois la densité critique (un équivalent en masse d'environ 10^{-27} gramme par centimètre cube d'espace, soit 10^{-121} dans les unités de Planck) [7].

Pour les univers ayant une constante cosmologique de cet ordre de valeurs, Weinberg, Martel et Shapiro ont alors entrepris des calculs approfondis. Ils ont déterminé quelle proportion de matière à l'intérieur de ces univers pourrait s'amalgamer au cours de l'évolution cosmologique, ce qui est une étape fondamentale dans la formation des galaxies. Leurs résultats étaient que si la constante cosmologique est proche de la valeur supérieure de la fenêtre favorable, il se formerait peu d'agglomérats du fait que la poussée vers l'extérieur due à la constante cosmologique agit comme un grand vent qui ferait voler en éclats les amas de poussière. Si la valeur de la constante cosmologique se rapproche plutôt de la limite inférieure, qui est zéro, alors ils ont trouvé qu'il se formerait beaucoup d'amas, car l'influence perturbatrive de la constante cosmologique est alors minimisée. Cela signifie qu'il y a de grandes chances que nous nous trouvions dans un univers dont la constante cosmologique est proche de zéro car ce sont ces univers qui abritent un grand nombre de galaxies, et donc en suivant ce raisonnement, la vie. Il y a une toute petite chance que nous soyons dans un univers dont la constante cosmologique est proche de la limite supérieure (environ 10^{-121}) car de tels univers recèlent beaucoup moins de galaxies. Et il y a une chance moyenne que notre univers ait une constante cosmologique de valeur intermédiaire entre ces deux extrêmes.

En utilisant la version quantitative de ces résultats, Weinberg et ses collaborateurs ont calculé l'analogue cosmique de la rencontre du labrador de 31 kg – c'est-à-dire la valeur de la constante cosmologique relevée par un observateur quelconque du multi-univers. Et la réponse ? Eh bien elle est légèrement supérieure au résultat révélé plus tard par les mesures sur les supernovæ, mais clairement dans le même ordre de grandeur. Ils trouvèrent qu'entre 1 habitant sur 10 et 1 sur 20 vivraient quelque chose de semblable à nous, et obtiendraient pour la valeur de la constante cosmologique dans leur univers environ 10^{-123}.

Certes, un pourcentage plus élevé aurait été encore plus satisfaisant, mais le résultat est malgré tout impressionnant. Avant ce calcul, la physique était confrontée à une disparité entre la théorie et l'observation de plus de 120 ordres de grandeur, ce qui laissait clairement entendre que quelque chose clochait dans notre compréhension. Alors qu'avec le modèle de multi-univers de Weinberg et ses collaborateurs, le fait de nous trouver dans un univers dont la constante cosmologique concorde avec la valeur que nous avons mesurée serait aussi étonnant que de croiser un caniche nain dans ce quartier peuplé essentiellement de labradors. Autrement dit, ce n'est pas du tout une surprise. Ce qui est sûr, c'est que dans ce point de vue du multi-univers, la valeur observée de la constante cosmologique ne traduit pas un tel manque de compréhension, ce qui est plutôt encourageant.

Les analyses menées ensuite ont mis en lumière un aspect intéressant que certains interprètent comme un affaiblissement du résultat. Par souci de simplicité, Weinberg et ses collaborateurs imaginèrent qu'à travers leur multi-univers, seule la valeur de la constante cosmologique variait d'univers en univers ; les autres paramètres physiques étaient considérés comme fixes. Max Tegmark et Martin Rees remarquèrent que si, outre la constante cosmologique, variait également d'univers en univers l'intensité des fluctuations quantiques primordiales, alors la conclusion serait modifiée. Souvenons-nous que ces fluctuations quantiques sont les germes pour la formation des galaxies : de minuscules fluctuations quantiques étirées par l'expansion inflationnaire produisent une série aléatoire de régions dont la densité de matière est légèrement supérieure ou légèrement inférieure à la moyenne. Les régions de plus haute densité exercent une attraction gravitationnelle supérieure sur la matière environnante et deviennent donc de plus en plus grandes, jusqu'à finalement s'agréger en galaxies. Tegmark et Rees faisaient remarquer qu'à l'instar du fait que de plus grosses piles de feuilles résistent mieux à une bourrasque, de même de plus grands germes primordiaux résisteront mieux à l'action perturbatrice de la constante cosmologique. Un multi-univers dont la taille des germes *et* la valeur de la constante cosmologique peuvent varier d'un univers à l'autre pourrait donc contenir des univers dont la constante cosmologique élevée serait atténuée par des germes plus grands : cette combinaison serait compatible avec la formation des galaxies – et donc l'apparition de la vie. Un multi-univers de ce type augmente la valeur de la constante cosmologique que verrait un observateur aléatoire, et conduit donc à une diminution – potentiellement importante – du nombre d'observateurs qui trouveraient à leur constante cosmologique une valeur aussi petite que celle que nous avons mesurée.

Les ardents défenseurs des multi-univers aiment à signaler ce travail de Weinberg et ses collaborateurs comme un succès du raisonnement anthropique. Leurs détracteurs aiment à objecter que les questions mises en lumière par Tegmark et Rees rendent ce résultat anthropique peu convaincant. En réalité, ce débat est prématuré. Ces calculs ne sont pour l'instant que des explorations, des premiers jets, à voir plutôt comme des incursions pour nous guider dans le domaine général du raisonnement anthropique. Sous certaines hypothèses restrictives, ils montrent que le modèle anthropique peut nous mener tout près des mesures obtenues pour la constante cosmologique. Dès lors que nous assouplissons quelque peu ces hypothèses, les calculs montrent que l'on s'en éloigne notablement. Du fait de cette forte sensibilité, pour pouvoir mener des calculs approfondis sur le multi-univers, il nous faudra une compréhension précise des propriétés détaillées des univers constituants ainsi que de leurs variations, afin de remplacer nos hypothèses arbitraires par de véritables instructions théoriques. Cela sera nécessaire si nous voulons laisser une chance au multi-univers de proposer des conclusions claires et nettes.

Les chercheurs travaillent d'arrache-pied pour atteindre cet objectif, mais à ce jour, ils n'y sont pas encore parvenus [8].

Prédictions dans un multi-univers : partie IV

Jusqu'où faudra-t-il aller ?

Quels sont les obstacles que nous devrons surmonter avant de pouvoir extraire des prédictions d'une théorie donnée de multi-univers ? Il y en a trois principaux.

Premièrement, comme l'illustrait l'exemple que nous venons de voir, une proposition de multi-univers doit nous permettre de déterminer quels paramètres physiques varient d'un univers à l'autre et, pour les caractéristiques qui varient, de savoir calculer leur distribution statistique au sein du multi-univers. Ce qui est essentiel pour y parvenir, c'est de bien comprendre le mécanisme cosmologique qui peuple le multi-univers considéré de ses univers (comme le mécanisme de création des univers bulle du multi-univers paysage par exemple). C'est ce mécanisme qui déterminera la distribution statistique des caractéristiques physiques. Si nous avons de la chance, les distributions obtenues, qu'elles concernent tout le multi-univers ou seulement les univers abritant la vie, seront suffisamment irrégulières pour conduire à des prédictions claires et nettes.

Un deuxième défi, si nous devons faire appel au raisonnement anthropique, vient de l'hypothèse principale que nous autres humains sommes des exemplaires moyens de la diversité existante. Il se peut que la vie soit très rare dans l'univers ; la vie intelligente encore plus. Mais parmi toutes les créatures intelligentes, continue le raisonnement anthropique, nous sommes tellement typiques que nos observations devraient correspondre à la moyenne de ce que des créatures intelligentes du multi-univers pourraient voir (Alexander Vilenkin appelle cela le « principe de médiocrité »). Si nous connaissons la distribution des paramètres physiques parmi les univers abritant la vie, nous pouvons calculer ce genre de moyennes. Mais la typicalité est une hypothèse difficile. Si les recherches futures nous montrent que nos observations tombent dans la fourchette des moyennes calculées pour un multi-univers donné, cela augmentera notre confiance envers cette typicalité (et les théories de multi-univers). Ce serait passionnant. Mais si nos observations se révélaient en dehors des moyennes, cela pourrait montrer soit que les théories de multi-univers sont erronées, soit que nous ne sommes pas des créatures intelligentes typiques de la moyenne. Même dans un quartier avec 99 % de labradors, il est toujours possible de rencontrer un doberman, c'est-à-dire un chien atypique. Il serait difficile de faire la distinction entre une théorie de multi-univers en échec et une théorie correcte mais dans laquelle notre univers serait atypique [9].

Les progrès dans cette voie néccssiteront de toute évidence une meilleure compréhension de l'apparition de la vie intelligente dans un multi-univers donné ; avec ces connaissances, nous pourrions au moins éclaircir le caractère typique ou non de notre histoire évolutionnaire jusqu'à présent. Bien sûr, c'est un défi considérable. À ce jour, la plupart des raisonnements anthropiques éludaient complètement la question en invoquant l'hypothèse de Weinberg – que le nombre de formes de vie intelligente dans un univers donné est proportionnel au nombre de galaxies qu'il contient. Autant que nous le sachions, pour se développer, la vie intelligente a besoin d'une planète relativement chaude, laquelle a besoin d'une étoile, laquelle appartient généralement à une galaxie. Ainsi avons-nous de bonnes raisons de penser que l'hypothèse de Weinberg tient la route. Mais puisque nous n'avons qu'une compréhension rudimentaire ne serait-ce que de notre propre genèse, l'hypothèse demeure hésitante. Pour approfondir nos calculs, il nous faut comprendre beaucoup mieux l'avènement et le développement de la vie intelligente.

Le troisième obstacle est simple à expliquer, mais il pourrait bien être le dernier en lice au bout du compte. Il s'agit de diviser l'infini.

Diviser l'infini

Pour comprendre le problème, revenons aux chiens. Si nous vivons dans un quartier peuplé de trois labradors et un teckel, alors en ignorant les complications sur la fréquence des sorties de ces chiens, nous avons tout simplement trois fois plus de chances de croiser un labrador qu'un teckel. Il en va de même avec 300 labradors et 100 teckels, ou 3 000 labradors et 1 000 teckels, ou encore 3 millions et 1 million. Bon, et qu'en est-il si ces nombres sont infinis ? Comment comparer une infinité de teckels à trois fois une infinité de labradors ? Bien que cela ressemble aux maths tarabiscotées d'un enfant de sept ans, c'est une vraie question. Est-ce que trois fois l'infini représente plus que l'infini tout simple ? Et dans ce cas, est-ce trois fois plus ?

Les comparaisons entre nombres infiniment larges sont notoirement épineuses. Pour des chiens sur Terre, bien sûr, le problème ne se pose pas car les populations restent finies. Mais pour des univers constituants de multi-univers, il est très présent. Prenons le multi-univers inflationnaire. Si nous regardons l'ensemble du bloc de gruyère du point de vue imaginaire d'un observateur extérieur, nous verrons qu'il continue de grossir et de produire indéfiniment de nouveaux univers. C'est bien ce que signifie « éternel » dans le terme « inflation éternelle ». En outre, du point de vue d'un observateur intérieur, nous avons vu que chaque bulle univers abrite elle-même un nombre infini de domaines séparés, qui composent un multi-univers en patchwork. En faisant des prédictions nous rencontrons forcément un nombre infini d'univers.

Pour s'atteler à ce défi mathématique, imaginons que nous participions au jeu télévisé le Bigdil et que nous ayons remporté un prix hors du commun : un lot infini d'enveloppes, la première contenant 1 €, la seconde 2 €, la troisième 3 € et ainsi de suite. Sous les applaudissements du public, Lagaf' nous propose un marché. Soit nous gardons le prix tel quel, soit nous tentons de doubler le contenu de chaque enveloppe. À première vue, il semble évident de continuer. « Chaque enveloppe contiendra plus d'argent qu'avant, pourrions-nous penser, et donc c'est forcément une bonne affaire. » Et si nous avions un nombre fini d'enveloppes, ce serait bel et bien la chose à faire. Car échanger cinq enveloppes contenant 1 €, 2 €, 3 €, 4 € et 5 € contre des enveloppes contenant 2 €, 4 €, 6 €, 8 € et 10 €, c'est indéniablement intéressant. Mais après un petit temps de réflexion, nous commençons à hésiter, car le cas avec un nombre infini d'enveloppes n'est pas aussi évident. « Si j'accepte le marché, pensons-nous, j'aurai des enveloppes contenant 2 €, 4 €, 6 €, 8 € et ainsi de suite pour tous les nombres pairs. Mais dans le cas présent, mes enveloppes contiennent *toutes* les valeurs des nombres entiers : pairs *et* impairs. Donc c'est comme si le fait d'accepter ce marché *enlevait* de mes gains toutes les valeurs impaires. Ça n'est plus aussi intéressant tout à coup. » Notre cœur bat la chamade. Si l'on compare enveloppe par enveloppe, le marché semble avantageux, mais collection par collection, il ne l'est plus du tout.

Notre dilemme illustre bien le type de piège mathématique qui rend si difficile la comparaison de collections infinies. Le public commence à s'agiter, nous devons prendre notre décision, mais notre estimation de la situation dépend de la manière dont nous comparons les deux options.

Une ambiguïté similaire entache la comparaison d'une autre caractéristique, encore plus élémentaire, de ce type de collections, à savoir le nombre de leurs membres. Notre exemple du Bigdil l'illustre aussi très bien. Y a-t-il plus de nombres entiers ou de nombres pairs ? La plupart des gens diraient qu'il y a plus de nombres entiers puisque seulement la moitié des nombres entiers sont des nombres pairs. Mais notre expérience avec Lagaf' nous met la puce à l'oreille. Imaginons que nous acceptions son marché et que nous repartions donc avec des enveloppes de valeurs paires. En acceptant, nous n'avons aucune enveloppe à restituer ni aucune à réclamer, car Lagaf' double simplement le montant contenu dans chacune. Nous en concluons donc que le nombre d'enveloppes nécessaires pour représenter tous les nombres entiers est le même que le nombre d'enveloppes nécessaires pour représenter tous les nombres pairs – ce qui suggère que les populations de chaque catégorie sont égales (voir tableau 7.1). Voilà qui est étrange. Avec une première méthode de comparaison – considérer les nombres pairs comme un sous-ensemble des nombres entiers – nous concluons qu'il existe plus de nombres entiers. Avec une autre méthode – considérer le nombre d'enveloppes nécessaires pour contenir tous les membres de chaque catégorie – nous concluons que l'ensemble des nombres entiers et celui des nombres pairs contiennent des populations égales.

Nous pouvons même arriver à nous convaincre qu'il existe *plus* de nombres pairs que de nombres entiers. Imaginons que Lagaf' nous offre de quadrupler le montant contenu dans chacune des enveloppes que nous avions initialement, si bien qu'il y aurait 4 € dans la première, 8 € dans la deuxième, 12 € dans la troisième

Nombres entiers	1	2	3	4	5	6	7	8	9	10	…
	↕	↕	↕	↕	↕	↕	↕	↕	↕	↕	
Nombres pairs	2	4	6	8	10	12	14	16	18	20	…

Tableau 7.1 Chaque nombre entier est associé à un nombre pair et vice versa, ce qui mène à la conclusion qu'il en existe autant de chaque.

et ainsi de suite. Puisque, cette fois encore, le nombre d'enveloppes mises en jeu dans ce marché reste le même, cela implique que la quantité de nombres entiers (là où tout a commencé) est égale à celle des nombres divisibles par 4 (là où le marché s'arrête), comme le montre le tableau 7.2. Mais cet appariement, qui associe chaque nombre entier à un nombre divisible par 4, laisse de côté une infinité de nombres pairs célibataires (les nombres 2, 6, 10 et ainsi de suite) et pourrait donc laisser à penser que les nombres pairs sont plus nombreux que les nombres entiers.

D'un certain point de vue, la population des nombres pairs est inférieure à celle des nombres entiers. D'un autre point de vue, les populations sont identiques. D'un autre point de vue encore, la population des nombres pairs serait supérieure à celle des nombres entiers. Et l'on ne peut pas dire qu'une conclusion est juste et les autres fausses. Il n'y a simplement aucune réponse absolue à la question de savoir laquelle de ces collections infinie est la plus grande. Le résultat que nous trouverons dépend de la manière dont nous les comparons [10].

Voilà qui pose un problème pour les théories de multi-univers. Comment déterminer si les galaxies et la vie sont plus abondantes dans l'un ou l'autre type d'univers lorsque le nombre d'univers mis en jeu est infini ? Nous serons confrontés exactement à la même ambiguïté que celle que nous venons de rencontrer, *à moins que la physique n'impose une manière précise de mener la comparai-*

Nombres entiers	1	2	3	4	5	6	7	8	9	10	…
	↕	↕	↕	↕	↕	↕	↕	↕	↕	↕	
Doubles des nombres pairs	4	8	12	16	20	24	28	32	36	40	…

Tableau 7.2 Chaque nombre entier est associé à chaque double de nombre pair, laissant donc de côté une infinité de nombres pairs célibataires, ce qui laisse à penser qu'il y aurait davantage de nombres pairs que de nombres entiers.

son. Les théoriciens ont avancé plusieurs propositions, divers analogues de l'appariement proposé dans les tableaux ci-dessus et qui proviennent de diverses considérations physiques – mais il reste encore à arrêter une procédure définitive et à en convenir. Comme c'est le cas des collections infinies de nombres, des méthodes différentes donnent des résultats différents. Avec l'une des manières de mener la comparaison, les univers les plus abondants sont ceux ayant telle série de propriétés ; avec une autre manière de mener la comparaison, les plus abondants ont une autre série de propriétés.

Cette ambiguïté a des conséquences importantes sur les propriétés que nous qualifierions de typiques ou moyennes dans un multi-univers donné. Les physiciens appellent cela le « problème de la mesure », un terme mathématique dont le nom illustre bien la signification. Nous avons besoin d'un moyen de mesurer les tailles des différentes collections d'univers. C'est cette information qu'il nous faut pour faire des prédictions. C'est cette information qu'il nous faut pour estimer la probabilité que nous résidions dans un type d'univers plutôt qu'un autre. Jusqu'à ce que nous trouvions un principe fondamental pour la comparaison de ces collections infinies d'univers, nous ne pourrons pas anticiper mathématiquement ce que les observateurs typiques du multi-univers – nous – devraient voir dans leurs expériences et observations. Il est impératif de résoudre le problème de la mesure.

Une autre inquiétude anticonformiste

J'ai choisi de consacrer une section entière au problème de la mesure non seulement parce que c'est un empêchement dirimant pour les prédictions, mais également parce qu'il pourrait receler une autre conséquence inquiétante. Au chapitre 3, j'ai expliqué pourquoi la théorie inflationnaire s'est imposée de fait comme le paradigme cosmologique. Une brève salve d'expansion rapide durant les premiers instants de notre univers aurait permis à des régions aujourd'hui très éloignées de communiquer, ce qui explique la température commune qu'ont obtenue nos mesures. L'expansion rapide lisse également la courbure spatiale, laissant un espace plat en apparence, ce qui concorde bien avec nos observations. Enfin, cette expansion transforme les fluctuations quantiques en petites variations de température dans l'espace, ct celles-ci sont à la fois mesurables dans le fond de rayonnement micro-onde et essentielles à la formation des galaxies. Ces succès jouent fortement en sa faveur [11]. Mais la version éternelle de l'inflation a la faculté d'amoindrir la conclusion.

Dès lors que les processus quantiques interviennent, le mieux que nous puissions faire, c'est de prédire la probabilité d'une des issues par rapport à une autre. Les physiciens expérimentateurs, prenant cela très à cœur, reproduisent leurs expériences encore et encore, accumulent des montagnes de données pour pouvoir effectuer des analyses statistiques. Si la mécanique quantique prédit qu'une issue est dix fois plus probable qu'une autre, alors les données doivent reproduire ce rapport de très près. Les calculs sur le fond de rayonnement cosmologique, dont l'accord avec les observations est la preuve la plus flagrante en faveur de la théorie inflationnaire, s'appuient sur les fluctuations quantiques et sont donc probabilistes. Mais contrairement aux expériences menées en laboratoire, on ne peut pas reproduire les observations un grand nombre de fois en reproduisant le Big Bang encore et encore. Alors comment les interpréter ?

Eh bien si les calculs théoriques concluent par exemple qu'il existe 99 % de chances que les données micro-ondes prennent telle forme et non telle autre, et si l'issue la plus probable est celle que nous autres observateurs avons relevée, alors nous pouvons dire que les données confirment fortement la théorie. La raison en est que si une collection d'univers furent tous produits par la même physique sous-jacente, la théorie prédit qu'environ 99 % d'entre eux devraient ressembler à ce que nous observons, et 1 % seulement s'en écarte notablement.

Cela étant, si le multi-univers inflationnaire possédait une population finie d'univers, nous pourrions en conclure directement que le nombre d'univers fantaisistes, où les processus quantiques conduisent à une disparité entre données et prédictions, devrait être comparativement très réduit. Mais si, comme dans le multi-univers inflationnaire, la population d'univers n'est pas finie, alors il devient beaucoup plus difficile d'interpréter les nombres. Qu'est-ce que 99 % de l'infini ? L'infini. Qu'est-ce que 1 % de l'infini ? L'infini. Lequel est le plus grand ? Pour répondre, nous devons comparer deux collections infinies. Comme nous l'avons vu, même s'il semble clair qu'une collection infinie est plus grande qu'une autre, la conclusion dépend en fait de notre méthode de comparaison.

L'anticonformiste conclut que lorsque l'inflation est éternelle, *les prédictions mêmes que nous utilisons pour construire notre confiance envers la théorie sont remises en question*. Chaque issue possible compatible avec les calculs quantiques, aussi improbable soit-elle (avec une probabilité quantique de 0,1 %, de 0,0001 % ou même

0,000000001 %), serait réalisée dans un nombre infini d'univers simplement parce que n'importe lequel de ces nombres, multiplié par l'infini, donne l'infini. Sans une procédure fondamentale de comparaison des collections infinies, nous ne pouvons pas dire qu'une collection d'univers est plus importante que les autres ni qu'elle représente, donc, la catégorie d'univers la plus probable : nous perdons la capacité à faire des prédictions claires et nettes.

L'optimiste conclurait quant à lui que l'accord spectaculaire entre les données et les calculs quantiques en cosmologie inflationnaire, comme sur la figure 3.5, doivent forcément être le reflet d'une profonde vérité. Avec un nombre fini d'univers et d'observateurs, la vérité profonde, c'est que les univers dans lesquels les données s'écartent des prédictions quantiques – ceux avec une probabilité quantique de 0,1 % ou bien 0,0001 % ou encore 0,000000001 % – sont effectivement rares, et c'est pourquoi, dans un multi-univers diversifié, les habitants tels que nous ne vivent pas dans l'un de ceux-là. Avec un nombre infini d'univers, l'optimiste conclut que la vérité profonde implique, d'une certaine manière qui reste à définir, que les univers atypiques demeurent rares. Nous pouvons donc nous attendre à obtenir un jour une mesure, un moyen précis de comparer diverses collections infinies d'univers, et à ce que ces univers provenant de rares aberrations quantiques auront une mesure minuscule par comparaison à ceux provenant d'issues quantiques plus probables. Cela reste un défi considérable, mais la majorité des chercheurs dans ce domaine est convaincue que la concordance illustrée sur la figure 3.5 signifie que nous réussirons un jour [12].

Mystères et multi-univers

Un multi-univers peut-il offrir une puissance explicative dont nous serions privés autrement ?

Nous l'aurons sans doute remarqué, même les projections optimistes laissent entendre que les prédictions émanant d'un multi-univers auront des caractéristiques différentes de celles dont nous avons l'habitude en physique. La précession du périhélie de Mercure, le moment magnétique de l'électron, l'énergie libérée par la fission d'un noyau d'uranium en baryum et krypton : *voilà* des prédictions. Elles sont le résultat de calculs détaillés élaborés à partir d'une théorie physique solide et produisent des nombres précis, vérifiables. Et ces nombres ont été vérifiés expérimentalement. Par exemple, les calculs évaluent le moment magnétique de l'électron à 2,0023193043628 ; les mesures obtiennent 2,0023193043622. Dans la minuscule marge d'erreur inhérente à chaque cas, les expériences confirment donc la théorie avec une précision meilleure que 1 pour 10 milliards.

Au stade où nous en sommes, nous pourrions penser que les prédictions de multi-univers n'atteindront jamais ce type de précision. Dans les scénarios les plus élaborés, nous pourrions prédire qu'il est « hautement probable » que la constante cosmologique, ou l'intensité de la force électromagnétique, ou la masse du quark *u* appartiennent à une certaine fourchette de valeurs. Mais pour aller plus loin, nous aurons besoin d'une chance extraordinaire. Outre la résolution du problème de la mesure, il nous faudra découvrir une théorie de multi-univers convaincante avec des probabilités très marquées (comme 99,9999 % de probabilité qu'un observateur se trouve dans un univers doté d'une constante cosmologique prenant la valeur que nous mesurons) ou des corrélations étonnamment étroites (comme le fait que les électrons n'existent que dans les univers ayant une constante cosmologique égale à 10^{-123}). Si une proposition de multi-univers ne présente pas ces aspects favorisants, alors nous n'accéderons pas à cette précision qui, depuis si longtemps, distingue la physique d'autres disciplines. Aux yeux de certains chercheurs, il est inadmissible de payer un tel prix.

Pendant pas mal de temps, c'était également mon point de vue, mais j'ai progressivement changé d'avis. Comme tous les autres physiciens, je préfère les prédictions fines et précises, sans équivoque. Mais comme beaucoup d'autres, j'ai compris qu'en dépit du fait que certains aspects fondamentaux de l'univers sont adaptés à ce type de prédictions, d'autres ne le sont pas – ou, tout au moins, il est logiquement possible qu'il existe des propriétés qui soient hors de portée des prédictions précises. Dans le milieu des années 1980, à l'époque où j'étais jeune thésard travaillant en théorie des cordes, l'espoir de beaucoup de chercheurs était que la théorie expliquerait un jour les valeurs des masses des particules, les intensités des forces, le nombre de dimensions spatiales, et toutes les autres caractéristiques physiques fondamentales. Je garde bon espoir que nous atteindrons un jour cet objectif. Mais je reconnais également que c'est énorme d'attendre des équations d'une théorie qu'elles produisent un nombre comme la masse de l'électron (0,0000000000000000000000091095, en unités de masse de Planck) ou la masse du quark *t* (0,0000000000000000632, en unités de masse de Planck). Et lorsqu'il s'agit de la constante cosmologique, le défi semble devenu disproportionné. Obtenir un calcul qui, après plusieurs pages de manipulations et des mégawatts de compilation informatique, produit le nombre qui a ouvert le chapitre 6 – eh bien ce n'est pas impossible, mais cela entame même l'optimisme des optimistes. Ce qui est sûr, c'est que la théorie des cordes ne semble aujourd'hui pas plus proche de calculer aucun de ces nombres qu'elle ne l'était à l'époque où j'ai commencé à travailler dans ce domaine. Cela ne signifie pas que cette théorie ou une autre future n'y parviendront pas un jour. Peut-être les optimistes ont-ils besoin d'encore plus d'imagination. Mais dans l'état actuel de la physique, il y a un sens à envisager de nouvelles approches. C'est le cas des multi-univers.

Dans un modèle de multi-univers bien développé, les aspects physiques devant être approchés différemment de nos pratiques habituelles sont bien délimités : ce sont ceux qui varient d'univers en univers. Et c'est ce qui fait toute la puissance de cette approche. Ce sur quoi nous pouvons compter quoi qu'il arrive dans une théorie de multi-univers est la chose suivante : nous pouvons déterminer précisément parmi les mystères des univers uniques ceux qui se retrouvent dans le multi-univers et ceux qui ne s'y retrouvent pas.

La constante cosmologique en est un exemple de choix. Si, dans un multi-univers donné, la valeur de la constante cosmologique varie, et de surcroît avec des écarts suffisamment fins, alors ce qui était un jour un mystère – sa valeur – devient un aspect tout à fait banal. À l'instar du magasin de chaussures bien achalandé qui a très certainement notre taille, un multi-univers expansif possède sûrement des univers dotés d'une constante cosmologique possédant une valeur unique. C'est en ce sens que la théorie de multi-univers possède la capacité de fournir une importante puissance explicative, et qu'elle a le potentiel pour influencer profondément le cours de la recherche scientifique.

Ce type de raisonnement est à manier avec attention. Et si Newton, en voyant la pomme tomber, s'était dit que nous faisons partie d'un multi-univers dans lequel les pommes tombent dans certains univers et montent dans d'autres, si bien que la chute de la pomme indique simplement quel type d'univers nous occupons, sans besoin d'analyser davantage ? Ou s'il avait conclu que dans chaque univers, certaines pommes tombent tandis que d'autres montent, et que la raison pour laquelle nous voyons celles de la variété qui tombe vers le sol dépend simplement du fait environnemental que, dans notre univers, les pommes qui montent l'ont déjà fait et sont donc parties dans l'espace depuis longtemps ? Bien sûr, c'est un exemple bébête (il n'y a jamais eu aucune raison, ni théorique ni autre, de raisonner ainsi) mais l'argument est important. En invoquant un multi-univers, la science risque d'affaiblir l'élan qui la pousse à éclaircir les mystères qui nous entourent, bien que certains de ces mystères soient mûrs pour recevoir des explications ordinaires, indépendantes du multi-univers. Puisque tout appelle à travailler plus dur et à réfléchir de manière plus approfondie, nous pourrions cesser de résister à l'attrait des tentations du multi-univers et abandonner prématurément les approches conventionnelles.

Ce danger potentiel explique pourquoi certains scientifiques tremblent devant le raisonnement inhérent aux multi-univers. C'est pour cette raison qu'une proposition de multi-univers sérieuse nécessite d'être fortement motivée par les résultats théoriques et d'articuler avec précision les univers qui le composent. Nous devons progresser de manière prudente et systématique. Mais tourner le dos au multi-univers sous prétexte qu'il *pourrait* nous emmener dans une impasse, c'est tout aussi dangereux. Si nous le faisions, nous risquerions tout bonnement de passer à côté de la réalité.

Chapitre 8

Les mondes multiples de la mesure quantique

Le multi-univers quantique

Tout ce que nous pouvons dire des théories d'univers parallèles rencontrées jusqu'à présent, c'est que le jury est toujours en train de délibérer à leur sujet. Une étendue spatiale infinie, l'inflation éternelle, les mondes de branes, la cosmologie cyclique, le paysage de la théorie des cordes – voilà des idées étonnantes qui proviennent de divers courants scientifiques. Mais il ne s'agit que d'ébauches, de même que les modèles de multi-univers qui en découlent. Si beaucoup de physiciens sont prêts à donner leur opinion, en faveur ou défaveur de ces multi-univers, la plupart conviennent que ce seront les développements futurs – théoriques, expérimentaux, observationnels – qui détermineront le rattachement ou non de l'un d'eux aux canons scientifiques.

Sur le multi-univers que nous allons maintenant examiner, et qui provient de la mécanique quantique, un tout autre regard se pose. Beaucoup de physiciens ont déjà rendu un verdict sur ce multi-univers. Simplement, il ne s'agit pas du *même* verdict pour tous. Les différences se résument au problème fondamental et toujours irrésolu de la navigation entre le modèle probabiliste de la mécanique quantique et la réalité du quotidien.

Réalité quantique

En 1954, près de trente ans après que des sommités de la physique tels Niels Bohr, Werner Heisenberg et Erwin Schrödinger ont posé les fondements de la théorie quantique, un illustre inconnu, étudiant en thèse à l'université de Princeton et répondant au nom de Hugh Everett III, comprit quelque chose de surprenant. Son analyse, qui portait sur une brèche de la théorie que Bohr, le grand maître de la mécanique quantique, avait tenté de combler sans succès, révélait qu'une véritable compréhension de la théorie pourrait nécessiter un vaste réseau d'univers parallèles. La proposition d'Everett fut l'une des premières tentatives mathématiques suggérant que nous puissions faire partie d'un multi-univers.

Le modèle d'Everett, qui fut ensuite baptisé « interprétation des mondes multiples de la mécanique quantique », a connu une histoire en dents de scie. En janvier 1956, après avoir mis au point les conséquences mathématiques de sa proposition novatrice, Everett en soumit un brouillon à John Wheeler, qui dirigeait sa thèse. Celui-ci, l'un des plus célèbres physiciens du XXe siècle, en fut profondément impressionné. Mais lorsque Wheeler discuta des idées d'Everett avec Bohr lors d'une visite à Copenhague, il reçut un accueil glacial. Bohr et ses inconditionnels avaient passé des dizaines d'années à perfectionner leur vision de la mécanique quantique. À leurs yeux, les questions soulevées par Everett et la manière extravagante avec laquelle il proposait de les résoudre n'avaient pas grand intérêt.

Wheeler tenait Bohr en très haute estime et il lui importait d'apaiser son collègue. En réponse aux critiques, Wheeler reporta la soutenance de thèse d'Everett et l'obligea à modifier le contenu de cette thèse. Everett avait pour instruction d'éliminer les parties qui critiquaient ouvertement la méthodologie de Bohr et d'insister sur le fait que ses résultats avaient pour objectif d'éclaircir et d'étendre la formulation conventionnelle de la théorie quantique. Everett tenta de faire opposition, mais comme il avait déjà accepté au ministère de la Défense (où il jouera rapidement un rôle important dans les coulisses de la politique d'armes nucléaires de l'administration Eisenhower puis Kennedy) un poste qui nécessitait un doctorat, il s'y plia à contrecœur. En mars 1957, Everett proposa donc une version notablement élaguée de sa thèse originale ; elle fut acceptée par Princeton en avril, puis publiée en juillet dans *Reviews of Modern Physics* [1]. Mais la vision qu'avait Everett de la théorie quantique ayant déjà été décriée par Bohr et son entourage, et le travail approfondi sous-jacent à sa thèse originale dissimulé, l'article fut ignoré [2].

Dix ans plus tard, le célèbre physicien Bryce DeWitt tira le travail d'Everett de l'oubli. DeWitt, inspiré par les résultats de son thésard Neil Graham qui avait approfondi les calculs d'Everett, devint un fervent partisan de la vision everettienne de la théorie quantique. Outre de nombreux articles techniques remettant les travaux d'Everett à la portée d'une petite communauté de spécialistes influents, DeWitt publia en 1970 dans la revue *Physics Today* un résumé plus généraliste, qui atteignit une audience beaucoup plus large. Et contrairement à l'article d'Everett de 1957, qui se fait timoré lorsqu'il s'agit de mentionner d'autres mondes, DeWitt mettait cette propriété en évidence, soulignant ouvertement le choc qu'il avait ressenti en apprenant la conclusion d'Everett en faveur d'un « multimonde » dans lequel nous vivons. La communauté des physiciens, déjà plus favorable à l'idée de retoucher l'idéologie quantique orthodoxe, réagit fortement à cet article et amorça des débats, qui se poursuivent aujourd'hui, sur la nature de la réalité lorsque, comme ils le pensent, les lois quantiques sont en vigueur.

Je me permets de planter le décor.

Les bouleversements dans notre compréhension, qui ont eu lieu entre 1900 et 1930, se soldèrent par une violente offensive contre l'intuition, le sens commun et les lois bien établies que l'avant-garde appela rapidement la physique « classique » – un terme qui donne son poids à une vision de la réalité qui est à la fois respectable, immédiate, satisfaisante et prédictive. Que l'on nous dise ce que sont les choses maintenant, et nous pourrons utiliser les lois de la physique classique pour prédire ce qu'elles seront demain, à tel ou tel moment, ou même ce qu'elles étaient à un moment donné dans le passé. Des subtilités telles que les systèmes chaotiques (techniquement, il s'agit de systèmes pour lesquels de légères modifications dans l'état des choses à un instant *t* peuvent provoquer d'énormes erreurs dans les prédictions) ou la complexité de certaines équations peuvent défier les détails pratiques de ce programme dans les situations qui sont tout sauf simples, mais les lois elles-mêmes régissent inébranlablement passé et futur.

La révolution quantique a imposé, elle, que nous abandonnions ce point de vue classique, car des résultats nouveaux ont montré qu'il était erroné. Pour le mouvement de gros objets comme la Terre ou la Lune, ou pour des objets du quotidien comme des pierres ou des ballons, les lois classiques font très bien leur travail de description et de prédiction. Mais dès lors que nous passons au monde microscopique des molécules, atomes et particules subatomiques, les lois classiques s'effondrent. Contrairement à ce qui constitue le cœur même du raisonnement classique, si nous reproduisons plusieurs fois la même expérience sur des particules identiques prises dans des conditions identiques, eh bien nous n'obtenons pas forcément des résultats identiques.

Imaginons par exemple que nous ayons 100 boîtes identiques contenant chacune un électron, et que tous soient placés dans les mêmes conditions suivant un protocole du laboratoire. Après dix minutes exactement, avec 99 acolytes, nous mesurons les positions de chacun des cent électrons. Malgré ce que Newton, Maxwell ou même le jeune Einstein auraient imaginé – et ils en auraient même mis leur tête à couper –, eh bien les 100 mesures ne donneront pas le même résultat. En fait, au premier abord, les résultats sembleront aléatoires, avec quelques électrons près du coin avant inférieur gauche de la boîte, d'autres près du coin arrière supérieur droite, d'autres vers le centre de la boîte et ainsi de suite.

La régularité et la logique qui rendent la physique rigoureuse et prévisible ne redeviennent apparentes que lorsque nous reproduisons encore et encore cette même expérience sur 100 boîtes d'électrons. Si nous le faisions, voici ce que nous trouverions. Si notre première fournée de 100 mesures indique 27 % des électrons près du coin inférieur gauche, 28 % près du coin supérieur droit et 25 % vers le milieu, alors la deuxième salve de mesures donnera une distribution très semblable. De même que la troisième, la quatrième et ainsi de suite. Cette régularité n'est évidente dans aucune mesure prise isolément : il nous est impossible de prévoir où se trouve un électron donné. En revanche, la régularité se trouve dans la distribution *statistique* des mesures répétées. Ainsi la régularité correspond à la *probabilité* de trouver un électron en une position donnée.

L'extraordinaire bouleversement provoqué par les fondateurs de la théorie quantique se traduisait par un formalisme mathématique dénué des prédictions absolues typiques de la physique classique mais s'exprimant en termes de probabilités. À partir d'une équation que Schrödinger publia en 1926 (ainsi qu'une autre, équivalente mais plus délicate à manier, publiée par Heisenberg en 1925), les physiciens peuvent calculer, à partir des détails connus à l'instant présent, la probabilité que les choses évoluent de telle ou telle manière, à n'importe quel moment dans le futur.

Mais ne nous laissons pas tromper par la simplicité de mon petit exemple d'électrons. La mécanique quantique ne s'applique pas qu'aux électrons, mais à tous types de particules, et elle ne nous renseigne pas seulement sur leur position, mais également sur leur vitesse, leur moment angulaire, leur énergie et aussi leur comportement dans une vaste palette de situations, depuis le flot de neutrinos qui nous traverse à chaque instant jusqu'aux fusions atomiques effrénées qui se déroulent dans le cœur des étoiles. Et sur ces applications aussi diverses, les prédictions probabilistes de la mécanique quantique correspondent aux données expérimentales. Toujours. Depuis plus de quatre-vingts ans que ces idées ont été élaborées, il n'y a pas eu une seule expérience ou observation astrophysique dont les résultats n'auraient pas concordé avec les prédictions de la mécanique quantique.

Pour la génération de physiciens qui a été confrontée à cette entorse si radicale à l'intuition forgée par des milliers d'années d'expérience collective, et en réponse à cette reformulation complètement nouvelle de la réalité en termes de probabilités, il s'agit là d'une révolution intellectuelle sans précédent. Et pourtant, un détail inconfortable plane au-dessus de la mécanique quantique depuis ses débuts ; un détail qui pourrait ouvrir la voie vers les univers parallèles. Pour le comprendre, nous devons nous intéresser de plus près au formalisme quantique.

L'énigme des alternatives

En avril 1925, lors d'une expérience menée dans les laboratoires Bell par les deux physiciens américains Clinton Davisson et Lester Germer, un tube à essais contenant un morceau de nickel porté à haute température a explosé sans préavis. Davisson et Germer avaient passé des jours entiers à envoyer des faisceaux d'électrons sur des morceaux de nickel pour comprendre différents aspects des propriétés atomiques du métal. Les problèmes de matériel étaient embêtants, néanmoins tout à fait habituels pour une expérimentation. En nettoyant les éclats de verre, Davisson et Germer remarquèrent que le nickel s'était terni durant l'explosion. Ce n'était pas grand-chose, bien sûr. Il leur suffisait de chauffer l'échantillon, laisser s'évaporer le polluant et recommencer. Et c'est ce qu'ils firent. Et ce choix, celui de nettoyer l'échantillon plutôt que d'en choisir un nouveau, se révéla judicieux. Lorsqu'ils dirigèrent le faisceau d'électrons sur le morceau de nickel nettoyé, ils obtinrent des résultats complètement différents de tous ceux que l'on avait rencontrés auparavant. Dès 1927, il était clair que Davisson et Germer avaient découvert une caractéristique fondamentale de la théorie quantique alors en plein essor. En une dizaine d'années, cette découverte inattendue se verrait honorée du prix Nobel.

Bien que cette démonstration par Davisson et Germer soit antérieure au cinéma parlant et à la Grande Dépression, elle reste la méthode la plus communément utilisée pour introduire les idées principales de la théorie quantique. Voici comment la comprendre. Lorsque Davisson et Germer chauffèrent leur échantillon terni, ils firent fondre de nombreux petits cristaux de nickel en d'autres plus gros. En conséquence, leur faisceau d'électrons n'était plus réfléchi par la surface hautement uniforme

Figure 8.1 L'essence de l'expérience de Davisson et Germer se retrouve dans cette « expérience des deux fentes » dans laquelle les électrons sont envoyés vers un obstacle muni de deux fentes étroites. Dans l'expérience de Davisson et Germer, deux faisceaux d'électrons sont produits lorsque les électrons incidents rebondissent sur des cristaux de nickel voisins ; dans l'expérience des deux fentes, deux faisceaux semblables sont produits par des électrons qui traversent les deux fentes voisines.

du nickel originel, mais il rebondissait en quelques points concentrés aux endroits où se trouvaient les cristaux plus gros. Une version simplifiée de cette expérience (voir figure 8.1), dans laquelle les électrons sont envoyés vers une plaque munie de deux fentes finies, permet de bien comprendre la physique mise en jeu. Les électrons sortant de l'une ou l'autre fente sont comme les électrons qui rebondissent sur un cristal de nickel ou son voisin. Ainsi modélisée, Davisson et Germer avaient mené la première version de l'expérience que l'on appelle aujourd'hui l'« expérience des deux fentes ».

Pour comprendre l'étonnant résultat de Davisson et Germer, imaginons d'occulter l'une des deux fentes, celle de droite ou celle de gauche, et de récupérer un par un les électrons qui la traversent, sur un écran détecteur. Après avoir reçu un grand nombre d'électrons, les écrans détecteurs ressemblent à ceux des figures 8.2-a ou 8.2-b.

Un esprit rationnel non habitué à la mécanique quantique imaginerait qu'une fois les deux fentes ouvertes, on obtiendrait sur l'écran détecteur des données correspondant à une superposition de ces deux résultats. Fait étonnant, ce n'est *pas* le cas. En fait, les données obtenues par Davisson et Germer ressemblaient plutôt à celles de la figure 8.2-c, montrant des bandes sombres et lumineuses, correspondant à une alternance de positions où les électrons arrivent ou n'arrivent pas sur l'écran.

Ces résultats s'écartent des résultats attendus de manière très étrange. Les bandes sombres sont les endroits où les électrons sont détectés en abondance si seulement la fente gauche ou la fente droite est ouverte (les régions correspondantes des figures 8.2-a et 8.2-b sont en blanc), mais sont apparemment impossibles à atteindre si les deux fentes sont ouvertes. *La présence de la fente gauche modifie donc l'endroit où arrivent les électrons passant par la fente droite et réciproquement.* Ce qui est profondément troublant. À l'échelle d'une particule aussi minuscule qu'un électron, la distance entre les fentes est immense. Donc lorsqu'un électron traverse une fente, comment la présence ou l'absence de l'autre fente pourrait-elle avoir un effet, et encore plus une influence aussi flagrante que ce que l'on voit sur les données ? Tout se passe comme si durant des années, nous avions pris l'habitude d'entrer dans notre immeuble par une porte, mais que le jour où le propriétaire fait ajouter une seconde porte à l'arrière du bâtiment, nous ne pouvions tout à coup plus accéder à notre appartement.

Que faire d'un tel résultat ? L'expérience des deux fentes nous emmène irrémédiablement vers une conclusion difficile à comprendre vraiment. Peu importe quelle fente il traverse, chaque électron semble avoir « connaissance » des deux. La présence des deux fentes affecte

Figure 8.2 **(a)** Les données obtenues lorsque les électrons bombardent l'obstacle, seule la fente gauche étant ouverte. **(b)** Les données obtenues lorsque les électrons bombardent l'obstacle, seule la fente droite étant ouverte. **(c)** Les données obtenues lorsque les électrons bombardent l'obstacle muni des deux fentes.

quelque chose, qui est associé ou relié à chaque électron, ou qui en fait partie.

Alors qu'est-ce donc que ce quelque chose ?

Ondes quantiques

Pour trouver un indice sur la manière dont un électron traversant une fente « sait » que l'autre est ouverte, regardons plus attentivement les données illustrées sur la figure 8.2-c. Cette alternance de bandes sombres et lumineuses est reconnaissable aux yeux des physiciens comme le visage de sa mère par un petit bébé : ce motif nous dit – ou hurle plutôt – que ce sont des *ondes*. Il suffit d'avoir déjà lancé un caillou dans une mare et observé comment les vaguelettes grandissent et se superposent pour savoir de quoi il retourne. Lorsque le pic d'une vague traverse le pic d'une autre, la combinaison des deux est plus haute ; lorsque le creux d'une vague traverse le creux d'une autre, la dépression combinée est plus basse et, plus important encore, lorsque le pic de l'une traverse le creux de l'autre, eh bien les vagues s'annulent et l'eau reste à niveau. C'est ce qu'illustre la figure 8.3. Si nous pouvions introduire un écran détecteur tout en haut de cette figure pour enregistrer la hauteur de l'eau en chaque point – plus elle serait haute, plus la zone de l'écran serait lumineuse –, nous obtiendrions sur l'écran une alternance de régions sombres et lumineuses. Les régions lumineuses correspondraient aux zones où les vagues se renforcent mutuellement, c'est-à-dire à une forte hauteur d'eau ; et les régions sombres aux zones où les vagues s'annulent, correspondant à de l'eau à niveau. Les physiciens disent que les ondes qui se superposent ainsi « interfèrent ». Ils appellent cette alternance de bandes sombres et lumineuses une « figure d'interférence ».

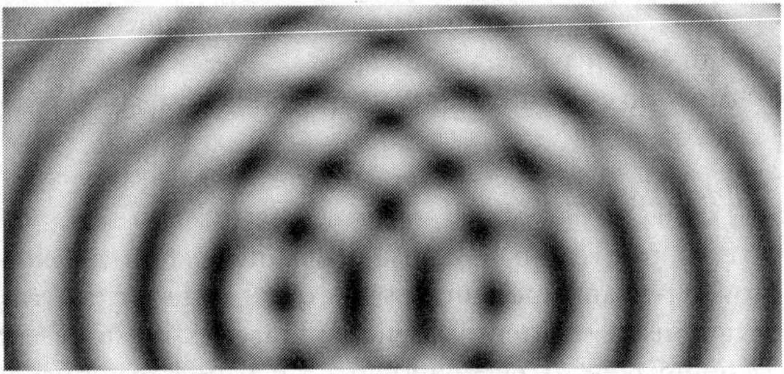

Figure 8.3 Lorsque des vagues circulaires se superposent, elles « interfèrent », créant ainsi une alternance de régions où l'eau est plus ou moins agitée, appelée « figure d'interférence ».

Les similitudes avec la figure 8.2-c sont sans équivoque : en essayant d'expliquer les données obtenues avec des électrons, nous sommes amenés à penser à des ondes. Bien. C'est un début. Mais les détails restent obscurs. Quelles sont ces ondes ? Qu'ont-elles à voir avec des particules telles que les électrons ?

L'indice suivant provient du fait expérimental que j'ai souligné au début. Les nombreuses données sur le mouvement des particules montrent que les régularités n'émergent que statistiquement. Les mêmes mesures effectuées sur plusieurs particules préparées de manière identique montreront généralement qu'elles arrivent en différents points. En revanche, lorsque ces mesures sont effectuées un grand nombre de fois, en moyenne, les particules ont la même probabilité d'arriver en un point donné. En 1926, le physicien allemand Max Born franchit une grande étape en réunissant ces deux indices, ce qui lui valut le prix Nobel près de trente ans plus tard. Nous avons la preuve expérimentale que les ondes jouent un rôle. Nous avons la preuve expérimentale que les probabilités jouent un rôle. Born proposa alors que l'onde associée à une particule soit une *onde de probabilité*.

Ce fut une contribution d'une originalité spectaculaire et sans précédent. L'idée est qu'en étudiant le mouvement d'une particule, nous ne devrions pas l'envisager comme la trajectoire d'un caillou qu'on aurait lancé d'un point à un autre, mais plutôt comme les ondulations d'une onde entre ces deux points. Les zones où la valeur de l'onde est élevée, c'est-à-dire les pics et les creux, sont les endroits où nous avons le plus de chances de trouver la particule. Les endroits où les valeurs de l'onde de probabilité sont faibles sont ceux où la particule a peu de chance de se trouver. Les endroits où la valeur de l'onde s'annule sont ceux où la particule ne pourra pas être trouvée. À mesure que l'onde avance, ses valeurs évoluent, augmentent en certains points, diminuent en d'autres. Et puisque nous interprétons les valeurs qui ondulent comme des probabilités qui ondulent, l'onde est très justement appelée une onde de probabilité.

Pour illustrer la situation, voyons comment elle explique l'expérience des deux fentes. Lorsqu'un électron traverse l'obstacle de la figure 8.2-c, la mécanique quantique nous exhorte à l'envisager comme une onde qui se déplace, comme sur la figure 8.4. Lorsque l'onde rencontre l'obstacle muni des fentes, deux portions d'onde traversent les fentes et continuent d'onduler jusqu'à l'écran détecteur. Et la clé de toute cette histoire, c'est cela : à l'instar des vagues qui se superposent, les ondes de probabilité émergeant des deux fentes se superposent et interfèrent, produisant une figure qui ressemble à celle de la figure 8.3 : une alternance de valeurs hautes et basses qui, en vertu de la mécanique quantique, correspondent à une alternance de probabilités hautes et basses de la position où peut arriver l'électron. Lorsque les électrons sont envoyés les uns après les autres, leurs possibles positions d'arrivée se conforment à ce motif des probabilités. Beaucoup d'électrons arriveront là où la probabilité est élevée, peu arriveront là où elle est basse, et aucun là où la probabilité s'annule. Le résultat, c'est l'alternance de bandes sombres et lumineuses de la figure 8.2-c[3].

C'est ainsi que la théorie quantique explique les données. Cette description permet de comprendre comment chaque électron « sait » que les deux fentes sont présentes, puisque chaque onde de probabilité d'électron les traverse toutes les deux. C'est l'union de ces deux ondes partielles qui définit les probabilités des points d'arrivée des électrons. C'est pourquoi la simple présence d'une deuxième fente a une incidence sur le résultat.

Pas si vite

Bien que nous ayons pris l'exemple des électrons, des expériences semblables ont montré que nous obtenons le même principe d'ondes de probabilité pour tous les constituants élémentaires de la nature. Photons, neutrinos, muons, quarks – toutes les particules élémentaires –, tous sont décrits par des ondes de probabilité. Mais avant de crier victoire, trois questions s'imposent d'elles-mêmes. Deux sont simples. La dernière beaucoup moins. C'est à cette dernière qu'Everett espérait répondre dans les années 1950, question qui l'a conduit à la version quantique des mondes parallèles.

Premièrement, si la théorie quantique est juste, et donc le monde probabiliste, alors pourquoi le modèle non probabiliste de Newton connaît-il un tel succès pour prédire le mouvement des objets, depuis n'importe quel ballon jusqu'aux planètes ou aux étoiles ? La réponse en est que les ondes de probabilité pour les gros objets ont généralement (mais pas toujours, comme nous allons le voir sous peu) une forme très particulière. Elles sont

Figure 8.4 Lorsque nous décrivons le mouvement d'un électron en termes d'onde de probabilité, nous comprenons les étranges données qui forment une figure d'interférence.

extrêmement étroites, comme sur la figure 8.5-a, puisqu'elles correspondent à une énorme probabilité, quasiment égale à 100 %, que l'objet soit situé là où se trouve le pic de l'onde, et à une probabilité minuscule, à peine supérieure à 0 %, d'être situé partout ailleurs [4]. De plus, les lois quantiques montrent que ces pics d'onde extrêmement étroits se déplacent le long des trajectoires mêmes qui émergent des équations de Newton. Ainsi, les lois de Newton prédisent-elles avec précision la trajectoire d'un ballon, et la théorie quantique n'en offre qu'un perfectionnement minimal en disant qu'il y a presque 100 % de chances que le ballon atterrisse là où Newton le prévoit, et presque 0 % de chance qu'il n'y atterrisse pas.

En fait, les mots « quasiment » ou « presque » ne rendent pas justice à la physique. La probabilité qu'un corps macroscopique s'écarte des prédictions de Newton est si incroyablement ténue que même si nous gardions un œil sur l'univers pour les milliards d'années à venir, les chances sont absolument dérisoires que nous y assistions. Si l'on en croit la théorie quantique, plus un objet est petit, plus son onde de probabilité sera étalée. Par exemple, l'onde typique pour un électron ressemble à celle de la figure 8.5-b, avec des probabilités importantes en différents points, ce qui est un concept totalement étranger au monde newtonien. Et c'est pour cela que le monde microscopique est celui dans lequel la nature probabiliste de la réalité se manifeste.

Deuxièmement, pouvons-nous voir les ondes de probabilité qui régissent la mécanique quantique ? Existe-t-il un moyen d'avoir un accès direct à cet étrange brouillard probabiliste qu'illustre la figure 8.5-b, dans lequel une seule particule peut être trouvée en divers points ? Eh bien non. L'approche ordinaire de la mécanique quantique élaborée par Bohr et ses collaborateurs, appelée « interprétation de Copenhague » en leur honneur, stipule que si l'on essaie de voir une onde de probabilité, le fait même d'observer ce qui se passe fera obstacle à notre objectif. Si l'on regarde l'onde de probabilité d'un électron, où « regarder » signifie « mesurer la position », alors l'électron réagit en se concentrant en une position bien définie. L'onde de probabilité associée se fixe à 100 % en ce point, et s'effondre à zéro partout ailleurs, comme sur la figure 8.6. Dès que nous regardons ailleurs, cette probabilité fine comme une aiguille aura vite fait de s'étaler à nouveau, indiquant une fois encore qu'il y a une chance notable de trouver l'électron en diverses positions. Regardons à nouveau l'électron et son onde va s'effondrer comme précédemment, éliminant ainsi tous les endroits possibles où l'électron pourrait se trouver en dehors du point précis auquel nous l'observons. En résumé, chaque fois que l'on essaie d'observer le brouillard probabiliste, il se dissipe – il s'effondre – et se voit remplacé par la réalité qui nous est familière. L'écran détecteur de la figure 8.2-c fait précisément cela : il mesure l'onde de probabilité d'un électron et donc provoque aussitôt son effondrement. Le détecteur contraint l'électron à abandonner les nombreuses possibilités parmi les points de l'écran accessibles, pour s'arrêter en une position donnée, celle qui marque l'écran d'un petit point.

Je comprends tout à fait que cette explication puisse laisser perplexe. On ne peut contester que le dogme quantique a quelque chose de fumeux. La théorie propose une nouvelle vision de la réalité, fondée sur des ondes de probabilité, mais annonce dans un dernier souffle que ces ondes ne peuvent pas être observées. Imaginons Lucile, qui clame haut et fort qu'elle est blonde, mais dès lors que quelqu'un regarde, elle se transforme immédiatement en rousse. Pourquoi les physiciens accepteraient-ils un modèle qui n'est pas seulement étrange mais carrément insaisissable ?

Heureusement, en dépit de tous ses aspects mystérieux et cachés, la mécanique quantique est testable. Si l'on en croit les adeptes de l'interprétation de Copenhague, plus importante est une onde de probabilité en un point donné, plus grande est la probabilité que, au moment de l'effondrement de l'onde, le seul pic restant – et donc l'électron – se trouve en ce point. Cette constatation permet de faire des prédictions. Si nous renouvelons

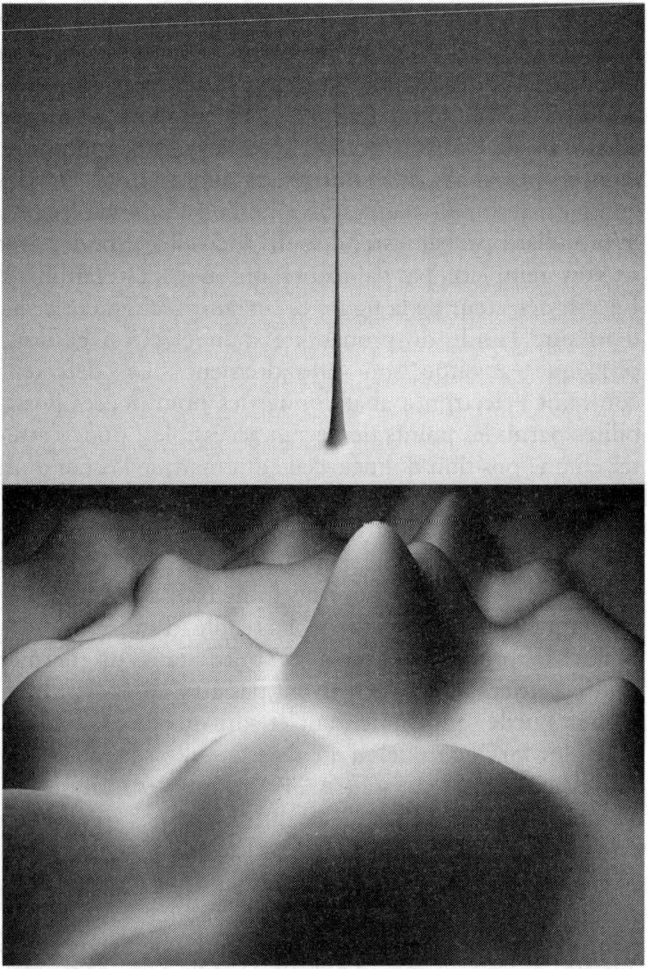

Figure 8.5 (a) Le pic de l'onde de probabilité d'un objet macroscopique est généralement étroit. **(b)** Il est largement étalé pour un objet microscopique, telle une particule.

l'expérience encore et encore, en comptant combien de fois nous trouvons la particule en divers endroits, nous pouvons évaluer si ces fréquences d'occurrence correspondent aux probabilités régies par l'onde de probabilité. Si l'onde est 2,874 fois plus élevée *ici* que *là*, trouvons-nous la particule 2,874 fois plus souvent ici que là ? Les prédictions de ce type ont eu énormément de succès. Aussi étonnant que soit le point de vue quantique, il est difficile de s'opposer à des résultats aussi fiables.

Mais ce n'est pas impossible.

Ce qui nous mène à la troisième question, la plus difficile. L'effondrement de l'onde de probabilité par les mesures, illustrée sur la figure 8.6, est la clé de voûte de l'interprétation de Copenhague de la théorie quantique. La combinaison du succès de ses prédictions et de la force de persuasion de Bohr a conduit la majorité des physiciens à l'accepter, mais il suffit d'une petite impulsion pour mettre en évidence un aspect gênant. L'équation de Schrödinger, le moteur de la mécanique quantique, précise comment la forme de l'onde de probabilité évolue avec le temps. À partir d'une forme initiale pour l'onde, disons celle de la figure 8.5-b, nous pouvons utiliser l'équation de Schrödinger pour avoir une idée de la forme qu'elle aura après une minute, une heure, ou à n'importe quel moment ultérieur. Une analyse simple de cette équation montre cependant que l'évolution représentée sur la figure 8.6 – l'effondrement instantané de l'onde en tous les points sauf un, comme si, dans une immense église où tout le monde est agenouillé, un seul paroissien était resté debout – ne peut être obtenue à partir des calculs de Schrödinger. Ce qui est sûr, c'est que les ondes peuvent avoir une forme aussi fine qu'une aiguille et nous nous en servirons allègrement d'ici peu. Mais elles ne peuvent pas *devenir* fines comme

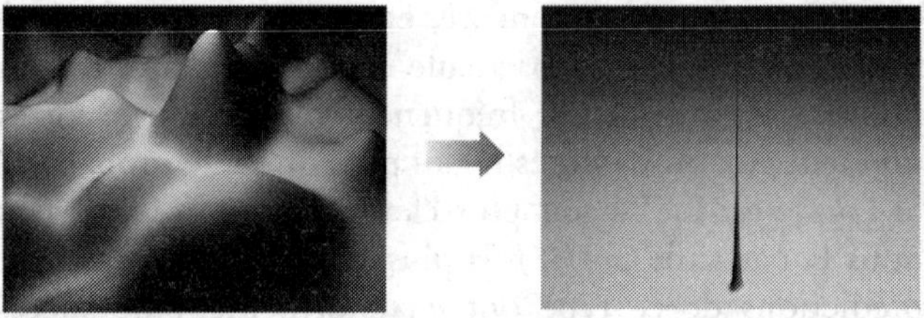

Figure 8.6 L'interprétation de Copenhague de la mécanique quantique imagine que lorsqu'on la mesure ou qu'on l'observe, l'onde de probabilité d'une particule s'effondre instantanément en tous points sauf un. La diversité des positions accessibles à la particule se transforme alors en un résultat unique et bien défini.

une aiguille tel que l'envisage l'interprétation de Copenhague. Tout simplement parce que les calculs ne le permettent pas. (Nous verrons pourquoi d'ici un moment.)

Bohr a proposé un remède sérieux : faire évoluer les ondes de probabilité suivant l'équation de Schrödinger tant que nous ne faisons ni observation ni mesure. Mais dès lors que nous regardons, continuait Bohr, nous devons laisser l'équation de Schrödinger de côté et *décréter* que notre observation a provoqué l'effondrement de l'onde.

Cela étant, non seulement cette prescription est maladroite, non seulement elle est arbitraire, non seulement elle manque d'étayage mathématique, mais elle n'est même pas *claire*. Par exemple, elle ne définit pas précisément ce que l'on entend par « regarder » ou « mesurer ». Est-ce que cela implique une intervention humaine ? Ou, comme Einstein l'avait un jour demandé, est-ce qu'un petit coup d'œil par une souris peut suffire ? Et si c'était un ordinateur, ou une bactérie ou un virus ? Est-ce que ces « mesures » peuvent faire s'effondrer les ondes de probabilité ? Bohr avait annoncé une limite séparant les petites choses, comme les atomes et leurs constituants, auxquelles s'appliquerait l'équation de Schrödinger, des grosses choses comme les expérimentateurs et leur équipement, auxquelles elle ne s'applique pas. Mais il n'a jamais dit exactement où se trouverait cette ligne. Car en réalité il ne le pouvait pas. Chaque année, les expériences confirment que l'équation de Schrödinger fonctionne, sans modification, pour une collection de plus en plus vaste de particules, et nous avons toutes les raisons de penser qu'elle fonctionne pour des assemblages aussi importants que ceux qui nous composent ainsi que tout ce qui nous entoure. Telles des eaux en crue qui empliraient progressivement notre cave, puis notre salon et qui iraient jusqu'à menacer le grenier, les mathématiques de la mécanique quantique débordent régulièrement du domaine atomique et leur succès s'étend à des échelles de plus en plus grandes.

Le problème est donc à envisager de la manière suivante : nous autres humains, les ordinateurs, les bactéries, les virus et n'importe quoi d'autre, tout est composé de molécules et d'atomes, qui sont eux-mêmes composés de particules comme les électrons ou les quarks. L'équation de Schrödinger fonctionne pour les électrons et les quarks, et tout porte à croire qu'elle fonctionne également pour tout ce qu'ils composent, quel que soit le nombre de particules. Cela signifie que l'équation de Schrödinger devrait continuer à s'appliquer durant une mesure. Après tout, une mesure n'est guère qu'une collection de particules (une personne, un détecteur, un ordinateur…) qui entre en contact avec une autre (la ou les particules observées). Mais si c'est le cas, si les mathématiques de Schrödinger refusent de s'incliner, alors Bohr va avoir des problèmes. L'équation de Schrödinger ne permet pas l'effondrement des ondes. C'est donc un élément essentiel de l'interprétation de Copenhague qui passerait aux oubliettes.

La troisième question est donc la suivante : si le raisonnement que nous venons de voir est juste et si l'onde de probabilité ne s'effondre pas, comment passons-nous de tout le registre des possibilités existant avant une mesure, au résultat unique que celle-ci révèle ? Ou pour présenter cela en termes plus généraux, qu'est-ce qui arrive à l'onde de probabilité durant une mesure, qui permette de laisser la place à une réalité unique et familière, claire et nette ?

Everett s'est penché sur cette question dans sa thèse de Princeton, et il est arrivé à une conclusion imprévue.

La linéarité et ses désagréments

Pour comprendre le cheminement des découvertes d'Everett, nous devons en savoir un peu plus sur l'équation de Schrödinger. J'ai insisté sur le fait qu'elle ne permet pas aux ondes de probabilité de s'effondrer tout à coup. Mais pourquoi pas ? Et qu'est-ce qu'elle permet ? Tentons de saisir comment les mathématiques de Schrödinger régissent l'évolution de l'onde de probabilité dans le temps.

C'est assez facile, car celle de Schrödinger est l'une des plus simples équations mathématiques qui soient, caractérisée par une propriété appelée « linéarité » – l'incarnation mathématique du fait que le tout est la somme de ses parties. Pour voir ce que cela implique, imaginons que la figure 8.7-a représente l'onde de probabilité d'un électron à midi (par souci de clarté, j'utilise une onde de probabilité qui dépend de la position à une dimension, représentée par l'axe horizontal, mais les idées valent de façon générale). Nous pouvons utiliser l'équation de Schrödinger pour suivre l'évolution de cette onde avec le

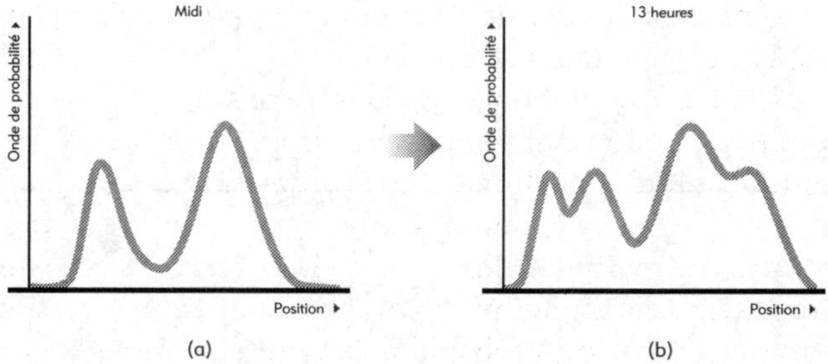

Figure 8.7 **(a)** Une onde de probabilité donnée à un instant dans le temps évolue suivant l'équation de Schrödinger pour devenir une forme différente **(b)** un instant ultérieur.

temps et obtenir sa forme disons à 13 heures, illustrée par la figure 8.7-b. Remarquons la chose suivante : nous pouvons décomposer la forme de l'onde initiale de la figure 8.7-a en deux parties plus simples, comme sur la figure 8.8-a. Si nous combinons les deux ondes de la figure, en ajoutant leurs valeurs point par point, nous retrouvons l'onde originale. La linéarité de l'équation de Schrödinger signifie que nous pouvons isoler chaque morceau de la figure 8.8-a, déterminer comment chacun évolue jusqu'à 13 heures, puis combiner les résultats comme sur la figure 8.8-b pour retrouver l'onde globale de la figure 8.7-b. Et il n'y a rien de magique dans cette décomposition en *deux* morceaux : nous pouvons couper la forme initiale en n'importe quel nombre de pièces, et combiner le résultat pour obtenir la forme de l'onde finale.

Cela peut sembler n'être qu'une subtilité technique, mais la linéarité est une propriété mathématique extra-ordinairement puissante. Elle permet d'adopter une stratégie consistant à diviser pour conquérir. Si la forme de l'onde initiale est trop compliquée, libre à nous de la

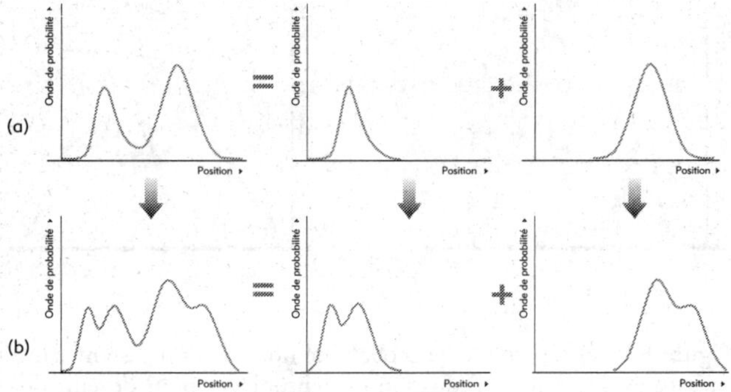

Figure 8.8 (a) Une onde de probabilité donnée pour être décomposée comme l'union de deux formes plus simples. (b) L'évolution de l'onde de probabilité initiale peut être retrouvée en faisant évoluer chaque forme plus simple indépendamment et en les combinant.

découper en morceaux plus simples que nous pourrons analyser séparément. À la fin, nous n'avons plus qu'à rassembler les résultats obtenus individuellement. En fait, nous avons déjà vu une importante application de la linéarité avec l'analyse de l'expérience de la double fente (figure 8.4). Pour savoir comment évolue l'onde de probabilité de l'électron, nous avons divisé la tâche : nous avons fait évoluer le morceau d'onde traversant la fente de gauche, puis celui traversant la fente de droite, puis nous avons ajouté les deux ondes. C'est ainsi que nous aboutissons à la fameuse figure d'interférence. On trouve souvent cette méthode sur les tableaux noirs des chercheurs en théorie quantique, car sous-jacente à bon nombre de manipulations mathématiques.

Mais la linéarité ne rend pas seulement les calculs quantiques plus faciles à manipuler ; elle est aussi au cœur de la difficulté théorique que nous avons à expliquer ce qui se passe pendant les mesures. Ce point sera plus facile à comprendre si nous appliquons cette propriété de linéarité au fait même d'effectuer des mesures.

Imaginons que nous soyons un expérimentateur ayant une grande nostalgie de son enfance new-yorkaise, à tel point que nous mesurons la position des électrons en les faisant traverser une maquette de la ville de New York. Nous commençons notre expérience avec un seul électron dont l'onde de probabilité est particulièrement simple : une onde bien fine comme sur la figure 8.9, stipulant que l'électron a quasiment 100 % de probabilités de se trouver momentanément à l'angle de la 34e Rue et de Broadway. (Peu importe comment l'électron a obtenu cette forme d'onde ; prenons-la simplement comme donnée initiale*.) Si à ce moment précis nous mesurons la position de l'électron avec un détecteur de qualité, le résultat devrait être précis – le détecteur devrait nous dire « angle 34e et Broadway ». C'est bien ce qui se passe si nous faisons l'expérience, comme l'illustre la figure 8.9.

Il serait extraordinairement compliqué de comprendre comment l'équation de Schrödinger mêle l'onde de probabilité de l'électron avec celle des milliards de milliards d'atomes qui composent l'appareil de mesure, et d'obtenir d'un certain nombre d'entre eux qu'ils s'agencent de façon à annoncer « angle 34e et Broadway ». Mais ceux qui ont conçu le dispositif ont fait le gros œuvre à notre place. Il a été conçu de façon que son interaction avec

* Pour simplifier, nous ne regarderons pas la position de l'électron dans la direction verticale – nous ne nous intéresserons qu'à sa position sur la carte de Manhattan. Je me permets d'insister à nouveau sur le fait que, si cette section explique en quoi l'équation de Schrödinger ne permet pas aux ondes de subir l'effondrement instantané de la figure 8.6, les ondes peuvent bel et bien être préparées par l'expérimentateur avec une forme en aiguille (ou, très précisément, avec une forme proche de celle-ci).

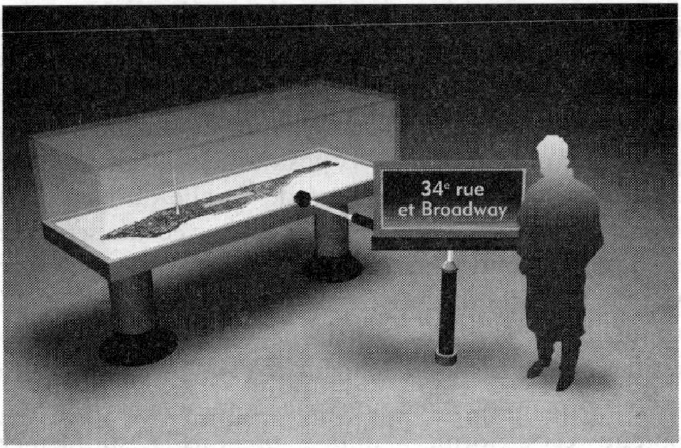

Figure 8.9 L'onde de probabilité d'un électron à un instant donné présente un pic à l'angle de la 34e Rue et de Broadway. Une mesure de la position de l'électron à cet instant confirme qu'il est bien localisé à l'endroit du pic de l'onde.

un électron produise comme résultat la position nette et précise où, à tout instant, se trouve l'électron. Si le dispositif donnait quoi que ce soit d'autre comme information, autant en changer tout de suite pour un autre qui fonctionne correctement. Et, bien entendu, excepté un grand magasin célèbre, l'angle de la 34e Rue et Broadway n'a rien de particulier ; nous pourrions faire la même expérience avec l'onde de probabilité de l'électron en pic au planétarium de la 81e et de l'avenue Central Park, ou dans les bureaux post-présidentiels de Bill Clinton, sur la 125e Rue, près de l'avenue Lenox, et le résultat annoncé par le détecteur serait conforme à ces positions.

Retenons à présent une forme d'onde un peu plus compliquée, comme sur la figure 8.10. Cette onde de probabilité indique qu'à un moment donné, l'électron peut être trouvé en deux endroits différents avec la même

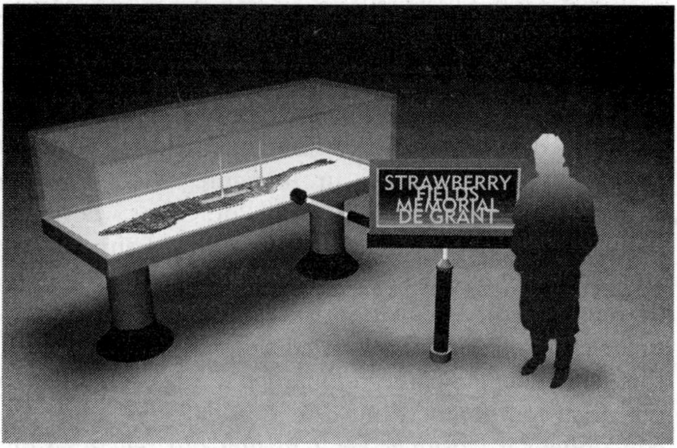

Figure 8.10 L'onde de probabilité d'un électron possède deux pics, en deux positions distinctes. La linéarité de l'équation de Schrödinger implique qu'une mesure de la position de l'électron devrait donner un amalgame confus des deux positions.

probabilité – le mémorial Strawberry Fields dédié à John Lennon, à Central Park, ou le mémorial du général Grant dans le parc de Riverside (notre électron est d'humeur maussade). Si nous mesurons la position de l'électron et, contrairement aux préceptes de Bohr et à ce que nous indiquent les expériences les plus perfectionnées, suppososons que l'équation de Schrödinger continue de s'appliquer – pour l'électron, pour les particules de l'appareil de mesure, pour tout – alors qu'indiquerait notre détecteur ? La réponse est dans la linéarité. Nous savons ce qui se passe lorsque nous mesurons des ondes en pic individuellement. L'équation de Schrödinger fait que le détecteur indique la position du pic, comme sur la figure 8.9. La linéarité stipule que pour trouver la réponse dans le cas de deux pics, nous devons combiner les résultats de la mesure concernant chaque pic individuellement.

C'est là que les choses deviennent étranges : à première vue, la combinaison des résultats suggère que le dispositif devrait enregistrer simultanément les positions des deux pics. Comme sur la figure 8.10, les mots « Strawberry Fields » et « Mémorial de Grant » devraient s'afficher simultanément, chaque position se superposant à l'autre, comme sur l'écran d'un ordinateur sur le point de rendre l'âme. L'équation de Schrödinger régit également la manière dont les ondes de probabilité des photons émis par l'appareil de mesure se mêlent avec ceux qui nous composent, dont ceux qui, dans nos neurones, contribuent à fabriquer l'état mental qui reflète ce que nous voyons. Si nous supposons que l'hégémonie de l'équation de Schrödinger est sans limite, alors sa linéarité s'applique aussi à tous ces photons : non seulement le détecteur indique simultanément les deux positions, mais notre cerveau lui aussi sera pris dans cette confusion, et pensera que l'électron est aux deux endroits simultanément.

Pour des formes d'ondes plus compliquées, la confusion est encore pire. Une forme avec quatre pics nous fait redoubler de vertige. Avec six, ils triplent. Notons que si nous continuons ainsi, en disposant des ondes en aiguilles de diverses hauteurs en tous les points de la grille de Manhattan, leur combinaison remplira une forme d'onde quantique relativement commune, avec des variations graduelles, comme sur la figure 8.11. La linéarité reste toujours valable, et cela implique que le détecteur, tout comme notre état mental, devraient au final être donnés par l'union des résultats de chaque pic individuel. L'appareil de mesure devrait enregistrer simultanément la position de chaque pic – donc chaque point sur la grille de Manhattan – et notre esprit serait de plus en plus confus, dans l'incapacité totale de se fixer sur une seule position définie pour l'électron [5].

Bien entendu, tout cela semble en totale contradiction avec l'expérience. Aucun appareil fonctionnant correctement ne donne des résultats contradictoires en effectuant une telle mesure. Aucune personne fonctionnant correctement n'a l'impression mentale d'un mélange vertigineux de plusieurs issues distinctes.

Nous voyons à présent plus clairement l'attrait de l'interprétation de Bohr. C'est comme si elle nous disait : « Halte au Nausicalm ! » Avec Bohr, plus de données ambiguës, puisqu'elles n'ont plus lieu d'être. D'aucuns pourraient objecter que nous avons obtenu une conclusion erronée car nous avons dépassé les limites de la portée de l'équation de Schrödinger en l'appliquant au domaine des grands objets : appareils de mesure du laboratoire et expérimentateurs relevant les résultats. Bien que l'équation de Schrödinger et ses propriétés de linéarité imposent que nous combinions les résultats de diverses issues possibles – aucun effondrement – Bohr indique que cela est faux car le fait d'effectuer des mesures envoie les mathématiques de Schrödinger à la corbeille. En revanche, ajouterait Bohr, la mesure fait s'effondrer à zéro tous les pics des figures 8.10 et 8.11, sauf un ; la probabilité qu'un pic donné soit cet unique survivant est proportionnelle à sa hauteur. Ce pic unique détermine le résultat unique affiché par l'appareil de mesure, ainsi que l'identification mentale d'une position unique. Fini les vertiges.

Mais pour Everett, et plus tard DeWitt, le prix à payer pour l'interprétation de Bohr était trop élevé. L'équation de Schrödinger est censée décrire des particules. Toutes les particules. Pourquoi ne s'appliquerait-elle pas à des configurations particulières de particules – celles qui

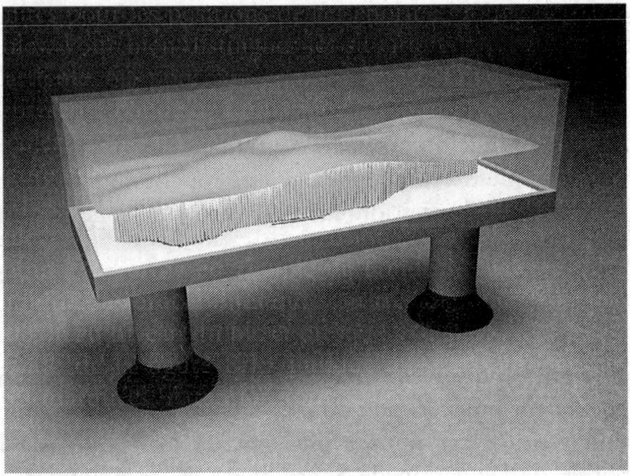

Figure 8.11 Une onde de probabilité plus générale est l'union de nombreuses ondes en aiguilles, chacune représentant une position possible pour l'électron.

composent nos appareils de mesure, ou celles des expérimentateurs qui les manipulent ? Cela n'a tout bonnement pas de sens. Everett a donc proposé qu'il n'y ait pas trop vite prescription sur l'équation de Schrödinger. Il préconise plutôt d'étudier où nous conduit l'équation de Schrödinger, en adoptant un point de vue radicalement différent.

Mondes multiples

Le défi, c'est qu'il est extrêmement déconcertant d'envisager un dispositif de mesure où notre esprit fasse l'expérience simultanée de plusieurs réalités différentes. Nous pouvons être en opposition pour tel ou tel problème, ressentir des émotions mêlées pour telle ou telle personne, mais lorsqu'on en vient aux faits qui constituent la réalité, tout ce que nous savons atteste qu'il n'existe qu'une seule description objective, sans ambiguïté. Et qu'avec un appareil et une mesure, nous obtenons un seul résultat et qu'avec un seul résultat et un seul cerveau, nous obtenons une seule image mentale.

L'idée d'Everett était que l'équation de Schrödinger, le cœur même de la mécanique quantique, est bel et bien compatible avec ces expériences élémentaires. La source de cette ambiguïté apparente dans les résultats des mesures ou les impressions mentales provient de la manière dont nous manipulons cette équation – c'est-à-dire la manière dont nous combinons les résultats des mesures illustrées sur les figures 8.10 et 8.11. Il faut tout repenser.

Lorsqu'on effectue une mesure sur une seule onde en aiguille, comme sur la figure 8.9, le détecteur relève la position du pic de l'onde. S'il se trouve à Strawberry Fields, c'est ce qu'indique l'appareil ; si nous regardons le résultat, notre cerveau enregistre cette position et nous en informe consciemment. Si le pic se trouve au Mémorial de Grant, alors c'est ce que le détecteur relève ; si nous le regardons, notre cerveau enregistre cette position et en informe notre pensée consciente. Lorsque nous effectuons une mesure sur l'onde à deux pics de la figure 8.10, l'équation de Schrödinger stipule de combiner les deux résultats obtenus. Mais attention à rester précis en combinant les deux, précise Everett, car il explique que la combinaison ne signifie pas qu'un détecteur et un cerveau produisent chacun deux positions simultanées. Ce raisonnement ne tient pas debout.

En revanche, en procédant lentement et soigneusement, nous trouvons que la combinaison des résultats donne un appareil et un cerveau qui enregistrent Strawberry Fields, et un appareil et un cerveau qui enregistrent la position du Mémorial de Grant. Qu'est-ce que cela signifie ? Permettez-moi de dépeindre l'allure générale de notre tableau à la brosse ; nous affinerons ensuite au pinceau. Pour donner sens à la proposition d'Everett, l'appareil, l'expérimentateur et tout le reste doivent se scinder au moment de la mesure, et donner deux appareils, deux expérimentateurs et deux tout le reste – la seule différence entre les deux étant que l'un des appareils et expérimentateur relève Strawberry Fields, tandis que l'autre appareil et l'autre expérimentateur relèvent le Mémorial de Grant. Comme sur la figure 8.12, cela implique que nous ayons deux réalités parallèles, deux mondes parallèles. Pour l'expérimentateur occupant chacun de ces mondes, la mesure et l'impression mentale du résultat sont claires, nettes et uniques : tout se passe comme nous en avons l'habitude. Ce qui est bizarre, c'est bien entendu que les deux versions du même expérimentateur ressentent cela de la même façon.

Pour que la discussion reste accessible, je ne m'intéresse qu'aux mesures de position pour une unique particule, avec une onde de probabilité très simple. Mais la proposition d'Everett s'applique à des situations générales. Si l'on mesure la position d'une particule dont l'onde de probabilité possède un nombre quelconque de pics – disons cinq – le résultat que propose Everett serait autant de réalités parallèles qui ne se distinguent que par la position relevée par l'appareil de chacune des cinq versions de la réalité, et enregistrée dans l'esprit de chacune des cinq versions de l'expérimentateur. Si l'une de ces versions de l'expérimentateur mesurait la position d'une autre particule dont l'onde aurait sept pics, alors cette version et son monde se scinderaient à nouveau en sept autres versions, une pour chaque possibilité. Et si nous effectuons la mesure sur une onde comme celle de la figure 8.11, qui peut être fractionnée en une multitude de pics, le résultat serait une multitude de réalités paral-

Figure 8.12 Dans l'interprétation d'Everett, la mesure d'une particule dont l'onde de probabilité possède deux pics conduit à deux issues. Dans un monde, on trouve la particule dans l'une des deux positions, dans l'autre, elle est trouvée dans l'autre position.

lèles dans lesquelles chaque position possible pour la particule serait relevée par une version de l'appareil et une version de l'expérimentateur. Dans cette proposition d'Everett, tout ce qui est *possible* en vertu de la mécanique quantique (autrement dit toutes ces issues auxquelles la mécanique quantique attribue une probabilité non nulle) se *réalise* dans son propre monde. Voilà ce que l'on appelle les mondes multiples de l'interprétation du même nom de la mécanique quantique.

En appliquant la terminologie des précédents chapitres, ces mondes multiples pourraient tout à fait être qualifiés d'univers multiples composant un multi-univers, le sixième sur notre liste. Appelons-le le multi-univers quantique.

L'histoire de la double histoire

En décrivant comment la mécanique quantique peut produire des réalités, j'ai utilisé le mot « scinder » comme Everett utilisait l'anglais *split*, ainsi que DeWitt. Dans ce contexte, c'est un verbe lourd de signification et susceptible de nous induire vraiment en erreur, si bien que j'éviterai de le réutiliser. J'ai cédé à la tentation. À ma décharge, il est parfois plus efficace de frapper à grands coups de masse pour abattre la barrière qui nous sépare d'une proposition inhabituelle sur les rouages de la réalité et de réparer ensuite les dégâts, que de percer délicatement une ouverture et installer un verre parfait pour profiter du nouveau point de vue. Dans la section précédente, j'ai travaillé à la masse, et dans cette section et la suivante, je vais m'atteler aux réparations nécessaires. Certaines des idées mises en jeu sont légèrement plus complexes que celles que nous avons rencontrées jusqu'à présent, et le déroulement des explications également légèrement plus long, mais cela vaut la peine de s'accrocher et j'encourage le lecteur à le faire. Je trouve que bien trop souvent, les personnes qui ont eu vent de cette interprétation des mondes multiples, et même celles qui la connaissent bien, ont l'impression qu'elle provient des plus étranges spéculations. Rien n'est plus loin de la vérité. Comme nous allons le voir, l'interprétation des mondes multiples est, d'une certaine manière, l'interprétation la plus conservatrice qui soit de la définition de la physique quantique, et il est important de comprendre pourquoi.

Le cœur de tout cela, c'est que les physiciens ont toujours deux histoires à raconter. La première est l'histoire mathématique de l'évolution de l'univers en vertu d'une théorie donnée. La seconde, tout aussi importante, est l'histoire physique, qui traduit les mathématiques abstraites en langage expérimental. Cette seconde histoire décrit comment l'évolution mathématique apparaîtra aux yeux d'observateurs comme nous et, plus généralement, pourquoi les équations de la théorie nous renseignent sur la nature de la réalité[6]. À l'époque de Newton, ces deux histoires étaient essentiellement identiques, comme le suggérait ma remarque du chapitre 7, qualifiant l'architecture newtonienne de concrète et palpable. Chaque symbole mathématique dans les équations de Newton est en corrélation avec une propriété physique directe et transparente. Le symbole x ? Oh, ça c'est la position de la balle. Le symbole v ? C'est sa vitesse. Cependant, avec la mécanique quantique, la traduction entre les symboles mathématiques et ce que nous pouvons voir dans le monde autour de nous devient beaucoup plus subtile. De même, le langage utilisé et les concepts jugés importants pour chacune des deux histoires deviennent si différents que nous avons besoin des deux pour comprendre vraiment les choses. Mais il est essentiel de savoir clairement laquelle des deux histoires est laquelle : pour comprendre vraiment quelles idées et descriptions interviennent dans la structure mathématique fondamentale de la théorie, et lesquelles interviennent dans l'édifice des expériences des hommes.

Voyons à présent quelles sont les deux histoires de l'interprétation des mondes multiples de la mécanique quantique. Voici la première.

Les mathématiques des mondes multiples, contrairement à celles de l'interprétation de Copenhague, sont pures, simples et constantes. L'équation de Schrödinger stipule comment les ondes de probabilité évoluent avec le temps, et elle n'est jamais laissée de côté ; elle est *toujours* en vigueur. Le formalisme de l'équation de Schrödinger régit la forme des ondes de probabilité, les faisant se décaler, se déformer et ondoyer avec le temps.

Qu'il s'agisse de l'onde de probabilité pour une particule ou pour une collection de particules, ou pour les divers assemblages de particules qui nous composent nous et nos appareils de mesure, l'équation de Schrödinger prend comme donnée initiale la forme de l'onde de probabilité des particules et donne ensuite la forme de l'onde en n'importe quel instant dans le futur. Voilà donc ce qui régit l'évolution de l'univers dans cette interprétation. Point barre. Fin de l'histoire. Ou, plus exactement, fin de la première histoire.

Notons qu'en racontant la première histoire, je n'ai pas eu besoin d'utiliser les mots « scinder », ni « mondes multiples », ni « univers parallèles », ni « multi-univers quantique ». L'interprétation des mondes multiples ne fait aucune hypothèse là-dessus. Tout cela ne joue aucun rôle dans la structure mathématique fondamentale de la théorie. En revanche, comme nous allons le voir, ces idées émergent dans la seconde histoire de cette théorie lorsque, en suivant Everett et les autres chercheurs qui ont continué son travail novateur, nous étudions ce que les mathématiques nous enseignent sur nos observations et mesures.

Commençons simplement – ou aussi simplement que possible. Considérons la mesure sur un électron doté d'une onde de probabilité en aiguille, comme sur la figure 8.9. (Ici encore, peu importe comment l'onde a pris cette forme ; nous la prenons telle quelle.) Comme nous l'avons vu plus tôt, raconter ce simple processus de mesure en détail va au-delà de ce que nous savons faire. Il nous faudrait l'équation de Schrödinger pour comprendre comment l'onde de probabilité décrivant les positions du nombre considérable de particules qui composent l'expérimentateur et l'appareil de mesure s'articule avec l'onde de probabilité de l'électron, et comment leur union évolue ensemble dans le temps. Mes étudiants peinent déjà à résoudre l'équation de Schrödinger pour une seule particule. Pour l'expérimentateur et l'appareil de mesure, il doit y avoir quelque chose comme 10^{27} particules. Manipuler les équations de Schrödinger pour un si grand nombre de constituants est tout bonnement impossible. Quand bien même, nous pouvons comprendre qualitativement ce que recèlent ces calculs. Lorsque nous mesurons la position de l'électron, nous provoquons une migration de particules en masse. Quelque 10^{24} particules de l'écran du détecteur se ruent vers le bon endroit pour énoncer collectivement « angle 34ᵉ et Broadway », tandis qu'un nombre comparable de particules, dans les yeux et le cerveau de l'expérimentateur, font ce qu'elles ont à faire pour composer une image mentale ferme et définitive du résultat. L'équation de Schrödinger – aussi impénétrable que soit son analyse explicite dans le cas d'un si grand nombre de particules – décrit cette ruée des particules.

Comprendre ce qu'implique cette transformation au niveau des ondes de probabilité est également bien au-delà de notre portée. Sur la figure 8.9 et les autres de cette séquence, pour définir les positions possibles de notre particule sur notre maquette des rues de Manhattan, j'ai utilisé deux axes, l'axe nord/sud et l'axe est/ouest. La valeur de l'onde de probabilité en chaque point est donnée par la hauteur de l'onde. Voilà qui simplifie déjà beaucoup les choses car j'ai laissé de côté le troisième axe, celui de la position verticale de la particule (est-elle au deuxième ou au cinquième étage ?). Ce serait délicat d'inclure la dimension verticale car si cet axe sert à définir la position de la particule, alors nous n'avons plus d'axe disponible pour indiquer l'intensité de l'onde. Ce sont là les limitations d'un cerveau et d'un système visuel que l'évolution a habitué à raisonner en trois dimensions spatiales. Pour visualiser correctement l'onde de probabilité pour quelque 10^{27} particules, il faudrait inclure trois axes pour chacune, et pouvoir relever mathématiquement chaque position possible que chaque particule peut occuper*. Ajouter ne serait-ce qu'un axe vertical à la figure 8.9 la rendrait déjà très difficile à visualiser ; la simple idée d'en ajouter un milliard de milliards de milliards d'autres est tout bonnement ridicule.

Mais il est important de se forger une image mentale des principales idées mises en jeu. Alors aussi imparfait le résultat soit-il, tentons notre chance. En estimant l'onde de probabilité des particules qui composent l'expérimentateur et son détecteur, je resterai fidèle à la limite des deux axes que nous impose la feuille de papier, mais je ferai une interprétation peu conventionnelle de la signification de ces deux axes. En gros, j'envisage chaque axe comme composé d'un énorme faisceau d'axes bien serrés, qui symbolisent les positions possibles d'un nombre tout aussi énorme de particules. L'onde dessinée à l'aide de ces faisceaux d'axes indiquera donc les probabilités pour les positions de cet énorme groupe de particules. Pour bien distinguer les situations pour une seule particule ou pour un grand nombre de particules, je représente l'onde de probabilité du grand groupe de particules avec un contour lumineux, comme sur la figure 8.13.

Les illustrations pour une seule ou un groupe de particules ont quelques caractéristiques communes. Tout comme la forme en aiguille de l'onde sur la figure 8.6 indique des probabilités qui sont très marquées (presque 100 % au niveau du pic et presque 0 % partout ailleurs), l'onde de la figure 8.13 indique aussi des probabilités très marquées. Attention tout de même, car notre com-

* Pour une explication mathématique, voir la note de fin 4.

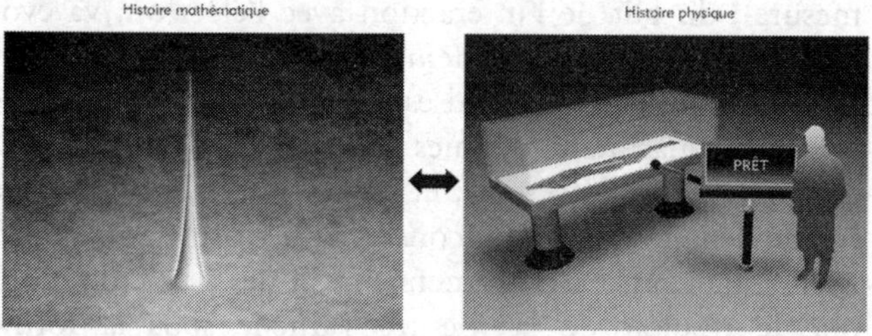

Figure 8.13 Description schématique de l'onde de probabilité combinée de toutes les particules composant l'expérimentateur et l'appareil de mesure.

préhension de la situation pour la particule unique ne peut guère nous emmener plus loin. Par exemple, la figure 8.6 pourrait tout naturellement laisser penser que la figure 8.13 représente des particules qui sont toutes agglutinées autour de la même position. Or ce n'est pas le cas. La forme pointue de la figure 8.13 symbolise que les particules qui composent l'expérimentateur et celles qui composent son détecteur sont initialement dans un état ordinaire, familier, pour lequel chacune possède une position définie à presque 100 %. Mais elles ne sont pas toutes à la même position. Les particules qui composent la main, l'épaule ou le cerveau de l'expérimentateur sont, avec une certaine certitude, regroupées là où se trouvent sa main, son épaule et son cerveau ; les particules de l'appareil de mesure sont, avec quasi-certitude, regroupées à l'endroit où se trouve l'appareil. L'onde en pointe de la figure 8.13 indique que chacune de ces particules ne possède qu'une chance dérisoire d'être trouvée ailleurs.

Si nous effectuons à présent la mesure illustrée sur la figure 8.14, l'onde de probabilité pour ces nombreuses particules (celles de l'expérimentateur et du dispositif de mesure), du fait de l'interaction avec l'électron, va évoluer (comme l'illustre schématiquement la figure 8.14-a). Toutes les particules mises en jeu auront toujours des positions quasiment définies (au sein de l'expérimentateur ou de son détecteur), et c'est pour cette raison que l'onde de la figure 8.14-a conserve une forme en aiguille. Mais il faut un réarrangement massif des particules pour que le résultat de la mesure s'affiche sous la forme « Strawberry Fields » sur l'écran du détecteur ainsi que dans le cerveau de l'expérimentateur (figure 8.14-b). La figure 8.14-a représente la transformation mathématique, régie par l'équation de Schrödinger : la première histoire. La figure 8.14-b montre la description physique de cette évolution mathématique : la seconde histoire. De même, si nous réalisons l'expérience de la figure 8.15, l'onde se décale de la même manière (figure 8.15-a). Ce décalage correspond à un réarrangement massif des particules pour produire le résultat « Mémorial de Grant » sur l'écran du détecteur et conduire à l'image mentale correspondante pour l'expérimentateur (figure 8.15-b).

Utilisons maintenant la linéarité pour combiner les deux situations. Si nous mesurons la position d'un électron dont l'onde de probabilité possède un pic en deux positions, l'onde de probabilité pour l'expérimentateur et son détecteur se combine avec celle de l'électron pour donner l'évolution représentée sur la figure 8.16-a – et qui n'est autre que la combinaison des évolutions des figures 8.14-a et 8.15-a. Jusqu'à présent, ce n'est qu'une version illustrée et annotée du premier type d'histoire quantique. Nous commençons avec une onde de probabilité ayant une forme donnée ; celle-ci évolue dans le temps en vertu de l'équation de Schrödinger pour donner une onde de probabilité ayant une autre forme. Les détails que nous venons de voir nous permettent de raconter cette histoire mathématique dans le langage plus qualitatif propre à la seconde histoire.

Du point de vue de la physique, chaque pic de la figure 8.16-a représente une configuration pour un nombre énorme de particules, correspondant au résultat annoncé par le détecteur et entériné par l'expérimentateur. Pour le pic de gauche, le résultat est Strawberry Fields ; pour le pic de droite, le résultat est le Mémorial de Grant. Outre cette différence, *rien* ne distingue un pic de l'autre. J'insiste sur ce point car il est capital de comprendre qu'aucun des deux n'est plus réel que l'autre. Seuls le résultat affiché par le détecteur et la lecture de ce résultat par l'expérimentateur distinguent les deux pics d'onde des groupes de particules.

Ce qui signifie que notre deuxième histoire, illustrée sur la figure 8.16-b, implique deux réalités.

Cela étant, le fait de se concentrer sur le détecteur et l'expérimentateur, c'est encore une autre simplification. J'aurais pu inclure les particules qui composent le laboratoire et tout ce qu'il contient, ainsi que celles de la Terre, du Soleil et ainsi de suite, et toute notre discussion resterait la même, mot pour mot. La seule différence aurait été que l'onde de probabilité lumineuse de la figure 8.16-a recèlerait alors l'information sur toutes les autres particules. Mais comme les mesures dont nous parlons n'ont essentiellement aucune incidence sur elles, elles ne jouent qu'un rôle d'accompagnement. Malgré cela, il est utile d'inclure ces particules car notre seconde histoire peut désormais être augmentée et englober non seulement une copie de l'examinateur étudiant le détecteur qui a effectué la mesure, mais également des copies de son laboratoire, du reste de la Terre en orbite autour du Soleil, etc. Cela signifie que chaque pic d'onde, dans le langage de la seconde histoire, correspond à ce que nous appellerions traditionnellement un véritable univers. Dans l'un de ces univers, l'expérimentateur relève « Strawberry Fields » sur l'écran du détecteur ; dans l'autre il lit « Mémorial de Grant ».

Si l'onde de probabilité de l'électron avait initialement quatre ou cinq pics, voire même cent ou n'importe quel nombre de pics, il en irait de même : l'évolution de son onde de probabilité donnerait quatre, cinq, cent ou n'importe quel nombre d'univers. Dans la plupart des cas généraux, l'onde serait dispersée comme sur la figure 8.11, avec des pics en chaque position, si bien que l'évolution de l'onde produirait une vaste collection d'univers, un pour chaque position possible[7].

Toutefois, comme nous l'avions annoncé, la seule chose qui se passe dans chacun de ces scénarios, c'est que l'onde de probabilité subit l'évolution de Schrödinger, et celle-ci opère en modifiant la forme de l'onde. Il n'y a pas de « machine à cloner ». Il n'y a pas de « machine à découper » ou à « scinder ». C'est pour cette raison que j'ai précisé plus tôt que ce type de vocabulaire peut prêter à confusion. Il n'y a guère qu'une « machine » à faire évoluer les ondes de probabilité, orchestrée par les simples lois mathématiques de la mécanique quantique. Lorsque l'onde résultante possède une forme particulière, comme sur la figure 8.16-a, nous racontons encore une fois l'histoire mathématique dans le langage de la seconde histoire, pour conclure qu'à chaque pic correspond un être doué de raison, situé dans un univers tout ce qu'il y a de plus normal, qui voit avec certitude un et un seul résultat défini pour l'expérience donnée, comme sur la figure 8.16-b. Si nous pouvions interroger ces êtres doués de raison, nous verrions que chacun est une réplique exacte des autres. Leur seule distinction serait que chacun atteste d'un résultat différent.

Certes, Bohr et la bande de Copenhague objecteraient qu'un seul de ces univers existe (car pour eux, l'acte de

Histoire mathématique

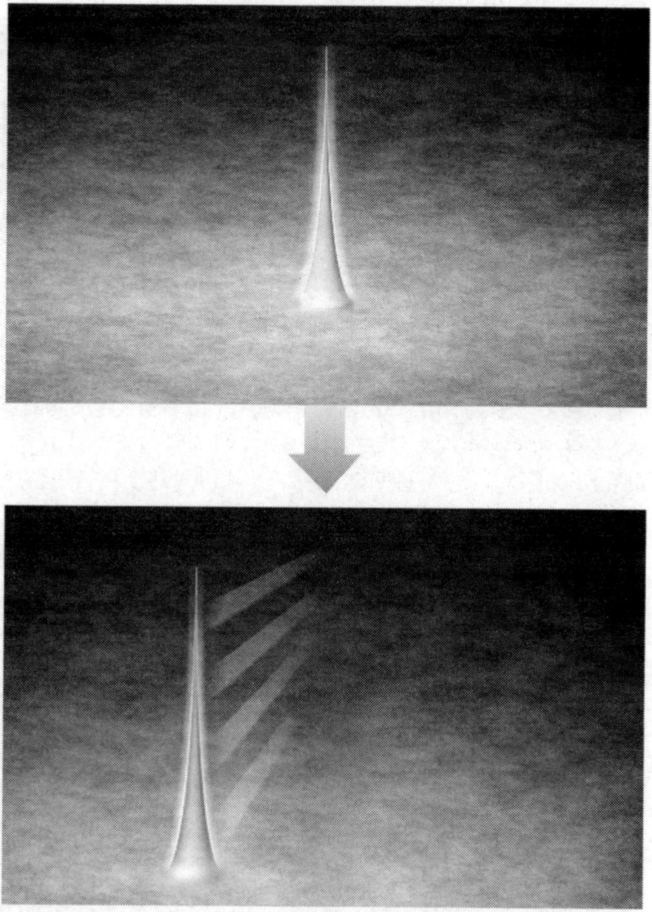

Figure 8.14 (a) Illustration schématique de l'évolution, régie par l'équation de Schrödinger, de la combinaison des ondes de probabilité pour toutes les particules composant l'expérimentateur et son détecteur, lorsqu'on mesure la position d'un électron dont l'onde de probabilité de l'électron possède un pic à la position Strawberry Fields.

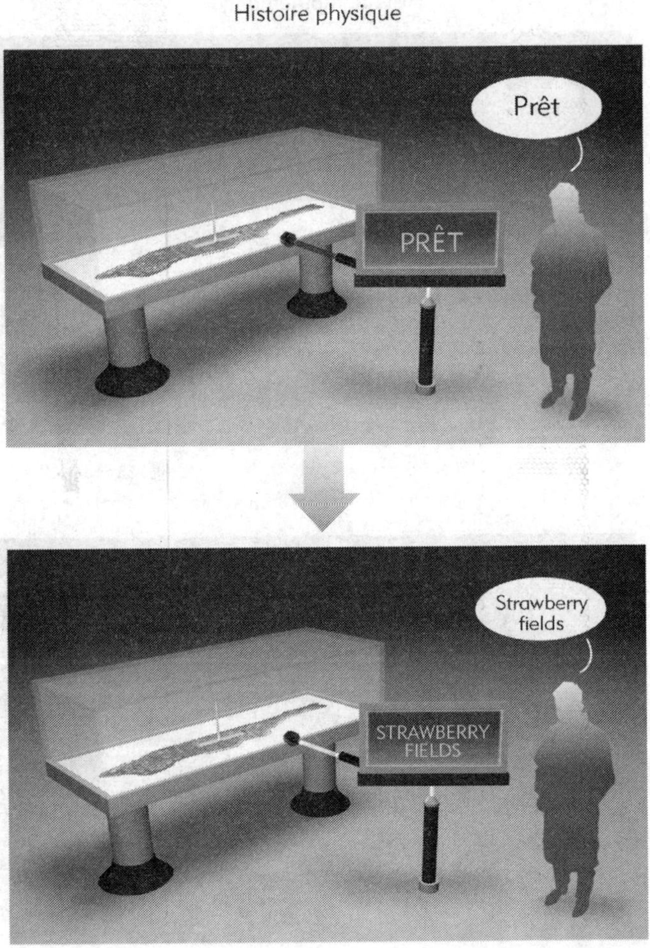

Figure 8.14 (b) L'histoire physique, ou expérimentale, correspondante.

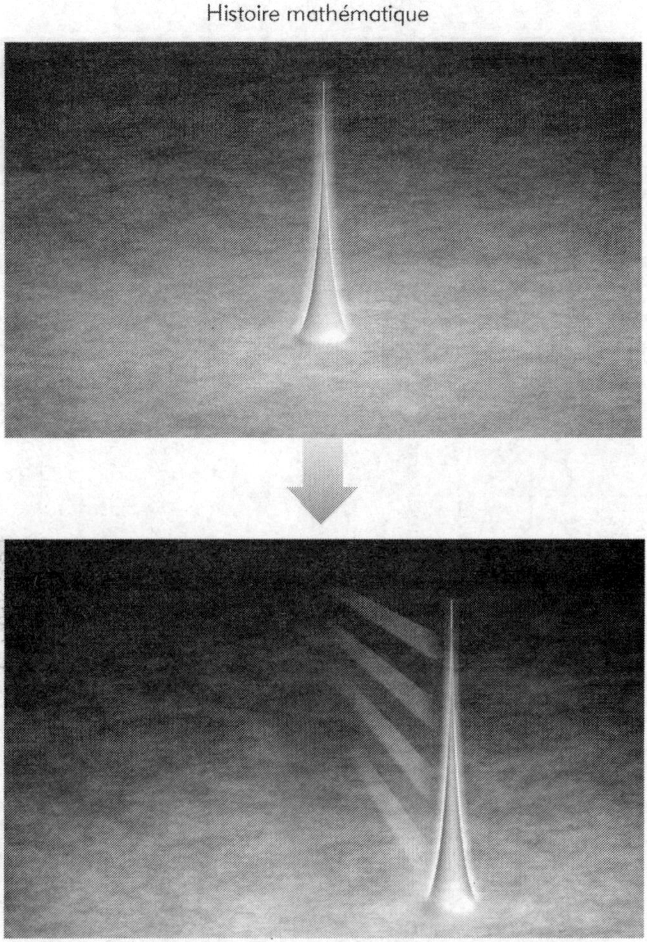

Figure 8.15 (a) Le même type d'évolution mathématique que sur la figure 8.14-a, mais avec le pic de l'onde de probabilité de l'électron au Mémorial de Grant.

Histoire physique

Figure 8.15 (b) L'histoire physique, ou expérimentale, correspondante.

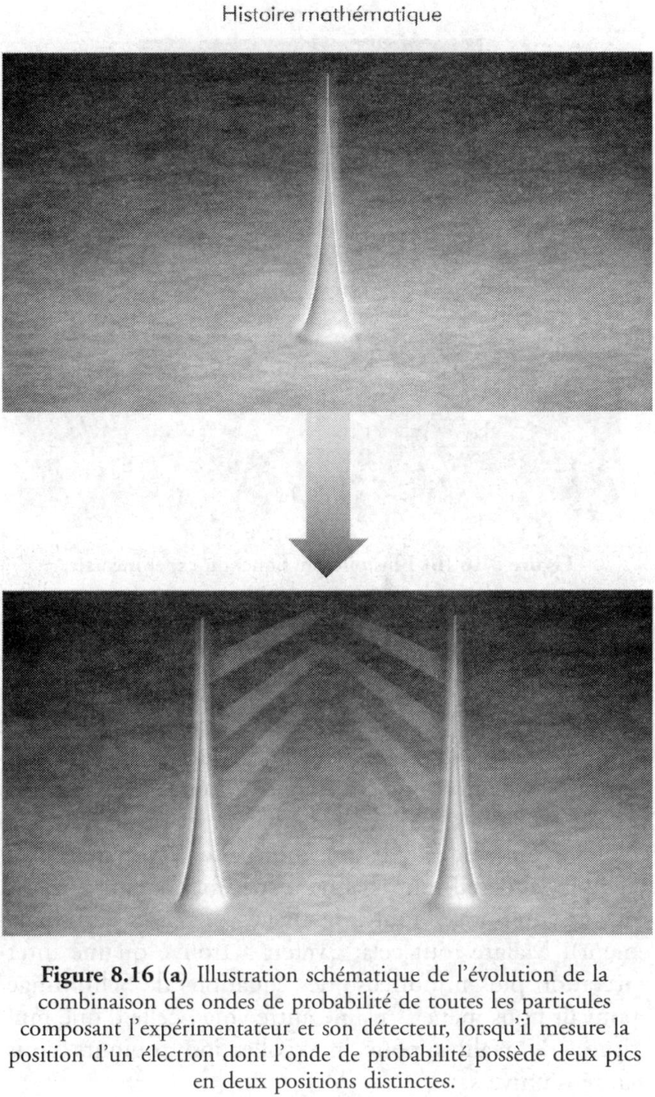

Figure 8.16 (a) Illustration schématique de l'évolution de la combinaison des ondes de probabilité de toutes les particules composant l'expérimentateur et son détecteur, lorsqu'il mesure la position d'un électron dont l'onde de probabilité possède deux pics en deux positions distinctes.

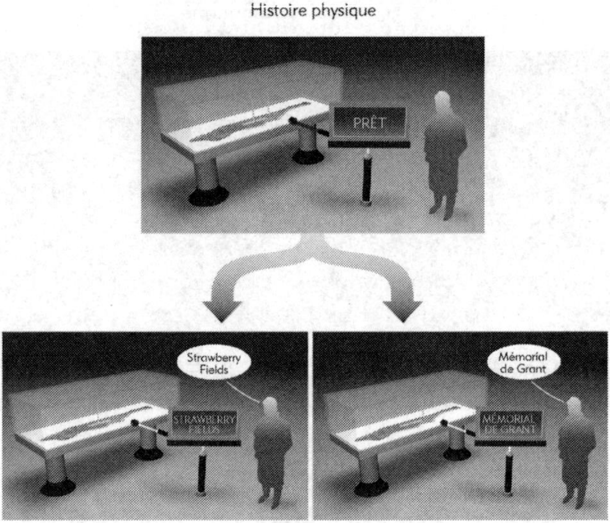

Figure 8.16 (b) L'histoire physique, ou expérimentale, correspondante.

mesure, dont ils estiment qu'il sort de la circonscription de l'équation de Schrödinger, fait s'effondrer tous les autres). Certes, la première tentative d'aller au-delà de l'interprétation de Bohr et d'étendre le champ d'application de l'équation de Schrödinger à toutes les particules, y compris celles de l'expérimentateur et de son équipement, s'est soldée par un imbroglio vertigineux (car chaque appareil ou chaque expérimentateur semblait devoir intérioriser toutes les issues possibles simultanément). Malgré tout cela, Everett a trouvé qu'une interprétation plus minutieuse des équations de Schrödinger pouvait nous mener sur une autre voie : celle d'une multitude de réalités pour une collection toujours croissante d'univers.

Avant la publication de l'article d'Everett de 1957, une version préliminaire fut diffusée parmi un certain nombre de physiciens de par le monde. Sur les conseils de Wheeler, la présentation de l'article fut tellement abrégée que beaucoup de ceux qui le lurent ne comprirent pas clairement qu'Everett proposait que tous les univers des mathématiques soient réels. Everett prit conscience de ce trouble et décida de l'éclaircir. Dans une « note ajoutée en guise de preuve » qu'il aurait glissée juste avant la publication et, semblerait-il, sans consulter Wheeler, Everett précisait clairement son point de vue sur la réalité des différentes issues possibles : « Du point de vue de la théorie, tous [...] sont bel et bien "là", aucun n'étant plus "réel" que les autres[8]. »

Comment une alternative devient-elle un univers ?

Outre les mots « scinder » ou « cloner », nous avons librement utilisé deux autres termes dans nos deux types d'histoires, à savoir « monde » et, de manière interchangeable dans ce contexte, « univers ». Pouvons-nous trouver quelques indications permettant de savoir si cet usage est bel et bien approprié ? Lorsque nous considérons l'onde de probabilité pour un électron unique, avec deux pics (ou davantage), nous n'envisageons pas deux mondes différents (ou davantage). Nous parlons bien de notre monde unique – le nôtre – avec un électron dont la position est ambiguë. Et pourtant, dans l'interprétation d'Everett, lorsque nous mesurons ou observons cet électron, nous parlons de mondes multiples. Qu'est-ce qui distingue la particule que l'on observe de celle que l'on n'observe pas, et qui conduit à des descriptions apparemment aussi radicalement différentes ?

Une réponse rapide serait que pour un unique électron isolé, nous n'avons pas les deux types d'histoires à raconter, car sans mesure ni observation, aucun lien à l'expérience humaine n'a besoin d'être explicité. L'histoire du premier type, celle de l'onde de probabilité qui évolue en vertu de l'équation de Schrödinger, est la seule à raconter. Et sans l'histoire du second type, il n'y a rien pour invoquer des réalités multiples. Aussi juste soit-elle, cette explication mérite que l'on creuse un peu plus loin pour mettre en évidence une caractéristique précise des ondes quantiques qui interviendrait lorsqu'un grand nombre de particules entrent en scène.

Pour en saisir l'idée, il est plus facile de revenir à l'expérience de la double fente des figures 8.2 et 8.4. Souvenons-nous que l'onde de probabilité de l'électron traverse l'obstacle puis que deux fractions de l'onde cheminent ensuite jusqu'à l'écran détecteur. Forts de notre discussion sur les mondes multiples, nous pourrions être tentés de les envisager comme deux ondes différentes représentant deux réalités différentes. Pour l'une, l'électron file par la fente de gauche ; pour l'autre par la fente de droite. Mais nous comprenons vite que l'interaction de ces prétendues « réalités distinctes » affecte fondamentalement l'issue de l'expérience : c'est cette interaction qui explique la figure d'interférence qui apparaît sur l'écran détecteur. C'est pourquoi le fait de considérer les deux trajectoires comme existant dans deux univers différents n'a aucun sens ni aucun intérêt théorique.

En revanche, si nous modifions l'expérience en plaçant un détecteur derrière chaque fente pour enregistrer si oui ou non un électron a traversé chaque fente, alors la situation n'est plus du tout la même. Parce que nous utilisons un équipement macroscopique, les deux différentes trajectoires possibles pour l'électron produisent des modifications pour un nombre énorme de particules – celles des détecteurs qui indiquent « l'électron est passé par la fente de gauche » ou « l'électron est passé par la fente de droite ». Et à cause de cela, les ondes de probabilité respectives pour chaque possibilité deviennent si dissemblables qu'il est impossible qu'elles aient une influence ultérieure l'une sur l'autre. Un peu comme sur la figure 8.16-a, les différences entre les milliards de milliards de particules des détecteurs de fente font que les ondes correspondant aux deux possibilités se décalent l'une de l'autre, ne laissant qu'une superposition négligeable. Sans superposition, les ondes ne peuvent accéder à aucun des fameux phénomènes d'interférence propres à la physique quantique. En effet, avec les détecteurs placés derrière les fentes, les électrons ne dessinent plus les raies de la figure 8.2-c mais une simple superposition, sans figure d'interférence, des résultats respectifs des figures 8.2-a et 8.2-b. Les physiciens disent que les ondes de probabilité sont en « décohérence » (un sujet que l'on trouve explicité plus en détail par exemple dans le chapitre 7 de *La Magie du cosmos*).

L'idée est donc qu'une fois en décohérence, les ondes pour chaque possibilité évoluent indépendamment – il n'y a pas d'interférence entre les différents possibles – et chacune peut donc être considérée comme un monde ou un univers à part entière. Pour le cas qui nous occupe, dans l'un de ces univers, l'électron a traversé la fente de gauche et le détecteur correspondant indique « passage à gauche » ; dans l'autre univers, l'électron traverse la fente de droite et le détecteur correspondant indique « passage à droite ».

C'est en ce sens, et uniquement en ce sens, que cela entre en résonance avec l'interprétation de Bohr. Dans l'interprétation des mondes multiples, les grands objets, composés d'un nombre énorme de particules, se distinguent bel et bien des petits objets composés simplement d'une particule ou de quelques-unes. Les grands objets n'échappent pas aux lois fondamentales de la mécanique quantique, contrairement aux préceptes de Bohr, mais leurs ondes de probabilité subissent suffisamment de modifications pour que leurs capacités d'interférence deviennent négligeables. Dès lors que deux ou plusieurs ondes ne peuvent plus s'influencer mutuellement, chacune devient invisible aux autres, comme si chacune « pensait » que l'autre a disparu. Donc, là où Bohr affirmait par décret l'existence d'une seule issue par mesure, l'interprétation des mondes multiples combinée au concept de décohérence garantit qu'au sein de chaque univers, *tout se passe comme si* l'autre issue possible avait disparu. Ainsi, au sein de chaque univers, tout se passe *comme si* l'autre onde de probabilité s'était bel et bien effondrée. Mais dans la comparaison avec l'interprétation de Copenhague, le « comme si » fournit une image fort différente de l'étendue de la réalité. Dans l'interprétation des mondes multiples, ce sont toutes les possibilités, et non une seule, qui se réalisent.

L'incertitude à la pointe de la recherche

Cela pourrait être le bon moment pour clore le chapitre. Nous venons de voir comment la structure mathématique de la mécanique quantique, réduite à sa plus simple expression, nous mène par le bout du nez jusqu'à un nouveau concept d'univers parallèles. Et pourtant, notons bien que ce chapitre a encore pas mal de choses à dire. Dans les pages restantes, j'expliquerai en quoi l'interprétation des mondes multiples de la physique quantique demeure controversée ; nous verrons que l'opposition va bien au-delà du malaise que certains ressentent face au fossé conceptuel à franchir pour atteindre ce point de vue si inhabituel. Voici toutefois un résumé rapide de la suite, à l'intention de tous ceux qui, parmi les lecteurs, pourraient se sentir saturés et très tentés de sauter directement au chapitre suivant.

Dans la vie de tous les jours, nous ne pensons aux probabilités que lorsque nous rencontrons plusieurs issues possibles, mais que pour une raison ou une autre, nous ne sommes pas en mesure de savoir laquelle se réalisera. Nous disposons parfois de suffisamment d'informations pour déterminer quelles possibilités sont plus ou moins susceptibles d'avoir lieu, et les probabilités sont l'outil tout désigné pour transformer cela en données quantitatives. Notre confiance envers l'approche probabiliste s'accroît lorsque nous trouvons que les possibilités jugées plus probables se réalisent bel et bien, aux dépens de celles jugées moins probables. Le défi que doit relever l'interprétation des mondes multiples, c'est qu'elle doit donner un sens aux probabilités (aux prédictions probabilistes de la mécanique quantique) dans un contexte complètement différent, qui envisage *toutes* les issues possibles. Le dilemme s'énonce très simplement : comment pouvons-nous dire de certaines possibilités qu'elles sont plus ou moins probables lorsque toutes se réalisent ?

Dans les sections suivantes, j'expliquerai ce point plus explicitement et je présenterai les tentatives proposées pour le résoudre. Un avertissement toutefois : nous pénétrons à présent au cœur de domaines à la pointe de la recherche actuelle, et les opinions des chercheurs sur l'état de la situation peuvent être très variables.

Problème probable

Une critique qui est souvent faite à l'encontre de l'interprétation des mondes multiples est qu'elle est trop bizarre pour être vraie. L'histoire de la physique nous enseigne que les théories couronnées de succès sont simples et élégantes ; elles expliquent les données avec un minimum d'hypothèses et offrent une compréhension aussi précise qu'économique. Une théorie qui introduit une abondance toujours croissante d'univers nous emmène bien loin de cet idéal.

Les partisans de l'interprétation des mondes multiples objectent, avec légitimité, que pour évaluer la complexité d'une proposition scientifique, nous ne devrions pas nous focaliser sur ses *conséquences*. Ce qui compte, ce sont les caractéristiques fondamentales du modèle proposé. L'interprétation des mondes multiples stipule qu'une seule et unique équation – celle de Schrödinger – gouverne toutes les ondes de probabilités et tout le temps : pour ce qui est de la simplicité de formulation et de l'économie en termes d'hypothèses, elle est difficile à battre. L'interprétation de Copenhague n'est certainement pas plus simple. Elle aussi fait appel à l'équation de Schrödinger, mais en ajoutant une prescription floue et mal définie sur les situations où l'équation de Schrödinger ne s'applique plus, et une autre prescription encore moins précise sur le processus d'effondrement de l'onde censé prendre le relais. Le fait que l'interprétation des mondes multiples conduise à une vision de la réalité très riche ne joue pas plus en sa défaveur que la très riche diversité de la vie sur Terre ne joue en défaveur de la théorie darwinienne de la sélection naturelle. Les mécanismes fondamentalement simples peuvent tout à fait aboutir à des conséquences complexes.

Néanmoins, si cela montre que le rasoir d'Ockham n'est pas assez aiguisé pour épurer l'interprétation des mondes multiples, l'excès d'univers qu'elle engendre pourrait potentiellement créer un problème. J'ai dit plus haut qu'en appliquant une théorie, les physiciens devaient raconter deux types d'histoires – celle décrivant comment le monde évolue mathématiquement et celle qui relie les calculs à nos expériences. Il se trouve que les physiciens doivent conter une troisième histoire, liée aux deux précédentes. Il s'agit de celle qui relate l'établissement de notre confiance envers une théorie donnée. Pour la mécanique quantique, cette troisième histoire se raconte généralement comme suit : notre confiance envers la mécanique quantique provient de son extraordinaire succès à expliquer les données expérimentales. Si les experts en théorie quantique l'utilisent pour calculer qu'une expérience donnée, renouvelée un grand nombre de fois, devrait donner 9,62 fois plus souvent telle possibilité plutôt que telle autre, c'est invariablement ce qu'obtiendront les expérimentateurs. En inversant la chose, si les résultats expérimentaux ne concordaient pas avec les prédictions quantiques, les expérimentateurs en auraient conclu que la mécanique quantique n'était pas correcte. En réalité, comme ce sont des scientifiques consciencieux, ils auraient été plus circonspects : ils se seraient dits peu convaincus de la validité de la mécanique quantique, en précisant que leurs résultats ne l'éliminent pas pour autant complètement. Même une pièce non truquée, lancée en l'air mille fois pour jouer à pile ou face, peut conduire à des résultats défiant toutes nos prévisions. Mais plus l'écart est grand, plus l'on aura tendance à penser que la pièce est truquée. Plus grande est la déviation expérimentale par rapport aux prévisions de la mécanique quantique, plus les expérimentateurs auront de fortes raisons de penser que la théorie quantique se trompe.

Le fait que notre confiance envers la mécanique quantique aurait pu être sapée par les données expérimentales est fondamental. Pour n'importe quelle théorie scientifique ayant été suffisamment élaborée et comprise, nous devrions pouvoir dire, au moins en principe, que si telle et telle expérience ne donne pas tel et tel résultat, alors notre confiance envers la théorie devrait diminuer. Et plus les observations s'écartent des prédictions, plus cette perte de crédibilité devrait être forte.

Le problème potentiel de l'interprétation des mondes multiples, et la raison pour laquelle elle reste controversée, c'est qu'elle pourrait réduire la crédibilité de la mécanique quantique. Voici pourquoi. Lorsque je lance une pièce, je sais qu'il y a 50 % de chances de la récupérer sur face et 50 % de la récupérer sur pile. Mais cette conclusion s'appuie sur l'hypothèse habituelle qu'un lancer de pièce donne un résultat unique. Si le lancer de pièce donne face dans un monde et pile dans un autre, et qu'en outre il existe une copie de moi-même dans chacun de ces mondes pour observer le résultat, quel sens pouvons-nous donner aux probabilités habituelles ? Il y aura quelqu'un qui me ressemble comme deux gouttes d'eau, qui a exactement les mêmes souvenirs et le même vécu que moi, et qui affirme catégoriquement être moi, qui voit la pièce arriver sur face, et un autre, tout autant convaincu d'être moi, qui la verra arriver sur pile. Puisque les deux possibilités peuvent se réaliser – un Brian Greene qui voit face et un Brian Greene qui voit pile –, la probabilité ordinaire stipulant qu'il y a autant de chances que Brian Greene voie pile ou face n'a plus lieu d'être.

Les mêmes considérations s'appliquent à un électron dont l'onde de probabilité hésite entre Strawberry Fields et le Mémorial de Grant, comme sur la figure 8.16-b. Le raisonnement quantique traditionnel stipule que l'expérimentateur a 50 % de chances de trouver l'électron en chacune des deux positions. Mais dans l'approche des mondes multiples, les deux possibilités se réalisent. Un expérimentateur trouve l'électron à Strawberry Fields, et une copie du même expérimentateur le trouve au Mémorial de Grant. Alors comment les prédictions probabilistes ordinaires peuvent-elles avoir un sens, et dans le cas présent stipuler que nous avons des chances égales de voir l'un *ou* l'autre résultat ?

Pour bon nombre des personnes qui rencontrent ce problème, l'inclination naturelle consiste à penser que parmi les diverses copies du même expérimentateur de l'interprétation des mondes multiples, il y en a un qui serait en quelque sorte plus réel que les autres. Même si tous, dans chaque monde, sont exactement semblables, possèdent les mêmes souvenirs et le même vécu, la pensée ordinaire tend à nous dire qu'une seule de ces créatures est *véritablement* l'expérimentateur. Et en poursuivant dans cette même ligne de pensée, que c'est à *cet* expérimentateur, qui voit un et un seul résultat, que s'appliquent les prédictions probabilistes. J'apprécie cette réaction. Il y a des années, lorsque j'ai découvert tout cela pour la première fois, je comprenais les choses ainsi. Mais ce raisonnement va complètement à l'encontre de l'interprétation des mondes multiples. Cette dernière pratique l'architecture minimaliste. Les ondes de probabilité évoluent en vertu de l'équation de Schrödinger. Point barre. Imaginer que l'une des copies de l'expérimentateur est plus « réelle » qu'une autre, c'est se faufiler par la porte de derrière en direction de Copenhague. L'effondrement de l'onde de l'interprétation de Copenhague est un moyen brutal de ne rendre réelle qu'une et une seule des issues possibles. Si dans l'interprétation des mondes multiples, nous imaginons qu'une et une seule des copies de l'expérimentateur est *vraiment* lui, eh bien nous faisons exactement la même chose, simplement nous le faisons un peu plus discrètement. Voilà qui effacerait toutes les bonnes raisons d'introduire ce modèle des mondes multiples. Or celui-ci provenait de la tentative d'Everett de s'atteler aux défaillances de l'interprétation de Copenhague, et sa stratégie était de ne faire appel à rien d'autre qu'à la tant éprouvée équation de Schrödinger.

Voilà qui jette un éclairage déplaisant sur l'interprétation des mondes multiples. Nous avons confiance en la mécanique quantique parce que l'expérience confirme ses prédictions probabilistes. Cependant, avec l'interprétation des mondes multiples, il est difficile de voir comment les probabilités pourraient tout bonnement jouer un rôle. Comment dans ce cas pouvons-nous raconter l'histoire du troisième type, celle qui devrait consolider notre confiance envers le modèle des mondes multiples ? Voilà le dilemme.

Après réflexion, il n'y a rien de surprenant dans le fait que nous ayons foncé droit dans ce mur. Il n'y a absolument rien d'aléatoire dans l'interprétation des mondes multiples. Les ondes évoluent simplement d'une forme à une autre comme le décrit de manière complète et déterministe l'équation de Schrödinger. On ne joue pas aux dés, on ne joue pas à la roulette. En revanche, dans l'interprétation de Copenhague, les probabilités s'insinuent dans l'effondrement de l'onde vaguement associé au processus de mesure (je le répète, plus grande est la valeur de l'onde en une position donnée, plus grande est la probabilité que l'effondrement y place la particule). C'est précisément à ce niveau de l'interprétation de Copenhague que le « lancer de dés » fait son entrée. Or, puisque l'interprétation des mondes multiples abandonne le concept même d'effondrement, elle abandonne automatiquement la porte d'entrée des probabilités.

Alors y a-t-il une place pour la probabilité dans l'interprétation des mondes multiples ?

Probabilité et mondes multiples

Everett pensait que oui. Le cœur de son brouillon de 1956 ainsi que la version tronquée de 1957 étaient consacrés à expliquer comment inclure la probabilité dans l'interprétation des mondes multiples. Mais un demi-siècle plus tard, le débat continue de faire rage. Parmi les physiciens et philosophes qui ont dédié leur vie professionnelle à s'interroger sur cette question, on trouve une vaste palette d'opinions différentes quant à savoir comment – et si – les mondes multiples et les probabilités peuvent s'entendre. Certains ont affirmé que le problème est insoluble et que l'interprétation des mondes multiples devrait donc être abandonnée. D'autres ont conclu que les probabilités, ou tout au moins quelque chose qui ressemble à des probabilités, pourrait bel et bien en faire partie.

La proposition originale d'Everett offre un bon exemple des difficultés qui émergent. Dans les situations du quotidien, nous faisons appel aux probabilités lorsque nos connaissances sont incomplètes. Si, en lançant une pièce, nous connaissions suffisamment de détails sur ses dimensions précises, sur son poids et sur la manière dont elle a été lancée, alors pourrions-nous prédire exactement le résultat, pile ou face. Mais puisque dans le cas général nous n'avons pas toutes ces informations, nous avons recours aux probabilités. Un raisonnement analogue s'applique pour la météo, le Loto et tous les autres exemples familiers où la probabilité joue un rôle : nous jugeons que l'issue est aléatoire simplement du fait des limitations de notre connaissance de chaque situation. Le raisonnement d'Everett proposait que les probabilités trouvent leur place dans l'interprétation des mondes multiples simplement du fait qu'une telle méconnaissance s'immisce quelque part, mais une méconnaissance d'origine très différente. Les habitants des mondes multiples n'ont accès qu'à leur propre monde : ils ne connaissent pas les autres. Everett proposait que des connaissances aussi limitées insufflent nécessairement des probabilités.

Pour comprendre comment, laissons de côté la mécanique quantique pour un moment et considérons une analogie imparfaite mais fort utile. Imaginons que des extraterrestres venus de la planète Zaxtar aient réussi à construire une machine à cloner capable de fabriquer des copies conformes de nous ou n'importe qui d'autre. Lorsque nous entrons dans cette machine à cloner et qu'il en ressort deux copies de nous-mêmes, toutes deux sont absolument convaincues d'être le vrai nous, et toutes deux auraient raison. Comme les Zaxtariens se réjouissent de placer des formes de vie inférieures face à de tels dilemmes existentiels, ils débarquent sur Terre pour nous proposer la chose suivante : cette nuit lorsque nous irons nous coucher, nous serons portés tout doucement dans la machine à cloner, et cinq minutes plus tard, deux copies de nous-mêmes en ressortiront. Lorsque l'une de ces deux copies se réveillera, la vie reprendra son cours normal – à ceci près qu'il verra exaucé un vœu de son choix. Pour la seconde copie de nous-mêmes qui se réveillera, la vie n'aura rien de normal : nous serons emmenés dans une chambre de torture sur Zaxtar, à tout jamais. Et non, le plus chanceux des deux clones n'aura pas le droit au vœu consistant à demander votre libération. Allons-nous accepter cette offre ?

Pour la plupart des gens, la réponse serait non. Puisque chaque clone est *vraiment*, *réellement* nous, accepter cette offre nous garantit qu'il y aura un nous qui se réveillera pour souffrir éternellement. Certes, il y aura également un nous qui se réveillera pour vivre une vie agrémentée de la réalisation d'un vœu de son choix, mais pour le nous qui se retrouve sur Zaxtar, la vie ne sera que torture. Le prix à payer est trop élevé.

Anticipant notre répugnance, les Zaxtariens augmentent la mise. Même marché, mais cette fois avec une plus un million de copies de nous. Un million de nous se réveilleront sur un million de copies de la Terre avec la possibilité de voir se réaliser n'importe quel vœu, et une copie de nous subira la torture sur Zaxtar. Allons-nous accepter ? Là, nous pourrions commencer à hésiter. « Mazette ! pourrions-nous dire, la probabilité est plutôt élevée que *moi*, je ne finisse pas sur Zaxtar mais tranquillement chez moi avec un vœu qui se réalise. »

C'est cette intuition qui se révèle particulièrement importante à l'égard de l'interprétation des mondes multiples. Si les probabilités se glissent dans notre raisonnement car nous pensons que seulement un de tous ces clones est le « vrai » nous, alors nous n'avons pas vraiment intégré toute l'ampleur du scénario. Chaque copie *est* nous. Il y a 100 % de chances que l'un de nous se réveille dans une situation atroce. Si c'est justement ce qui nous a conduit à raisonner en termes de probabilités, eh bien il faut l'oublier. Cependant, les probabilités peuvent tout de même s'immiscer dans notre raisonnement de manière plus raffinée. Imaginons que nous venions d'accepter l'offre des Zaxtariens, et que nous réfléchissions à ce que sera notre réveil le lendemain matin. Enroulé dans notre duvet, nous reprenons tout juste conscience et avant même d'ouvrir les yeux, nous nous souvenons du marché conclu avec les Zaxtariens. Au premier abord, cela ressemble à un cauchemar très vivant, mais notre cœur s'accélère lorsque nous réalisons que c'était vrai : qu'un million et une copies de nous sont en train de se réveiller, l'une d'elles avec Zaxtar comme destination, et les autres sur le point de profiter d'un pouvoir extraordinaire. « Quelles sont les chances, nous demandons-nous fébrilement, qu'en ouvrant les yeux je me retrouve en route pour Zaxtar ? »

Avant le clonage, il n'y avait aucun moyen sensé de parler de la probabilité que nous finissions sur Zaxtar ou non – puisqu'il est absolument certain qu'il y aura un tel nous, comment cela pourrait-il être plus ou moins probable ? Mais après le clonage, la situation semble différente. Chaque clone se considère comme le vrai nous ; et en effet, chacun *est* le vrai nous. Mais chaque copie est également un individu distinct et séparé, qui peut s'interroger sur son futur. Chacune de ce million plus une copies de nous peut s'interroger sur la probabilité qu'*elle* aille sur Zaxtar. Et puisque chacune sait qu'une seule sur un million plus une doit se réveiller dans cette situation, chacune estime que la probabilité d'être ce nous malchanceux est très faible. Au réveil, un million de ces nous verra son espoir se réaliser, et un de ces nous ne le verra jamais. Donc bien qu'il n'y ait rien d'incertain, rien de hasardeux ou de probabiliste dans le scénario zaxtarien (il n'y a ni lancer de dés ni roulette), les probabilités semblent malgré tout s'y immiscer. Et ce à travers l'ignorance subjective de chaque clone à l'égard de la situation qu'il va vivre.

Voilà qui peut nous suggérer une stratégie pour intégrer les probabilités à l'interprétation des mondes multiples. Avant d'entreprendre une expérience, nous sommes en quelque sorte la version préclonée de nous-mêmes. Si nous regardons toutes les possibilités autorisées par la mécanique quantique, nous savons que nous avons 100 % de chances qu'une copie de nous vive chacune d'elles. Pour le moment, rien de probabiliste. Nous réalisons alors l'expérience. À ce stade, comme pour le scénario zaxtarien, la notion de probabilité apparaît. Chaque copie de nous est un être pensant indépendant capable de s'interroger sur le monde qu'il ou elle occupe – c'est-à-dire sur la probabilité qu'une fois les résultats de l'expérience révélés, il ou elle voie ce résultat particulier. La probabilité pénètre par l'expérience subjective de chacun.

L'interprétation d'Everett, qu'il décrit comme « objectivement déterministe » avec une probabilité qui « réapparaît au niveau subjectif », correspond à cette stratégie. Et il en était transporté. Comme il l'avait signalé en 1956 dans le brouillon de son article, cela permettait de relier les visions d'Einstein (qui pensait qu'une théorie fondamentale de la physique ne devrait pas faire intervenir de probabilités) et de Bohr (qui était pleinement satisfait d'une théorie fondamentale qui en contient). Pour Everett, l'interprétation des mondes multiples conciliait les deux, la différence entre elles n'étant qu'une question de point de vue. Le point de vue d'Einstein est un point de vue mathématique, dans lequel la grande onde de probabilité de toutes les particules évolue perpétuellement en vertu de l'équation de Schrödinger, sans que les probabilités jouent aucun rôle *. J'aime à m'imaginer Einstein, perché au-dessus de ces nombreux mondes multiples, observant comment l'équation de Schrödinger régit l'évolution de tout ce panorama, et concluant gaiement que même si la mécanique quantique est correcte, Dieu ne joue *pas* aux dés. Le point de vue de Bohr est celui d'un occupant de l'un de ces mondes qui, tout aussi gaiement, utilise les probabilités pour expliquer, avec une précision extraordinaire, les observations auxquelles son point de vue limité lui donne accès.

Voilà une vision passionnante – celle qui réconcilie Einstein et Bohr à l'égard de la mécanique quantique. Malgré cela persistent quelques détails nauséabonds qui,

* Ce point de vue non probabiliste insiste fortement sur l'idée d'abandonner la terminologie que j'ai employée, à savoir « onde de probabilité », en faveur du nom plus technique « fonction d'onde ».

depuis plus d'un siècle, ont convaincu beaucoup de chercheurs qu'il est encore trop tôt pour signer. Ceux qui ont étudié la thèse d'Everett conviennent généralement que si son intention était claire – une théorie déterministe qui apparaît néanmoins probabiliste au yeux de ses occupants –, il n'expliquait pas de manière convaincante comment y arriver. Par exemple, dans le même ordre d'idée que ce que nous avons vu au chapitre 7, Everett a cherché à déterminer ce qu'observerait un occupant « typique » des mondes multiples dans n'importe quelle expérience. Mais (contrairement à ce que nous avons vu au chapitre 7), dans l'interprétation des mondes multiples, nous sommes aux prises avec des occupants qui sont tous la même personne : si nous sommes l'expérimentateur, alors ils sont tous nous, et verront collectivement une palette de résultats différents. Qui donc est le nous « typique » ?

En s'inspirant du scénario zaxtarien, nous pourrions proposer naturellement de comptabiliser le nombre de versions de nous qui voient un résultat donné ; le résultat observé par le plus grand nombre de nos versions pourrait être qualifié de typique. Plus quantitativement, nous définissons la probabilité d'un résultat proportionnellement au nombre de nous qui l'observons. Cela fonctionne pour des exemples simples : sur la figure 8.16, l'un de nous voit chacun une des deux issues possibles, et donc nous arrêtons à 50/50 les chances de voir tel ou tel résultat. C'est bon : les prédictions de la mécanique quantique donnent elles aussi 50/50 car les hauteurs des ondes de probabilité sont les mêmes aux deux positions.

Considérons toutefois une situation plus générale, comme celle de la figure 8.17, où les hauteurs des ondes de probabilité sont inégales. Si l'onde est cent fois plus haute à Strawberry Fields qu'au Mémorial de Grant, alors la mécanique quantique prédit que nous avons cent

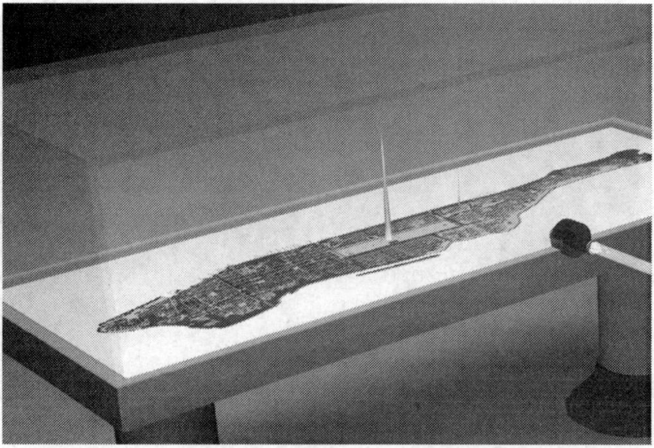

Figure 8.17 La combinaison des ondes de probabilité de l'expérimentateur et de son détecteur rencontre une onde de probabilité ayant différents pics de magnitudes différentes.

fois plus de chances de trouver l'électron à Strawberry Fields. Mais dans l'interprétation des mondes multiples, notre mesure donne toujours une copie de nous qui voit l'électron à Strawberry Fields et une autre qui voit l'électron au Mémorial de Grant. Les probabilités définies en comptant le nombre de versions de nous donnent toujours 50/50, ce qui est faux. La source de la discorde est claire : le nombre de nous qui voit un résultat ou un autre est déterminé par le nombre de pics de l'onde de probabilité. Mais les probabilités de la mécanique quantique sont déterminées par autre chose : non par le nombre de pics, mais par leur hauteur relative. Et ce sont ces prédictions, celles de la mécanique quantique, qui ont été si bien confirmées par l'expérience.

Everett avait élaboré un argument mathématique pour aborder cette discorde, et depuis lors, beaucoup d'autres chercheurs l'ont étoffée [9]. Dans les grandes lignes, l'idée

Figure 8.18 (a) – Illustration schématique de l'évolution, régie par l'équation de Schrödinger, de l'onde de probabilité combinée pour toutes les particules composant l'expérimentateur et l'appareil de mesure, lors de la mesure de position d'un électron. L'onde de probabilité de l'électron présente un pic en deux endroits, avec des hauteurs différentes.

est que dans le calcul des probabilités de voir l'une ou l'autre issue, nous devrions pondérer avec moins de poids dans les univers correspondant à une plus faible hauteur de l'onde, comme l'illustre symboliquement la figure 8.18. Mais cette proposition est compliquée. Et controversée. L'univers dans lequel nous trouvons l'électron à Strawberry Fields est-il cent fois plus véritable, ou cent fois plus probable, ou cent fois plus pertinent que celui dans lequel nous trouvons l'électron au Mémorial de Grant ? Voilà qui entrerait en conflit avec la conviction que chaque monde est aussi réel que tous les autres.

Après plus de cinquante années, durant lesquelles d'éminents scientifiques ont revisité, remanié et développé les arguments d'Everett, beaucoup s'accordent sur le fait que le problème subsiste. Et pourtant, il est séduisant d'imaginer que l'interprétation des mondes multiples, profondément révolutionnaire et pourtant mathématiquement très simple et réduite à sa plus simple expression, reproduit les prédictions probabilistes qui sont le fondement de notre confiance envers la théorie quantique. Ces travaux en ont inspiré de nombreux autres, outre le raisonnement sur le mode zaxtarien, pour réunir probabilités et mondes multiples [10].

L'une des principales propositions émane d'un groupe de chercheurs d'Oxford qui inclut notamment David Deutsch, Simon Saunders, David Wallace et Hilary Greaves. Ils ont élaboré une stratégie d'attaque sophistiquée, qui part d'une question apparemment rudimentaire. Imaginons que nous soyons un joueur, convaincu par l'interprétation des mondes multiples : quelle serait la stratégie optimale pour mettre des paris en jeu sur des expériences de mécanique quantique ? Leur réponse, qu'ils justifient mathématiquement, est que nous le ferions comme le ferait Niels Bohr. Pour maximiser nos gains, ils ont en tête quelque chose qui aurait mis Bohr

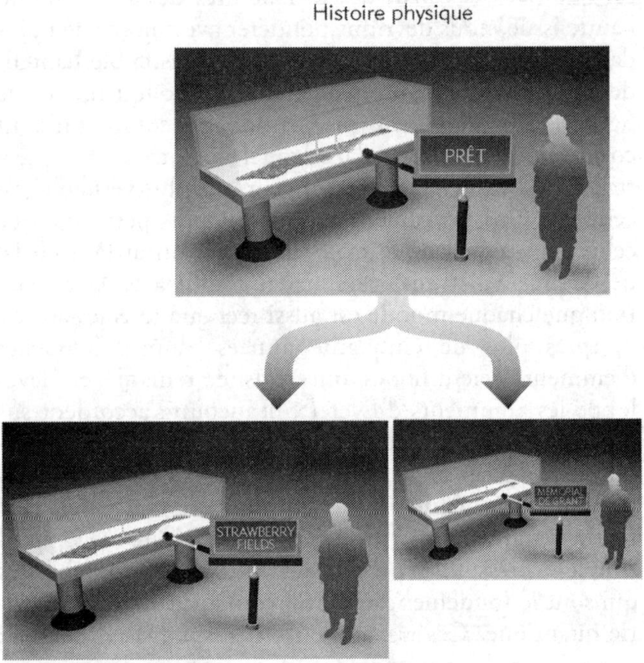

Figure 8.18 (b) – Certains modèles proposent que dans l'interprétation des mondes multiples, des hauteurs d'ondes inégales impliquent que certains mondes seraient moins véritables, ou moins pertinents, que d'autres. Le sens de cette proposition, si tant est qu'il existe, est sujet à controverse.

dans tous ses états : ils envisagent une moyenne sur tous les habitants du multi-univers qui prétendent être nous. Même ainsi, leur conclusion est que les nombres que Bohr et tous les chercheurs depuis ont calculés et appelés des probabilités sont les nombres mêmes qui devraient guider nos mises. Ainsi, même si la théorie quantique est totalement déterministe, nous devrions traiter ces nombres *comme s'ils étaient* des probabilités.

Certains sont convaincus que cela boucle le programme d'Everett. D'autres pas.

L'absence de consensus sur la question cruciale de savoir comment interpréter les probabilités dans l'interprétation des mondes multiples n'est pas vraiment une surprise. Les détails sont très techniques et il s'agit de manier un domaine (celui des probabilités) qui est notoirement difficile, même en dehors de ses applications à la théorie quantique. Lorsque nous lançons un dé, tout le monde s'accorde pour dire que nous avons 1 chance sur 6 d'obtenir un 3, et nous pouvons donc prédire que sur 1 200 lancers, par exemple, le chiffre 3 devrait apparaître environ 200 fois. Mais puisqu'il est possible, et même probable, que le nombre de 3 obtenus s'écarte de 200, que signifie cette prédiction ? Nous voudrions dire qu'il est hautement probable que 1/6e des lancers donnera un 3, mais si nous disons cela, alors nous définissons la probabilité d'obtenir un 3 en ayant recours au concept de probabilité. Nous tournons en rond. Et ce n'est qu'un avant-goût de la difficulté conceptuelle propre à ces questions, indépendamment de leur complexité mathématique intrinsèque. Ajoutons à cela la complexité des mondes multiples par laquelle « nous » ne représentons plus une seule personne, et l'on comprend aisément que les chercheurs trouvent de nombreux points de discorde. Je ne doute guère que tout cela s'éclairera un jour, mais nous n'en sommes pas là, et ce n'est peut-être pas pour tout de suite.

Prédictions et compréhension

Malgré toutes ces controverses, la mécanique quantique reste autant couronnée de succès que puisse l'être une théorie dans l'histoire des idées. Comme nous l'avons vu, la raison en est que pour les expériences menées en laboratoire, et pour beaucoup de nos observations de processus astrophysiques, nous avons un « algorithme quantique » qui produit des prédictions testables. Nous utilisons l'équation de Schrödinger pour calculer l'évolution des ondes de probabilité correspondantes et nous utilisons les résultats obtenus – la hauteur des ondes – pour prédire la probabilité d'occurrence de telle ou telle issue. En ce qui concerne ces prédictions, savoir pourquoi cet algorithme fonctionne – savoir pourquoi l'onde s'effondre lors de la mesure, savoir si toutes les possibilités se réalisent chacune dans son univers ou si d'autres phénomènes interviennent – est une question secondaire.

Certains physiciens pensent que la considérer comme secondaire est déjà lui accorder plus de valeur qu'elle n'en mérite. De leur point de vue, la physique consiste *seulement* à faire des prédictions, et tant que les méthodes utilisées n'affectent pas ces prédictions, pourquoi devrions-nous nous demander si elles sont ou non correctes ? Je propose trois lignes de réflexion.

Premièrement, outre offrir des prédictions, les théories physiques se doivent d'être cohérentes mathématiquement. L'interprétation de Copenhague est un effort valeureux, mais qui ne répond malheureusement pas à ce critère : au moment de l'observation, elle se renferme dans un pur silence mathématique. C'est un manque important, que l'interprétation des mondes multiples tente de combler [11].

Deuxièmement, dans certaines situations, les prédictions de l'interprétation des mondes multiples *pourraient* s'écarter de celles de l'interprétation de Copenhague. Dans cette dernière, le phénomène de l'effondrement de l'onde modifierait la figure 8.16-a pour qu'elle n'ait qu'un seul pic. Donc si nous faisions interférer les deux ondes représentées sur cette figure – correspondant à deux situations macroscopiquement distinctes – pour obtenir une figure d'interférence semblable à celle de la figure 8.2-c, cela montrerait que l'hypothétique effondrement prévu par Copenhague n'a pas lieu. Comme nous l'avons vu plus haut, du fait de la décohérence, c'est une tâche absolument considérable, et d'un point de vue purement théorique, les interprétations de Copenhague et des mondes multiples proposent des prédictions différentes [12]. C'est un point de principe important. Considérer les versions de Copenhague et des mondes multiples comme des « interprétations » de la mécanique quantique est un abus de langage : si elles conduisent à des prédictions différentes, nous ne pouvons plus les qualifier d'interprétations. Enfin, nous le pouvons toujours. Et nous le faisons. Mais cette terminologie est inadaptée.

Troisièmement, la physique ce n'est pas seulement faire des prédictions. Si un jour nous trouvions une boîte noire qui prédirait toujours avec une extraordinaire précision l'issue de nos expériences de physique des particules ou de nos observations astronomiques, eh bien son existence ne mettrait pas pour autant fin à nos recherches dans ces domaines. Il y a une différence entre *faire* des prédictions et les *comprendre*. La beauté de la physique, sa raison d'être, est qu'elle permet de comprendre *pourquoi* les choses de l'univers se comportent comme elles le font. La possibilité de prédire ces comportements est une part importante de la puissance de la physique, mais son essence même serait perdue si elle ne nous accordait pas une compréhension approfondie de la réalité cachée, sous-jacente à celle que nous observons. Et si l'interprétation des mondes multiples est correcte, notre engagement inconditionnel à comprendre nos prédictions aura révélé une extraordinaire réalité.

Je ne m'attends pas, dans le courant de ma vie, à être le témoin du consensus théorique ou expérimental qui dira quelles versions de la réalité la mécanique quantique incarne vraiment – un univers unique, un multi-univers ou quelque chose d'entièrement différent. Mais je pense que les générations futures considéreront le travail accompli aux XXe et XXIe siècles comme les bases fondamentales de la théorie, quelle qu'elle soit, qui en naîtra finalement.

Chapitre 9

Trous noirs et hologrammes

Le multi-univers holographique

Platon comparait la vision que nous avons de l'univers à celle de nos aïeux observant les ombres dansant sur les parois faiblement éclairées de leur caverne. Il imaginait que nous ne percevions qu'un minuscule soupçon d'une réalité beaucoup plus riche, vibrant hors de notre portée. Deux millénaires plus tard, tout porte à croire que la caverne de Platon n'était pas qu'une métaphore. Pour prendre le contrepied de sa proposition, la réalité (et non son ombre) pourrait exister sur une surface frontière très lointaine, tandis que tout ce que nous observons dans les trois dimensions spatiales ordinaires ne serait qu'une projection de ce lointain déploiement. Ainsi la réalité pourrait-elle ressembler à un hologramme, ou plutôt à un film holographique.

Le « principe holographique », sans doute le candidat de mondes parallèles le plus étrange, envisage que tout ce que nous connaissons puisse être entièrement décrit comme les allées et venues qui se déroulent en une fine surface très éloignée. Il stipule que si nous pouvions comprendre les lois qui gouvernent la physique en ce lieu distant, et comprendre comment les phénomènes là-bas sont liés à nos expériences ici, nous pourrions saisir tout ce qu'est la réalité. Une version du monde des ombres de Platon – une incarnation parallèle mais complètement inconnue des phénomènes quotidiens – serait la réalité.

Le voyage qui nous emmène vers cette étrange possibilité combine des travaux fondamentaux émanant de divers horizons : des éléments de relativité générale, des recherches sur les trous noirs, de la thermodynamique, de la mécanique quantique et, pour les plus récents, la théorie des cordes. Le fil rouge qui relie ces divers domaines de recherche est la nature de l'information dans un univers quantique.

Information

Outre son don pour découvrir et accompagner les jeunes talents scientifiques les plus prometteurs, John Wheeler (qui fut le professeur de Hugh Everett, mais aussi Richard Feynman, Kip Thorne et, comme nous le verrons bientôt, Jacob Bekenstein) avait une disposition étrange à identifier les questions dont l'analyse pourrait changer notre vision des rouages de l'univers. Lors d'un déjeuner à Princeton en 1998, je me souviens lui avoir demandé quel serait le thème dont il imaginait qu'il dominerait la recherche en physique durant les dizaines d'années à venir. Comme il l'avait fait déjà plusieurs fois ce jour-là, il baissa la tête, comme si son grand âge rendait difficile de supporter le poids d'un esprit aussi riche. Son silence fut si long que je me souviens de m'être demandé s'il ne voulait pas répondre ou si, peut-être, il avait oublié la question. Puis il releva la tête lentement et prononça ce mot : « L'information. »

Je n'étais pas surpris : depuis pas mal de temps, Wheeler défendait une vision des lois de la physique assez inhabituelle pour tout physicien débutant en plein cursus académique. Traditionnellement, la physique s'occupe des *objets* – planètes, pommes, atomes, particules, champs –

et des forces qui régissent leur comportement et leurs interactions. Wheeler suggérait que les *objets* – matière et rayonnement – soient envisagés comme secondaires, comme de simples transmetteurs d'une entité beaucoup plus abstraite et fondamentale : l'information. Wheeler ne proposait pas que matière et rayonnement soient en quelque sorte illusoires ; en fait, il envisageait plutôt qu'on les voie comme les manifestations matérielles de quelque chose de plus élémentaire. Il pensait que l'information – l'endroit où se trouve une particule, si elle tourne sur elle-même dans un sens ou dans l'autre, si sa charge est positive ou négative, et ainsi de suite – représentait un noyau dur irréductible au sein de la réalité. Le fait que ce type d'information soit contenu dans des particules réelles, occupant telle position, ayant tels spin ou charge, rappelle la manière dont les croquis d'un architecte prennent forme lors de la construction de l'immeuble réel. L'information fondamentale, ce sont les plans. L'immeuble obtenu finalement n'est qu'une réalisation physique de l'information que recèle le travail de conception de l'architecte.

De ce point de vue, l'univers peut être envisagé comme un processeur d'information. À partir de l'information concernant les choses à l'instant *t*, il produit de l'information définissant les choses à l'instant suivant, et à l'instant suivant le suivant, et ainsi de suite. Nous avons conscience de ce processus en détectant comment l'environnement physique change avec le temps. Mais l'environnement physique lui-même est indépendant : il provient de l'ingrédient fondamental qu'est l'information, puis évolue suivant les règles fondamentales que sont les lois de la physique.

Je ne sais pas si ce point de vue de théorie de l'information deviendra le sujet dominant de la physique tel que l'envisageait Wheeler, mais il se trouve que récemment, à la suite des travaux des physiciens Gerard't Hooft et Leonard Susskind, un changement de raisonnement s'est opéré qui a ouvert sur des questions étonnantes concernant l'information dans le contexte particulièrement exotique des trous noirs.

Les trous noirs

Dès la première année qui a suivi la publication de la relativité générale, l'astronome allemand Karl Schwarzschild a trouvé la première solution exacte aux équations d'Einstein ; celle-ci déterminait la forme de l'espace et du temps au voisinage d'un objet sphérique massif tel qu'une étoile ou une planète. Ce qui est remarquable, c'est non seulement que Schwarzschild avait trouvé sa solution entre deux calculs de trajectoires d'artillerie sur le front russe durant la Deuxième Guerre mondiale, mais également qu'il a battu le maître à son propre jeu : à ce stade, Einstein n'avait obtenu que des solutions approximatives à ses équations de la relativité générale. Impressionné, Einstein vanta l'exploit de Schwarzschild et présenta son travail à l'académie prussienne. Malgré cela, il passa à côté d'un détail qui deviendra l'héritage le plus extraordinaire de Schwarzschild.

La solution de ce dernier montre que les corps ordinaires tels que le Soleil ou la Terre produisent une courbure modeste de l'espace-temps, telle une petite dépression sur le trampoline spatio-temporel tout à fait plat par ailleurs. Cela correspondait bien aux résultats approximatifs qu'Einstein avait obtenus plus tôt, mais en s'affranchissant des approximations, Schwarzschild avait pu aller plus loin. Sa solution exacte révélait quelque chose de surprenant : si une quantité de masse suffisante pouvait être confinée à l'intérieur d'une boule suffisamment petite, alors il se formerait un abysse gravitationnel. La courbure de l'espace-temps deviendrait tellement extrême que n'importe quoi s'aventurant trop près serait piégé. Et parce que « n'importe quoi » pouvait aussi être la lumière, eh bien ces régions deviendraient noires, et c'est cette caractéristique qui a inspiré les premières appellations d'« étoiles noires ». La courbure extrême pourrait aussi amener le temps à s'arrêter à la limite de l'étoile ; d'où l'autre appellation initiale d'« étoiles figées ». Un demi-siècle plus tard, Wheeler, qui était presque aussi féru de marketing que de physique, a rendu célèbres ces étoiles au sein de la communauté des scientifiques et du grand public, avec un nom beaucoup plus mémorable : il les baptisa « trous noirs ». Et le nom est resté.

Lorsque Einstein lut l'article de Schwarzschild, il était d'accord sur l'application des mathématiques aux étoiles et planètes ordinaires. Mais qu'en est-il de ce que nous appelons désormais les trous noirs ? Einstein les dédaignait. À cette époque, c'était un véritable défi, même pour Einstein, de comprendre complètement les mathématiques compliquées de la relativité générale. Même s'il fallut attendre encore plusieurs dizaines d'années la compréhension moderne que nous avons des trous noirs, l'intense courbure de l'espace et du temps déjà apparente dans les équations était, aux yeux d'Einstein, trop draconienne pour être réelle. Un peu comme il le fit quelques années plus tard avec l'expansion cosmique, Einstein refusa de croire que des configurations si extrêmes de matière puissent être davantage que de simples manipulations mathématiques – fondées sur ses propres équations – dont nous aurions perdu le contrôle [1].

Au vu des nombres mis en jeu, il est facile d'adopter ce point de vue. Pour qu'une étoile aussi massive que le Soleil soit un trou noir, il faudrait qu'elle soit comprimée en une boule de trois kilomètres de diamètre ; pour un corps aussi massif que la Terre, il faudrait le comprimer en une boule d'un centimètre de diamètre. L'idée même qu'il puisse exister des agencements de matière aussi extrêmes semble tout bonnement ridicule. Et pourtant, depuis lors, les astronomes ont recueilli quantité de preuves observationnelles montrant que les trous noirs sont réels et même nombreux. On s'accorde même sur le fait qu'un grand nombre de galaxies seraient alimentées par un énorme trou noir en leur centre ; même notre Voie lactée serait censée tourner autour d'un trou noir dont la masse vaudrait trois millions de fois celle du Soleil. Il y a même une chance, comme nous l'avons vu au chapitre 4, que le LHC produise de minuscules trous noirs de laboratoire, en condensant la masse (et l'énergie) de la collision très violente entre protons, en un volume si minuscule que le résultat de Schwarzschild s'y applique, ici à une échelle microscopique. Emblèmes extraordinaires de la capacité des mathématiques à illuminer les sombres recoins du cosmos, les trous noirs sont devenus le point de mire de la physique moderne.

Outre qu'ils sont une aubaine pour l'astronomie observationnelle, les trous noirs sont également une source d'inspiration féconde pour les recherches théoriques, en ceci qu'ils offrent un terrain de jeu mathématique idéal dans lequel les physiciens peuvent pousser leurs théories jusqu'à leurs limites et explorer sur le papier l'un des contextes les plus extrêmes de la nature. Parmi les principales pièces à conviction, il se trouve que dans les années 1970, Wheeler a compris que le vénérable second principe de la thermodynamique – qui fut une lumière dans l'obscurité plus d'un siècle durant et nous a permis de comprendre le lien entre énergie, chaleur et travail – semble battre de l'aile lorsqu'on l'applique au voisinage d'un trou noir. Le regard neuf de

Jacob Bekenstein, l'étudiant de Wheeler, vint sauver la situation et, ce faisant, semer les premières graines du modèle holographique.

Le second principe

L'adage « qui peut le plus peut le moins » peut prendre plusieurs formes. « Moins on en dit, mieux c'est. » « Trop d'info tue l'info. » « Les faits, rien que les faits. » Ces expressions sont devenues très courantes car dans notre vie quotidienne, nous sommes bombardés d'informations. Heureusement, dans la plupart des cas, nos sens font la part des choses entre les détails et ce qui est vraiment important. Lorsque je croise un lion dans la savane, je me fiche éperdument du mouvement de chaque photon qui se reflète sur son pelage. Trop d'info tue l'info. J'ai seulement besoin de certaines caractéristiques précises concernant ces photons, ceux que nos yeux et notre cerveau ont appris, au cours de l'évolution, à décoder rapidement : Le lion se déplace-t-il vers moi ? Est-il embusqué, prêt à bondir ? Si l'on me donnait un descriptif d'instant en instant de chaque photon réfléchi, alors une chose est sûre : je serais en possession de tous les détails ; mais ce dont je serais privé, c'est la compréhension. En l'occurrence, en savoir moins ce serait vraiment mieux.

On retrouve le même genre de considérations en physique théorique. Il nous arrive de vouloir connaître chaque détail microscopique du système que nous étudions. De point en point le long des 27 kilomètres de tunnel du LHC dans lequel les particules sont envoyées pour entrer en collision frontale, les physiciens ont placé d'énormes détecteurs capables de suivre, avec une précision extrême, le mouvement des particules produites. Ces données essentielles pour mieux comprendre les lois fondamentales de la physique des particules sont si détaillées que la quantité accumulée en une année remplirait une pile de DVD soixante fois plus haute que la tour Eiffel. Toutefois, comme pour ma rencontre impromptue avec le lion, il y a d'autres situations en physique pour lesquelles ce niveau de détail obscurcit notre compréhension des choses plutôt que de l'éclairer. Une branche de la physique du XIXe siècle appelée la « thermodynamique » ou, dans sa version plus moderne, la « mécanique statistique », s'intéresse justement à ce type de systèmes. Le moteur à vapeur, l'innovation technologique à l'origine de la thermodynamique – et de la révolution industrielle –, en offre une belle illustration.

Au cœur d'un moteur à vapeur se trouve une cuve de vapeur d'eau, laquelle se dilate sous l'effet de la chaleur en faisant ainsi avancer le piston du moteur, et se contracte en refroidissant, ramenant ainsi le piston à sa position initiale, prêt à avancer à nouveau. Vers la fin du XIXe siècle et le début du XXe, les physiciens étudièrent les bases moléculaires de la matière, qui, entre autres choses, offrent une description microscopique de l'action de la vapeur. Lorsqu'on chauffe la vapeur, ses molécules de H_2O prennent beaucoup de vitesse et foncent à toute allure sur le piston. Plus elles sont chaudes, plus elles sont rapides et plus forte sera la pression. C'est simple, et malgré cela essentiel en thermodynamique : pour comprendre la force de la vapeur, nous n'avons pas besoin de connaître les détails sur quelles molécules particulières ont telle ou telle vitesse ou quelles particules ont heurté le piston ici ou là. Si l'on me donnait la liste des milliards de milliards de trajectoires moléculaires, j'aurais le même air ébahi que si l'on me donnait la liste des photons qui se réfléchissent sur le pelage du lion. Pour comprendre la pression de la vapeur d'eau sur le piston, j'ai seulement besoin de connaître le nombre moyen de molécules qui heurtent le piston sur un laps de temps donné, et leur vitesse moyenne au moment du choc. Ce sont des données beaucoup plus rudimentaires, mais cette partie réduite à l'essentiel est l'information vraiment utile.

En élaborant des méthodes mathématiques visant à sacrifier les détails de façon systématique en faveur de cette compréhension plus globale, les physiciens ont affiné une vaste palette de techniques et formulé bon nombre de concepts importants. L'un d'eux, que nous avons rencontré brièvement dans les chapitres précédents, est l'entropie. Initialement introduite au milieu du XIXe siècle pour quantifier la dissipation d'énergie dans les moteurs à combustion, l'entropie est vue aujourd'hui, depuis les travaux de Ludwig Boltzmann dans les années 1870, comme une caractérisation des détails de la finesse avec laquelle les constituants d'un système donné doivent être agencés – ou non – pour que ce système ait l'apparence globale observée.

Pour comprendre cela, imaginons Oscar et Félix, les deux colocataires de la série américaine *The Odd Couple*. Félix est paniqué car il pense que leur appartement a été cambriolé. « Ils ont tout saccagé ! » dit-il à Oscar. Oscar s'époussette – Félix a sûrement une de ses crises. Pour bien se faire comprendre, Oscar ouvre la porte de sa chambre comme un ouragan, sur une montagne de vêtements, de boîtes de pizza et de canettes de bière vides. « Tout est comme d'habitude », aboie Oscar. Félix ne fléchit pas : « Bien sûr que c'est pareil ! Saccager une porcherie ça donne une porcherie. Mais regarde *ma* chambre. » Et il ouvre sa porte d'un coup. « Saccagée ! raille Oscar. Elle est plus propre qu'une bouteille d'eau-de-vie. » « Propre, certes. Mais les intrus ont laissé des traces. Mes vitamines ? Les flacons ne sont pas rangés par ordre de taille. Ma collection des œuvres de Shakespeare ? Elle n'est pas dans l'ordre alphabétique. Et mon tiroir à chaussettes ? Regarde ça : des paires noires dans le casier des paires bleues ! Saccagée, te dis-je ! De toute évidence. »

Hormis l'hystérie de Félix, cette histoire montre un fait très simple mais néanmoins essentiel : lorsqu'un système est très désordonné, comme la chambre d'Oscar, un grand réarrangement possible de ses constituants laisse inchangée son apparence globale. Prenons les trente-six chemises froissées étalées sur le lit, le sol ou la chaise et jetons-les de-ci, de-là, envoyons les quarante-deux canettes de bière écrasées de manière aléatoire ici et là, et la chambre d'Oscar aura toujours la même allure. En revanche, lorsqu'un système est hautement ordonné, comme la chambre de Félix, même de petits réarrangements seront facilement repérables.

Cette distinction sous-tend la définition mathématique de l'entropie de Boltzmann. Prenons n'importe quel système et comptons le nombre de façons dont ses constituants peuvent être réarrangés sans modifier son apparence macroscopique, globale, d'ensemble. Ce nombre est l'entropie du système *. Lorsque le nombre de réarrangements possibles est important, alors l'entropie est élevée : le système est hautement désordonné. Si le nombre de ces réarrangements est petit, alors l'entropie est faible : le système est hautement ordonné (ou, de manière équivalente, possède peu de désordre).

Prenons des exemples plus conventionnels et imaginons une cuve de vapeur d'eau et un cube de glace. Concentrons-nous uniquement sur leurs propriétés macroscopiques globales, celles que nous pouvons mesu-

* Cette définition rudimentaire suffira pour le moment ; je serai plus précis dans un instant.

rer et observer sans connaître le détail de chaque constituant moléculaire. Si nous agitons notre main dans la vapeur, nous modifions la position de milliards de milliards de molécules de H_2O, et pourtant le brouillard uniforme à l'intérieur de la cuve semble inchangé. En revanche, si nous modifions de façon aléatoire la position et la vitesse d'autant de molécules dans un morceau de glace, alors nous le verrions immédiatement car la structure cristalline de la glace en serait changée. Nous verrions des cassures et des fissures. La vapeur, avec ses molécules de H_2O filant partout dans la cuve de façon aléatoire, est dans un état hautement désordonné ; la glace, avec ses molécules de H_2O organisées sur un réseau cristallin régulier, est hautement ordonnée. L'entropie de la vapeur est élevée (beaucoup de réarrangements la laissent inchangée) ; l'entropie de la glace est faible (peu de réarrangements la laissent inchangée).

En étudiant la sensibilité de l'apparence macroscopique d'un système à ses détails microscopiques, le concept d'entropie trouve naturellement sa place dans un formalisme mathématique qui s'intéresse prioritairement aux propriétés physiques globales. Le second principe de la thermodynamique a développé ce raisonnement de façon quantitative. Ce principe stipule qu'avec le temps, l'entropie d'un système augmente toujours [2]. Comprendre pourquoi ne demande qu'une maîtrise élémentaire des probabilités et des statistiques. Par définition, une configuration de haute entropie peut être réalisée via beaucoup plus d'arrangements microscopiques qu'une configuration de basse entropie. Au cours de son évolution, tout système a donc incomparablement plus de chances de passer par des états de plus haute entropie, puisque, tout simplement, il y en a plus. *Beaucoup* plus. Lorsqu'on fait cuire un pain au four, on le sent dans toute la maison car il y a des milliards de fois plus d'arrangements où les molécules émanant du pain diffusent un peu partout, que d'arrangements où les molécules restent sagement confinées dans un coin de la cuisine. Les mouvements aléatoires de ces molécules chauffées vont, quasiment avec certitude, les mener vers l'un de ces nombreux arrangements diffus, et non vers les rares configurations regroupées. La collection de molécules évolue donc d'une plus basse entropie à une entropie plus élevée et c'est cela le second principe.

L'idée est générale. Un verre cassé, une bougie qui se consume, de l'encre renversée, du parfum qui se diffuse… ce sont autant de processus différents, mais dont les considérations statistiques sont les mêmes. Pour chacun, l'ordre se dégrade en désordre et ce parce qu'il y a beaucoup plus de façons d'être désordonné. La beauté de ce type d'analyse – qui a suscité l'un des plus forts « Ouaaah ! » de mes études de physique – c'est que sans se perdre dans les détails microscopiques, nous avons un principe permettant d'expliquer pourquoi bon nombre de phénomènes se déroulent comme ils se déroulent.

Notons également que le second principe, puisqu'il est statistique, ne dit pas que l'entropie ne *peut pas* décroître, mais simplement qu'il est extrêmement improbable qu'elle le fasse. Les molécules de lait que nous versons dans notre café pourraient, comme résultat de leurs mouvements aléatoires, se réunir pour former la silhouette du Père Noël. Inutile de retenir notre souffle : la silhouette lactée du Père Noël a une très faible entropie. Il suffit de déplacer quelques milliards de ses molécules pour voir aussitôt le résultat : notre Père Noël perdrait un bras ou la tête, ou se diffuserait en volutes lactées à la surface du café. Par comparaison, une configuration dans laquelle les molécules de lait sont uniformément réparties possède une entropie considérablement plus élevée : un nombre énorme de réarrangements continuent de ressembler à une tasse de café au lait ordinaire. Ainsi, avec une probabilité écrasante, le lait versé dans notre café noir donnera une teinte uniforme, et sans Père Noël en vue… Le même genre de considérations s'applique à la vaste majorité des évolutions de haute à basse entropie, si bien que le second principe semble impossible à transgresser.

Trous noirs et second principe

Revenons à présent au travail de Wheeler sur les trous noirs. Au début des années 1970, Wheeler a remarqué que lorsque les trous noirs entrent dans la danse, le second principe paraît compromis. Il semblerait que les trous noirs soient un moyen fiable et tout prêt pour réduire l'entropie globale. Jetons notre système, quel qu'il soit (verre cassé, bougie consumée, encre renversée…) dans un trou noir. Puisque rien ne s'échappe du trou, le désordre du système peut sembler disparu à tout jamais. Aussi radical que cela puisse paraître, il semble donc facile de diminuer l'entropie totale si nous avons un trou noir sous la main. Beaucoup de chercheurs pensèrent alors que le second principe avait trouvé un adversaire à sa mesure.

L'étudiant de Wheeler, Bekenstein, n'était pas convaincu. Il proposa que l'entropie ne soit pas perdue dans le trou noir mais plutôt transférée à celui-ci. Après tout, personne n'a jamais dit qu'en se gobergeant de poussières et d'étoiles, les trous noirs transgressent le premier principe de la thermodynamique, à savoir la conservation de l'énergie. En revanche, l'équation d'Einstein montre que lorsqu'un trou noir se goinfre, il devient plus gros et plus costaud. L'énergie dans une région donnée peut être redistribuée, avec une partie tombant dans le trou noir et une partie restant en dehors, mais le total est préservé. Bekenstein proposa qu'il en soit de même pour l'entropie. Une partie de l'entropie reste au-dehors du trou noir, et une partie de l'entropie tombe à l'intérieur, mais aucune ne se perd.

Cela semble sensé, mais les experts ont dénié le travail de Bekenstein. La solution de Schwarzschild et beaucoup des travaux qui ont suivi semblaient montrer que les trous noirs sont la quintessence de l'ordre. La matière et le rayonnement absorbés, aussi désordonnés soient-ils, sont comprimés à une taille infinitésimale au cœur du trou noir : le trou noir est le fin du fin en terme d'ordre et de rangement compact. En réalité, personne ne sait exactement ce qui se passe durant cette extraordinaire compression, car la courbure et la densité deviennent si extrêmes que l'équation d'Einstein n'a plus de sens. Il semblerait juste que le centre d'un trou noir ne puisse supporter aucun désordre. Et au-delà de son centre, le trou noir n'est autre qu'une région vide d'espace-temps qui s'étend jusqu'à la frontière de non-retour – l'horizon d'événements – comme sur la figure 9.1. Sans atomes ni molécules filant de-ci, de-là, et sans constituants à réorganiser, le trou noir pourrait donc sembler dénué d'entropie.

Dans les années 1970, cette vision des choses fut renforcée par un théorème baptisé en anglais *no-hair theorem*, ou « théorème de calvitie », et qui établissait mathématiquement que les trous noirs, à l'instar des membres chauves du groupe Blue Man, ont très peu de signes caractéristiques. Si l'on en croit ce théorème, deux trous noirs ayant la même masse, la même charge et le même moment cinétique sont *identiques*. N'ayant aucun autre trait distinctif (comme les artistes de Blue Man n'ont ni tresses ni dreadlocks), les trous noirs semblent

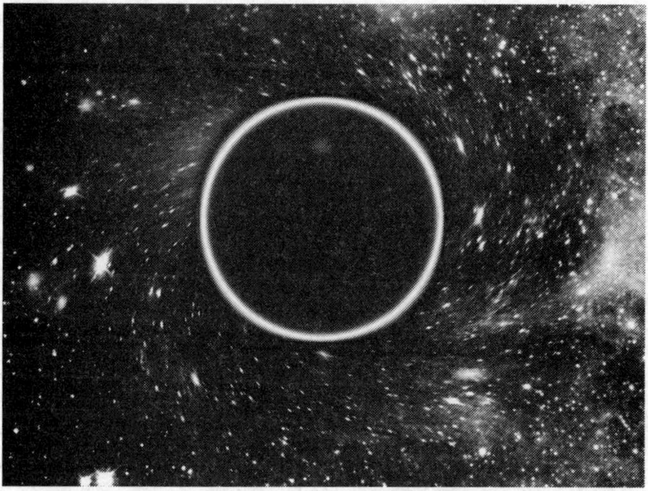

Figure 9.1 Le trou noir se compose d'une région de l'espace-temps entourée par une surface de non-retour, l'horizon d'événements.

privés des différences susceptibles de renfermer de l'entropie.

En soi, cet argument était plutôt convaincant, mais il y avait autre chose, une considération beaucoup plus accablante pour la proposition de Bekenstein. Si l'on en croit la thermodynamique élémentaire, il existe un lien étroit entre entropie et température. La température est une mesure du mouvement moyen des composants d'un objet : les objets chauds possèdent des constituants rapides, ceux des objets froids sont lents. L'entropie est une mesure des réarrangements possibles de ces composants qui passent inaperçus, d'un point de vue macroscopique. Aussi bien l'entropie que la température dépendent des caractéristiques d'ensemble des composants de l'objet considéré ; elles évoluent main dans la main. En élaborant les mathématiques associées, il devint évident que si Bekenstein avait raison et que les trous noirs recelaient bel et bien de l'entropie, alors ils devaient également avoir une température [3]. C'est cette idée qui a fait sonner l'alarme. Tout objet qui a une température non nulle rayonne. Le charbon ardent rayonne de la lumière visible ; nous les humains rayonnons typiquement dans l'infrarouge. Si les trous noirs possèdent une température non nulle, alors ces lois de la thermodynamique que Bekenstein cherchait justement à préserver stipulent qu'ils devraient rayonner eux aussi. Mais cela contredit ouvertement le fait reconnu que rien ne peut échapper à l'attraction gravitationnelle du trou noir. Presque tous les chercheurs en conclurent que Bekenstein se trompait. Les trous noirs n'ont pas de température. Les trous noirs n'ont pas d'entropie. Les trous noirs sont les égouts de l'entropie. En leur présence, le second principe de la thermodynamique s'effondre.

En dépit de cette accumulation d'indices en sa défaveur, Bekenstein avait de son côté un résultat extrêmement favorable. En 1971, Stephen Hawking a compris que les trous noirs obéissaient à une loi étrange. Prenons une collection de trous noirs de tailles et de masses différentes, certains engagés dans une valse orbitale, d'autres attirant matière et rayonnement environnant, d'autres encore en collision les uns avec les autres ; alors *la surface totale de ces trous noirs augmente avec le temps*. Par « surface », Hawking entend l'aire de l'horizon d'événement de chaque trou noir. Or, il existe de nombreux résultats en physique qui garantissent que certaines grandeurs ne changent pas au fil du temps (conservation de l'énergie, de la charge, du l'impulsion, etc.) mais très peu qui exigent que des grandeurs augmentent. Ainsi imagine-t-on tout naturellement qu'il puisse exister un lien entre le résultat de Hawking et le second principe. Si nous envisageons que d'une manière ou d'une autre, la surface d'un trou noir est une mesure de l'entropie qu'il contient, alors l'augmentation de la surface totale pourrait se lire comme l'augmentation de l'entropie totale.

L'analogie était séduisante, mais ne plut à personne. La similitude entre le théorème de l'aire de Hawking et le second principe n'apparut aux yeux de la plupart que comme une coïncidence. Ou tout au moins jusqu'à ce que, quelques années plus tard, Hawking arrive au bout d'un des calculs les plus importants de la physique théorique moderne.

Le rayonnement de Hawking

Parce que la mécanique quantique ne joue aucun rôle dans la relativité générale d'Einstein, la solution du trou noir de Schwarzschild est une solution de physique purement classique. Cependant, pour étudier correctement la matière et le rayonnement (pour des particules qui, comme les photons, les neutrinos et les électrons, transportent masse, énergie et entropie d'un point à un autre), il faut avoir recours à la physique quantique. Pour évaluer pleinement la nature des trous noirs et comprendre comment ils interagissent avec la matière et le rayonnement, nous devons mettre à jour les travaux de Schwarzschild pour y inclure des considérations quantiques. Ce n'est pas facile. Malgré les progrès en théorie des cordes (ainsi que dans d'autres domaines que nous n'avons pas abordés, comme la gravité quantique à boucles, les twisteurs ou la théorie des topos), nous sommes toujours à un stade très immature de notre tentative d'unification entre physique quantique et relativité générale. À l'époque des années 1970, il y avait encore moins de fondements théoriques pour comprendre comment la mécanique quantique influence la gravitation.

Malgré cela, un certain nombre de chercheurs ont élaboré une union partielle de la mécanique quantique et de la relativité générale, en considérant des champs quantiques (partie quantique) évoluant dans un espace-temps fixe mais courbe (partie relativité générale). Comme nous l'avons vu au chapitre 4, une union complète devrait prendre en compte non seulement les fluctuations des champs dans l'espace-temps, mais les fluctuations de l'espace-temps lui-même. Pour faciliter les progrès dans cette voie, les premiers travaux ont immanquablement évité cette complication. Hawking a donc adopté cette union partielle et étudié comment les champs quantiques se comporteraient dans un espace-temps très particulier : celui créé par la présence d'un trou noir. Ce qu'il a découvert a fait tomber les physiciens de leur fauteuil.

Une caractéristique bien connue des champs quantiques dans un espace-temps ordinaire, vide et dénué de courbure est que leurs fluctuations permettent à des paires de particules, par exemple un électron et son antiparticule le positron, d'apparaître momentanément à partir du vide, de vivre un bref instant puis de s'annihiler l'une l'autre. Ce processus, la production de paires quantiques, a été intensément étudié aussi bien théoriquement qu'expérimentalement, et il est très bien compris.

Une caractéristique intéressante de la production de paires quantiques, c'est que si un membre de la paire possède une énergie positive, alors la loi de conservation de l'énergie stipule que l'autre particule doit posséder la même quantité d'énergie *négative* – un concept qui n'aurait guère eu de sens dans un univers classique*.

* Au chapitre 3, nous avons vu comment l'énergie d'un champ gravitationnel pouvait être négative ; cette énergie était toutefois de l'énergie potentielle. L'énergie dont nous discutons ici, l'énergie cinétique, provient de la masse et du mouvement de la particule. En physique classique, elle doit être positive.

Mais le principe d'incertitude offre une fenêtre de bizarrerie par laquelle des particules d'énergie négative peuvent exister pourvu qu'elles n'abusent pas de cette hospitalité. Si une particule existe un très court instant, alors l'incertitude quantique stipule qu'aucune expérience n'aura le temps nécessaire, même en principe, pour déterminer le signe de son énergie. Et c'est pour cette raison que la paire de particules est condamnée par les lois quantiques à une rapide annihilation. Donc, encore et encore, les fluctuations quantiques ont pour effet que des paires de particules apparaissent et disparaissent, encore et encore, comme incarnation des murmures incessants de l'incertitude quantique dans un espace-temps vide par ailleurs.

Hawking a reconsidéré ces fluctuations quantiques ubiquitaires non dans les conditions d'un espace vide, mais près de l'horizon d'un trou noir. Il a découvert que cela se passe parfois comme d'ordinaire. Des paires de particules sont créées de façon aléatoire ; elles se retrouvent rapidement et se font disparaître. Mais de temps à autre, il se passe quelque chose de nouveau. Si les particules se forment suffisamment proches de l'horizon du trou noir, l'une des deux peut se retrouver piégée à l'intérieur tandis que l'autre s'échappe dans l'espace. En l'absence de trou noir, cela n'aurait jamais eu lieu car si les particules ne s'annihilent pas l'une l'autre, alors celle qui a une énergie négative survivrait au-delà du brouillard protecteur de l'incertitude quantique. Hawking a compris que la courbure drastique qu'occasionne le trou noir sur l'espace et le temps environnant a pour effet qu'une particule dotée d'énergie négative, vue par les observateurs à l'extérieur du trou noir, semble avoir une énergie positive à tout observateur infortuné qui serait à l'intérieur de l'horizon. De cette manière, le trou noir offre aux particules d'énergie négative un havre de sécurité, et élimine le besoin de camouflage quantique. Les particules qui se créent ainsi par paires peuvent donc renoncer à l'annihilation mutuelle et suivre chacune leur propre voie [4].

Les particules d'énergie positive filent vers l'extérieur depuis le bord de l'horizon d'événement, si bien qu'aux yeux d'un observateur éloigné, elles ressemblent à du rayonnement, nommé depuis « rayonnement de Hawking ». Les particules d'énergie négative ne se voient pas directement puisqu'elles tombent dans le trou noir, mais elles ont néanmoins un effet détectable. De même que la masse du trou noir augmente lorsqu'il absorbe tout ce qui recèle de l'énergie positive, sa masse diminue lorsqu'il absorbe quelque chose qui véhicule de l'énergie négative. L'association de ces deux processus fait que le trou noir ressemble à un morceau de charbon en combustion : il émet un flux de rayonnement continu à mesure que sa masse diminue [5]. Avec ces considérations quantiques, les trous noirs ne sont donc pas complètement noirs. Voilà ce que Hawking a sorti du chapeau, à la surprise de tous.

Cela ne signifie pas pour autant que le trou noir moyen est rouge de chaleur. Les particules qui filent depuis le bord du trou noir luttent tant bien que mal pour échapper à l'attraction gravitationnelle extrêmement forte. Ce faisant, elles perdent énormément d'énergie et se refroidissent donc notablement. Hawking a calculé qu'un observateur situé loin du trou noir trouverait que la température de ce rayonnement fatigué est inversement proportionnelle à la masse du trou noir. Un trou noir énorme comme celui qui réside au cœur de notre galaxie posséderait donc une température inférieure à un milliardième de milliardième de degré au dessus du zéro absolu. Un trou noir ayant la masse du Soleil aurait une température inférieure à un millionième de degré, qui est minuscule même par rapport aux

2,7 degrés du fond de rayonnement cosmologique émanant du Big Bang. Pour atteindre une température suffisant à cuire le dîner familial, il faudrait un trou noir avec une masse d'environ un dix millionième de celle de la Terre, ce qui est extrêmement faible à l'échelle astrophysique.

Quant à l'ordre de grandeur de la température des trous noirs, il est secondaire. Bien que le rayonnement provenant de trous noirs éloignés n'illumine pas les cieux nocturnes, le fait qu'ils aient bel et bien une température, le fait qu'ils émettent bel et bien un rayonnement, suggère que les chercheurs ont trop vite rejeté la proposition de Bekenstein que les trous noirs ont bel et bien une entropie. Hawking a tranché tout net : ses calculs théoriques déterminant la température d'un trou noir et le rayonnement qu'il émet lui ont fourni toutes les infos nécessaires pour déterminer la quantité d'entropie que le trou noir devrait contenir, en vertu des principes habituels de la thermodynamique. Et le résultat qu'il a obtenu est proportionnel à l'aire de la surface du trou noir, comme l'avait proposé Bekenstein.

Ainsi, dès la fin de 1974, le second principe était redevenu un principe. Les propositions de Bekenstein et Hawking montraient que dans n'importe quelle situation l'entropie augmente, pourvu que l'on prenne en compte non seulement l'entropie de la matière et du rayonnement ordinaires, mais également celle contenue dans les trous noirs, mesurée par l'aire de leur surface. Plutôt que des égouts à entropie qui transgressent le second principe, les trous noirs jouent donc une part active en faisant respecter la promesse qu'avait faite ce principe d'un univers dont le désordre augmente à tout jamais.

La conclusion fut un véritable soulagement. Pour beaucoup de physiciens, le second principe, provenant de considérations statistiques qui semblent irréfutables, se rapprochait du sacré autant que faire se peut en sciences.

Sa réhabilitation signifiait une fois encore que tout allait bien dans ce monde. Jusqu'à ce qu'un petit détail essentiel sur l'entropie mette en évidence que l'équilibre du second principe n'était pas la question la plus fondamentale en jeu. Cet honneur revint à savoir *où est stockée l'*entropie, une question dont l'importance devient claire lorsque nous comprenons le lien étroit entre l'entropie et le thème principal de ce chapitre : l'information.

L'entropie et l'information cachée

Jusqu'ici, j'ai présenté grosso modo l'entropie comme une mesure du désordre et, de façon plus quantitative, comme le nombre de réarrangements des constituants microscopiques d'un système qui laissent inchangées ses caractéristiques macroscopiques. J'ai laissé implicite, mais nous allons le rendre explicite, le fait que nous pouvons envisager l'entropie comme une mesure du manque d'information entre les données que nous avons (les caractéristiques macroscopiques) et celles que nous n'avons pas (les arrangements microscopiques du système). L'entropie mesure l'information additionnelle que recèlent les détails microscopiques du système qui, si nous y avions accès, nous permettrait de faire la distinction au niveau microscopique entre les configurations dont les caractéristiques macroscopiques se ressemblent.

Pour illustrer cela, imaginons qu'Oscar a rangé sa chambre, à l'exception des 1 000 pièces de un dollar qu'il a gagnées à la dernière partie de poker et qui jonchent le sol. Même après les avoir rassemblées en un joli petit tas, Oscar ne voit qu'un monticule désordonné de pièces, certaines sur face, d'autres sur pile. Si nous retournions de manière aléatoire quelques pièces de pile à face ou de face à pile, il ne verrait jamais la différence – ce qui montre que le système des 1000 pièces disséminées au sol possède une entropie élevée. Cet exemple est tellement explicite que nous pouvons même faire le calcul de l'entropie. Avec seulement deux pièces, il y aurait quatre configurations possibles : (pile, pile), (pile, face), (face, pile) et (face, face), soit deux possibilités pour la première pièce, fois deux pour la seconde. Avec trois pièces, il y aurait huit arrangements possibles : (pile, pile, pile), (pile, pile, face), (pile, face, pile), (face, pile, pile), (face, face, pile), (face, pile, face), (pile, face, face), (face, face, face) provenant des deux possibilités pour la première, deux pour la deuxième, deux pour la troisième. Avec un millier de pièces, le nombre de possibilités suit exactement la même logique (un facteur 2 pour chaque pièce) et s'élève donc au total à 2^{1000}, c'est-à-dire 10715086071862673209484250490600018105614048 11705533607443750388370351051124936122493198 378815695812759467291755314682518714528569 23140435984577574698574803934567774824309854 21074605062371141877954182153046474983581941 26739876755916554394607706291457119647768654 2167660429831652624386837205668069376. La grande majorité de ces arrangements sur pile ou face n'a aucune caractéristique distinctive et ne sort pas du lot. Pour certains si, par exemple ceux dont les 1 000 pièces sont toutes sur pile ou toutes sur face, ou ceux dont 999 sont sur pile ou 999 sur face. Mais le nombre de ces configurations rares est si extraordinairement faible par comparaison au nombre gigantesque de toutes les possibilités au total, que les enlever du compte ne fait quasi pas de différence *.

Avec ce que nous avions vu plus tôt, nous pourrions en déduire que 2^{1000} est l'entropie de ce système de

* Outre retourner les pièces, nous pourrions aussi les déplacer, mais pour illustrer l'idée principale, nous pouvons ignorer simplement cette complication.

pièces. Et dans certains cas, cette conclusion convient parfaitement. Mais pour tisser le lien entre entropie et information, j'ai besoin d'affiner la description donnée plus tôt. L'entropie d'un système est *liée* au nombre de réarrangements indiscernables de ses composants, mais n'est pas exactement égale à ce nombre. La relation entre eux s'exprime via une opération mathématique appelée *logarithme* : que les mauvais souvenirs d'anciens cours de maths ne nous arrêtent pas. Dans notre exemple avec les pièces, cela signifie simplement que nous isolons l'exposant dans le nombre de réarrangements – autrement dit, l'entropie serait plutôt de 1 000 que de 2^{1000}.

Utiliser des logarithmes présente l'avantage de nous permettre de travailler avec des nombres plus faciles à manipuler, mais il y a une autre bonne raison, encore plus importante. Imaginons que l'on nous demande quelle quantité d'information fournir pour décrire un arrangement particulier des 1 000 pièces. La réponse la plus simple serait de donner la liste indiquant la disposition de chacune des 1 000 pièces – face, face, pile, pile, pile… Certes, cela donnerait les détails de la configuration considérée, mais cela ne répond pas à la question posée. La question était de savoir *quelle quantité d'information* recèle cette liste.

Nous commençons donc à réfléchir. Qu'est-ce exactement que l'information, et qu'est-ce qu'elle fait ? Notre réponse peut être simple et directe : l'information répond à des questions. Des années de recherche par des mathématiciens, des physiciens et des informaticiens ont affiné cela. Leurs travaux ont montré que la mesure la plus utile du contenu en information est *le nombre de questions distinctes, à réponse de type oui/non, auxquelles elle peut répondre*. L'information recelée dans les pièces répond à mille questions de ce type : Le premier dollar est-il sur face ? Oui. Le deuxième dollar est-il sur face ?

Oui. Le troisième dollar est-il sur face ? Non. Le quatrième est-il sur face ? Non. Et ainsi de suite. Une donnée pouvant répondre à une simple question oui/non est ce que l'on appelle un « bit » – terme bien connu datant de l'avènement de l'informatique, qui est un raccourci pour le terme anglais *binary digit* qui signifie chiffre binaire, prenant la valeur 0 ou 1, c'est-à-dire une représentation numérique de « oui » ou « non ». L'arrangement pile ou face des 1 000 pièces contient donc 1 000 bits d'information. De manière équivalente, du point de vue macroscopique d'Oscar, si nous ne regardons que l'aspect global du tas de pièces et que nous fuyons les détails « microscopiques » des dispositions pile ou face, l'information « cachée » dans le tas de pièces s'élève à 1 000 bits.

Notons que la valeur de l'entropie et la quantité d'information cachée sont égales. Ce n'est pas accidentel. Le nombre de réarrangements possibles de la disposition pile ou face vaut bel et bien le nombre de réponses possibles aux 1 000 questions – dont les réponses seraient (oui, oui, non, non, oui…) ou (oui, non, oui, oui, non…) ou (non, oui, non, non, non…) et ainsi de suite – à savoir 2^{1000}. Étant définie comme le logarithme du nombre de ces réarrangements – 1 000 en l'occurrence –, l'entropie *est* le nombre de questions oui/non auxquelles ce type de séquence répond.

Je me suis consacré à cet exemple des 1 000 pièces pour proposer un exemple précis, mais le lien entre entropie et information est tout à fait général. Les détails microscopiques de n'importe quel système contiennent de l'information qui est cachée lorsqu'on ne prend en compte que les aspects macroscopiques, d'ensemble. Par exemple, nous connaissons la température, la pression et le volume d'une cuve de vapeur mais savons-nous si une molécule de H_2O vient de heurter le coin supérieur droit de la cuve ? Est-ce qu'une autre molécule vient de heurter le coin inférieur gauche ? Comme pour les dollars éparpillés au sol, *l'entropie d'un système est le nombre de questions oui/non auxquelles les détails microscopiques peuvent répondre ; l'entropie est donc une mesure du contenu en information d'un système*[6].

Entropie, information cachée et trous noirs

Comment cette notion d'entropie et sa relation à l'information cachée s'applique-t-elle au cas des trous noirs ? Lorsque Hawking a travaillé l'argument quantique reliant l'entropie d'un trou noir à l'aire de sa surface, il n'a pas seulement apporté des précisions quantitatives à la proposition originale de Bekenstein, il a également fourni un algorithme pour mener les calculs. Prenons l'horizon d'événements d'un trou noir, stipule Hawking, et divisons-le en une sorte de quadrillage, dont la longueur des côtés de chaque cellule vaut une longueur de Planck (10^{-33} centimètre). Hawking a montré mathématiquement que l'entropie du trou noir est le nombre de telles cellules qui sont nécessaires pour recouvrir l'horizon – c'est-à-dire l'aire de la surface du trou noir, mesurée en unités de longueur de Planck au carré, soit 10^{-66} centimètre carré par cellule. En termes d'information cachée, c'est comme si chaque cellule recelait secrètement un bit, valant 0 ou 1, répondant à une seule question oui/non concernant certains aspects des détails microscopiques du trou noir[7]. C'est ce qu'illustre schématiquement la figure 9.2.

La relativité générale d'Einstein, tout comme le théorème de calvitie des trous noirs, ignore la mécanique quantique et passe complètement à côté de cette information. Choisissons les valeurs de la masse, de la charge et du moment angulaire et nous avons complètement

Figure 9.2 Stephen Hawking a montré mathématiquement que l'entropie d'un trou noir égale le nombre de cellules de taille de la longueur de Planck qui seraient nécessaires pour recouvrir son horizon d'événement. Tout se passe comme si chacune de ces cellules recelait un bit, une unité élémentaire d'information.

défini notre trou noir, dit la relativité générale. Mais la simple lecture de Bekenstein et Hawking nous dit que non. Leur travail montre qu'il existe de nombreux trous noirs ayant les mêmes propriétés macroscopiques mais qui sont néanmoins différents d'un point de vue microscopique. Et comme pour des situations plus ordinaires – les pièces sur le sol ou la vapeur d'eau dans une cuve – l'entropie du trou noir reflète l'information cachée dans ces détails plus fins.

Aussi exotiques que soient les trous noirs, ces travaux proposaient qu'à l'égard de l'entropie, ils se comportent comme n'importe quel système. Ce résultat a tout de même soulevé quelques interrogations. Bekenstein et Hawking nous disent combien d'information est cachée au sein des trous noirs, mais ils ne nous disent pas quelle est cette information. Ils ne nous spécifient aucune des questions oui/non auxquelles répond cette information, ni les constituants microscopiques que cette information est censée décrire. L'analyse mathématique a permis d'extraire la *quantité* d'information que recèle un trou noir, mais sans indication sur l'information elle-même [8].

Ces questions sont – et restent – des énigmes. Mais il en est une autre, encore plus élémentaire : Pourquoi la quantité d'information serait-elle dictée par l'aire de la surface du trou noir ? Plus exactement, si l'on nous demandait combien d'information est stockée à la Bibliothèque nationale de France, nous chercherions à connaître l'espace disponible *à l'intérieur* de la BNF. Nous chercherions à connaître les capacités des rayonnages en termes de stockage des livres, des microfiches, des cartes, photographies et autres documents. Il en va de même pour l'information dans ma tête, qui semble liée au volume de mon cerveau, qui dicte l'espace disponible pour les interconnexions neuronales. Cela vaut également pour l'information contenue dans une cuve de vapeur d'eau, qui est stockée dans les propriétés des particules qui remplissent la cuve. Et pourtant, chose étonnante, Bekenstein et Hawking montrèrent que pour un trou noir, la capacité de stockage de l'information est déterminée non pas par son volume intérieur mais par l'aire de sa surface.

Avant ces résultats, les physiciens avaient imaginé que, puisque la longueur de Planck (10^{-33} centimètre) était apparemment la plus courte longueur pour laquelle la notion de « distance » continuait d'avoir un sens, le plus petit volume significatif serait un minuscule cube dont les arêtes mesureraient chacune une longueur de Planck (pour un volume de 10^{-99} centimètre cube). Une hypothèse raisonnable, acceptée par le plus grand nombre, veut qu'indépendamment des découvertes technologiques à venir, le plus petit volume possible ne pourra jamais stocker davantage que la plus petite unité d'information, à savoir un bit. Ainsi nous attendons-nous à ce qu'une région de l'espace atteigne son maximum de stockage d'information lorsque le nombre des bits qu'elle recèle égale le nombre de cubes de Planck que l'on peut confiner à l'intérieur de celle-ci. Le fait que le résultat de Hawking fasse intervenir la longueur de Planck n'était donc pas surprenant. La surprise, c'est que les capacités de stockage d'information cachée des trous noirs soient déterminées par le nombre de carrés de la taille de Planck qui recouvrent sa surface, et non par le nombre de cubes de Planck qui rempliraient son volume.

C'était le premier indice en faveur de l'holographie – les capacités de stockage d'information déterminées par l'aire de la surface limite et non pas le volume défini à l'intérieur de cette surface. Après quelques tours et détours durant les trente années qui suivirent, cet indice a évolué en une vision radicalement nouvelle d'envisager les lois de la physique.

Localisation de l'information cachée d'un trou noir

L'échiquier planckien doté de 0 et de 1 disséminé sur la surface de l'horizon d'événement (figure 9.2) est une illustration symbolique du résultat de Hawking pour la quantité d'information que recèle un trou noir. Mais jusqu'à quel point pouvons-nous interpréter littéralement cette imagerie ? Lorsque les mathématiques nous disent que la capacité de stockage d'information d'un trou noir se mesure grâce à l'aire de sa surface, est-ce seulement le résultat d'un comptage numérique, ou est-ce que cela signifie que la surface du trou noir est bien le lieu de stockage de l'information ?

C'est une question importante, sur laquelle travaillent depuis des dizaines d'années certains des physiciens les plus renommés*. La réponse dépend sensiblement de si l'on regarde le trou noir de l'extérieur ou de l'intérieur – et de l'extérieur, nous avons de bonnes raisons de penser que l'information est bel et bien stockée à l'horizon.

Pour quiconque connaît les détails de la description des trous noirs par la relativité générale, cette affirmation est extrêmement étrange. La relativité générale établit clairement qu'en tombant dans un trou noir, lorsque nous traversons son horizon d'événement, nous ne rencontrerons rien – aucune surface matérielle, aucun panneau, aucune lumière qui clignote – qui serait susceptible de nous signifier que nous traversons la limite de non-retour. C'est une conclusion qui provient de l'une des idées les plus simples et les plus fondamentales d'Einstein. Einstein avait compris que lorsque nous, ou n'importe quel objet, sommes en chute libre, nous ne pesons plus rien. Imaginons que nous sautions d'un plongeoir avec une balance attachée à nos pieds : durant la chute, elle indiquerait zéro. En effet, nous pouvons annuler les effets de la gravitation en nous y abandonnant complètement. De cela, Einstein déduisit une conséquence immédiate. En nous fondant sur l'expérience de notre environnement immédiat, nous n'avons aucun moyen de faire la différence entre la chute libre vers un objet massif et le flottement en apesanteur dans les profondeurs de l'espace vide : dans les deux situations, nous sommes parfaitement dénués de poids. Certes, si nous regardons au-delà de notre environne-

* Pour ceux que l'histoire complète intéresse, je recommande chaudement l'excellent ouvrage de Leonard Susskind, *Trous noirs, la guerre des savants*.

ment immédiat et voyons par exemple la surface de la Terre se rapprochant dangereusement, cela nous donne un indice assez fiable qu'il est grand temps de tirer les ficelles de notre parachute. Mais si nous étions confiné dans une petite capsule sans fenêtre, les expériences de chute libre et d'apesanteur seraient indiscernables [9].

Dans les premières années du XXe siècle, Einstein s'est saisi de ce lien simple mais fondamental entre mouvement et gravitation, et après une dizaine d'années de travail, il en a tiré sa théorie de la relativité générale. Notre application dans ces pages en est plus modeste. Imaginons que nous soyons dans la capsule, en chute libre non pas vers la Terre mais vers un trou noir. Le même raisonnement stipule que ce que nous vivons ne se distingue absolument pas d'un flottement libre en apesanteur dans l'espace vide. Et cela signifie qu'il ne se passe rien de particulier ou inhabituel lorsque nous tombons en chute libre à travers l'horizon du trou noir. Lorsque nous arrivons finalement au cœur du trou noir, nous ne sommes plus en chute libre, et là nous vivons certainement une expérience tout à fait différente. Et également très spectaculaire. Mais jusqu'alors, nous pourrions tout aussi bien flotter sans but dans les noires profondeurs de l'espace.

Voilà qui rend l'entropie des trous noirs encore plus mystérieuse. Si, en traversant l'horizon d'un trou noir nous ne trouvions absolument rien pour le distinguer de l'espace vide, alors comment peut-il stocker de l'information ?

L'une des réponses qui a eu quelque succès durant les dix dernières années entre en résonance avec le thème de la dualité rencontré dans les précédents chapitres. Souvenons-nous que la dualité se réfère à une situation dans laquelle existent des points de vue complémentaires apparemment très différents, et pourtant intimement reliés par un même ancrage physique. L'image d'Albert et Marilyn de la figure 5.2 en montre une belle métaphore visuelle ; parmi les exemples mathématiques, citons les formes miroir des dimensions supplémentaires de la théorie des cordes (chapitre 4) et les théories des cordes qui semblaient distinctes mais qui sont duales (chapitre 5). Ces dernières années, les chercheurs, menés par Susskind, ont compris que les trous noirs offrent un autre contexte dans lequel des points de vue complémentaires et pourtant très différents conduisent à des développements fondamentaux.

L'un des principaux points de vue est le nôtre, celui de quiconque tombe en chute libre dans le trou noir. Un autre est celui d'une observatrice distante, qui regarde notre chute libre à travers un télescope puissant. Ce qui est remarquable, c'est que lorsque nous traversons sans encombre l'horizon du trou noir, l'observatrice éloignée perçoit une séquence d'événements très différente. La différence est en lien avec le rayonnement de Hawking*. Lorsque l'observatrice mesure la température du rayonnement de Hawking, elle obtient une valeur minuscule, disons 10^{-13} K, indiquant que le trou noir a grosso modo la taille de celui qui occupe le centre de notre Galaxie. Mais elle sait que le rayonnement n'est froid que parce que les photons, en chemin depuis l'horizon du trou noir jusqu'à elle, ont dépensé leur énergie en luttant vaillamment contre l'attraction gravitationnelle du trou noir : dans la description que j'ai donnée plus haut, les photons sont fatigués. Notre observatrice en

* Les lecteurs connaissant bien les trous noirs remarqueront que même sans les considérations quantiques à l'origine du rayonnement de Hawking, les deux points de vue diffèrent notablement à l'égard du rythme du temps qui passe. Le rayonnement de Hawking rend ces deux points de vue encore plus différents.

déduit qu'à mesure que nous nous rapprochons de l'horizon du trou noir, nous rencontrerons des photons de plus en plus fringants, qui viennent tout juste de commencer leur voyage et sont donc beaucoup plus énergétiques et plus chauds. En effet, lorsqu'elle nous regarde approcher à un cheveu de l'horizon, elle voit notre corps bombardé de rayonnement Hawking de plus en plus intense, jusqu'à ce qu'il n'en reste qu'une dépouille carbonisée.

Heureusement pour nous, ce que nous vivons est plus agréable. Nous ne voyons ni ne percevons de signe de ce rayonnement brûlant. Encore une fois, parce que notre mouvement de chute libre annule les effets de la gravitation [10], notre expérience est indiscernable de celle où nous flotterions librement dans l'espace vide. Et s'il y a une chose dont nous sommes sûrs, c'est qu'en flottant librement dans l'espace vide, nous ne prenons pas feu subitement. Ainsi pouvons-nous conclure que de notre point de vue, nous traversons l'horizon sans encombre et (ce qui est moins optimiste) nous nous précipitons vers la singularité au cœur du trou noir, tandis que du point de vue de l'observatrice à distance, nous sommes immolés par la couronne brûlante qui entoure l'horizon.

Lequel des deux points de vue est le bon ? Si l'on en croit Susskind et les autres, les deux sont justes. Certes, ce n'est pas évident à admettre avec notre logique ordinaire – la logique en vertu de laquelle nous sommes vivant *ou* non. Mais ce n'est pas une situation ordinaire. Ce qui est plus frappant encore, c'est que ces deux points de vue si radicalement différents ne pourront jamais être comparés. Impossible de nous extraire du trou noir pour démontrer à notre observatrice que nous sommes bien vivant. Et il se trouve qu'elle ne peut pas non plus plonger dans le trou noir pour vérifier que nous sommes bien mort. Lorsque je disais de l'observatrice à distance qu'elle nous « voit » immolé par le rayonnement Hawking du trou noir, c'était pour simplifier. L'observatrice éloignée, en examinant attentivement le rayonnement fatigué qui arrive jusqu'à elle, peut reconstituer l'histoire de notre brûlante fin. Mais l'information prend du temps pour lui parvenir. Et les calculs montrent qu'après le temps qui lui est nécessaire pour conclure à notre funeste fin, elle n'aurait pas le temps de filer jusqu'au trou noir et de nous rattraper avant que la singularité ne nous détruise. Les points de vue peuvent être distincts, mais la physique possède un dispositif antiparadoxe intégré.

Et l'information alors ? De notre point de vue, toute l'information qui nous concerne, stockée dans notre corps, notre cerveau et notre ordinateur portable, traverse avec nous l'horizon du trou noir. Du point de vue de l'observatrice distante, toute l'information que nous transportons est absorbée par les couches de rayonnement qui bouillonnent juste au-dessus de l'horizon. Les bits dans notre corps, notre cerveau et notre portable seraient préservés, mais complètement mélangés à mesure qu'ils se rapprochent, se heurtent et se mélangent à l'horizon bouillonnant. Ce qui signifie qu'aux yeux de l'observatrice distante, l'horizon d'événements occupe une *vraie* place, et est peuplé de vraies choses qui donnent une incarnation physique à l'information décrite symboliquement sur l'échiquier de la figure 9.2.

La conclusion, c'est que l'observatrice à distance en déduit que l'entropie du trou noir est déterminée par la surface de son horizon car l'horizon est le lieu de stockage de l'entropie. Présenté ainsi, cela semble tout à fait sensé. Mais ne perdons pas de vue combien il est inattendu que la capacité de stockage ne soit pas définie par le volume du trou noir. Et, comme nous allons le voir à présent, ce résultat n'illustre pas seulement un aspect inhabituel des trous noirs. Les trous noirs ne nous indiquent pas seulement comment ils stockent l'informa-

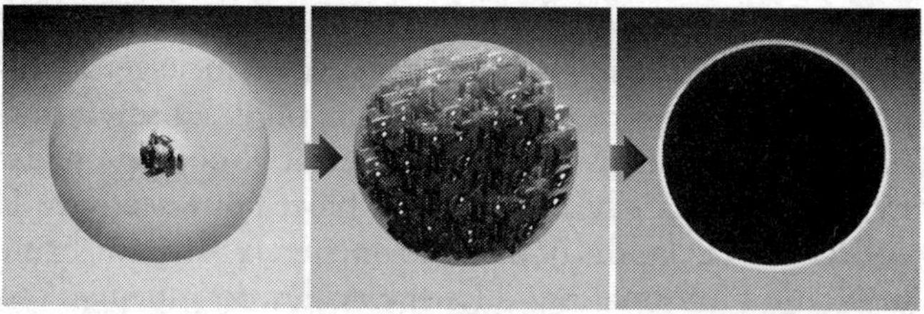

Figure 9.3 **(a)** Divers objets qui renferment de l'information, situés dans une région donnée de l'espace, bien délimitée. **(b)** Nous augmentons les capacités de stockage d'information de la région choisie. **(c)** Lorsque la quantité de matière traverse un certain seuil (dont la relativité générale permet de calculer la valeur [11]), la région devient un trou noir.

tion. Les trous noirs nous informent sur le stockage de l'information dans n'importe quel contexte. Cela ouvre une voie directe vers le point de vue holographique.

Au-delà des trous noirs

Imaginons un objet ou une collection d'objets situés dans une certaine région de l'espace – les collections de la BNF, celle de tous les ordinateurs de Google, les archives des Renseignements généraux, etc. Pour nous faciliter les choses, imaginons que nous délimitions une région donnée en l'entourant d'une sphère imaginaire, comme sur la figure 9.3-a. Imaginons en outre que la masse totale des objets, comparée au volume qu'ils remplissent, soit d'un ordre de grandeur à ce point ordinaire que nous sommes loin de ce qu'il faudrait pour créer un trou noir. Voilà nos hypothèses de départ. La question principale est la suivante : Quelle est la quantité maximale d'information pouvant être stockée dans cette région de l'espace ?

La réponse vient du couple inattendu que forment le second principe et le trou noir. Imaginons que nous ajoutions de la matière dans cette région, avec pour objectif d'augmenter ses capacités de stockage. Nous pourrions ajouter des cartes mémoire ou des disques durs haute capacité dans les ordinateurs de Google ; ou des livres, voire des Kindle remplis à bloc, pour accroître la collection de la BNF. Puisque même la matière brute recèle de l'information – les molécules de vapeur d'eau sont-elles ici ou là ? se déplacent-elles à telle ou telle vitesse ? – nous pouvons également remplir les moindres recoins de cette région avec toute la matière que nous pourrons trouver. Ce jusqu'à ce que nous atteignions un seuil critique. Au bout d'un moment, la région sera tellement pleine que si nous ajoutions ne serait-ce qu'un grain de sable, elle se transformerait en trou noir. Le jeu s'arrête là. La taille d'un trou noir est déterminée par sa masse, donc si nous tentons d'augmenter encore la capacité de stockage d'information en ajoutant davantage de matière, le trou noir répondra en grossissant davantage. Mais puisque nous nous intéressons à l'information pouvant être contenue dans un volume *fixe* de l'espace, le résultat ne cadre plus avec nos hypothèses de départ. Nous ne pouvons pas augmenter la quantité d'information dans un trou noir sans le contraindre à grossir [12].

Deux observations nous aident à franchir la ligne d'arrivée. Le second principe stipule que l'entropie augmente durant tout le processus, et donc que la quantité d'information cachée dans les disques durs, les Kindle, les livres en papier à l'ancienne et tout ce que nous avons entassé dans la région reste inférieure à la quantité que recèle le trou noir. Avec les résultats de Bekenstein et Hawking, nous savons que le contenu en information cachée dans le trou noir est donné par la surface de son horizon d'événements. De plus, parce que nous prenons soin de ne pas surpeupler notre région de l'espace, l'horizon du trou noir correspond à la limite de cette région, si bien que l'entropie du trou noir égale l'aire de cette surface. Nous venons d'apprendre une leçon importante : *la quantité d'information confinée au sein d'une région donnée de l'espace, stockée dans des objets quels qu'ils soient, est toujours inférieure à l'aire de la surface qui entoure la région (mesurée en unités de Planck).*

Voilà la conclusion que nous cherchions. Notons que même si les trous noirs sont au cœur du raisonnement, l'analyse s'applique à n'importe quelle région de l'espace, qu'il y ait ou non un trou noir. Si nous saturons les capacités de stockage d'une région donnée, nous créons un trou noir, mais tant que nous restons en deçà de cette limite, aucun trou noir ne se formera.

Je me hâte d'ajouter que d'un point de vue très pragmatique, la limite de stockage de l'information n'est pas un problème en soi. Par comparaison aux dispositifs de stockage rudimentaires dont nous disposons aujourd'hui, les capacités limites de la surface d'une région donnée sont monstrueuses. Prenons cinq disques dur d'un téraoctet, que l'on empile sans souci dans une sphère de 50 centimètres de diamètre, dont la surface est recouverte par 10^{70} cellules de Planck. La capacité de stockage de la surface représente environ 10^{70} bits, ce qui représente mille milliards de milliards de milliards de milliards de milliards de milliards de téraoctets, et dépasse donc de très loin tout ce que nous pouvons acheter. Personne à la Silicon Valley ne s'inquiète vraiment de ces contraintes théoriques.

Cela étant, à titre de guide sur les rouages de l'univers, ces limitations de stockage sont précieuses. Imaginons une région de l'espace quelconque, comme la pièce dans laquelle je rédige ces lignes, ou celle dans laquelle chacun les lit. Adoptons le point de vue de Wheeler et imaginons que tout ce qui se passe dans cette région revient à du traitement de l'information – l'information sur ce que sont les choses à un instant donné est transformée par les lois de la physique en information sur ce qu'elles seront une seconde, une minute ou une heure plus tard. Puisque les processus physiques que nous observons, ainsi que ceux qui nous régissent, ont apparemment lieu dans la région considérée, il est naturel d'attendre que l'information qu'ils véhiculent soit elle aussi dans ladite région. Mais les résultats que nous venons d'obtenir suggèrent une autre vision des choses. Pour les trous noirs, nous avons trouvé que le lien entre information et surface dépasse le simple comptage numérique. L'information est, très concrètement, stockée à leur surface. Leonard Susskind et Gerard't Hooft ont insisté sur le fait que la leçon devrait être générale : puisque l'information nécessaire pour décrire les phénomènes physiques au sein de n'importe quelle région de l'espace peut être encodée complètement par les données sur la surface qui entoure la région considérée, alors nous avons de bonnes raisons de penser que c'est sur cette surface que les processus physiques ont réellement lieu. Notre réalité habituelle à trois dimensions, si l'on en croit ces chercheurs aventureux, serait alors comparable à une projection holographique de ces processus physiques bidimensionnels à grande distance.

Si ce raisonnement est juste, alors certains processus physiques auraient lieu sur une surface éloignée qui, à l'instar d'un marionnettiste tirant les ficelles, régissent les processus qui ont lieu dans mes doigts, mes bras ou mon cerveau lorsque j'écris ces lignes. Nos expériences ici et cette réalité distante là-bas formeraient les plus intimement liés des mondes parallèles. Les phénomènes de ces deux mondes – que j'appellerai « univers parallèles holographiques » – auraient un tel lien que leurs évolutions respectives seraient liées au même titre que nous le sommes à notre ombre.

Clauses subsidiaires

L'idée que notre réalité quotidienne puisse être le reflet de phénomènes ayant lieu sur une distance très éloignée de moins haute dimension, ou même qu'elle soit produite par ces phénomènes, se range parmi les progrès les plus inattendus de toute la physique théorique. Mais comment pouvons-nous construire notre confiance envers ce principe holographique ? Nous nageons dans les eaux profondes des mers théoriques, et nous ne pouvons nous appuyer que sur des travaux qui n'ont pas été testés expérimentalement, ce qui laisse toute la place au scepticisme. Il y a beaucoup d'occasions de fausses routes. Les trous noirs ont-ils vraiment une entropie non nulle et une température non nulle et, si oui, leurs valeurs sont-elles conformes aux prédictions théoriques ? La capacité de stockage d'information d'une région de l'espace est-elle réellement déterminée par la quantité d'information pouvant être stockée sur la surface qui l'entoure ? Et sur ces surfaces, la limite est-elle vraiment de un bit par unité d'aire de Planck ? Nous pensons que la réponse à chacune de ces questions est oui, car l'édifice théorique qui a permis de tirer ces conclusions est logique, cohérent et construit avec soin. Mais puisque aucune de ces idées n'a encore été soumise au scalpel de l'expérimentateur, il est tout à fait possible (mais peu probable selon moi) que les progrès à venir nous convainquent que l'une ou l'autre de ces étapes intermédiaires est erronée. Ce qui pourrait mener le modèle holographique à sa perte.

Un autre élément important, c'est qu'au cours de la discussion, nous avons parlé d'une région de l'espace donnée, de la surface qui l'entoure et du contenu en information de chacune. Mais puisque nous nous intéressons à l'entropie et au second principe – dont les deux s'intéressent principalement à la *quantité* d'information dans un contexte donné – nous n'avons pas approfondi les détails sur la *manière* dont l'information est réalisée physiquement ou stockée. Lorsque nous parlons d'information résidant sur la sphère entourant une région donnée de l'espace, qu'est-ce que cela signifie réellement ? Comment l'information se manifeste-t-elle ? Quelle forme prend-elle ? Dans quelle mesure pouvons-nous élaborer un dictionnaire explicite pour traduire les phénomènes ayant lieu à la frontière en ceux qui ont lieu à l'intérieur ?

Les physiciens n'ont pas encore de formalisme permettant de répondre à ces questions. La gravitation et la mécanique quantique étant toutes deux au centre du raisonnement, nous pourrions nous attendre à ce que la théorie des cordes offre un terreau fertile pour les explorations théoriques. Mais lorsque Gerard't Hooft a élaboré le concept holographique pour la première fois, il ne pensait pas que la théorie des cordes puisse faire avancer les choses dans ce domaine : « À l'échelle de Planck, la Nature est encore plus folle que ce que même les théoriciens des cordes ont pu imaginer [13]. » Moins de dix ans plus tard, la théorie des cordes a donné tort à Gerard't Hooft en lui donnant raison. Dans un article qui fera date, un jeune théoricien montra que la théorie des cordes offre une réalisation explicite du principe holographique.

Théorie des cordes et holographie

Lorsque j'ai été appelé sur l'estrade de l'université de Californie à Santa Barbara pour donner ma conférence au congrès international annuel de théorie des cordes de 1998, j'ai fait quelque chose que je n'avais jamais fait auparavant et que je ne referai probablement jamais. Devant tout le public, j'ai lancé ma main droite sur mon épaule gauche, ma main gauche sur mon épaule droite, j'ai glissé mes deux mains l'une après l'autre jusqu'à mon pantalon, fait un petit saut puis un quart de tour, salué fort heureusement par l'hilarité générale qui a couvert les trois derniers pas qui me séparaient du podium, puis j'ai commencé ma conférence. Le public avait compris la blague : au banquet de la veille au soir, les participants au congrès avaient dansé et chanté – comme seuls les physiciens peuvent le faire – en l'honneur d'un résultat spectaculaire de l'Argentin Juan Martín Maldacena, théoricien des cordes. Avec des paroles comme « Black holes used to be a great mystery ; now we use D-branes to compute D-entropy* », la foule s'amusait avec sa version de théoricien des cordes du tube des années 1990, la *Macarena* – une version plus animée que celle de Al Gore au congrès américain sur la démocratie, moins mélodieuse que l'original de Los del Río, mais aussi passionnée que ces deux-là. Je fus l'un des rares orateurs du congrès dont la conférence ne concernait pas la découverte de Maldacena, si bien qu'en prenant la parole le jour suivant, j'ai trouvé qu'il était de bon ton de préfacer mon allocution d'un petit geste d'approbation très personnel.

Cela étant, plus de dix ans après, beaucoup admettent que depuis lors, aucun des travaux de théorie des cordes n'est comparable en amplitude et en influence. Parmi les nombreuses ramifications du résultat de Maldacena, l'une concerne directement le sujet qui nous occupe ici.

---

* « Avant, les trous noirs étaient un grand mystère ; maintenant nous avons les D-branes pour calculer la D-entropie. »

Avec des hypothèses particulières, le résultat de Maldacena *réalise explicitement le principe holographique et, ce faisant, offre le premier exemple mathématique d'univers parallèles holographiques*. Maldacena a appliqué la théorie des cordes dans un univers dont la forme diffère du nôtre mais qui se trouve du coup plus facile à analyser. Mathématiquement parlant, la forme possède une frontière, une surface impénétrable qui entoure complètement son intérieur. En se concentrant sur cette surface, Maldacena a pu montrer de façon convaincante que tout ce qui a lieu dans cet univers particulier est le reflet de lois et de processus qui se déroulent à sa frontière.

Bien que la méthode de Maldacena puisse ne pas être applicable directement à un univers comme le nôtre, ses résultats conservent leur caractère décisif car ils établissent des fondations mathématiques sur lesquelles construire des univers holographiques de manière explicite et quantitative. Les résultats de ces constructions ont séduit bon nombre de physiciens qui voyaient auparavant le principe holographique avec beaucoup de méfiance, et ont ainsi déclenché une avalanche de travaux avec des milliers d'articles et une compréhension considérablement approfondie. Le plus excitant dans tout cela, c'est que nous avons désormais une preuve que nous pouvons tisser un lien entre ces idées théoriques et la physique de notre univers. Dans les quelques années à venir, ce lien pourrait même permettre de tester les idées du modèle holographique.

Le reste de cette section ainsi que la suivante seront consacrés à l'explication de la découverte de Maldacena, qui sera la partie la plus difficile de tout ce que nous avons vu. Je commencerai par un bref résumé, une version courte qui ouvre le droit à passer sans vergogne à la dernière section et dont le contenu comblera tout de même l'appétit des lecteurs pour les détails.

Le coup de maître de Maldacena a été d'utiliser une nouvelle version de la dualité présentée au chapitre 5. Souvenons-nous des branes – les univers « tranches de pain » – que nous y avions introduites. Maldacena a regardé depuis deux points de vue complètement différents, les propriétés d'une collection très compacte de branes tridimensionnelles, comme sur la figure 9.4. Depuis l'un des deux points de vue, dit « intrinsèque », on regarde les cordes qui se déplacent, vibrent et interagissent le long des branes. Depuis l'autre, dit « extrinsèque », on regarde comment les branes influencent gravitationnellement leur environnement immédiat, un peu comme le Soleil et la Terre influencent le leur. Maldacena proposait que la description soit dans les deux cas celle d'une seule et même situation physique, mais depuis des points de vue différents. Le premier (intrinsèque) implique que les cordes se déplacent sur un empilement de branes, tandis que le deuxième (extrinsèque) implique que les cordes se déplacent dans une région d'espace-temps courbe limitée par l'empilement de branes. En stipulant l'équivalence des deux, Maldacena a trouvé un lien explicite entre la physique se déroulant dans une région donnée, et la physique de sa frontière. Il a trouvé une réalisation explicite de l'holographie. Voilà donc l'idée générale.

En ajoutant un peu de couleur, l'histoire est la suivante. Imaginons, propose Maldacena, un empilement de trois-branes si serré qu'il ressemble à un bloc monolithique (figure 9.4) et étudions le comportement des cordes qui évoluent dans cet environnement. Souvenons-nous qu'il existe deux types de cordes : les cordes ouvertes et les cordes fermées. Les extrémités des cordes ouvertes peuvent se déplacer sur et dans les branes, mais sans les quitter ; tandis que les cordes fermées n'ont pas

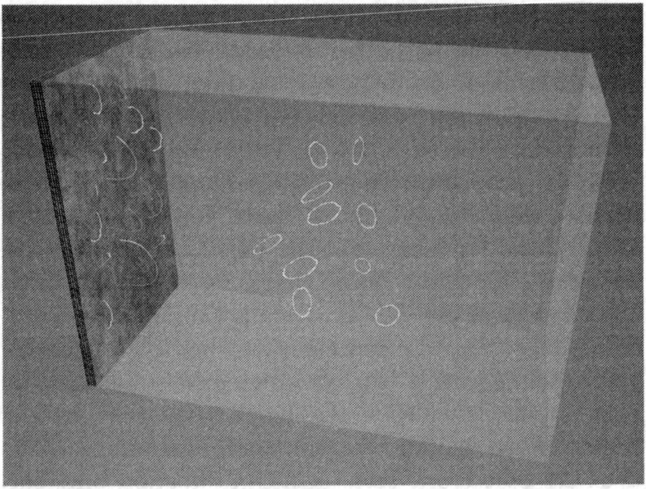

Figure 9.4 Un empilement de trois-branes très serrées, avec des cordes ouvertes confinées sur la surface des branes, et des cordes fermées se déplaçant dans l'espace-temps au complet (en anglais, le *bulk*).

d'extrémité et peuvent donc se déplacer librement à travers tout l'espace. Dans le jargon de théorie des champs, nous disons que si les cordes ouvertes sont confinées aux branes, les cordes fermées sont libres de se déplacer dans l'espace-temps au complet, que l'on appelle le « bulk ».

La première étape mathématique de Maldacena fut de se concentrer sur les cordes possédant une basse énergie – c'est-à-dire celles qui vibrent relativement lentement. Voici pourquoi : la force de gravitation entre deux objets quelconques est proportionnelle à la masse de chacun ; il en va de même pour la force de gravitation agissant entre deux cordes quelconques. Les cordes possédant une faible énergie possèdent une petite masse et ne répondent donc quasi pas à la gravitation. En s'intéressant aux cordes de basse énergie, Maldacena néglige donc l'influence de la gravitation. Cela simplifie substantiellement les calculs. En théorie des cordes, comme nous l'avons vu (chapitre 5), la gravitation est transmise de place en place par les cordes fermées. Supprimer la force gravitationnelle revenait donc à supprimer l'influence des cordes fermées sur tout ce qu'elles pouvaient rencontrer – et notamment les cordes ouvertes vivant sur la pile de branes. En s'assurant que les deux types de cordes, ouvertes et fermées, ne s'influencent pas mutuellement, Maldacena garantit qu'elles puissent être analysées indépendamment.

Maldacena a ensuite passé une vitesse et proposé de regarder la même situation mais d'un autre point de vue. Plutôt que de voir les trois-branes comme un substrat pour le mouvement des cordes ouvertes, il a proposé qu'on les voie comme un unique objet, doté de sa propre masse et courbant donc l'espace et le temps autour de lui. Heureusement pour Maldacena, des recherches antérieures menées par de nombreux physiciens avaient déjà jeté les bases de ce point de vue alternatif. Ces travaux avaient montré que plus l'on empile de branes les unes sur les autres, plus leur champ gravitationnel collectif s'accroît. Au bout du compte, le bloc de branes se comporte comme un trou noir, mais un trou noir fait de branes, que l'on appelle donc une « brane noire ». Comme avec les trous noirs ordinaires, tout ce qui s'approche trop près d'une brane noire ne peut plus s'en échapper. Et comme c'est le cas pour les trous noirs ordinaires, si nous restons à grande distance pour observer quelque objet qui s'approche de la brane noire, la lumière que nous recevrons sera épuisée d'avoir eu à lutter contre la gravitation de la brane noire. Si bien que l'objet semblera receler de moins en moins d'énergie et se déplacer de plus en plus lentement [14].

Depuis ce second point de vue, Maldacena s'est à nouveau intéressé aux aspects faiblement énergétiques de l'univers doté d'un tel bloc noir. Comme il l'avait fait depuis le premier point de vue, il a compris que la physique de basse énergie implique deux composants à analyser indépendamment. Les transporteurs de basse énergie les plus immédiats sont les cordes fermées qui vibrent lentement et se déplacent partout dans le bulk de l'espace. Les seconds composants proviennent de la présence de la brane noire. Imaginons que nous soyons loin de la brane noire et que nous disposions d'une corde fermée en vibration avec une quantité d'énergie arbitrairement grande. Imaginons que nous puissions lui faire perdre de son énergie en la rapprochant de l'horizon d'événement, tout en respectant nous-mêmes une bonne distance de sécurité. Comme nous l'avons vu plus haut, la brane noire donnera l'impression que l'énergie de la corde diminue de plus en plus ; la lumière que nous recevons nous donnera l'impression que la corde se déplace comme au ralenti. Les seconds porteurs de basse énergie sont donc toutes ces cordes vibrantes qui sont suffisamment proches de l'horizon de la brane noire.

La dernière étape du raisonnement de Maldacena fut de comparer ces deux points de vue. Il remarquait simplement que ces deux visions des choses décrivant le même empilement de branes mais de points de vue différents, elles devaient s'accorder. Chaque description implique des cordes fermées de basse énergie qui se déplacent dans le bulk : cette partie de l'accordage entre les deux versions est déjà manifeste. Mais tout le reste doit également être en accord.

Et c'est là que cela devient surprenant.

Le reste pour la version intrinsèque se compose des cordes ouvertes de basse énergie qui se déplacent sur les trois-branes. Souvenons-nous du chapitre 4 : les cordes de basse énergie sont bien décrites par la théorie quantique des champs de particules ponctuelles, et c'est bien le cas ici. Les champs quantiques qui interviennent ici contiennent un grand nombre d'ingrédients mathématiques compliqués (avec des caractéristiques assez ingrates puisqu'il s'agit d'une *théorie de champ de jauge quantique supersymétrique et invariante d'échelle*), mais deux propriétés essentielles sont déjà bien comprises. L'absence de cordes fermées garantit l'absence du champ gravitationnel. Et comme les cordes ne peuvent se déplacer que sur les branes tridimensionnelles serrées comme des sardines, la théorie de champ quantique vit dans trois dimensions spatiales (outre la dimension du temps, pour un total de quatre dimensions spatio-temporelles).

Le reste pour la deuxième description du même phénomène se compose de cordes fermées, adoptant n'importe quel schéma vibratoire, tant qu'elles restent suffisamment proches de l'horizon d'événements de la brane noire pour avoir l'air léthargique à grande distance – et donc sembler dotées d'une très basse énergie. Ces cordes, bien qu'elles soient limitées dans leurs excursions hors de la pile noire, continuent de vibrer et se déplacer dans les neuf dimensions de l'espace (soit un total de dix dimensions spatio-temporelles lorsqu'on comptabilise la dimension temps en plus). Comme cette partie se compose de cordes fermées, elle contient la force de gravité.

Aussi différentes que peuvent sembler ces deux versions, elles décrivent pourtant une seule et même situation physique et doivent donc concorder. Cela mène à une conclusion parfaitement étrange. Une théorie de champ quantique de particules ponctuelles, dénuée de gravitation, définie en quatre dimensions spatio-temporelles (le premier point de vue) décrirait donc la même physique qu'une théorie de cordes incluant la gravitation, et se déplaçant dans une zone donnée d'un espace-temps à dix dimensions (le second point de vue). Voilà une affirmation qui semble bien tirée par les cheveux… Très honnêtement, j'ai eu beau essayer, je n'ai pas réussi à trouver deux choses du monde réel aussi dissemblables que ces deux théories. Mais Maldacena a poursuivi ses calculs de la manière que nous avons esquissée, et il est arrivé en plein devant cette conclusion.

L'étrangeté franche de ce résultat – et l'audace de cette affirmation – n'est pas atténuée par le fait qu'il faille un certain temps pour trouver sa place dans le raisonnement présenté plus haut dans ce chapitre. Comme l'illustre schématiquement la figure 9.5, la gravitation du bloc de branes noires donne une forme courbe à l'espace-temps dix-dimensionnel environnant (les détails sont secondaires, mais cet espace-temps courbe est un espace pentadimensionnel anti-de Sitter couplé à une 5-sphère) ; le bloc de branes noires est lui-même la frontière de cet espace. Ainsi, le résultat de Maldacena stipule que la théorie des cordes dans le bulk de cet espace-temps est identique à une théorie quantique de champs vivant sur sa *frontière*[15].

L'holographie s'anime.

Maldacena a donc construit un laboratoire mathématique autosuffisant dans lequel, entre autres choses, les physiciens pouvaient explorer en détail une réalisation holographique d'une loi physique. En quelques mois, deux articles, l'un écrit par Edward Witten et l'autre par Steven Gubser, Igor Klebanov et Alexander Polyakov, apportèrent les éléments pour accéder au prochain niveau de compréhension. Ils élaboraient un dictionnaire mathématique précis permettant de faire la traduction pour passer d'un point de vue à l'autre : le dictionnaire montrait comment se manifeste dans le bulk un processus physique donné ayant lieu sur la frontière des branes, et *vice versa*. Dans un univers hypothétique, ce dictionnaire rend donc le principe holographique explicite. Sur

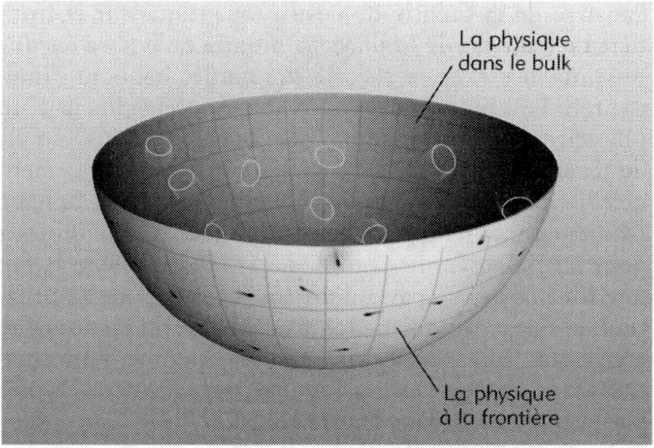

Figure 9.5 Illustration schématique de la dualité entre la théorie des cordes opérant à l'intérieur d'un espace-temps donné, et la théorie quantique de champs opérant sur la frontière de cet espace-temps.

la frontière de cet univers, l'information est incarnée par les champs quantiques. Lorsque l'information est traduite en vertu de ce dictionnaire mathématique, alors elle raconte l'histoire d'un phénomène de cordes ayant lieu au cœur de cet univers.

Le dictionnaire lui-même rend la métaphore holographique d'autant plus adaptée. Les hologrammes tels que nous les connaissons n'ont aucune ressemblance avec les images tridimensionnelles qu'ils produisent. Sur sa surface, le plastique est strié de lignes, d'arcs et de volutes. Et pourtant, une opération complexe, obtenue en éclairant le plastique au laser, transforme ces marques en une image tridimensionnelle identifiable. Ce qui signifie que l'hologramme en plastique et l'image tridimensionnelle recèlent les mêmes données, mais l'information de l'un est méconnaissable du point de vue de l'autre. De même, l'analyse de la théorie de champ quantique sur la frontière de l'univers de Maldacena montre qu'il n'y a aucune ressemblance avec la théorie des cordes habitant l'intérieur. Si l'on montrait les deux théories séparément à un physicien ne connaissant pas les liens que nous venons de tisser, alors il ou elle en conclurait très probablement qu'elles n'ont aucun rapport. Néanmoins, le dictionnaire mathématique reliant les deux – qui joue le rôle du laser pour les hologrammes ordinaires – rend explicite le fait que tout ce qui se passe d'un côté possède une incarnation de l'autre. En même temps, l'analyse du dictionnaire révèle que, comme avec un vrai hologramme, l'information dans chaque version semble complètement cryptée par la traduction dans l'autre langage.

En guise d'exemple, particulièrement impressionnant, Witten a étudié à quoi ressemblerait un trou noir ordinaire à l'intérieur de l'univers de Maldacena, vu depuis la théorie sur la frontière. Souvenons-nous que la théorie sur la frontière n'a pas de gravitation, si bien que le trou noir se traduira forcément par quelque chose qui ne ressemble pas du tout à un trou noir. Le résultat de Witten montre que, tout comme le visage inquiétant du Magicien d'Oz était produit par un homme ordinaire, le trou noir vorace est la projection holographique de quelque chose de tout aussi ordinaire : un bain de particules à haute température dans la théorie sur la frontière (figure 9.6). Tout comme un vrai hologramme et l'image qu'il produit, les deux théories – un trou noir dans le bulk et une théorie quantique de champ sur la frontière – n'ont aucune similitude apparente mais incarnent pourtant la même information *.

* Il existe une autre histoire en lien avec tout cela, que je n'ai pas contée dans ce chapitre, et qui concerne un débat de longue date sur la question de savoir si les trous noirs nous imposent de modifier la mécanique quantique – car, en absorbant l'information, ils perturbent l'évolution des ondes de probabilité vers le futur dans le temps. Un

Dans la parabole de la caverne de Platon, nos sens n'ont conscience que d'une version diminuée, aplatie, de la vérité beaucoup plus riche qu'est la réalité. Le monde frontière de Maldacena est très différent. Loin d'être diminué, il nous conte l'histoire complète. C'est une histoire fondamentalement différente de celle dont nous avons l'habitude. Mais son monde frontière pourrait bien en être le principal narrateur.

Univers parallèles ou mathématiques parallèles ?

Le résultat de Maldacena, ainsi que les nombreux autres travaux qui ont suivi depuis, est jugé fondé sur des conjectures. Parce que les mathématiques sont ardues, il est difficile d'arriver à une argumentation vraiment imparable. Mais ces idées holographiques ont été soumises à bon nombre de tests mathématiques rigoureux qu'elles ont traversés sans encombre. Elles ont donc intégré les courants de pensée dominants parmi les physiciens en quête des véritables racines des lois de la nature.

Un facteur qui rend difficile la démonstration rigoureuse du fait que les mondes sur la frontière et dans le bulk sont des versions déguisées l'un de l'autre met en lumière la puissance de ce résultat, si tant est qu'il soit

---

résumé en une phrase dirait que le résultat de Witten, en établissant l'équivalence entre un trou noir et une situation physique qui ne détruit *pas* d'information (une théorie quantique de champs), apporte une preuve solide en faveur du fait que l'information qui tombe dans le trou noir est malgré tout accessible au monde extérieur. La mécanique quantique n'a pas besoin d'être modifiée. Cette application de la découverte de Maldacena montre également que la théorie sur la frontière décrit complètement l'information (l'entropie) stockée à la surface du trou noir.

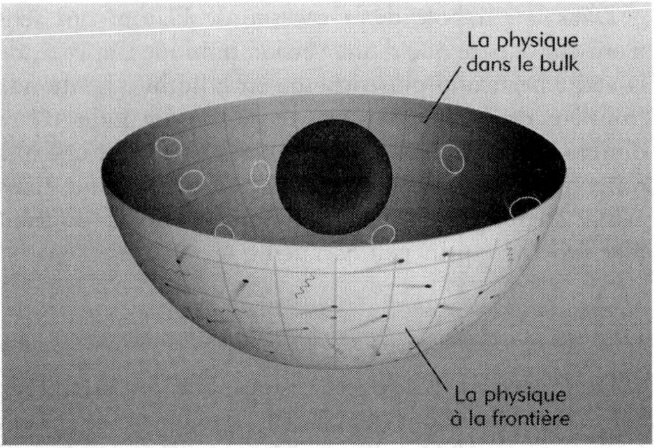

Figure 9.6 L'équivalence holographique appliquée à un trou noir dans le bulk de l'espace-temps donne sur la frontière un bain chaud de particules et de rayonnement.

correct. J'ai décrit au chapitre 5 la manière dont les physiciens ont plus souvent qu'à leur tour recours à des techniques d'approximation comme les méthodes perturbatives que j'ai présentées (souvenons-nous de l'image du Loto avec Jean-Pierre et Samantha). J'ai également souligné le fait que ces méthodes ne sont précises que si la constante de couplage à l'étude est un nombre petit. En étudiant le lien entre théorie quantique de champ sur la frontière et théorie des cordes dans le bulk, Maldacena a compris que lorsque la constante de couplage d'une théorie est petite, celle de l'autre est élevée, et inversement. Le test naturel, et un moyen éventuel de montrer que les deux théories sont secrètement identiques, est d'effectuer des calculs indépendamment dans chaque théorie, et de vérifier ensuite si les résultats sont égaux. Mais cela est difficile à faire car, si les méthodes perturbatives fonctionnent pour l'une des deux, elles ne marcheront pas pour l'autre [16].

Toutefois, si nous acceptons l'argument plus abstrait de Maldacena tel que je l'ai présenté dans la section précédente, le vice perturbatif devient une vertu calculatoire. Un peu comme ce que nous avions trouvé pour les dualités des cordes au chapitre 5, le dictionnaire bulk-frontière traduit des calculs décourageants d'un côté, du fait d'une constante de couplage élevée, en calculs simples de l'autre, avec une constante de couplage faible. Ces dernières années, cela a même été réemployé dans des résultats qui pourraient être testables expérimentalement.

Dans l'accélérateur de Brookhaven à New York, le RHIC ou *Relativistic Heavy Ion Collider* (collisionneur d'ions lourds relativistes), des noyaux d'or sont propulsés les uns contre les autres à des vitesses proches de celle de la lumière. Parce que les noyaux contiennent beaucoup de protons et de neutrons, les collisions créent un imbroglio de particules qui peut être 200 000 fois plus chaud que le cœur du Soleil. C'est suffisamment chaud pour que protons et neutrons fondent en un fluide des quarks et gluons qui les composent. Les physiciens ont déployé d'importants efforts pour comprendre cette phase fluide que l'on appelle « plasma quarks-gluons » car on pense que la matière aurait pris cette forme un court instant après le Big Bang.

Ce qui est difficile, c'est que la théorie quantique des champs qui décrit cette soupe bouillonnante de quarks et de gluons (la chromodynamique quantique) possède une grande constante de couplage, ce qui compromet la précision des méthodes perturbatives. Des techniques ingénieuses ont été élaborées pour contourner cet écueil, mais les mesures expérimentales s'opposent toujours à certains résultats théoriques. Par exemple, pour n'importe quel fluide qui coule – que ce soit de l'eau, de la mélasse ou notre plasma quarks-gluons – chaque couche de fluide exerce une force résistive qui tire sur les couches s'écoulant au-dessus et en dessous. Cette force résistive est appelée « viscosité de cisaillement ». Les expériences menées au RHIC mesuraient la viscosité de cisaillement du plasma quarks-gluons et les résultats obtenus sont beaucoup plus faibles que ceux prédits par les calculs perturbatifs de théorie quantique des champs.

Voici un moyen possible de progresser. En introduisant le principe holographique, le point de vue que j'ai choisi était d'imaginer que tout ce dont nous faisons l'expérience réside à l'intérieur de l'espace-temps, avec la nouvelle sensationnelle que les processus correspondant à ces expériences ont lieu sur une frontière éloignée. Inversons ce point de vue. Imaginons que notre univers – ou plus précisément, les quarks et les gluons de notre univers – réside sur une frontière, et que c'est donc là que se jouent les expériences du RHIC. Faisons alors appel à Maldacena : son résultat montre que les expériences menées au RHIC (décrites par la théorie quantique des champs) peuvent être décrites mathématiquement de manière alternative par des cordes se déplaçant dans le bulk. Les détails sont compliqués mais le pouvoir de cette reformulation est immédiat : les calculs difficiles dans la description sur la frontière (forte constante de couplage) se traduisent en calculs simples dans la description dans le bulk (faible constante de couplage) [17].

Pavel Kovtun, Andrei Starinets et Dam Son ont mené à bien les calculs et leur résultat s'approche remarquablement des données expérimentales. Ce travail novateur a motivé une armée de théoriciens pour entreprendre d'autres calculs de théorie des cordes dans une tentative de faire le lien avec les observations du RHIC, et d'instituer une interaction entre théorie et expérience – une nouveauté bienvenue pour les théoriciens des cordes.

Gardons à l'esprit que la théorie sur la frontière ne façonne pas complètement notre univers puisque, par exemple, elle ne contient pas la force gravitationnelle. Cela ne compromet pas le lien avec les données RHIC car, dans ces expériences, les particules possèdent des masses si dérisoires (même en se déplaçant à des vitesses proches de celle de la lumière), que la force gravitationnelle ne joue pratiquement aucun rôle. Mais cela montre clairement que dans cette application, la théorie des cordes n'est pas utilisée comme « théorie du tout » mais plutôt comme un nouvel outil calculatoire permettant de faire tomber les obstacles qui ont entravé les méthodes plus traditionnelles. Plus conventionnellement, étudier quarks et gluons à l'aide d'une théorie de cordes en plus hautes dimensions peut se voir comme une astuce mathématique précieuse. Moins conventionnellement, nous imaginons que la description par les cordes est physiquement réelle, d'une manière qu'il nous reste à expliquer.

Indépendamment du point de vue, conventionnel ou pas, l'accord entre les résultats mathématiques et les observations expérimentales est extrêmement impressionnant. Sans donner dans l'emphase, je classe ces progrès parmi les travaux les plus extraordinaires depuis des dizaines d'années. L'analyse mathématique de cordes en mouvement dans un espace-temps dix-dimensionnel nous renseigne sur les quarks et gluons qui vivent dans un espace-temps quadri-dimensionnel – et ces renseignements calculatoires semblent concorder avec les expériences.

Épilogue : le futur de la théorie des cordes

Les travaux présentés dans ce chapitre transcendent les évaluations de la théorie des cordes. Depuis l'insistance de Wheeler à analyser l'univers en terme d'information, jusqu'à la reconnaissance du fait que l'entropie est une mesure de l'information cachée, en passant par la réconciliation entre le second principe de la thermodynamique et les trous noirs, par la compréhension que les trous noirs stockent l'entropie en leur surface ou celle qu'ils définissent la limite maximale de la quantité d'information pouvant occuper une région de l'espace, nous avons suivi les méandres d'un chemin qui a pris plusieurs dizaines d'années à être découvert, et traversé de nombreux progrès imbriqués les uns dans les autres. Le voyage fut rempli de nouveaux concepts, et nous a conduit à une idée unificatrice : le principe holographique. Ce principe, nous l'avons vu, propose que les phénomènes que nous observons sont projetés sur une fine surface frontière, à grande distance. Quant à l'avenir, je devine que le principe holographique sera encore longtemps un phare dans la nuit pour les physiciens du XXIe siècle.

Le fait que la théorie des cordes inclue le principe holographique et fournisse des exemples concrets de mondes parallèles holographiques témoigne de la manière dont les travaux à la pointe des recherches se concentrent vers une synthèse profonde. Le fait que ces exemples aient permis de mener des calculs explicites, dont certains résultats peuvent même être confrontés aux expériences du monde réel, est une étape encourageante sur le chemin du lien avec la réalité observable. Mais au sein de la théorie des cordes elle-même, tous ces progrès peuvent être vus dans un cadre plus vaste.

Pendant près de trente ans après la découverte initiale de la théorie des cordes, les physiciens n'ont cessé de chercher une définition mathématique complète de la théorie. Les premiers théoriciens des cordes ont posé les idées essentielles sur les cordes en vibration et les dimensions supplémentaires, mais même après des dizaines d'années de recherche, les fondements mathématiques de la théorie sont restés approximatifs et donc incomplets. Les travaux de Maldacena représentent une avancée essentielle. Les variétés de théorie quantique des champs que Maldacena a identifiées sur la frontière font partie des théories mathématiques les mieux comprises parmi celles qu'ont étudiées les physiciens des particules depuis le milieu du XXe siècle. Elles n'incluent pas la gravitation, et c'est un grand avantage car, comme nous l'avons vu, tenter d'introduire la relativité générale directement dans les théories quantiques des champs revient à allumer un feu de camp dans une usine d'explosifs. Nous venons d'apprendre que cette aimable théorie quantique des champs non gravitationnelle *engendre* holographiquement la théorie des cordes – une théorie qui contient la gravitation. Cette théorie quantique des champs, qui opère au loin sur la frontière d'un univers doté de la forme particulière représentée sur la figure 9.5, incarne toutes les caractéristiques, processus et interactions physiques des cordes évoluant à l'intérieur de cet univers, ce lien étant rendu explicite grâce au dictionnaire traduisant les phénomènes de l'un à l'autre. Et puisque nous avons une définition mathématiquement fiable de la théorie quantique sur la frontière, *nous pouvons l'utiliser comme définition mathématique de la théorie des cordes*, tout au moins pour les cordes évoluant à l'intérieur de cette forme spatio-temporelle. Les univers parallèles holographiques pourraient donc représenter davantage que de simples excroissances des lois fondamentales ; ils pourraient faire partie de la définition même des lois fondamentales [18].

Lorsque j'ai introduit la théorie des cordes au chapitre 4, j'ai signalé qu'elle cadre avec le schéma tant vénéré qui consiste à apporter une nouvelle vision des lois de la nature sans pour autant effacer les théories plus anciennes. Les résultats que nous venons de décrire portent cette observation à un tout autre niveau. Ce n'est pas seulement que la théorie des cordes se réduit à la théorie quantique des champs dans certaines circonstances. Le résultat de Maldacena stipule que la théorie des cordes et la théorie quantique des champs sont des approches équivalentes mais exprimées dans des langages différents. La traduction de l'une à l'autre est compliquée, et c'est pour cette raison qu'il aura fallu plus de quarante ans pour que le lien se fasse. Si les idées de Maldacena sont correctes, ce que portent à croire tous les indices dont nous disposons aujourd'hui, la théorie des cordes et la théorie quantique des champs pourraient bien être les deux faces d'une même pièce.

Les physiciens travaillent sans relâche à généraliser ces méthodes afin de pouvoir les appliquer à un univers de forme quelconque et, si la théorie des cordes est correcte, cela inclurait le nôtre. Même avec les limitations actuelles, disposer enfin d'une formulation claire et nette pour une théorie sur laquelle nous travaillons depuis de nombreuses années augure de solides fondements pour les progrès à venir. Voilà qui suffit sans aucun doute à faire danser et chanter plus d'un physicien.

Chapitre 10

Univers, ordinateurs et réalité mathématique

Le multi-univers virtuel et le multi-univers suprême

Les théories d'univers parallèles abordées dans les précédents chapitres émanaient de lois mathématiques élaborées par des physiciens en quête des rouages les plus fondamentaux de la nature. Le crédit accordé à telle ou telle série de lois varie grandement – la mécanique quantique est considérée comme un fait établi, la cosmologie inflationnaire bénéficie de quelques confirmations observationnelles, la théorie des cordes est complètement spéculative –, de même que le type de mondes parallèles associés et leur nécessité. Mais le fonctionnement est clair. Lorsque nous laissons le volant aux rouages mathématiques des principales lois physiques existantes, cela nous mène chaque fois vers une version de mondes parallèles.

Changeons notre fusil d'épaule. Que se passe-t-il si c'est nous qui prenons les rênes ? Nous autres humains pouvons-nous manipuler les subtilités cosmiques pour créer intentionnellement des univers parallèles au nôtre ? Pour qui pense, comme moi, que le comportement des êtres vivants est régi par les lois de la nature, cela ne serait pas tant un changement de stratégie qu'une simple réduction de perspective, vers l'incidence des lois physiques canalisées par l'activité humaine. Cette ligne de raisonnement ouvre très vite sur des questions épineuses comme le débat de longue date sur le déterminisme et le libre arbitre, mais je ne souhaite pas aller dans cette direction. Ma question est plutôt la suivante : Avec le même genre d'intention et de prise de décision que lorsque nous choisissons un film ou un repas, pourrions-nous créer un univers ?

La question semble saugrenue. Et elle l'est. Soyons prévenus : en nous interrogeant sur cette question, nous pénétrerons des territoires encore plus spéculatifs que ceux que nous avons déjà rencontrés, et vu d'où nous venons, cela signifie vraiment très spéculatifs. Alors amusons-nous un peu et voyons où cela nous mène. Je me permets tout d'abord de présenter le point de vue que je vais adopter. En étudiant la création de l'univers, je me suis moins intéressé aux contraintes pratiques qu'aux possibilités des lois physiques. Donc, lorsque je dis que « nous » allons créer un univers, je veux vraiment dire « nous », ou un de nos lointains descendants ou, dans plusieurs millénaires, une flopée de descendants. Ces hommes du présent ou du futur seront toujours soumis aux lois de la physique, mais j'imagine qu'ils seront en possession de techniques hautement évoluées. De plus, j'imaginerai la création de deux types d'univers distincts. Le premier comprend les univers ordinaires, ceux qui incluent l'expansion de l'espace et sont emplis de diverses formes de matière et d'énergie. Le second type est moins tangible : il s'agit d'univers virtuels engendrés par ordinateur. Nos débats nous mèneront tout naturellement à faire le lien avec une troisième proposition de multi-univers. Celle-ci ne vient pas directement d'un raisonnement pour créer un univers, mais pose la question de savoir si les mathématiques sont « réelles » ou si elles sont un produit de l'esprit.

Comment créer un univers

Malgré quelques incertitudes sur la composition de l'univers (Qu'est-ce que l'énergie noire ? Quelle est la liste complète des ingrédients fondamentaux ?) les scientifiques sont relativement confiants sur le fait que, si nous pouvions peser tout ce que renferme notre horizon cosmique, nous arriverions à quelque dix milliards de milliards de milliards de milliards de milliards de milliards de grammes. Si le contenu total pesait beaucoup plus ou beaucoup moins que cela, son influence gravitationnelle sur le fond de rayonnement cosmologique ferait que les zones de la figure 3.4 seraient plus grandes ou plus petites, ce qui serait en contradiction avec les mesures les plus précises de leur taille angulaire. Mais la valeur précise du poids de l'univers observable est secondaire : ce que je cherche à dire, c'est qu'il est énorme. Si énorme que l'idée que nous autres humains puissions créer un autre royaume comme celui-ci semble complètement absurde.

Si nous utilisons la cosmologie du Big Bang comme plan de montage pour notre fabrication d'univers, rien ne nous indique comment surmonter cela. Dans le modèle standard du Big Bang, l'univers observable était d'autant plus petit que l'on remonte dans le temps, mais la quantité extraordinaire de matière et d'énergie que nous mesurons aujourd'hui a toujours été présente, elle était juste comprimée en un volume d'autant plus petit. Si nous voulons un univers comme celui que nous observons aujourd'hui, nous devons partir des matériaux bruts que sont la masse et l'énergie que nous observons aujourd'hui. La théorie du Big Bang considère ces matériaux comme une donnée de départ inexpliquée [1].

Dans les grandes lignes, les instructions du Big Bang pour créer un univers comme le nôtre nécessitent que nous réunissions une quantité considérable de masse, et que nous la comprimions jusqu'à une taille extrêmement petite. Aussi improbable que ce soit, après avoir fait cela, nous rencontrerions un nouveau défi. Comment enclencher le Big Bang ? C'est un obstacle qui ne fait que devenir plus décourageant si nous nous souvenons que le bang du Big Bang n'est pas une explosion qui a lieu dans une région fixée de l'espace ; le Big Bang propulse l'expansion de l'espace lui-même.

Si la théorie du Big Bang était le summum de la pensée cosmologique, la quête scientifique de la création d'un univers s'arrêterait là. Mais ce n'est pas le cas. Nous avons vu que la théorie du Big Bang a ouvert la voie d'une cosmologie inflationnaire, plus solide, et que l'inflation offre une stratégie pour aller plus loin. Avec comme marque de fabrique un sursaut d'expansion spatiale extrêmement violent, la théorie de l'inflation met un bang dans le Big Bang, et un gros ; si l'on en croit l'inflation, ce serait une salve d'antigravité qui aurait enclenché l'expansion de l'espace. Comme nous allons le voir, l'inflation stipule que de grandes quantités de matière peuvent être *créées* à partir de la plus modeste des semences.

Souvenons-nous du chapitre 3 : dans l'approche inflationnaire, un univers comme le nôtre – un trou dans le gruyère cosmique – se forme lorsque la valeur de l'inflaton roule tout en bas de sa courbe d'énergie potentielle, produisant une énorme salve d'expansion dans le voisinage. Lorsque la valeur de l'inflaton chute, l'énergie qu'il contenait se transforme en un bain de particules remplissant uniformément la bulle. C'est de là que vient la matière que nous voyons. Certes, c'est déjà un progrès en soi, mais cela soulève aussitôt la question suivante : Quelle est la source de l'énergie de l'inflaton ?

Elle provient de la gravitation. Souvenons-nous que l'expansion inflationnaire s'apparente à la diffusion d'un virus : un champ d'inflaton de haute valeur provoque un accroissement rapide de toute la région qu'il occupe, et ce faisant crée un volume d'espace de plus en plus vaste, lui-même imprégné d'une valeur élevée de l'inflaton. Et parce qu'un inflaton uniforme contribue à l'énergie par une valeur constante par unité de volume, plus le volume qu'il remplit grandit, plus il renferme d'énergie. La force sous-jacente à l'expansion est la gravitation – sous sa forme répulsive – et c'est donc elle qui est la source de l'énergie sans cesse croissante que contient la région.

La cosmologie inflationnaire peut donc être envisagée comme produisant un flot d'énergie continu entre le champ gravitationnel et le champ d'inflaton. On pourrait penser que cela ne fait que reporter le problème de la source de l'énergie (d'où la gravitation tire-t-elle la sienne ?) mais la situation est beaucoup plus intéressante. La gravitation est différente des autres forces car là où il y a de la gravitation, il y a un réservoir d'énergie pratiquement illimité. C'est en fait une idée familière exprimée dans un langage peu familier. Lorsque nous sautons du haut d'une falaise, notre énergie cinétique (l'énergie de notre mouvement) augmente de plus en plus. La gravitation, la force responsable de notre mouvement, est la source de cette énergie. Dans toutes les situations un tant soit peu réalistes, nous finissons par heurter le sol, mais en principe, nous pourrions continuer de tomber indéfiniment, dans un terrier de lapin de plus en plus long, et notre énergie cinétique continuerait de s'accroître. La raison pour laquelle la gravitation peut fournir ces quantités d'énergie illimitées, c'est qu'à l'instar des caisses de l'État, elle n'a peur d'aucune dette. Dans notre chute, et à mesure que notre énergie devient de plus en plus positive, la gravitation compense et son énergie devient de plus en plus négative. Nous savons intuitivement que l'énergie gravitationnelle est négative parce que pour remonter le long du terrier, il nous faut exercer une énergie positive – pousser sur nos jambes, tirer de nos bras ; c'est ainsi que nous remboursons la dette d'énergie que la gravitation a contractée en notre nom [2].

La conclusion fondamentale est que lorsqu'une région emplie d'inflaton grossit à toute vitesse, l'inflaton extrait de l'énergie des ressources inépuisables du champ gravitationnel, si bien que l'énergie de la région considérée s'accroît rapidement elle aussi. Et parce que le champ d'inflaton fournit l'énergie qui est convertie en matière ordinaire, la cosmologie inflationnaire – contrairement au modèle du Big Bang – n'a pas besoin de poser comme postulat l'existence de la matière première des planètes, des étoiles et des galaxies. La gravitation est l'ange gardien de la matière.

Le seul budget énergétique indépendant que requiert la cosmologie inflationnaire est celui qui est nécessaire pour créer la première graine inflationnaire, une petite pépite d'espace sphérique remplie d'un champ d'inflaton de valeur élevée, qui permet d'enclencher l'expansion inflationnaire. Lorsque nous mettons cela en nombres, les équations montrent que ladite pépite peut ne mesurer que 10^{-26} centimètre, avec un champ d'inflaton dont l'énergie, une fois convertie en masse, pèserait moins de dix grammes [3]. Cette minuscule graine subirait, en moins de temps qu'il n'en faut pour le dire, une expansion spectaculaire, et deviendrait beaucoup plus vaste que l'univers observable, tout en abritant une énergie de plus en plus élevée. L'énergie totale de l'inflaton s'amplifierait très vite au-delà de ce qui est nécessaire pour produire toutes les étoiles de toutes les galaxies que nous observons. Ainsi, avec l'inflation au volant de la cosmologie, le point de départ impossible de la recette du Big Bang (rassembler plus de 10^{55} grammes de matière et la comprimer en une toute petite pépite infinitésimale) est complètement transformé. Rassembler dix grammes d'inflaton et le comprimer en une petite boule de 10^{-26} centimètre. Cette petite boule tiendrait dans notre portefeuille.

Cette approche présente toutefois des défis intimidants. La première chose, c'est que l'inflaton demeure un champ purement hypothétique. Les cosmologues incluent librement l'inflaton dans leurs équations, mais contrairement aux champs de l'électron ou du quark, nous n'avons pour l'instant aucune preuve que le champ d'inflaton existe. Une autre chose, c'est que même si l'inflaton était mis en évidence, et même si nous parvenions un jour à élaborer les moyens de le manipuler comme nous le faisons avec le champ électromagnétique, la *densité* requise pour la graine inflationnaire est énorme : environ 10^{67} fois celle du noyau d'un atome. Bien que cette graine pèse moins qu'une poignée de pop-corn, la force de compression qu'il nous faudrait appliquer dépasse de plusieurs milliards de milliards d'ordre de grandeur celles que nous maîtrisons à ce jour.

Mais ce n'est là qu'un obstacle technique, qu'une civilisation évoluée pourrait, nous l'imaginons, un jour dépasser. Donc, si nos descendants parvenaient à dompter le champ d'inflaton et à concevoir des compresseurs extraordinaires capables de produire des pépites aussi denses, aurions-nous atteint le statut de créateurs d'univers ? Et au cours de cette étape vers l'Olympe, devrions-nous craindre le fait que si nous enclenchons artificiellement de nouveaux domaines inflationnaires, notre propre petit coin d'espace pourrait être englouti par cette énorme expansion ? Alan Guth et plusieurs collaborateurs ont étudié ces questions dans une série d'articles et en ont tiré une bonne et une mauvaise nouvelle. Commençons avec la dernière question : c'est là que nous trouverons la bonne nouvelle.

Guth, en collaboration avec Steven Blau et Eduardo Guendelman, a montré que nous n'avons pas à nous inquiéter du fait qu'une phase d'expansion inflationnaire artificielle vienne engloutir notre environnement. La raison est en lien avec la pression. Si une graine inflationnaire était créée dans le laboratoire, elle aurait l'énergie positive et la pression négative caractéristiques du champ d'inflaton, mais serait entourée d'espace ordinaire dans lequel la valeur de l'inflaton et sa pression seraient nulles (ou presque).

Nous n'accordons généralement pas beaucoup de puissance au zéro, mais dans ce cas, zéro fait toute la différence. Une pression nulle est supérieure à une pression négative si bien que la pression à l'extérieur de la graine dépasse de loin la pression à l'intérieur. Cela soumettrait la graine à une force de compression depuis l'extérieur, un peu comme ce que subissent nos tympans lorsque nous faisons de la plongée sous-marine. La différence de pression est suffisante pour empêcher l'expansion de la graine d'atteindre l'espace environnant.

Mais cela n'empêche pas l'accroissement de l'inflaton de s'étendre. Si nous soufflons de l'air dans un ballon de baudruche tout en tenant fermement sa surface, le ballon fera des bulles entre nos doigts. Les graines d'inflaton peuvent se comporter de même. La graine peut produire un nouveau domaine en expansion qui germe à partir de l'environnement originel, comme illustré par la petite sphère en expansion sur la figure 10.1. Selon les calculs, une fois que le nouveau domaine en expansion a atteint une taille critique, son cordon ombilical se rompt, comme le montre la dernière image de la figure 10.1 : un univers indépendant est né.

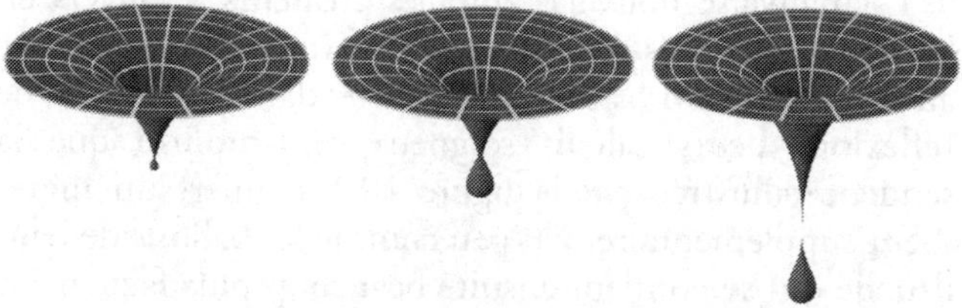

Figure 10.1 Du fait de la pression plus élevée dans l'environnement, une graine inflationnaire sera contrainte de grossir dans une portion d'espace nouvellement formée. À mesure que l'univers bulle s'accroît, il se détache de son environnement parent et produit un domaine distinct d'espace en expansion. Pour un observateur de l'environnement initial, le processus ressemble à la formation d'un trou noir.

Aussi séduisant que soit ce processus – la création artificielle d'un nouvel univers –, le point de vue depuis le laboratoire n'est pas à la hauteur de l'investissement. C'est un soulagement que la bulle inflationnaire n'engloutisse pas tout son environnement, mais le revers de la médaille indique que nous n'aurions guère d'indices de cette création. Un univers qui grossit en produisant un nouvel espace puis se détache du nôtre est un univers que nous ne pouvons pas voir. En effet, lorsque le nouvel univers se détache, le seul résidu serait un profond puits gravitationnel – ce que nous pouvons voir sur la dernière image de la figure 10.1 – qui nous apparaît comme un trou noir. Et puisque nous n'avons aucun moyen de voir au-delà de la limite d'un trou noir, nous n'aurions même pas confirmation que notre expérience a fonctionné ; sans accès à ce nouvel univers, nous n'aurions aucun moyen d'établir par l'observation qu'il a été créé.

La physique nous protège, mais le prix à payer pour notre sécurité c'est la séparation totale de notre œuvre. Voilà donc la bonne nouvelle.

La mauvaise nouvelle pour les créateurs d'univers en herbe, c'est un résultat obtenu par Guth et son collègue au MIT Edward Farhi, qui plonge dans un abîme de réflexion. Leurs calculs soigneux ont montré que la séquence illustrée par la figure 10.1 requiert un ingrédient supplémentaire. Un peu comme les ballons de baudruche qui se gonflent ensuite beaucoup plus facilement lorsqu'on insuffle au départ une grande bouffée d'air, Guth et Farhi ont montré que l'univers naissant de la figure 10.1 a besoin d'une forte impulsion de départ pour enclencher une expansion inflationnaire qui perdure. Et cette impulsion doit être si forte qu'une seule entité est capable de la fournir : un trou blanc. Un trou blanc, l'opposé du trou noir, est un objet hypothétique qui recrache de la matière plutôt que de l'avaler. Cela nécessite des conditions si extrêmes que les méthodes mathématiques connues s'effondrent toutes (comme c'est le cas au centre du trou noir) et, inutile de le préciser, personne ne caresse le fol espoir d'arriver à produire des trous blancs en laboratoire. Jamais. Guth et Farhi ont découvert une entrave fondamentale à la création d'univers.

Bon nombre de groupes de recherche ont depuis suggéré divers moyens d'éluder le problème. Guth et Farhi, rejoints par Jemal Guven, ont trouvé qu'en créant des graines inflationnaires par un effet tunnel quantique (celui que nous avons présenté dans le contexte du multi-univers paysage), la singularité du trou blanc peut être évitée ; mais la probabilité pour que cet effet tunnel quantique ait lieu est si extraordinairement faible qu'il n'y a quasiment aucune chance que cela arrive sur des échelles de temps dignes de réflexion. Un groupe de physiciens japonais, Nobuyuki Sakai, Ken-ichi Nakao, Hideki Ishihara et Makoto Kobayashi, ont montré qu'un monopole magnétique – une particule hypothétique qui possède soit le pôle Nord soit le pôle Sud d'un aimant ordinaire – pourrait catalyser l'expansion inflationnaire et ainsi éviter les singularités ; mais après quarante années de recherche intense, personne n'a encore trouvé aucune de ces particules*.

Ainsi, à ce jour, et en résumé : la porte reste ouverte sur la possibilité de créer des univers, mais à peine. Étant donné l'énorme dépendance des diverses propositions envers des éléments hypothétiques, les travaux futurs pourraient refermer cette porte pour toujours. Mais s'ils ne le font pas, ou peut-être si les progrès à venir apportent des éléments en faveur de la création d'univers, aurions-nous la motivation de continuer ? Pourquoi créer un univers si nous n'avons aucune possibilité de le voir, d'interagir avec lui ou même de savoir avec certitude s'il a vraiment été créé ? Andrei Linde, célèbre non seulement pour ses importants travaux en cosmologie mais également pour son expertise à tourner les choses en dérision, a signalé que l'idée de jouer à Dieu serait tout simplement irrésistible.

Je ne sais pas si ce le serait. Certes, il serait passionnant d'avoir à ce point cerné les lois de la nature que nous soyons capables de reconstituer la plus décisive de toutes les scènes. Je soupçonne toutefois qu'avant de pouvoir sérieusement envisager la création d'univers (si nous y arrivons un jour), nos progrès scientifiques et techniques auront certainement mis à notre portée tellement d'autres entreprises extraordinaires (dont nous pourrions

* Fait ironique, l'une des possibilités pour expliquer que l'on n'ait pas trouvé de monopole magnétique (même s'ils sont prédits par divers modèles de théories unifiées), c'est que leur population fut diluée par l'expansion rapide de l'espace que propose la cosmologie inflationnaire. La suggestion que l'on propose à présent est que les monopoles magnétiques pourraient même jouer un rôle dans le déclenchement d'épisodes inflationnaires.

expérimenter les résultats et pas juste les imaginer) que la nature inaccessible de la création d'univers nous paraîtra sûrement beaucoup moins intéressante.

L'attrait serait sûrement plus fort si nous apprenions à façonner des univers que nous pourrions voir ou avec lesquels nous pourrions interagir. Pour de « vrais » univers, dans le sens habituel d'un univers constitué des ingrédients élémentaires que sont l'espace, le temps, la matière et l'énergie, nous n'avons à ce jour aucune stratégie qui soit compatible avec les lois de la physique telles que nous les comprenons aujourd'hui.

Et si nous laissions de côté les vrais univers, pour nous tourner vers les univers virtuels ?

L'essence de la pensée

Il y a quelques années, j'ai eu des accès de fièvre dus à la grippe, avec des hallucinations beaucoup plus intenses que n'importe quel rêve ou cauchemar. L'une d'elles m'est restée depuis lors : j'étais avec un groupe de personnes dans une chambre d'hôtel modeste, piégé dans une hallucination à l'intérieur de l'hallucination. J'étais absolument certain que des jours et des semaines passaient – jusqu'à ce que je sois renvoyé dans la première hallucination, où j'apprenais non sans surprise qu'il ne s'était quasiment pas écoulé de temps. Chaque fois que je me retrouvais à nouveau dans cette chambre d'hôtel, je résistais vigoureusement car je savais de mes expériences précédentes qu'une fois là-bas je serais englouti tout entier, incapable de me rendre compte que ce monde n'existe pas tant que je ne me retrouvais pas une fois de plus dans la première hallucination, affolé d'apprendre que ce que je croyais réel ne l'était pas. Par moments, lorsque la fièvre me laissait quelque répit, je remontais d'un niveau jusqu'à la réalité de la vie pour me rendre compte que toutes ces transmutations se jouaient dans mon propre esprit bouillonnant.

La fièvre ne m'enseigne généralement pas grand-chose. Mais cette expérience a ajouté de l'immédiateté à quelque chose que, à ce stade, je n'avais compris que de manière abstraite. Notre mainmise sur la réalité est beaucoup plus ténue que la vie de tous les jours nous le laisse penser. Modifions un tout petit peu les fonctions cérébrales, et les fondements de la réalité peuvent changer brusquement ; le monde extérieur reste stable, mais pas la perception que nous en avons. Cela soulève une question philosophique classique. Puisque toutes nos expériences sont filtrées et analysées par notre cerveau, comment pouvons-nous être sûrs que celles-ci soient le reflet de la réalité ? Ou, pour présenter les choses comme aiment à le faire les philosophes : comment savons-nous que nous lisons réellement cette phrase, et que nous ne sommes pas en train de flotter dans une cuve sur une lointaine planète, entre les mains de scientifiques extraterrestres opérant sur notre cerveau pour produire les pensées et expériences que nous croyons réelles ?

Ces questions sont centrales à l'épistémologie, une branche de la philosophie qui s'interroge sur les connaissances, sur ce qui constitue le savoir, comment nous l'acquérons et quelle certitude nous pouvons en avoir. La culture populaire a transmis ces interrogations d'érudits au grand public, sous des formes qui distraient et font réfléchir, avec des films comme *Matrix*, *Passé virtuel* ou *Vanilla Sky*. Donc, pour parler sans ambages, la question que nous posons est la suivante : Comment savons-nous que nous ne sommes pas piégés dans la matrice ?

Le fond du problème c'est que nous ne pouvons en être sûrs. Nous abordons le monde à travers nos sens, lesquels stimulent notre cerveau conformément à ce que nos circuits neuronaux ont appris à interpréter. Si quelqu'un pouvait stimuler artificiellement notre cerveau pour produire exactement les mêmes impulsions électriques que celles que suscitent chez nous le fait de manger une pizza, de lire cette phrase ou de sauter en parachute, eh bien l'expérience serait pour nous indiscernable de la réalité. L'expérience est dictée par les processus dans notre cerveau, pas par ce qui active ces processus.

En allant un peu plus loin, nous pouvons même envisager de nous passer de toute la matière biologique inutilisée. Nos pensées et expériences peuvent-elles vraiment n'être réduites qu'à une simulation de connexions et circuits suffisamment élaborés pour reproduire les fonctions ordinaires du cerveau ? Comment nous convaincre de la réalité de la chair, du sang et du monde physique, lorsque notre expérience n'est qu'une affluence d'impulsions électriques circulant dans un superordinateur hyperperfectionné ?

Un premier défi qui s'ouvre devant de tels scénarios c'est que s'installe rapidement un effondrement sceptique de la pensée : nous finissons pas ne plus croire en rien, pas même en nos capacités de raisonnement déductif. Ma première réaction aux questions comme celles que nous venons de poser serait de comprendre combien il faudrait de puissance informatique pour avoir une chance d'imiter le cerveau humain. Mais si je fais moi-même partie d'une telle simulation, pourquoi croirais-je un mot de ce qui est écrit dans les livres de neurobiologie ? Les livres eux aussi seraient des simulations, écrits par des ersatz biologistes, dont les découvertes seraient dictées par le logiciel produisant la simulation et pourraient donc n'avoir rien à voir avec les rouages des « vrais » cerveaux. La notion même de « vrai » cerveau pourrait être un artefact informatique. Dès lors que nous ne pouvons plus nous fier aux fondements de nos connaissances, la réalité s'en va rapidement à vau-l'eau.

Nous reviendrons sur ces questions, mais je ne veux pas qu'elles nous noient – tout au moins pas tout de suite. Donc pour l'instant, nous restons ancrés. Imaginons que nous soyons faits de chair et de sang, et que tout ce que nous considérons être réel, au sens habituel du terme, est bel et bien réel. À partir de là, soulevons la question des ordinateurs et de la puissance cérébrale. Quelle est, grosso modo, la vitesse de traitement de l'information du cerveau humain, et comment la comparer aux performances des ordinateurs ?

Même sans être pris dans les affres du scepticisme, c'est une question difficile. Les fonctions cérébrales sont un territoire encore très peu cartographié. Pour se faire une idée de la topologie du terrain, même embrumé, voyons quelques chiffres. Notre rétine fait partie des amas neuronaux les mieux étudiés ; c'est une fine plaque de 100 millions de neurones, plus petite qu'une pièce de 10 centimes d'euros et pas plus épaisse que quelques feuilles de papier. Le chercheur en robotique Hans Moravec a évalué que pour être comparable avec la rétine humaine, un système rétinien informatique devrait exécuter un milliard d'opérations par seconde. Pour passer de l'échelle du volume de la rétine à celle du cerveau dans son entier, il faut compter un facteur d'environ 100 000 ; Moravec propose donc, pour reproduire le cerveau humain, d'augmenter proportionnellement la vitesse de traitement de l'information pour un total de cent millions de millions d'opérations par seconde (10^{14}) [4]. D'autres estimations, fondées sur le nombre de synapses dans le cerveau et la vitesse des influx, donnent des vitesses de traitement supérieures de quelques ordres de grandeur, avec 10^{17} opérations par seconde. Bien qu'il soit difficile d'être plus précis, cela donne néanmoins une idée des nombres mis en jeu. L'ordinateur que j'utilise pour écrire ces lignes possède une vitesse de quelques milliards d'opérations par seconde. Les supercalculateurs les plus rapides du monde atteignent au maximum 10^{15} opérations par seconde (statistiques qui dépasseront sans doute rapidement les valeurs indiquées dans ce livre). En se basant sur l'estimation la plus rapide pour le cerveau humain, nous voyons qu'il faudrait environ une centaine de millions d'ordinateurs portables, ou une centaine de supercalculateurs pour s'approcher de la puissance du cerveau humain.

Ces comparaisons sont relativement naïves : les mystères du cerveau sont multiples et la vitesse n'est qu'une mesure rudimentaire de ses fonctions. Presque tout le monde s'accorde à penser que nous disposerons un jour de capacités calculatoires brutes égales, voire largement supérieures à celles dont la biologie nous a pourvus. Les futurologues prétendent que ces avancées technologiques donneront un monde allant à ce point au-delà de notre expérience quotidienne qu'il nous est difficile d'imaginer ce qu'il pourrait être. Par analogie avec des phénomènes résidant au-delà des limites de nos théories physiques les plus perfectionnées, ils qualifient cette vision de singularité. Un pronostic de première intention serait que si les ordinateurs surpassent les capacités neuronales humaines, cela effacerait complètement la limite entre l'humain et la technologie. Certains imaginent un monde où séviraient des machines pensantes et sensibles, tandis que ceux d'entre nous qui fonctionnent toujours à l'ancienne, de façon biologique, feraient des mises à jour de routine du contenu de leur cerveau, stockant *in silico* connaissances et personnalité, sur des disques de sauvegarde, pour des durées illimitées.

Cette vision pourrait être quelque peu hyperbolique. S'il y a peu de controverses sur la puissance future des ordinateurs, la principale inconnue est de savoir si nous pourrons jamais exploiter ce pouvoir en faveur d'une fusion entre l'homme et la machine. C'est une question contemporaine aux origines très anciennes ; nous pensons à la pensée depuis des milliers d'années. Comment se fait-il que le monde extérieur suscite des réponses intérieures ? Notre perception de la couleur est-elle la même que celle d'un autre ? Qu'en est-il de nos perceptions du son et du toucher ? Quelle est cette voix dans nos têtes, cet incessant bavardage intérieur que nous appelons notre pensée consciente ? Comment l'expliquer à partir de processus purement physiques ? La conscience émane-t-elle d'une partie de la réalité qui transcende le physique ? Nombreux furent les penseurs – Platon et Aristote, Hobbes et Descartes, Hume et Kant, Kierkegaard et Nietzsche, James et Freud, Wittgenstein et Turing et tant d'autres – qui ont tenté, à travers les âges, de comprendre (ou de désacraliser) les processus qui animent l'esprit humain et créent la vie intérieure accessible par l'introspection.

Bon nombre de théories de l'esprit s'en sont dégagées, qui se distinguent les unes les autres par des aspects subtils et fondamentaux. Nous n'avons pas besoin d'entrer dans les détails, mais pour se faire une idée des voies empruntées, voici quelques-unes des philosophies de l'esprit : le *dualisme,* dont on trouve plusieurs variantes, affirme qu'il existe une composante fondamentale à l'esprit humain qui sort du champ de la physique. Le physicalisme, dont il existe également diverses versions, s'oppose à cela en affirmant au contraire qu'il existe un état unique du cerveau sous-jacent à chaque expérience subjective. Le *fonctionnalisme*, ou *computationnalisme*, va plus loin dans cette direction, en proposant que ce qui est vraiment fondamental au fonctionnement de l'esprit, ce sont les processus et les fonctions – les circuits neuronaux, leurs interconnexions, leurs relations – et non les détails de la substance physique au sein de laquelle ces processus opèrent.

Dans l'ensemble, les physicalistes s'accorderaient sur le fait que si nous pouvions reproduire fidèlement mon cerveau de quelque manière que ce soit (molécule par molécule, atome par atome), le résultat final pourrait penser et ressentir exactement comme moi. Les fonctionnalistes s'accorderaient pour dire qu'il en irait de même avec des structures plus évoluées (reproduisant toutes mes connexions neuronales, préservant ainsi tous les processus de mon cerveau mais en changeant la substance physique dans laquelle ils opèrent). Les dualistes s'opposeraient dans les deux cas.

La possibilité d'une conscience artificielle repose de toute évidence sur le point de vue fonctionnaliste. L'une de ses principales hypothèses est que la pensée consciente n'est pas une pièce rapportée sur le cerveau mais bien la sensation associée à un type particulier de traitement de l'information. Que celui-ci ait lieu dans un amas biologique de 1,4 kg ou dans les circuits d'un ordinateur n'aurait aucune importance. Cette hypothèse pourrait bien être fausse. Peut-être un tel faisceau de connexions a-t-il besoin d'un substrat de matière vivante plein de circonvolutions pour accéder à la conscience de soi. Peut-être avons-nous besoin des molécules physiques qui composent notre cerveau, et pas seulement des processus et connexions que ces molécules rendent possibles, pour que la pensée consciente anime l'inanimé. Peut-être le type de traitement de l'information que pourront mener les ordinateurs sera-t-il toujours fondamentalement différent du fonctionnement du cerveau et donc incapable d'accéder à la conscience. Peut-être, comme l'affirment diverses traditions, la pensée consciente sort-elle fondamentalement du champ de la physique et résiderait donc définitivement au-delà de la portée de toutes nos innovations technologiques.

Avec l'avènement d'une technologie de plus en plus perfectionnée, les questions deviennent de plus en plus pointues et la voie vers leurs réponses de plus en plus tangible. Bon nombre de groupes de recherche ont déjà franchi les premières étapes vers la simulation par un ordinateur du fonctionnement du cerveau biologique. Par exemple, le projet Blue Brain, une collaboration entre l'entreprise IBM et l'École polytechnique fédérale de Lausanne, se consacre à modéliser les fonctions cérébrales sur le plus puissant des supercalculateurs d'IBM. Baptisé Blue Gene, ce supercalculateur est une version plus puissante de Deep Blue, l'ordinateur qui avait battu le champion du monde d'échecs Garry Kasparov, en 1997. L'approche du projet Blue Brain n'est pas différente des scénarios que je viens de décrire. Par des études anatomiques méticuleuses de vrais cerveaux humains, les chercheurs ont acquis une connaissance de plus en plus précise de la structure cellulaire, génétique et moléculaire des neurones et de leurs interconnexions. Le projet a pour objectif de coder ces connaissances, pour l'instant essentiellement au niveau cellulaire, dans les modèles numériques simulés par l'ordinateur Blue Gene. À ce jour, les chercheurs ont rassemblé les résultats de dizaines de milliers d'expériences consacrées à des zones du cerveau des rats grosses comme des têtes d'épingle, les colonnes néocorticales, dans le but d'élaborer une simulation numérique tridimensionnelle de quelque 10 000 neurones communiquant par le truchement de plus de dix millions d'interconnexions. Les comparaisons entre la réponse à un même stimulus de la colonne néocorticale d'un vrai rat et de la simulation informatique montrent un accord encourageant en faveur du modèle artificiel. Nous sommes loin des 100 milliards de neurones du cerveau humain, mais le directeur du projet, le neuroscientifique Henry Markram, prévoit que d'ici à 2020, le projet Blue Brain, avec des vitesses de traitement de l'information augmentées d'un facteur de plus d'un million, parviendra à élaborer une modélisation du cerveau humain. L'objectif de Blue Brain n'est pas la conscience artificielle, mais un nouvel outil d'investigation pour trouver des traitements de diverses formes de maladies mentales. Cela étant, Markram a pris le risque d'envisager qu'une fois mené à terme, Blue Brain pourrait bien être capable de parler et de ressentir.

Quelle qu'en soit l'issue au final, ce type d'exploration joue un rôle important dans nos philosophies de l'esprit : je suis presque certain que les divergences entre les points de vue de ces dernières ne seront pas résolues par la pure spéculation. De plus, en pratique, les défis sont évidents immédiatement. Imaginons qu'un ordinateur prétende un jour être doué de sensations, comment saurions-nous s'il l'est réellement ? Je ne peux même pas vérifier ce genre d'affirmation avec ma femme. Ni elle avec moi. Ce problème vient de ce que la conscience est une affaire privée. Mais comme les interactions entre nous autres humains apportent de nombreuses preuves conjecturales en faveur de la conscience des autres, le solipsisme devient vite absurde. Les interactions entre ordinateurs pourraient un jour atteindre ce même stade. Discuter avec des ordinateurs, les cajoler et les consoler pourrait un jour nous convaincre que l'explication la plus simple de leur conscience d'eux-mêmes est bel et bien qu'ils soient sensibles et conscients.

Adoptons le point de vue fonctionnaliste et voyons où il nous mène.

Univers virtuels

Si jamais nous parvenions à créer une conscience informatique, il y a de grandes chances que nous cherchions à implanter ces machines pensantes dans des corps humains artificiels, créant par là une espèce mécanique – des robots – qui trouverait sa place dans la réalité conventionnelle. Mais ce qui m'intéresse ici, ce sont plutôt ceux qui émaneraient de pures impulsions électriques dans des environnements programmés peuplés de créatures virtuelles qui n'existeraient que dans les entrailles d'un ordinateur. Plutôt que Z-6PO ou Data, je pense ici à *Sims* ou *Second Life*, mais avec des habitants conscients, sensibles et réceptifs. Si l'on en croit l'histoire de l'innovation technologique, itération par itération, les simulations devraient gagner en vraisemblance et permettre aux caractéristiques physiques et au vécu de ces mondes virtuels d'atteindre des niveaux convaincants de nuance et de réalisme. Quiconque ferait fonctionner ce type de simulations déciderait si les créatures virtuelles savent qu'elles existent dans un ordinateur ou non ; des humains virtuels qui supposent que leur monde n'est qu'un programme informatique pourraient se faire emporter par des techniciens virtuels en uniforme blanc et isolés dans des quartiers virtuels spéciaux. Mais probablement que la vaste majorité des créatures virtuelles estimerait que l'éventualité d'appartenir à une simulation informatique est trop absurde pour qu'on y accorde de l'attention.

Nous-mêmes pourrions avoir cette réaction. Même si nous admettons l'éventualité de la conscience artificielle, nous pourrions penser que reproduire une civilisation entière, ou même une petite communauté de gens, semble si compliqué que cela reste un exploit au-delà de la portée de nos possibilités informatiques. À cet égard, il vaut la peine de regarder quelques évaluations numériques. Nos descendants éloignés parviendront très probablement à élaborer des circuits informatiques de plus en plus fournis. Alors donnons libre cours à notre imagination. Pensons large. Les scientifiques ont estimé que les plus performants des ordinateurs actuels, s'ils étaient grands comme la Terre, pourraient traiter 10^{33} à 10^{42} opérations par seconde. Avec nos premières évaluations de 10^{17} opérations par seconde pour le cerveau humain, disons qu'un cerveau moyen effectue environ 10^{24} opérations au total sur une durée de vie totale de cent années. Multiplions cela par la centaine de milliards d'individus qui ont foulé cette planète, et nous obtenons un nombre total d'opérations effectuées par tous les cerveaux humains depuis Lucy (mes amis archéologues me disent que je devrais plutôt dire « Ardi ») de l'ordre de 10^{35}. Avec l'estimation modeste de 10^{33} opérations par seconde, nous voyons qu'un calcul de moins de deux minutes sur un ordinateur grand comme la Terre pourrait atteindre les capacités calculatoires collectives de toute l'espèce humaine.

Et cela dans l'état actuel de la technique. L'informatique quantique – qui exploite toutes les possibilités de l'onde de probabilité quantique pour pouvoir mener plusieurs calculs simultanément – permet d'augmenter les vitesses de traitement de facteurs considérables. Bien que nous soyons très loin de maîtriser cette application de la mécanique quantique, les chercheurs ont estimé qu'un ordinateur quantique pas plus gros qu'un portable aurait le potentiel nécessaire pour effectuer l'équivalent de toutes les activités cérébrales de l'humanité depuis l'avènement de notre espèce en une fraction de seconde.

Pour modéliser non seulement des esprits individuellement mais aussi les interactions entre eux et avec leur environnement en évolution, la charge calculatoire doit augmenter de plusieurs ordres de grandeur. Avec une simulation perfectionnée, nous pourrions toutefois rogner sur les coûts en vitesse de traitement de l'information avec une incidence minimale sur la qualité. Des humains simulés sur une Terre virtuelle ne seraient pas gênés que l'ordinateur ne modélise que les choses contenues à l'intérieur de l'horizon cosmique. Comme nous ne voyons pas au-delà de cette limite, l'ordinateur peut l'ignorer sans risque. Allons plus loin encore : l'ordinateur pourrait ne modéliser les étoiles au-delà du Soleil que durant les nuits, voire seulement lorsque la météo virtuelle offre localement un ciel dégagé. Lorsque personne ne regarde, le simulateur céleste pourrait faire une pause dans ses calculs et interrompre la production du stimulus adapté pour quiconque *pourrait* regarder vers le ciel. Un programme suffisamment bien conçu suivrait le détail de l'état mental et des intentions de ses habitants virtuels afin d'anticiper et répondre de manière adéquate à toute volonté imminente de contempler les étoiles. Il en va de même pour la modélisation des cellules, des molécules ou des atomes. Pour la majeure partie, ils ne seraient nécessaires qu'à quelques spécialistes virtuels de telle ou telle confession scientifique, et seulement lorsque ces spécialistes sont en train d'étudier ces domaines exotiques. Il suffirait donc d'une copie informatique au rabais de notre réalité, capable d'ajuster le niveau de détail des simulations à la demande.

Ces mondes virtuels incarnent de toute évidence la vision de Wheeler de la primauté de l'information. Si nous pouvons fabriquer des circuits qui transmettent la bonne information, nous fabriquons des réalités parallèles aussi réelles aux yeux de leurs habitants que la nôtre l'est à nos yeux. Ces simulations représentent notre huitième variété de multi-univers, que j'appellerai « multi-univers virtuel ».

Vivons-nous dans un monde virtuel ?

L'idée que des univers puissent être modélisés par des ordinateurs a une longue histoire, qui remonte aussi loin que les années 1960, avec les propositions du pionnier de l'informatique Konrad Zuse et du gourou du numérique, Edward Fredkin. J'ai travaillé chez IBM cinq étés durant entre le lycée et l'université ; mon patron, feu John Cole, qui était lui-même un spécialiste reconnu, parlait souvent de la vision de Fredkin selon laquelle l'univers n'était qu'un immense ordinateur exécutant son programme, tel un Fortran cosmique. J'avais été frappé de voir le paradigme numérique porté à un extrême aussi ridicule. Au fil des années, je n'y ai guère pensé – jusqu'à ce que je tombe, très récemment, sur une conclusion aussi simple qu'étrange du philosophe Nick Bostrom.

Pour comprendre l'idée de Bostrom (à laquelle Moravec avait fait allusion), commençons par une comparaison toute simple, entre la difficulté de créer un univers réel et la difficulté de créer un univers virtuel. Comme nous l'avons vu, créer un univers réel présente d'énormes obstacles. Et si nous y parvenons, l'univers obtenu serait impossible à voir pour nous, ce qui soulève la question de notre motivation à le créer.

La création d'un univers virtuel est une affaire tout à fait différente. Les progrès dans la puissance des ordinateurs, qui peuvent effectuer des programmes de plus en plus élaborés, sont inexorables. Même avec la technologie rudimentaire d'aujourd'hui, l'attraction qu'exerce l'idée de modéliser des environnements virtuels est déjà très forte, alors nous ne pouvons qu'imaginer un intérêt encore accru par l'accès à des capacités plus importantes. La question n'est pas de savoir si nos descendants créeront des mondes numériques virtuels ou non. Nous le faisons déjà. Ce que nous ne savons pas, c'est jusqu'à quel point ces mondes pourront devenir réalistes. Quant à savoir s'ils rencontreront un obstacle inhérent à la production de conscience artificielle, il est impossible de le dire à l'avance. À cet égard, en admettant que des simulations réalistes soient possibles à l'avenir, Bostrom fait une observation simple.

Nos descendants pourront créer un nombre énorme d'univers virtuels, peuplés d'un grand nombre d'habitants sensibles et conscients. Si chacun pouvait rentrer chez soi le soir, se la couler douce et profiter de l'application « Crée ton univers », nous imaginons aisément que chacun le ferait, et même souvent. Voyons ce que cela implique. Un jour ou l'autre, un recensement cosmique prenant en compte tous les êtres conscients pourrait trouver que le nombre d'humains faits de chair et de sang fait pâle figure devant le nombre de ceux faits de puces et de bits, ou leurs équivalents du futur. Et, continue Bostrom, si le rapport hommes virtuels sur hommes réels devenait considérable, alors les statistiques pures et dures impliqueraient que nous ne sommes *plus* dans un univers réel. Les probabilités vont largement en faveur de la conclusion que nous et tous les autres vivons dans une simulation, peut-être élaborée par des historiens du futur passionnés par la vie du XXIe siècle.

Nous pourrions objecter que nous avons foncé tête baissée dans les sables mouvants que nous avions prévu d'éviter. Après avoir conclu qu'il existe une grande probabilité que nous vivions dans une simulation informatique, comment pouvons-nous croire en quoi que ce soit, y compris le raisonnement que nous venons de mener ? Eh bien certes, notre confiance envers bon nombre de choses pourrait bien diminuer. Le Soleil se lèvera-t-il demain ? Peut-être, tant que celui qui fait tourner la simulation ne tire pas sur la prise. Tous nos souvenirs sont-ils fiables ? Ils en ont l'air, mais celui qui est derrière le clavier pourrait apprécier de les modifier de temps à autre.

Quoi qu'il en soit, remarque Bostrom, la conclusion que nous vivons dans une simulation n'affecte pas complètement notre compréhension de la vraie réalité sous-jacente. Même si nous vivons dans un monde virtuel, nous pouvons toujours identifier l'un des aspects que la réalité sous-jacente possède forcément : elle permet des simulations informatiques réalistes. Puisque après tout, d'après nos conclusions, nous sommes dans l'une d'elles. Le scepticisme effréné que suscite ce soupçon s'accorde avec cette croyance et ne permet donc pas de l'ébranler. S'il était utile lorsque nous avons commencé à jeter l'ancre et déclarer la réalité de tout ce qui semble réel, il n'était pas indispensable. La seule logique ne suffit pas à nous garantir que nous ne vivons pas dans un monde numérique.

Le seul moyen que nous avons d'esquiver cette conclusion est de nous appuyer sur les faiblesses intrinsèques de notre raisonnement. Peut-être la conscience est-elle impossible à modéliser ; point barre. Ou peut-être, comme le suggère également Bostrom, les civilisations vouées à maîtriser la technologie nécessaire pour créer des simulations conscientes décideront-elles de retourner cette technologie vers sa source et donc de se détruire elles-mêmes. Ou peut-être nos descendants, lorsqu'ils accéderont à la possibilité de créer des univers, choisiront-ils de ne pas le faire, pour des raisons d'éthique ou tout simplement parce que d'autres quêtes aujourd'hui inconcevables se seraient révélées tellement plus intéressantes à leurs yeux, que l'engouement pour la simulation d'univers (comme nous l'avions envisagé pour la création d'univers) serait tombé à l'eau.

Ce sont là quelques lacunes parmi nombre d'autres, mais quant à savoir si elles sont suffisamment importantes pour que nous nous y engagions, comment s'en assurer* ? Dans le cas contraire, si nous souhaitons pimenter un peu notre vie, il nous suffit de nous imposer. Quiconque exécute le programme de simulation finira par se lasser de faire tapisserie. Être le centre d'attraction semble une bonne voie vers la longévité [5].

Voir au-delà de la simulation

Si nous vivions dans un monde virtuel, pourrions-nous nous en rendre compte ? La réponse dépend notablement de celui qui effectue notre simulation – appelons-le « le simulateur » – et de la manière dont notre simulation a été programmée. Par exemple, le simulateur peut choisir de nous faire entrer dans le secret. Un jour en prenant une douche nous entendrions une douce clochette, et en rinçant la mousse sur notre visage, nous verrions une petite fenêtre flottant dans les airs autour de notre simulateur qui se présente à nous en souriant. Ou peut-être cette révélation pourrait-elle se faire à l'échelle mondiale, avec une immense fenêtre et une voix tonitruante qui envelopperait toute la planète, annonçant à tous qu'il existe en fait un programmateur tout-puissant dans les cieux. Mais même si notre simulateur se garde d'un tel exhibitionnisme, quelques petits indices moins évidents pourraient se manifester.

* Une autre lacune émane de l'incarnation du problème de la mesure quantique évoqué au chapitre 7. Si le nombre d'univers réels (non virtuels) est infini (si nous vivions, disons, dans le multi-univers en patchwork), alors il devrait exister une collection infinie de mondes comme le nôtre, dans lesquels nos descendants effectuent des simulations, produisant un nombre infini de mondes virtuels. Aurions-nous toujours l'impression que le nombre de mondes virtuels excède largement le nombre d'univers réels ? Nous avons vu au chapitre 7 que comparer des infinis est une affaire pernicieuse.

Des simulations avec des créatures sensibles pourraient certainement atteindre un seuil de fidélité minimal, mais comme pour les vêtements haute couture ou le prêt-à-porter de basse qualité, la qualité et la consistance peuvent varier. Par exemple, une approche possible pour programmer des simulations – appelons-la « stratégie émergente » – s'appuierait sur l'accumulation des connaissances humaines, en exploitant judicieusement divers points de vue en fonction du contexte. Les collisions entre protons dans les accélérateurs de particules seraient modélisés grâce à la théorie quantique des champs. La trajectoire de balles de tennis le serait à l'aide des lois de Newton. Les réactions d'une mère accompagnant les premiers pas de son enfant le seraient en mêlant les données émanant de la biochimie, de la physiologie et de la psychologie. Les décisions de chefs d'État puiseraient dans les théories politiques, l'histoire et l'économie. Avec un panel varié d'approches pour différents aspects de la réalité à simuler, la stratégie virtuelle aurait à préserver la cohérence interne pour ces processus dont l'explication théorique les classe dans un domaine, mais qui s'étendent à d'autres. Un psychiatre n'a guère besoin de maîtriser parfaitement les processus cellulaires, chimiques, moléculaires, atomiques et subatomiques sous-jacents au fonctionnement cérébral – ce qui est plutôt une bonne nouvelle pour la psychiatrie. Mais pour réaliser la simulation d'une personne, le défi qui se présente à la stratégie émergente consiste à mélanger des niveaux d'information grossiers et fins, pour garantir par exemple que les fonctions émotionnelles et cognitives soient bien cohérentes avec les données chimico-physiologiques. Ce type d'accordage faisant intervenir différents domaines qui se retrouvent dans tous les phénomènes a toujours poussé les scientifiques à chercher des explications plus profondes et plus unifiées.

Les simulateurs utilisant les stratégies émergentes devront aplanir les discordances émanant des différentes méthodes et devront s'assurer que l'accordage soit lisse et sans accroc. Cela implique quelques bricolages et à-coups qui, aux yeux des habitants du monde virtuel, apparaîtront comme des changements soudains et déconcertants de leur environnement, sans cause apparente ni explication. Et l'accordage pourrait ne pas être parfaitement efficace ; les incohérences résultantes pourraient s'accumuler et se construire au fil du temps, et même se révéler si problématiques que le monde finirait par devenir incohérent et la simulation tomberait en panne.

Un moyen possible d'éviter ces complications passe par une approche différente – appelée la « stratégie ultra-réductionniste » – dans laquelle la simulation ne provient que d'un ensemble simple d'équations fondamentales, un peu comme ce qu'imaginent les physiciens pour l'univers réel. Ces simulations prendraient comme données de départ la théorie mathématique de la matière et les forces fondamentales, et un choix de « conditions initiales » (l'état des choses au début de la simulation) ; l'ordinateur ferait alors évoluer cet univers au fil du temps, évitant ainsi les questions d'accordage de l'approche émergente. Mais ce type de simulations rencontrerait leurs propres problèmes calculatoires, même au-delà de la masse écrasante de calculs nécessaires pour « tout » modéliser, jusqu'au comportement de particules individuelles. Si les équations dont disposeront nos descendants sont semblables à celles avec lesquelles nous travaillons aujourd'hui – avec des nombres variant continûment – alors les simulations feront nécessairement appel à des approximations. Pour suivre un nombre de manière *exacte* lorsqu'il varie continûment, il nous faudrait suivre sa valeur pour un nombre infini d'étapes décimales (par exemple, lorsqu'une grandeur varie de 0,9 à 1, elle passe par des nombres tels que 0,9 ; 0,95 ; 0,958 ; 0,9583 ; 0,95831 ; 0,958317 et ainsi de suite avec, pour une bonne précision, un nombre arbitrairement élevé de chiffres après la virgule). Et cela, un ordinateur avec des capacités finies ne peut pas le gérer : il n'aura pas assez de temps ni de mémoire. Donc même si nous utilisions les équations les plus fondamentales qui soient, il reste possible que les calculs informatiques soient forcément approchés, et donc que des erreurs s'accumulent au fil du temps*.

Bien sûr, par « erreur » j'entends un écart entre ce qui a lieu dans la simulation et la description inhérente dans les théories les plus précises à disposition du simulateur. Mais pour ceux qui, comme nous, font partie de la simulation, les règles mathématiques régissant les calculs de l'ordinateur seraient les lois de la nature. La question n'est donc pas de savoir avec quelle fidélité les lois mathématiques utilisées par l'ordinateur reproduisent le monde extérieur ; nous imaginons que nous n'observons pas le monde extérieur depuis la simulation. En fait, le problème de l'univers virtuel est le suivant : lorsque les approximations indispensables de l'ordinateur imprègnent les équations mathématiques exactes par ailleurs, les calculs perdent rapidement leur stabilité. Des erreurs en boucles qui s'accumulent sur un grand nombre d'itérations du calcul peuvent produire des incohérences. Nous et les autres scientifiques virtuels pourrions alors observer des résultats d'expérience anormaux,

* Une théorie qui aurait seulement un nombre fini d'états différents dans un volume spatial fini (en accord par exemple avec la limite entropique dont nous avons parlé au précédent chapitre) pourrait toujours avoir des grandeurs continues dans son formalisme mathématique. C'est le cas par exemple en mécanique quantique : la valeur de l'onde de probabilité varie continûment même lorsqu'il n'y a qu'un nombre fini de possibilités différentes.

ou nos vénérées lois pourraient commencer à produire des prédictions inexactes ; des mesures qui convergeaient depuis longtemps vers un résultat parfaitement bien confirmé pourraient commencer à donner des réponses différentes. Au bout d'un certain temps, nous et nos collègues virtuels pourrions penser, comme l'ont fait nos aïeux des siècles et des millénaires durant, que ce sont là des preuves que notre théorie ultime ne l'est peut-être pas tant que ça. Collectivement, nous ré-étudierions la théorie, ce qui pourrait nous amener à proposer de nouvelles idées, équations et principes décrivant mieux les données. Mais si ces incohérences ne produisent pas de contradictions qui enrayent le programme, au bout d'un moment, nous fonçons droit dans un mur.

Malgré une recherche exhaustive des explications possibles, sans en trouver, un penseur iconoclaste pourrait proposer une autre idée : si les lois élaborées par les physiciens depuis plusieurs millénaires étaient introduites dans un supercalculateur et utilisées pour modéliser un univers virtuel, les erreurs accumulées du fait des approximations nécessaires conduiraient à des anomalies précisément du type observé. « Est-ce que ça sous-entend que nous vivons dans une simulation informatique ? » pourrions-nous demander. « Oui », pourrait nous répondre notre collègue. « Mais c'est dingue », dirions-nous. « Vraiment ? Regarde », dirait-elle en nous montrant sur l'écran d'un ordinateur le monde virtuel qu'elle a programmé à l'aide de ces lois fondamentales de la physique. Le temps de reprendre notre souffle après le choc de la découverte de ce monde virtuel, nous verrions que les scientifiques à l'intérieur de la simulation s'interrogent effectivement sur les mêmes données étranges que celles qui nous interpellent [6].

Un simulateur qui chercherait à rester plus dissimulé pourrait évidemment utiliser des stratégies moins agressives. À mesure que les incohérences s'accumulent, il pourrait redémarrer son programme et effacer les anomalies de la mémoire de ses habitants. Il faudrait un certain temps avant de pouvoir affirmer qu'une réalité virtuelle révèle sa véritable nature par des bugs et des anomalies. Et je m'empresserai d'ajouter que les incohérences, les anomalies, les questions irrésolues et les progrès en berne ne refléteraient que nos propres échecs scientifiques. L'interprétation de ces indices serait que nous autres scientifiques devons travailler plus dur et être plus créatifs dans nos recherches d'explications. Cependant, aucune conclusion sérieuse ne ressort de ce scénario fantaisiste. Si et quand nous générerons des mondes virtuels, peuplés d'habitants qui semblent sensibles, une question essentielle se posera à nous : est-il sensé de croire que nous occupons une place unique dans l'histoire du développement scientifico-technique ? Nous *pourrions* occuper une place de choix – mais si nous tenons à suivre les probabilités, nous devons considérer les explications alternatives en vertu desquelles, dans le grand ordre des choses, nous ne sommes pas si extraordinaires. Et il y a une explication toute prête qui fait l'affaire. Une fois convaincus par notre propre travail que des simulations conscientes sont possibles, les principes directeurs ordinaires du chapitre 7 suggèrent qu'il n'y ait pas qu'une seule simulation mais un océan bouillonnant de simulations, qui constitue un multi-univers virtuel. Alors que les simulations que nous avons créées pourraient être un exploit historique dans le domaine limité auquel nous avons accès, dans le contexte du multi-univers virtuel dans son ensemble, cela ne représente rien de particulier, puisque cela a déjà été réalisé un nombre incalculable de fois. Une fois cette idée acceptée, nous en venons à conclure que nous aussi devrions être dans une simulation puisque c'est le cas de la vaste majorité des êtres conscients d'un multi-univers virtuel.

Les preuves en faveur de la conscience artificielle et des mondes virtuels sont de bons motifs pour repenser la nature de notre propre réalité.

La bibliothèque de Babel

Lors de mon premier semestre à l'université, j'avais choisi un cours d'introduction à la philosophie proposé par Robert Nozick. Dès le premier cours, c'était une course folle. Nozick terminait son volumineux ouvrage *Philosophical Explanations* ; il utilisait le cours comme lieu de répétition de beaucoup des raisonnements de son livre. Mes convictions sur le monde étaient bouleversées à chaque cours, parfois avec beaucoup de vigueur. C'était pour moi une expérience inattendue – je pensais que chambouler la réalité était l'apanage des cours de physique. Et pourtant, il y avait une différence fondamentale entre les deux. Les cours de physique défiaient les points de vue conventionnels en mettant à nu des phénomènes étranges qui émergent dans des domaines totalement inconnus où les choses se déplacent à grande vitesse, sont extrêmement lourdes ou extraordinairement minuscules. Les cours de philosophie bouleversaient les points de vue conventionnels sur les fondements de notre expérience *de tous les jours*. Comment être sûrs qu'il y a bien un monde réel là-dehors ? Pouvons-nous nous fier à nos perceptions ? Qu'est-ce qui lie nos molécules et atomes pour assurer la cohérence de notre identité personnelle au fil du temps ?

Un jour que j'étais resté après la classe, Nozick m'avait demandé ce qui m'intéressait et j'ai dit effrontément que je souhaitais travailler sur la gravitation quantique et les théories unifiées. Cette réponse avait habituellement le pouvoir de clore les discussions, mais pour Nozick, elle était une occasion d'éduquer un jeune esprit en ouvrant de nouvelles perspectives. « Qu'est-ce qui te motive là-dedans ? » m'avait-il demandé. Je lui avais dit que je voulais découvrir des vérités éternelles, pour aider à comprendre pourquoi les choses sont telles qu'elles sont. Certes, voilà qui était aussi naïf que fanfaron. Mais Nozick m'écoutait de bonne grâce et alimentait la discussion. « Imaginons que tu trouves la théorie unifiée, me dit-il, cela te donnerait-il les réponses que tu cherches ? Ne serais-tu toujours pas à t'interroger sur les raisons pour lesquelles telle théorie est la bonne théorie de l'univers plutôt que telle autre ? » Il avait raison, bien sûr, mais j'ai répondu que dans notre quête d'explications, il pourrait y avoir un stade au-delà duquel nous n'aurions plus qu'à accepter certaines choses telles quelles. C'est là que Nozick souhaitait m'emmener ; en écrivant les *Philosophical Explanations*, il avait construit un raisonnement opposé à cette vision des choses, fondé sur ce que l'on appelle le « principe de fécondité », comme une tentative de formaliser les explications sans « accepter certaines choses telles quelles », sans accepter quoi que ce soit comme vérité absolue.

La manœuvre philosophique sous-jacente est très simple : il suffit d'affaiblir la question. Si nous voulons éviter d'expliquer pourquoi une théorie donnée devrait être privilégiée aux dépens d'une autre, eh bien ne la privilégions pas. Nozick propose d'imaginer que nous appartenions à un multi-univers qui comprendrait *tous les univers possibles*[7]. Ce multi-univers inclurait les évolutions alternatives émanant du multi-univers quantique, et aussi celles des univers bulle du multi-univers paysage, et les mondes de cordes des multi-univers de branes ou paysage. Ces multi-univers ne suffiraient pas à eux seuls à remplir la proposition de Nozick car nous nous poserions toujours des questions comme : Pourquoi la mécanique quantique ? Pourquoi l'inflation ? Pourquoi la théorie des cordes ? En revanche, n'importe quel univers possible, quel qu'il soit – composé de variétés d'atomes inhabituelles ou de mozzarella fondue – aura sa place dans le concept de Nozick.

C'est le dernier multi-univers que nous aborderons, puisque c'est le plus exubérant de tous – et même le plus exubérant possible. Tout multi-univers qui a jamais été ou sera jamais proposé sera lui-même composé d'univers possibles, et sera donc membre de cet énorme conglomérat que j'appellerai le « multi-univers suprême ». Dans celui-ci, si nous demandons pourquoi notre univers est régi par les lois que nos recherches ont mises en évidence, la réponse revient au principe anthropique : il y a d'autres univers au-delà du nôtre, et même tous les univers possibles en fait, et nous occupons celui qui est le nôtre parce qu'il fait partie de ceux qui peuvent accueillir notre forme de vie. Les autres univers que nous pourrions occuper – et il en existe beaucoup puisque, parmi d'autres choses, nous pouvons certainement survivre à des changements suffisamment ténus des paramètres fondamentaux de la physique – abritent certainement d'autres créatures qui, comme nous, se posent la même question. Et la même réponse s'applique tout aussi bien. L'idée est que notre existence n'affuble les univers d'aucun statut particulier car dans le multi-univers suprême, *tous* les univers possibles existent. La question de savoir pourquoi un ensemble de lois décrit un univers donné – le nôtre – tandis que tous les autres sont des abstractions stériles s'évapore complètement. Il n'existe aucune loi stérile. Tous les ensembles de lois décrivent des univers réels.

Curieusement, Nozick remarquait qu'au sein de ce multi-univers, devrait exister un univers composé de rien. Absolument rien. Pas d'espace vide, mais le rien auquel Gottfried Leibniz fait référence dans sa fameuse question : « Pourquoi y a-t-il quelque chose plutôt que rien ? » Nozick ne pouvait pas le savoir, mais cette observation résonnait en moi de manière particulière. J'ai rencontré ce questionnement de Leibniz lorsque j'avais dix ou onze ans, et j'en fus très troublé. J'ai arpenté ma chambre, en me demandant ce que le rien pouvait bien être, souvent avec une main quelque part derrière la tête, en m'imaginant que de m'efforcer de réaliser l'impossible – voir ma main – m'aiderait à saisir le sens de l'absence totale. Aujourd'hui encore, toute tentative de cerner le rien absolu me serre le cœur. Le rien absolu, de notre point de vue habituel plein de quelque chose, sous-entend la plus profonde perte. Mais parce que le rien semble aussi tellement plus simple que le quelque chose – aucune loi en vigueur, pas de matière en jeu, pas d'espace à occuper, pas de temps à égrener… –, la question de Leibniz sonne très juste pour beaucoup de gens. Pourquoi n'y aurait-il pas le rien ? Le rien serait résolument très élégant.

Dans le multi-univers suprême, il existe bel et bien un univers composé de *rien*. Autant que nous le sachions, le rien est une possibilité parfaitement logique et devrait donc être incluse dans ce multi-univers qui réunit tous les univers. La réponse de Nozick à Leibniz est donc que dans le multi-univers suprême, il n'existe aucun déséquilibre entre quelque chose et rien qui nécessite d'être expliqué. Les univers de l'un ou l'autre type font partie de ce multi-univers. Un univers de rien n'est un laboratoire pour rien du tout. Ce n'est que parce que nous autres humains sommes quelque chose que l'univers de rien échappe à notre entendement.

Un théoricien habitué à parler mathématiques envisage le multi-univers suprême de Nozick comme un multi-univers où toutes les équations possibles mathématiquement sont réalisées physiquement. C'est une version de la nouvelle de Jorge Luis Borges « La Bibliothèque de Babel », dans laquelle les livres de Babel seraient écrits dans le langage des mathématiques et contiendraient donc toutes les séquences possibles de symboles mathématiques qui soient sensées et dénuées d'autocontradiction *. Certains ouvrages contiendraient des formules connues, comme l'équation de la relativité générale ou celle de la mécanique quantique, appliquées aux particules connues. Mais certaines séquences mathématiques reconnaissables seraient extrêmement rares. La plupart des livres contiendraient des équations que personne n'a encore écrites, des équations qui seraient normalement considérées comme des abstractions. L'idée du multi-univers suprême est d'englober ces points de vue. Plus jamais la majorité des équations ne restera en dormance, avec seulement quelques-unes plus chanceuses que les autres amenées à la vie par les particularités de la physique. Mais plutôt, chaque livre de la bibliothèque mathématique de Babel est un univers réel à part entière.

La proposition de Nozick, sous sa forme mathématique, offre une réponse concrète à une question de longue date. Des siècles durant, les mathématiciens et les philosophes se sont interrogés pour savoir si les mathématiques sont découvertes ou inventées. Des concepts et vérités mathématiques attendent-ils quelque part qu'un explorateur intrépide trébuche sur l'un d'eux ? Ou, puisque cet explorateur est plus probablement assis à son bureau, crayon à la main, à gribouiller fébrilement des symboles obscurs, les concepts et vérités mathématiques résultants sont-ils inventés comme éléments de la quête d'ordre et de modèles par l'esprit humain.

* La bibliothèque de Borges contenait des livres avec toutes les séquences possibles de caractères, indépendamment du sens.

À première vue, l'étrange manière dont beaucoup de concepts mathématiques trouvent une application dans les phénomènes physiques montre avec force que les mathématiques sont réelles. Les exemples abondent. De la relativité générale à la mécanique quantique, les physiciens ont trouvé beaucoup de découvertes mathématiques taillées sur mesure pour des applications physiques. La prédiction par Paul Dirac de l'existence du positron (l'antiparticule de l'électron) en est un exemple simple mais impressionnant. En 1931, en résolvant les équations quantiques pour le mouvement des électrons, Dirac trouva que les calculs aboutissaient à une solution « superfétatoire » – semblant décrire le mouvement d'une particule tout comme l'électron mais munie d'une charge électrique positive (tandis que la charge de l'électron est négative). En 1932, cette particule fut mise en évidence par Carl Anderson dans l'étude minutieuse de rayons cosmiques bombardant la Terre depuis l'espace. Ce qui avait commencé comme un simple maniement des symboles mathématiques par Dirac s'est conclu par la découverte expérimentale, en laboratoire, de la première particule d'antimatière.

Les plus sceptiques pourraient toutefois objecter que les mathématiques émanent toujours de nous. Nous avons été façonnés par l'évolution pour comprendre l'organisation de notre environnement ; mieux nous y parvenons, mieux nous saurons trouver le prochain repas. Les mathématiques, le langage de cette organisation, provient de notre adaptation biologique. Et grâce à ce langage, nous avons pu systématiser notre recherche de nouvelles organisations, et aller bien au-delà de celle dont nous avons besoin pour survivre. Mais les mathématiques, comme tous les outils que nous avons conçus et utilisés au cours des âges, sont une invention humaine.

Mon opinion sur les mathématiques change périodiquement. Lorsque je suis pris dans un calcul mathématique qui se passe bien, j'ai souvent le sentiment que le processus est celui de la découverte, pas de l'invention. Je ne connais guère d'expérience plus passionnante que celle de voir les pièces disparates d'un puzzle mathématique s'assembler soudainement pour former une seule image, cohérente. Lorsque cela se passe ainsi, on a le sentiment que l'image était là quelque part depuis le début, comme un grand paysage caché par le brouillard matinal. En revanche, lorsque je passe en revue les mathématiques de manière plus objective, je suis moins convaincu. Le savoir mathématique est la production littéraire des hommes qui maîtrisent le langage si exceptionnellement précis des mathématiques. Et comme c'est sûrement le cas pour la littérature produite dans l'un des langages naturels du monde, la littérature mathématique est le produit de l'ingéniosité et de la créativité humaines. Ce n'est pas pour dire que d'autres formes de vie intelligente ne pourraient pas obtenir les mêmes résultats mathématiques que nous ; ce serait tout à fait possible. Mais cela pourrait traduire des similitudes dans nos expériences (comme le besoin de compter, le besoin d'échanger, le besoin de s'interroger et ainsi de suite) et ainsi apporter un minimum d'indices en faveur du fait que les mathématiques ont une existence transcendante.

Il y a de cela plusieurs années, lors d'un débat public sur le sujet, j'ai dit que j'imaginais tout à fait une rencontre avec un extraterrestre durant laquelle, en découvrant nos théories scientifiques, celui-ci dirait : « Oh, les maths. Oui nous avions essayé durant un temps. Cela semblait prometteur au début, mais en fin de compte c'était une voie sans issue. Attendez, je vais vous montrer comment ça marche vraiment. » Toutefois, pour continuer au sujet de mes propres hésitations, je ne sais pas comment les extraterrestres finiraient cette phrase, et même avec une définition suffisamment ample des mathématiques (par exemple les déductions logiques à partir d'une série d'hypothèses), je ne suis même pas sûr de savoir quel type de réponses ne reviendraient *pas* à des mathématiques.

Le multi-univers suprême répond sans équivoque à cette question. Toutes les mathématiques sont réelles en ce sens que toutes décrivent un univers réel. Dans ce multi-univers, toutes les mathématiques ont leur place. Un univers régi par l'équation de Newton et peuplé uniquement de boules de billard (sans structure interne additionnelle) est un univers réel ; un univers vide en 666 dimensions régi par une version de plus haute dimension des équations d'Einstein est aussi un univers. Si nos extraterrestres avaient raison, il y aurait aussi des univers dont la description sortirait du cadre des mathématiques. Mais laissons cette possibilité de côté. Un multi-univers réalisant toutes les équations mathématiques nous occupera déjà bien assez ; voilà ce que nous offre le multi-univers suprême.

Multi-univers et rationalisation

Ce qui distingue le multi-univers suprême des autres propositions d'univers parallèles que nous avons rencontrées, c'est le raisonnement qui a mené à le prendre en considération. Les théories de multi-univers des chapitres précédents n'avaient pas été imaginées pour résoudre un problème ou répondre à une question. Certains d'entre eux y parviennent, ou tout au moins le prétendent, mais n'ont pas été élaborés dans cet objectif. Nous l'avons vu : certains théoriciens pensent que le multi-univers quantique résout le problème de la mesure quantique ; certains pensent que le multi-univers cyclique aborde la question du commencement du temps ; certains pensent que le multi-univers de branes statue sur la raison pour laquelle la gravitation est beaucoup plus faible que les autres forces ; certains pensent que le multi-univers paysage nous donne des indications sur les valeurs observées de l'énergie noire ; certains pensent que le multi-univers holographique explique les données émanant de la collision entre noyaux d'atomes lourds. Mais ces applications sont secondaires. La mécanique quantique fut élaborée pour concilier le royaume microscopique ; la cosmologie inflationnaire fut élaborée pour comprendre les propriétés observées du cosmos ; la théorie des cordes fut élaborée pour concilier mécanique quantique et relativité générale. La possibilité que ces théories produisent divers multi-univers est une conséquence.

Au contraire, le multi-univers suprême ne porte aucune charge explicative outre son hypothèse de multi-univers. Il accomplit un but précis : ajouter à notre liste de tâches le projet de trouver une explication au fait que notre univers adhère à un ensemble de lois mathématiques et non à un autre, et y parvenir justement en introduisant un multi-univers. Conçu spécifiquement pour aborder une question précise, le multi-univers suprême n'a pas une raison d'être indépendante et caractéristique comme les multi-univers présentés dans les chapitres précédents.

C'est mon avis, mais tout le monde n'est pas d'accord. Il existe un point de vue philosophique (émanant de l'école de pensée dite du réalisme structurel) en vertu duquel les physiciens pourraient être devenus la proie d'une fausse dichotomie entre mathématiques et physique. Il est habituel de la part des physiciens théoriciens de parler des mathématiques comme d'un langage quantitatif pour décrire la réalité physique ; c'est ce que j'ai fait sur presque toutes les pages de ce livre. Mais peut-être cette perspective laisse-t-elle entendre que les mathématiques représentent davantage qu'une simple description de la réalité. Peut-être les mathématiques *sont-elles* la réalité.

C'est une idée étrange. Nous n'avons pas l'habitude d'envisager la réalité tangible comme étant élaborée à partir de mathématiques impalpables. Les univers virtuels de la section précédente permettent de le comprendre de manière concrète et instructive. Prenons la célèbre réaction émotionnelle de Samuel Johnson qui répondit à l'affirmation de Mgr Berkeley que la matière n'est qu'une vue de l'esprit en frappant avec force une pierre du pied. Imaginons toutefois qu'à l'insu du Dr Johnson, ce coup de pied ait eu lieu dans une simulation virtuelle de haute fidélité. Dans ce monde virtuel, l'expérience de la pierre par Johnson serait tout aussi convaincante que dans la version historique. Et pourtant, la simulation informatique n'est autre qu'une chaîne de manipulations mathématiques prenant l'état de l'ordinateur à un moment – un complexe arrangement de bits – et le faisant évoluer en suivant des règles mathématiques précises.

Ce qui signifie que si nous étudiions intensément les transformations mathématiques effectuées par l'ordinateur durant la démonstration de Johnson, nous verrions dans les mathématiques le coup de pied et son rebond, ainsi que la pensée et la fameuse phrase : « C'est ainsi que je le réfute. » Branchons l'ordinateur à un écran (ou toute autre interface futuriste) et nous verrions que la danse numérique chorégraphiée par les mathématiques produit Johnson et son coup de pied. Mais ne laissons pas les caractères exceptionnels de la simulation (le disque dur de l'ordinateur, la belle interface, et ainsi de suite) occulter le fait principal : sous le capot, il n'y a que des mathématiques. Si nous changions les règles mathématiques, la danse des bits pianoterait une réalité différente.

Pourquoi s'arrêter là ? Je place ici Johnson dans une simulation seulement parce que ce contexte offre un lien instructif entre les mathématiques et la réalité de Johnson. Mais le point le plus fondamental dans tout cela, c'est que la simulation informatique est une étape intermédiaire. Une étape purement et seulement mentale entre l'expérience d'un monde tangible et l'abstraction pure des équations mathématiques. Les mathématiques elles-mêmes – de par les relations qu'elles créent, les liens qu'elles établissent et la transformation qu'elles incarnent – contiennent Johnson, ses actions et ses pensées. Nul besoin de l'ordinateur. Nul besoin de la danse des bits. *Johnson est dans les mathématiques* [8].

Dès lors que s'immisce l'idée que les mathématiques elles-mêmes peuvent, par leur structure inhérente, incarner n'importe quel aspect de la réalité – esprits conscients, grosses pierres, coups de pied, orteil douloureux – nous en venons à penser que *notre* réalité n'est rien d'autre que des maths. Dans cette vision des choses, tout ce dont nous avons conscience – la sensation de tenir ce livre, les pensées que nous avons en cet instant, les prévisions pour le dîner –, c'est l'expérience des mathématiques. La réalité, c'est le ressenti des mathématiques.

Certes, ce point de vue nécessite un bond conceptuel que tout le monde ne sera pas prêt à faire ; pour ma part, je n'ai pas encore franchi ce pas. Mais pour ceux qui l'ont fait, leur vision du monde est que les mathématiques ne sont pas simplement quelque part, mais elles sont la seule et unique chose qu'il y ait où que ce soit. Un élément de mathématiques, disons les équations de Newton, celles d'Einstein ou n'importe quelles autres, ne devient réel que lorsque des entités physiques interviennent et lui donnent corps. Les mathématiques – toutes les mathématiques – sont d'ores et déjà réelles ; elles n'ont pas besoin qu'on leur donne corps. Des collections différentes d'équations mathématiques sont des univers différents. Le multi-univers suprême est donc une conséquence de cette vision des mathématiques.

Max Tegmark du MIT, qui fut un fervent défenseur du multi-univers suprême (qu'il a appelé l'« hypothèse de l'univers mathématique »), justifie cette vision des choses à l'aide d'une autre considération. La description la plus fondamentale de l'univers ne devrait pas nécessiter de concepts dont la signification repose sur l'expérience humaine ou l'interprétation. La réalité transcende notre existence et ne devrait donc pas, d'un point de vue fondamental, dépendre d'idées de notre conception. Le point de vue de Tegmark est que les mathématiques – à travers des séries d'opérations (comme les additions) qui agissent sur des ensembles abstraits d'objets (comme les nombres entiers) pour produire des relations entre eux (comme 1+2=3) – sont précisément le langage pour énoncer des faits non contaminés par l'humain. Mais dans ce cas, qu'est-ce qui pourrait discerner un corps de mathématiques de l'univers qu'il décrit ? Tegmark propose que la réponse soit : rien. S'il devait exister un élément pour distinguer les mathématiques de l'univers, il faudrait qu'il soit non mathématique ; sans quoi il serait absorbé dans la description mathématique, effaçant la prétendue distinction. Mais en poursuivant la réflexion dans la même ligne, si cet élément était non mathématique, il devrait avoir une empreinte humaine et ne pourrait donc pas être fondamental. Ainsi n'existe-t-il aucun moyen de distinguer ce que nous appelons conventionnellement la description mathématique de la réalité de son incarnation physique. Ce sont les mêmes. Il n'y a aucun interrupteur pour « enclencher » les mathématiques. Existence mathématique et existence physique sont synonymes. Et puisque c'est vrai pour toutes les mathématiques et n'importe lesquelles, cela fournit une autre voie vers le multi-univers suprême.

Ces arguments sont étranges, et je reste sceptique. Sur l'évaluation d'une proposition donnée de multi-univers, je penche en faveur de l'existence d'un processus, aussi préliminaire soit-il – un champ d'inflaton qui fluctue, des collisions entre branes mondes, effet tunnel quantique dans la théorie du paysage des cordes, une onde qui évolue via l'équation de Schrödinger –, dont nous pouvons imaginer qu'il engendre le multi-univers. Je préfère fonder mon raisonnement sur une séquence d'événements qui peuvent, tout au moins en principe, conduire au multi-univers considéré. Pour le multi-univers suprême, il est difficile d'imaginer ce que pourrait être un tel processus ; il faudrait différentes lois mathématiques dans différents domaines. Dans les multi-univers inflationnaire et paysage, nous avons vu que les détails dans la manifestation des lois de la physique peuvent varier d'univers en univers, du fait de différences environnementales, comme la valeur de certains champs de Higgs ou la forme des dimensions supplémentaires. Les équations mathématiques sous-jacentes qui opèrent à travers tous les univers sont les mêmes. Alors quel processus fondé sur un ensemble donné de lois mathématiques pourrait-il changer ces lois mathématiques ? Comme si le chiffre cinq cherchait désespérément à devenir un six, cela semble tout bonnement impossible.

Cependant, avant d'asseoir cette conclusion, examinons la chose suivante : certains domaines peuvent *sembler* être régis par des lois mathématiques différentes. Pensons aux mondes virtuels. Au sujet du Dr Johnson, j'ai utilisé la simulation informatique comme outil pédagogique pour expliquer comment les mathématiques pouvaient incarner l'essence de l'expérience. Mais si nous considérons ces simulations en tant que telles, comme nous l'avons fait pour le multi-univers virtuel, nous voyons qu'elles offrent justement le processus que nous cherchons : bien que le disque dur sur lequel s'effectue la simulation soit soumis aux lois habituelles de la physique, le monde virtuel lui-même sera fondé sur les équations mathématiques que l'utilisateur aura choisies. De simulation en simulation, les lois mathématiques peuvent et vont généralement changer.

Comme nous allons le voir à présent, cela offre un mécanisme pour générer une partie particulièrement privilégiée du multi-univers suprême.

Babel virtuelle

J'avais signalé plus haut que, pour le type d'équations que nous étudions typiquement en physique, les simulations informatiques ne produisent que des approximations aux mathématiques. C'est généralement le cas lorsque l'on met des nombres continus en présence d'un ordinateur. Prenons cet exemple de physique classique (et supposons, comme c'est le cas en physique classique, que l'espace-temps est continu) : une balle de tennis passe par un nombre infini de points différents lorsqu'elle traverse le court [9]. Suivre la balle sur une infinité de points, pour une infinité de vitesses en ces points, sera toujours hors de notre portée. Dans le meilleur des cas, les ordinateurs peuvent exécuter des calculs même très perfectionnés mais qui restent malgré tout approximatifs, en suivant par exemple la trajectoire de la balle au millionième ou au milliardième de centimètre près. Cela convient parfaitement pour bon nombre d'usages, mais cela reste une approximation. La mécanique quantique et la théorie quantique des champs, en introduisant diverses formes de discrétude, aident quelque peu. Mais il est fait, dans les deux cas, un usage intensif de nombres variant continûment (les valeurs des ondes de probabilité, la valeur des champs et ainsi de suite). Le même raisonnement vaut pour toutes les autres équations standard de la physique. Un ordinateur peut faire des calculs approchés, mais pas simuler les équations de façon exacte *.

Toutefois, pour d'autres types de fonctions mathématiques, la simulation informatique peut être exacte. Il s'agit de ce que l'on appelle les « fonctions calculables », qui sont des fonctions pouvant être évaluées par un ordinateur à travers un nombre fini d'instructions discrètes. L'ordinateur peut avoir besoin d'effectuer plusieurs cycles des différentes étapes, mais tôt ou tard il produira la réponse exacte. Il n'y a ni originalité ni nouveauté d'aucune sorte à chaque étape ; il s'agit juste de concocter un résultat. En pratique, pour simuler le mouvement d'une balle de tennis, les ordinateurs sont programmés avec des équations qui sont des « approximations calculables » des lois de la physique que nous avons apprises à l'école. (Typiquement, l'approximation informatique reporte l'espace et le temps continus sur un fin quadrillage.)

---

* Lorsque nous avons abordé le multi-univers en patchwork (chapitre 2), j'ai insisté sur le fait que la physique quantique garantit que dans une région finie de l'espace, il n'y a qu'un nombre fini de façons différentes dont la matière peut s'agencer. Cela étant, le formalisme mathématique de la mécanique quantique inclut des aspects qui sont continus et peuvent donc prendre une infinité de valeurs. Il s'agit de choses que nous ne pouvons pas observer directement (comme l'intensité d'une onde de probabilité en un point donné) ; c'est au regard des différents résultats possibles pris par les mesures qu'il n'existe qu'un nombre fini de possibilités.

Par opposition, un ordinateur tentant de calculer une fonction non calculable tournera indéfiniment sans trouver de réponse, quelles que soient sa vitesse ou sa mémoire. Ce serait le cas par exemple pour un ordinateur cherchant la trajectoire continue exacte de la balle de tennis. Prenons un exemple plus qualitatif et imaginons un univers virtuel dans lequel un ordinateur serait programmé pour trouver une simulation extraordinairement efficace d'un chef cuisinier, qui prépare les repas pour tous les autres habitants virtuels qui ne cuisinent pas pour eux-mêmes – et seulement ceux-là. Le chef coupe, cuit et cuisine sans relâche, et finit par avoir vraiment faim. La question est de savoir qui l'ordinateur charge-t-il de nourrir le chef[10] ? Lorsqu'on y réfléchit, cela donne des maux de tête. Le chef ne peut pas cuisiner pour lui-même puisqu'il ne cuisine *que* pour ceux qui ne cuisinent pas pour eux-mêmes, mais si le chef ne cuisine pas pour lui-même, eh bien il fait justement partie de ceux pour qui il est censé cuisiner. Soyons rassurés, la tête de l'ordinateur n'irait guère mieux que la nôtre. Les fonctions non calculables comme celle-ci ressemblent beaucoup à cet exemple : avec elles, en exécutant ses calculs, l'ordinateur se retrouve dans une impasse et la simulation en cours s'arrête. Les univers du multi-univers virtuel qui fonctionnent seraient donc fondés sur des fonctions calculables.

Tout cela suggère que les multi-univers virtuel et suprême se recoupent. Imaginons une version réduite du multi-univers suprême, qui n'inclurait que les univers émanant de fonctions calculatoires. Ainsi, plutôt que de n'être qu'un postulat de résolution d'une question donnée – Pourquoi cet univers est-il réel, tandis que d'autres univers possibles ne le sont pas ? –, cette version réduite du multi-univers suprême peut provenir d'un processus. Une armée d'ordinateurs du futur, peut-être guère différents de ceux des férus de *Second Life* aujourd'hui, pourraient reproduire ce multi-univers en effectuant des simulations fondées sur des équations toujours différentes. Mais ils ne reproduiraient pas tous les univers contenus dans la bibliothèque mathématique de Babel car ceux fondés sur des fonctions non calculables ne démarreraient jamais. Les ordinateurs pourraient cependant continuer de calculer à travers toutes les salles de la bibliothèque.

Jürgen Schmidhuber, scientifique spécialisé en informatique, est arrivé à une conclusion similaire en prenant un autre angle d'approche, à partir des idées antérieures de Zuse. Schmidhuber a compris qu'il est plus facile de programmer un ordinateur pour produire tous les univers calculables possibles que de programmer des ordinateurs individuels pour les produire un par un. Pour comprendre cela, imaginons que nous programmions un ordinateur pour simuler des tournois de tennis. Pour chaque tournoi, la quantité d'informations à donner est vaste : chaque détail sur les joueurs, tant physique que mental, chaque détail sur le court, les arbitres, la météo et ainsi de suite. Et chaque nouveau jeu que nous reproduisons nécessite de préciser encore une montagne de données. Cependant, si nous décidons de simuler non pas un ou deux jeux, mais *tous* les jeux imaginables, alors notre job de programmation serait en fait beaucoup plus simple. Nous aurions simplement à concevoir un programme maître qui ferait varier automatiquement toutes les grandeurs possibles – celles qui concernent les joueurs, l'environnement, et toutes les autres données importantes – et le laisser exécuter. Retrouver un jeu particulier dans l'énorme quantité de données obtenues serait un beau défi, mais nous pouvons être sûrs que tôt ou tard, tous les jeux possibles apparaîtront.

L'idée est qu'il faut, pour définir un membre parmi une énorme collection, une quantité d'informations considérable, mais pour définir la collection entière, cela peut être beaucoup plus facile. Schmidhuber a trouvé que cette conclusion s'applique aux univers virtuels. Un programmateur engagé pour simuler une collection d'univers fondés sur un ensemble donné d'équations mathématiques choisirait la manière la plus facile : un peu comme pour le tennis, il aurait tout intérêt à écrire un programme relativement court pour générer *tous* les univers calculables et laisser travailler l'ordinateur. Quelque part dans la collection colossale de ces univers simulés, le programmateur trouvera ceux pour lesquels il a été engagé. Il ne faudrait pas avoir à payer l'utilisation de l'ordinateur suivant un tarif horaire car le temps nécessaire au total pour compiler toutes ces simulations serait incommensurable. Mais ce serait une affaire de rémunérer le programmateur à l'heure car la série d'instructions nécessaire pour générer tous les univers calculables serait largement moindre que celle nécessaire pour produire un univers donné en particulier [11].

L'un ou l'autre de ces scénarios – un grand nombre d'ordinateurs compilant un grand nombre d'univers, ou un programme unique pour les compiler tous – montre comment le multi-univers virtuel pourrait être généré. Et parce que les univers obtenus pourraient être fondés sur une large diversité d'équations mathématiques différentes, nous pouvons envisager de même ces scénarios comme générateurs d'une partie du multi-univers suprême : celle des univers basés sur des fonctions mathématiques calculables [*].

---

* Max Tegmark a remarqué que la totalité d'une simulation, du début à la fin, est en soi une collection de relations mathématiques. Ainsi, pour quiconque pense que toutes les mathématiques sont réelles, il en va de même pour cette collection. De ce point de vue, il n'y a donc aucun besoin de faire tourner une simulation sur ordina-

L'inconvénient dans le fait de générer une partie seulement du multi-univers suprême, c'est que cette version réduite est moins efficace à l'égard de la question qui avait inspiré le principe de fécondité de Nozick en premier lieu. Si tous les univers possibles n'existent pas, si le multi-univers suprême n'est pas simulé dans son entier, alors la question remonte à la surface : pourquoi certaines équations émergent à la vie et d'autres non. Plus spécifiquement, nous nous retrouvons à nous demander pourquoi les univers fondés sur des équations calculables monopolisent le devant de la scène.

Pour continuer sur ce chemin hautement spéculatif, peut-être la distinction calculable / non calculable pourrait nous renseigner. Les équations mathématiques calculables évitent les questions épineuses soulevées au milieu du siècle passé par des penseurs tels que Kurt Gödel, Alan Turing et Alonzo Church. Le fameux « théorème d'incomplétude » de Gödel montre que certains systèmes mathématiques admettent nécessairement des énoncés vrais qui ne peuvent pas être démontrés au sein du système mathématique lui-même. Les physiciens se sont longtemps interrogés au sujet des implications possibles des travaux de Gödel sur leurs propres recherches. La physique elle aussi pourrait-elle être incomplète, dans ce sens où certains aspects du monde naturel échapperaient à tout jamais à toute description mathématique ? Dans le contexte du multi-univers suprême, la réponse est non. Par définition, les fonctions mathématiques calculables

---

teur puisque les relations mathématiques que cela produirait sont déjà réelles. Notons également que se concentrer sur le fait de faire évoluer une simulation dans le temps est certes intuitif, mais excessivement restrictif. La calculabilité d'un univers devrait être évaluée en examinant la calculabilité des relations mathématiques qui définissent son histoire entière, que ces relations décrivent ou non le déroulement de la simulation au cours du temps.

sont à trouver à l'intérieur des limites calculatoires. Elles sont les fonctions mêmes qui admettent une procédure permettant aux ordinateurs de les évaluer correctement. Et donc, si tous les univers d'un multi-univers étaient fondés sur des fonctions calculables, tous feraient l'impasse sur le théorème de Gödel ; cette aile de la bibliothèque mathématique de Babel, cette version du multi-univers suprême, serait libérée du fantôme de Gödel. Peut-être est-ce cela qui singularise les fonctions calculables ?

Notre univers a-t-il sa place dans ce multi-univers ? Autrement dit, si nous parvenons à mettre la main sur les lois ultimes de la physique, ces lois décriront-elles le cosmos à l'aide de fonctions mathématiques qui sont calculables ? Pas seulement des fonctions calculables par approximation, comme c'est le cas des lois physiques que nous utilisons aujourd'hui. Mais des fonctions calculables exactement ? Personne ne le sait. S'il en est ainsi, les progrès en physique devraient nous mener vers des théories dans lesquelles le continuum ne joue aucun rôle. C'est la discrétude, au cœur du paradigme calculatoire, qui l'emporte. Certes, l'espace semble continu, mais nous ne l'avons sondé qu'à un milliardième de milliardième de mètre. Il est possible qu'avec des possibilités de sonder plus loin, nous établissions un jour que l'espace est fondamentalement discret. À ce jour, la question reste ouverte. Il en va de même pour les limites de notre compréhension des intervalles de temps. Les découvertes présentées au chapitre 9, établissant le contenu en information de n'importe quelle région de l'espace à un bit par unité d'aire de Planck, constituent une étape majeure sur la voie de la discrétude. Mais la question de savoir jusqu'où peut aller le paradigme numérique est loin d'être résolue [12]. D'après moi, simulations conscientes ou pas, nous finirons effectivement par trouver que le monde est fondamentalement discret.

La réalité source

Dans le multi-univers virtuel, il n'y a aucune ambiguïté concernant la question de savoir quel univers est « réel » – quel univers réside aux origines de l'arborescence des mondes virtuels. C'est celui qui abrite les ordinateurs qui, s'ils tombent en panne, font tomber avec eux le multi-univers entier. Un habitant virtuel pourrait faire une simulation de son propre ensemble d'univers sur des ordinateurs virtuels, comme pourraient le faire les habitants de ces mondes virtuels, mais il existe malgré tout des ordinateurs réels sur lesquels ces strates de simulations apparaissent comme une avalanche d'influx électriques. Il n'y a aucune incertitude sur les faits, les structures et les lois, au sens traditionnel, qui sont réels : ce sont ceux en vigueur dans l'univers source.

Cependant, les scientifiques simulés d'un bout à l'autre du multi-univers virtuel peuvent avoir des points de vue différents. Si l'on laisse à ces scientifiques suffisamment d'autonomie – si les simulateurs bricolent peu ou pas du tout les mémoires des habitants, ni n'interrompent le cours naturel des événements –, alors, à en juger par notre propre expérience, nous pourrions deviner qu'ils progresseraient énormément dans la découverte du code mathématique qui régit leur monde. Et ils traiteront ce code comme leurs lois de la nature. Cependant, leurs lois ne seront pas nécessairement identiques à celles qui régissent l'univers réel. Leurs lois n'ont même pas besoin d'être suffisamment bonnes, si tant est que, sur un ordinateur, elles donnent un univers peuplé d'habitants conscients. S'il existe beaucoup d'ensembles de lois mathématiques pouvant prétendre être suffisamment bonnes, alors il pourrait y avoir une population sans cesse croissante de scientifiques virtuels convaincus par des lois mathématiques qui, loin d'être fondamentales, sont simplement celles choisies par celui, quel qu'il soit, qui a programmé leur simulation. Si nous sommes des habitants typiques d'un tel multi-univers, alors cela sous-entend que ce que nous appelons habituellement la science, cette discipline chargée de dévoiler des vérités fondamentales sur la réalité – la réalité source, celle qui opère à la base de l'arborescence – reste indéterminée.

C'est une possibilité inconfortable, mais elle ne m'empêche pas pour autant de dormir. Tant que je n'aurai pas eu le souffle coupé en observant une simulation consciente, je ne prendrai pas au sérieux l'idée que je puisse vivre dans l'une d'elles. Et pour voir un peu plus loin, même si les simulations conscientes existent un jour – ce qui est en soi un grand « si » – j'imagine aisément que lorsque les capacités techniques d'une civilisation lui permettront d'en arriver là, leur attrait sera considérable. Mais sera-t-il durable ? Je soupçonne que la nouveauté de créer des mondes artificiels dont les habitants n'auraient pas conscience de leur statut virtuel s'étiolerait rapidement ; il y a déjà tellement d'émissions de téléréalité sur les chaînes de télévision.

En revanche, si je laisse libre cours à mon imagination dans ce domaine de spéculations, je verrais plus d'endurance dans les applications qui permettent des interactions entre les mondes virtuel et réel. Peut-être les habitants virtuels pourraient-ils migrer vers le monde réel, ou être rejoints dans le monde virtuel par leurs équivalents biologiques réels. Avec le temps, la distinction entre créatures réelles ou virtuelles pourrait devenir anachronique. Ce type d'union sans rupture me semble une issue beaucoup plus probable. Dans ce cas, le multi-univers virtuel contribuerait à l'expansion de la réalité – à notre expansion de la réalité, de notre réalité réelle – de la manière la plus concrète possible. Et il deviendrait une part intrinsèque de ce que nous appelons la « réalité ».

Chapitre 11

Les limites de l'investigation

L'avenir des multi-univers

Isaac Newton a ouvert une vaste brèche dans la démarche scientifique. Il a découvert que quelques équations mathématiques pouvaient décrire le mouvement des objets, tant sur Terre que dans l'espace. Devant la puissance et la simplicité de ses résultats, il aura été facile d'imaginer que les équations de Newton reflètent des vérités éternelles gravées dans le marbre cosmique. Mais Newton lui-même n'était pas de cet avis. Il pensait que l'univers était beaucoup plus riche et mystérieux que ce que ses lois impliquent. Plus tard dans sa vie, il se fit la réflexion suivante, qui devint célèbre : « Je ne sais pas ce que je peux paraître aux yeux du monde, mais à mes yeux il me semble n'avoir été qu'un enfant jouant sur le rivage, réjoui de trouver de temps à autre un galet plus poli ou un coquillage plus joli qu'à l'ordinaire, tandis que le vaste océan de la vérité s'étend devant moi, inconnu. » Les siècles ont largement confirmé cela.

Je suis ravi. Si les équations de Newton avaient eu une portée sans limite, et décrit tous les phénomènes naturels quel que soit le contexte, grand ou petit, lourd ou léger, rapide ou lent, l'odyssée scientifique ultérieure aurait été radicalement différente. Les équations de Newton nous disent beaucoup de choses sur le monde, mais leur validité illimitée signifierait que l'univers serait parfaitement simple de part en part. Une fois la physique bien comprise aux échelles du quotidien, l'affaire serait dans le sac. La même histoire vaudrait jusqu'en haut et jusqu'en bas.

En poursuivant les explorations de Newton, les scientifiques se sont aventurés dans des royaumes bien au-delà de la portée de ses équations. Ce que nous avons appris aura nécessité des changements profonds dans notre compréhension de la nature de la réalité. Ces changements ne se font pas à la légère. Ils sont étudiés de près par la communauté des scientifiques, et offrent souvent beaucoup de résistance ; ce n'est que lorsque les preuves atteignent une quantité suffisante que la nouvelle vision des choses est adoptée. Et c'est ainsi que cela doit être. Il n'y a aucun besoin de précipiter notre jugement. La réalité peut attendre.

Le fait le plus important, qui a été le plus fortement accentué par les progrès théoriques et expérimentaux de ces cent dernières années, c'est que l'expérience quotidienne n'est pas un guide fiable pour tout ce qui nous emmène au-delà des circonstances quotidiennes. Et il n'est pas surprenant qu'il faille des idées complètement nouvelles pour toutes les physiques radicalement nouvelles rencontrées dans des conditions extrêmes – celles décrites par la relativité générale, la mécanique quantique et, si elle se révèle correcte, la théorie des cordes. L'hypothèse élémentaire de la science est que régularités et structures existent à toutes les échelles, mais comme l'avait deviné Newton, il n'y a aucune raison de s'attendre à ce que les structures que nous rencontrons directement se retrouvent à toutes les échelles.

Ce qui aurait été surprenant, c'est de ne pas trouver de surprises.

Il en va indubitablement de même pour ce que la physique révélera dans le futur. Une génération donnée de scientifiques ne peut jamais savoir si l'histoire à long terme jugera leur travail comme un petit aparté, un engouement passager, un tremplin ou un apport qui résistera à l'épreuve du temps. Cette incertitude locale est équilibrée par l'un des aspects les plus gratifiants de la physique – la stabilité globale – à savoir le fait que les nouvelles théories n'effacent pas celles qu'elles supplantent. Comme nous l'avons vu, les nouvelles théories peuvent nécessiter de s'adapter à de nouvelles perspectives sur la nature de la réalité, mais elles n'invalident quasiment jamais les découvertes antérieures. Elles les incluent et les généralisent. De ce fait, l'histoire de la physique conserve une cohérence impressionnante.

Dans ce livre, nous avons exploré une candidate aux prochains progrès majeurs de cette histoire : la possibilité que notre univers fasse partie d'un multi-univers. L'excursion nous aura fait découvrir neuf variations sur ce thème du multi-univers, que nous avons réunies dans le tableau 11.1. Bien que ces diverses propositions soient très différentes dans leurs détails, toutes suggèrent que notre vision intuitive de la réalité n'est qu'un petit élément d'un plus grand tout. Toutes portent la marque indélébile de l'ingénuité et de la créativité humaine. Mais pour déterminer si l'une de ces idées dépasse les rêveries mathématiques de l'esprit humain, il faut davantage d'éclairage, de connaissances, de calculs, d'expériences et d'observations que ce dont nous disposons pour l'instant. Pour savoir si les univers parallèles figureront dans le prochain chapitre de l'histoire de la physique, nous devrons donc attendre les précisions que seul l'avenir pourra nous apporter.

Propositions d'univers parallèles	**Description**
Multi-univers en patchwork	Les conditions en vigueur dans un univers infini se reproduisent nécessairement à travers l'espace, produisant des mondes parallèles.
Multi-univers inflationnaire	L'inflation cosmologique éternelle produit un énorme réseau d'univers bulles, dont notre univers pourrait faire partie.
Multi-univers de branes	Dans le scénario des branes mondes de la théorie des cordes/théorie M, notre univers existe sur une brane tridimensionnelle qui flotte dans une étendue de plus haute dimension, possiblement peuplée d'autres branes – d'autres univers, parallèles au nôtre.
Multi-univers cyclique	Les collisions entre branes mondes peuvent se manifester comme des Big Bangs, produisant des univers qui sont parallèles dans le temps.
Multi-univers paysage	En combinant la cosmologie inflationnaire et la théorie des cordes, les nombreuses formes différentes que prennent les dimensions supplémentaires de la théorie des cordes donnent lieu à plusieurs univers bulles différents.
Multi-univers quantique	La mécanique quantique suggère que chaque possibilité incarnée dans ses ondes de probabilité se réalise dans l'un des nombreux univers parallèles.
Multi-univers holographique	Le principe holographique stipule que notre univers se reflète exactement dans les phénomènes qui se déroulent sur une lointaine surface limite, qui est un univers parallèle physiquement équivalent.

Multi-univers virtuel	Des bonds technologiques suggèrent que des univers virtuels pourraient un jour être possibles.
Multi-univers suprême	Le principe de fécondité stipule que chaque univers possible est un univers réel, ce qui rend caduque la question de savoir pourquoi une possibilité – le nôtre – serait particulière. Ces univers incarnent toutes les équations mathématiques possibles.

Tableau 11.1 Résumé des diverses versions d'univers parallèles.

Comme pour le livre métaphorique sur la nature, il en va de même pour le présent ouvrage. Dans ce dernier chapitre, je serais ravi de pouvoir rassembler toutes les pièces du puzzle et de répondre à la plus importante question sur le sujet : univers ou multi-univers ? Mais je ne peux pas. C'est la nature de nos explorations qui définit les limites de nos connaissances. Pour se faire une idée de la direction que pourrait prendre le concept de multi-univers, et pour mettre en lumière l'état actuel de sa situation, voici cinq questions fondamentales avec lesquelles les physiciens continueront de se débattre dans les années à venir.

Le formalisme copernicien est-il fondamental ?

Régularités et structures, qui sautent aux yeux dans les observations et les mathématiques, sont essentielles à la formulation des lois de la physique. Les différentes sortes de structures, dans la nature des lois physiques acceptées par les générations successives, sont également révélatrices. Ces structures reflètent la manière dont les découvertes scientifiques ont influencé le point de vue de l'humanité sur sa place dans l'ordre cosmique. Au cours des cinq derniers siècles ou presque, la progression copernicienne fut un thème dominant. Du lever au coucher du Soleil jusqu'au mouvement des constellations dans le ciel nocturne en passant par le rôle important que chacun de nous joue dans le monde intérieur de notre esprit, nos expériences regorgent d'indices en faveur du fait que nous soyons un élément central autour duquel tournerait le cosmos. Mais les méthodes objectives de la recherche scientifique n'ont eu de cesse de corriger cette vision des choses. Presque à chaque tournant, nous avons trouvé que si nous n'étions plus là, l'ordre cosmique n'en serait pas perturbé. Nous avons dû abandonner nos certitudes concernant le caractère central de la Terre parmi ses voisines, celui du Soleil dans la galaxie ou de la Voie lactée parmi les galaxies, et même la centralité des protons, des neutrons et des électrons – les trucs qui nous composent – dans la recette cosmique. Il y avait un temps où tout ce qui allait à l'encontre de cette illusion collective de grandeur était vu comme une attaque directe de la valeur humaine. Avec l'entraînement, nous avons appris à mieux évaluer ces enseignements.

L'excursion entreprise dans ce livre se dirigeait vers le summum de la correction copernicienne. Même notre univers pourrait ne pas être au centre d'un quelconque ordre cosmique. Tout comme notre planète, notre étoile ou notre galaxie, notre univers pourrait n'être qu'un parmi beaucoup d'autres. L'idée que la réalité fondée sur un multi-univers généralise l'enseignement copernicien, voire même le complète, est source de curiosité. Mais ce qui élève le concept de multi-univers au-dessus du rang de simple spéculation, c'est un élément clé que nous avons désormais rencontré à plusieurs reprises. Les scientifiques n'ont pas cherché des moyens de généraliser la révolution copernicienne. Ils n'ont pas été manigancer au fin fond de sombres laboratoires pour aller au bout du modèle copernicien. Au contraire, les scientifiques ont fait ce qu'ils ont toujours fait : en utilisant les données et les observations comme guide, ils ont formulé des théories mathématiques pour décrire les constituants fondamentaux de la matière et les forces qui régissent le comportement, les interactions et l'évolution de ces constituants. Ce qui est remarquable, c'est qu'en suivant diligemment les pistes ouvertes par ces théories, les scientifiques ont foncé tout droit vers des multi-univers potentiels, les uns après les autres. Il suffit de poursuivre l'une des nombreuses autoroutes scientifiques les plus empruntées, et en restant suffisamment attentif, nous rencontrerons divers assortiments de candidats au multi-univers. Ils sont plus difficiles à éviter qu'à trouver.

Peut-être les découvertes futures jetteront-elles un éclairage différent sur la série de ces corrections coperniciennes. Mais de notre point de vue, plus nous comprenons de choses, moins nous semblons occuper une place centrale. Si les considérations scientifiques des précédents chapitres continuent de nous emmener vers des explications fondées sur des multi-univers, cela serait un pas naturel vers l'achèvement de la révolution copernicienne, après cinq cents ans.

Les théories scientifiques avec un multi-univers peuvent-elles être testées ?

Bien que le concept de multi-univers s'accorde parfaitement avec lui, il est qualitativement très différent du modèle copernicien où nous avions migré depuis la place centrale. En invoquant des royaumes qui pourraient rester à tout jamais hors de nos capacités d'analyse – soit pour des raisons de degré de précision ou, dans certains cas, par principe –, les multi-univers semblent dresser des obstacles sur le chemin de la connaissance scientifique. Indépendamment du point de vue de chacun sur la place de l'humanité dans le grand ordre cosmique, on a longtemps considéré qu'avec des expérimentations consciencieuses, de l'observation et quelques calculs mathématiques, nos possibilités d'accéder à une compréhension approfondie seraient illimitées. Mais si nous faisons partie d'un multi-univers, nous pouvons raisonnablement nous attendre à pouvoir, au mieux, apprendre des choses sur notre univers, sur notre petit coin de cosmos. Ce qui est plus gênant, c'est le fait qu'en faisait appel à un multi-univers, nous pénétrons le domaine des théories que nous ne pouvons pas tester – des théories qui s'appuient sur des histoires ad hoc, reléguant tout ce que nous observons au rang des choses « telles qu'elles apparaissent ici ».

Toutefois, comme je l'ai expliqué, le concept de multi-univers est plus nuancé. Nous avons vu diverses manières dont une théorie qui implique un multunivers pourrait proposer des prédictions testables. Par exemple, bien que les univers particuliers qui composent un multi-univers donné puissent être très différents, comme ils proviennent d'une même théorie, ils peuvent partager certaines caractéristiques. Si nous ne trouvons pas ces caractéristiques communes par les mesures effectuées dans notre univers, celui auquel nous avons accès, cela invaliderait ladite proposition de multi-univers. La confirmation de ces caractéristiques, tout particulièrement si elles sont nouvelles, construirait notre confiance envers sa validité.

Dans le cas où il n'y aurait aucune caractéristique commune à tous les univers, les corrélations entre caractéristiques physiques peuvent fournir une autre catégorie de prédictions testables. Par exemple, nous avons vu que si tous les univers dont la liste des particules contient l'électron incluent également une espèce de particules non encore détectée, l'échec à mettre en évidence cette particule par les expériences que nous menons ici dans notre univers invaliderait cette proposition de multi-univers. Sa confirmation construirait notre confiance. Des corrélations plus compliquées – comme ces univers dont la liste des particules contient par exemple toutes les particules connues (électrons, muons, quarks *u*, quarks *d*, etc.) et qui incluent nécessairement une nouvelle espèce de particules – pourraient donner des prédictions testables.

En l'absence de telles corrélations, la manière dont les caractéristiques physiques varient d'un univers à l'autre peut également nous renseigner. Par exemple, de part et d'autre d'un multi-univers donné, la constante cosmologique peut prendre une vaste palette de valeurs. Mais si la grande majorité des univers possède une constante cosmologique dont la valeur concorde avec les mesures que nous avons trouvées ici (comme illustré sur la figure 7.1), notre confiance envers cet univers grandirait à juste titre.

Finalement, même si la plupart des univers d'un multi-univers donné possèdent des propriétés qui diffèrent de celles du nôtre, il y a un autre diagnostic qui peut entrer en ligne de compte. Nous pouvons invoquer le raisonnement anthropique en considérant seulement ceux des univers du multi-univers qui sont propices à l'existence de notre forme de vie. Si la grande majorité de cette sous-classe d'univers possède des propriétés en accord avec le nôtre – si notre univers est un exemplaire typique parmi tous ceux où règnent les conditions favorables à notre vie –, alors notre confiance envers le multi-univers sera accrue. Si au contraire nous sommes plutôt atypiques, alors la théorie n'est pas invalidée mais cela pose naturellement une limitation au raisonnement statistique. On peut trouver, et l'on trouve parfois, des résultats improbables. Malgré tout, moins nous sommes typiques, plus la proposition de multi-univers sera réfutable. Si parmi tous les univers favorables à la vie, notre univers apparaît comme un chien dans un jeu de quilles, l'argument deviendra assez solide pour invalider cette proposition de multi-univers.

Pour analyser quantitativement une proposition de multi-univers, nous devons donc déterminer la démographie des univers qui le peuplent. Il ne suffit pas de connaître les univers possibles que permet la proposition de multi-univers ; nous devons déterminer les caractéristiques détaillées des univers auxquels conduit la proposition considérée. Cela nécessite de comprendre les processus cosmologiques qui mènent aux divers univers de ce multi-univers. Nous pourrons alors extraire des prédictions testables de la manière dont les caractéristiques physiques varient d'univers en univers à travers le multi-univers.

Quant à savoir si cette séquence d'évaluations donne des résultats précis, ce sera à établir multi-univers par multi-univers. Mais la conclusion, c'est que ces théories ayant d'autres univers – des royaumes auxquels nous ne pouvons avoir accès ni maintenant ni peut-être jamais – peuvent malgré tout offrir des prédictions testables et donc confirmer ou infirmer les propositions considérées.

Pouvons-nous tester les théories de multi-univers que nous avons rencontrées ?

Dans les recherches théoriques, l'intuition physique est primordiale. Les théoriciens doivent naviguer parmi une quantité astronomique de possibilités. Est-ce que j'essaie cette équation ou plutôt celle-ci, ce modèle ou plutôt celui-là ? Les meilleurs physiciens ont une intuition extraordinairement fine et précise, et un flair naturel sur les directions prometteuses et celles qui seront sans issue. Mais cela, c'est ce qui se passe en coulisses. Lorsque les propositions scientifiques sont mises en avant, elles ne sont pas évaluées au flair ou à l'intuition. Il n'y a qu'un seul critère valable : leur capacité à expliquer ou prédire les données expérimentales et les observations astronomiques.

C'est là que réside la singulière beauté de la science. À mesure que nous nous démenons pour accéder à une compréhension approfondie, nous devons laisser à notre imagination créative toute la place pour explorer. Nous devons accepter de sortir des idées conventionnelles et des cadres établis. Mais contrairement à beaucoup d'autres activités humaines pour lesquelles intervient la créativité, la science permet de vérifier et d'estimer ce qui, au final, est juste et ce qui ne l'est pas.

Une complication dans la vie scientifique de la fin du XXe et du début du XXIe siècle est que nos idées théoriques ont largement dépassé nos capacités de vérification ou d'observation. La théorie des cordes a été quelque temps l'exemple même de cette situation ; la possibilité que nous appartenions à un multi-univers en est un exemple encore plus flagrant. J'ai proposé une prescription générale pour savoir comment une théorie de multi-univers pourrait être testée, mais à notre niveau de compréhension, aucune des théories de multi-univers que nous avons rencontrées ne remplit les critères. Avec les recherches à venir, cette situation pourrait s'améliorer grandement.

Nos recherches sur le multi-univers paysage par exemple en sont aux balbutiements. La collection des univers de théorie des cordes possibles – le paysage des cordes – est illustrée schématiquement sur la figure 6.4, mais la cartographie détaillée de cette zone montagneuse reste à faire. Comme les anciens marins, nous avons une brève idée de ce qu'il peut y avoir, mais il faudra encore d'intenses explorations mathématiques pour cartographier l'allure des terres. Munis de ces connaissances, la prochaine étape sera de déterminer comment ces univers potentiels sont distribués à travers le multi-univers paysage correspondant. Le principal processus physique, la création d'univers bulles par effet tunnel quantique (illustrée sur les figures 6.6 et 6.7), est bien compris en principe mais nous devons encore l'étudier avec plus de profondeur quantitative en théorie des cordes. Divers groupes de recherche (dont le mien) ont entrepris un travail de reconnaissance mais il reste encore une vaste zone à explorer. Comme nous l'avons vu dans les premiers chapitres, d'autres incertitudes de ce genre affectent également les autres propositions de multi-univers.

Personne ne sait si cela prendra des années, des dizaines d'années voire davantage, avant que les progrès théoriques et observationnels permettent d'extraire des prédictions détaillées pour un multi-univers donné. Si la situation actuelle persiste, nous aurons à faire un choix. Définissons-nous la science – « digne de ce nom » – comme n'incluant que les idées, les domaines et les possibilités à la portée des capacités d'exploration et d'observation des contemporains sur Terre ? Ou devons-nous adopter un point de vue plus large et considérer comme « scientifiques » les idées qui peuvent être testables avec les avancées technologiques que nous pouvons anticiper pour les cent prochaines années ? Ou les deux cents prochaines années ? Ou plus longtemps ? Devons-nous adopter un point de vue plus vaste encore ? Autorisons-nous la science à suivre toutes les voies qui s'ouvrent à elle, à cheminer dans toutes les directions qui émanent des concepts confirmés par l'expérience mais qui pourraient néanmoins nous emmener dans des domaines théoriques inconnus, possiblement au-delà de notre portée ?

Il n'y a pas de réponse claire et nette. C'est là que les affinités scientifiques personnelles interviennent. Je comprends bien l'élan qui consiste à lier les recherches scientifiques aux seules propositions pouvant être testées maintenant ou dans un futur proche ; après tout, c'est ainsi que nous construisons l'édifice scientifique. Mais je trouve que cela ne fait guère preuve d'ouverture d'esprit que de limiter notre raisonnement aux limites arbitraires imposées par où, quand et ce que nous sommes. La réalité transcende ces limites, et nous devons donc nous attendre à ce que tôt ou tard notre quête des vérités fondamentales en fasse autant.

Je penche pour les points de vue plus ouverts. Mais je tire un trait sur les idées qui n'ont aucun moyen d'être confrontées de manière significative à l'expérience ou à l'observation, non du fait de la fragilité humaine ou des limitations techniques, mais de par leur nature propre. De tous les multi-univers que nous avons abordés, seule la version complète du multi-univers suprême tombe dans ce registre. Si absolument tous les univers possibles en font partie, alors peu importe ce que nous observons ou mesurons, le multi-univers suprême accepte et englobe n'importe quel résultat. Les huit autres multi-univers résumés dans le tableau 11.1 évitent ce piège. Chacun d'eux provient d'une chaîne de raisonnement logique et bien justifiée, et chacun est ouvert au jugement. Si nos observations nous apportent des preuves convaincantes que l'étendue de l'espace est finie, alors le multi-univers en patchwork perdrait des galons. Si notre confiance envers la cosmologie inflationnaire devait s'étioler, si par exemple des données plus précises sur le fond de rayonnement cosmique ne pouvaient être expliquées qu'avec une courbe d'énergie potentielle d'inflaton très tordue (et donc peu convaincante), l'importance du multi-univers inflationnaire diminuerait elle aussi *. Si la théorie des cordes subissait un revers théorique, peut-être par la découverte d'un problème mathématique subtil montrant que la théorie est incohérente (comme le pensaient les premiers chercheurs dans ce domaine), la motivation pour ses divers multi-univers s'effondrerait. Inversement, les structures du fond de rayonnement cosmique attendues du fait des collisions entre bulles fournirait des preuves directes en faveur du multi-univers inflationnaire. Les expériences menées en accélérateurs à la recherche de particules supersymétriques, les signatures de l'énergie manquante et les mini-trous noirs pourraient jouer en faveur de la théorie des cordes et du multi-univers de branes, tandis que les indices de collisions de bulles pourraient jouer en faveur de la variante paysage. La détection d'empreintes d'ondes gravitationnelles primordiales, ou leur absence, pourrait distinguer la cosmologie fondée sur le paradigme inflationnaire de celle du multi-univers cyclique.

La mécanique quantique, sous la forme des mondes multiples, conduit au multi-univers quantique. Si les recherches futures montraient que les équations de la mécanique quantique, aussi fiables qu'elles aient pu être jusqu'à présent, nécessitent de petites modifications pour

* Notons, comme au chapitre 7, que réfuter l'inflation par l'observation nécessiterait d'engager la théorie dans une procédure pour comparer des classes infinies d'univers – ce qu'elle ne fait pas encore. Cependant, la plupart des chercheurs conviennent du fait que, si les données du fond de rayonnement micro-ondes étaient différentes de celles que montre la figure 3.4, leur confiance envers l'inflation aurait dégringolé, même si d'après la théorie il existerait un univers bulle dans le multi-univers inflationnaire où ces données seraient valables.

mieux correspondre à certaines données très précises, eh bien ce type de multi-univers serait éliminé. Une modification de la théorie quantique qui compromet la propriété de linéarité (sur laquelle nous nous sommes fortement appuyé au chapitre 8) ferait justement cela. Nous avions également remarqué qu'il existe des tests de principe du multi-univers quantique : des expériences dont les résultats dépendent de la validité ou non des mondes multiples d'Everett. Ces expériences dépassent ce que nous pouvons effectuer pour le moment, et peut-être pour toujours, mais c'est parce qu'elles sont extrêmement difficiles, pas parce que certaines propriétés intrinsèques au multi-univers quantique les rendent fondamentalement infaisables.

Le multi-univers holographique émane de considérations provenant de théories bien établies – la relativité générale et la mécanique quantique – et reçoit son principal soutien théorique de la théorie des cordes. Les calculs basés sur l'holographie ont déjà noué quelques contacts avec les résultats expérimentaux du collisionneur RHIC, et tout porte à croire que ces liens avec l'expérience vont s'accroître à l'avenir. Que l'on ne voie le multi-univers holographique que comme un outil mathématique utile ou comme preuve de l'existence d'une réalité holographique est une question de point de vue. Il nous faut attendre de futurs travaux, tant théoriques qu'expérimentaux, pour avoir davantage de preuves en faveur de son interprétation physique.

Le multi-univers virtuel repose non pas sur un formalisme théorique, mais sur la progression constante de la puissance numérique. L'hypothèse principale en est que la conscience ne serait pas fondamentalement liée à un substrat particulier – le cerveau – mais serait plutôt une caractéristique émergente d'un certain type de traitement de l'information. C'est une position hautement discutable, avec des arguments passionnés de part et d'autre du débat. Les recherches futures sur le cerveau et la nature de la conscience pourraient peut-être éliminer l'idée de machines pensantes et conscientes. Mais peut-être pas. Nous avons toutefois un moyen clair d'évaluer cette proposition de multi-univers. Que nos descendants en arrivent un jour à observer, interagir avec, visiter virtuellement ou même vivre dans un monde virtuel convaincant, et la question serait résolue une bonne fois pour toutes.

Le multi-univers virtuel, au moins en théorie, pourrait aussi être lié à la version restreinte du multi-univers suprême qui n'inclut que les univers fondés sur des structures mathématiques calculables. Contrairement à la version complète du multi-univers suprême, cette incarnation plus limitée possède une genèse qui s'élève bien au delà de la simple hypothèse. Les utilisateurs, réels ou virtuels, sous-jacents au multi-univers virtuel vont, par définition, simuler des structures mathématiques calculables et auront donc la capacité à reproduire cette partie du multi-univers suprême.

L'acquisition de confirmations expérimentales ou observationnelles sur la validité de l'une ou l'autre proposition de multi-univers sera certainement un travail au long cours. Mais ce n'est pas impossible. Étant donné l'importance de la récompense potentielle, si le cours naturel de nos recherches théoriques nous mène à l'exploration des multi-univers, eh bien nous devons suivre la piste pour voir où elle nous mène.

Quelle influence le multi-univers a-t-il sur la nature de l'explication scientifique ?

Parfois, la science se concentre sur des détails. Elle nous dit pourquoi les planètes tournent sur des orbites elliptiques, pourquoi le ciel est bleu, pourquoi l'eau est transparente, pourquoi mon bureau est stable. Aussi ordinaires soient ces quelques faits, c'est extraordinaire que nous ayons pu les expliquer. Parfois la science prend davantage d'envergure. Elle nous révèle que nous vivons dans une galaxie peuplée de centaines de milliards d'étoiles, elle montre que notre Voie lactée n'est qu'une galaxie parmi des centaines de milliards d'autres, et elle donne la preuve de l'existence d'une énergie noire invisible imprégnant chaque coin et recoin de cette vaste scène. En remontant ne serait-ce que cent ans en arrière, à une époque où l'univers était censé être statique et peuplé seulement de notre galaxie, nous avons de bonnes raisons de nous émerveiller de ce tableau extraordinaire qu'a dépeint la science depuis lors.

Parfois la science procède différemment. Parfois elle nous met au défi de réétudier notre vision de la science elle-même. Le formalisme scientifique habituel âgé de plusieurs siècles veut que pour décrire un système physique, le scientifique doit préciser trois choses. Nous avons vu ces trois choses dans divers contextes, mais il vaut la peine de les rassembler ici. Il s'agit premièrement des équations mathématiques décrivant les lois physiques mises en jeu (par exemple les lois du mouvement de Newton, les équations de Maxwell pour l'électricité et le magnétisme ou les équations de Schrödinger de la mécanique quantique). La deuxième chose, ce sont les valeurs numériques de toutes les constantes de la nature qui apparaissent dans les équations mathématiques (par exemple les constantes déterminant l'intensité intrinsèque de la gravitation et de la force électromagnétique ou celles déterminant les masses des particules fondamentales). Troisièmement, les physiciens doivent spécifier les « conditions initiales » (par exemple, pour une balle de tennis, la vitesse et la direction particulière au rebond, ou pour un électron les probabilités de départ qu'il soit trouvé au Mémorial de Grant ou à Strawberry Fields). Les équations déterminent ensuite comment évolueront les choses par la suite. La physique classique comme la physique quantique obéissent à ce fonctionnement ; elles ne diffèrent qu'en ceci que la physique classique nous indique comment seront les choses à un moment donné, tandis que la physique quantique nous donne la probabilité que les choses soient comme ceci ou comme cela.

Lorsqu'il s'agit de prédire où atterrira une balle de tennis ou comment un électron se déplacera dans une puce en silicium (ou une maquette de Manhattan), ce processus en trois étapes se révèle extrêmement efficace. Cependant, lorsqu'il s'agit de décrire la totalité de la réalité, ces trois étapes nous invitent à nous poser des questions plus profondes : pouvons-nous expliquer les conditions initiales – comment les choses étaient aux prétendus premiers instants ? Pouvons-nous expliquer les valeurs des constantes – les masses des particules, les intensités des forces et ainsi de suite – desquelles ces lois dépendent ? Pouvons-nous expliquer pourquoi une série particulière d'équations mathématiques décrit l'un ou l'autre aspect de l'univers physique ?

Les diverses propositions de multi-univers dont nous avons discuté ont la faculté de modifier profondément notre point de vue sur ces questions. Dans le multi-univers patchwork, les lois physiques à travers les univers constituants sont les mêmes, mais l'arrangement des particules diffère. Or, différents arrangements de particules sont le reflet de conditions initiales différentes dans le passé. Ainsi, dans ce multi-univers, notre point de vue sur la question de savoir pourquoi les conditions initiales de notre univers sont comme ceci ou comme cela n'a plus la même signification. Les conditions initiales peuvent varier, et le font généralement, d'univers en univers. Il n'y a donc pas d'explication fondamentale pour un arrangement donné. Rechercher une telle explication revient à se poser la mauvaise question, avec un raisonnement fondé sur un univers unique et non sur un multi-univers. La question que nous devrions plutôt poser est de savoir si quelque part dans le multi-univers, il existe un univers dont l'arrangement de particules, et donc les conditions initiales, concorde avec ce que nous voyons ici. Mieux encore, pouvons-nous montrer que de tels univers sont légion ? Dans ce cas, la question des conditions initiales s'explique avec un haussement d'épaules ; dans un multi-univers comme celui-ci, les conditions initiales de notre univers n'auraient pas besoin de plus d'explications que le fait qu'il existe quelque part à Paris un magasin de chaussures qui a notre taille en stock.

Dans le multi-univers inflationnaire, les « constantes » de la nature peuvent varier, et le feront généralement, d'un univers bulle à un autre. Souvenons-nous du chapitre 3 : les différences environnementales – les différentes valeurs du champ de Higgs imprégnant chaque bulle – donnent lieu à des masses différentes pour les particules et des propriétés différentes pour les forces. Il en va de même pour le multi-univers de branes, le multi-univers cyclique et le multi-univers paysage, où la forme des dimensions supplémentaires de la théorie des cordes, ainsi que diverses différences dans les champs et flux, donnent des univers avec des caractéristiques différentes – depuis la masse des électrons jusqu'à l'existence même de l'électron, en passant par l'intensité de la force électromagnétique ou l'existence même de cette force, ou encore la valeur de la constante cosmologique et ainsi de suite. Dans le contexte de ces multi-univers, chercher une explication pour les propriétés que l'on mesure pour les particules et les forces revient une fois encore à se poser le mauvais genre de questions ; c'est une question propre à la pensée dans un univers unique. Nous pourrions plutôt nous demander s'il existe dans ces multi-univers un univers avec les propriétés physiques que l'on mesure. Mieux encore : nous pourrions montrer que les univers possédant nos propriétés physiques sont légion, tout au moins parmi tous les univers favorables à la vie telle que nous la connaissons. Mais de même qu'il n'y a aucun sens à chercher *le* mot avec lequel Shakespeare a écrit *Macbeth*, il n'y a aucun sens à demander aux équations de choisir *les* valeurs des propriétés physiques que nous voyons ici.

Les multi-univers virtuel et suprême n'ont rien à voir avec les précédents : ils ne proviennent pas d'une théorie physique particulière. Et pourtant, eux aussi ont la faculté de modifier la nature de nos questions. Dans ces multunivers, les lois mathématiques qui régissent les univers individuels varient. Ainsi, un peu comme pour les conditions initiales et les constantes de la nature variables, des lois variables sous-entendent qu'il n'y a aucun sens à chercher une explication aux lois particulières qui opèrent ici. Différents univers ont des lois différentes ; nous observons celles que nous observons car elles font partie des lois compatibles avec notre existence.

Dans l'ensemble, nous voyons que les propositions de multi-univers résumées dans le tableau 11.1 rendent prosaïques les trois premiers aspects du formalisme scientifique qui sont si mystérieux dans le cadre d'un univers unique. Dans divers multi-univers, les conditions initiales, les constantes de la nature et même les lois mathématiques n'ont donc plus besoin d'explication.

Devons-nous croire aux mathématiques ?

Le lauréat du prix Nobel Steven Weinberg écrivit un jour : « Notre erreur n'est pas que nous prenions nos théories trop au sérieux, mais que nous ne les prenons pas assez au sérieux. Il est toujours difficile de se rendre compte que les nombres et équations avec lesquels nous jouons sur nos bureaux ont quelque chose à voir avec le monde réel [1]. » Weinberg faisait référence aux résultats novateurs de Ralph Alpher, Robert Herman et George Gamow concernant le fond de rayonnement cosmologique, présentés au chapitre 3. Bien que le rayonnement prédit soit une conséquence directe de la relativité générale combinée avec de la physique cosmologique élémentaire, il n'a gagné en importance qu'après avoir été découvert deux fois par la théorie à une douzaine d'années d'écart, puis observé grâce à un heureux hasard.

Certes, la remarque de Weinberg est à appliquer avec parcimonie. Bien que *son* bureau ait accueilli énormément d'équations mathématiques qui se sont révélées importantes dans le monde réel, les équations que manipulent les théoriciens ne s'érigent pas toutes à ce niveau. En l'absence de résultats expérimentaux ou observationnels incontestables, savoir quelles parties des mathématiques sont à prendre au sérieux relève autant de l'art que de la science.

En effet, la question est essentielle à tout ce que nous avons discuté dans ce livre, et elle a même inspiré son titre. La variété des propositions de multi-univers du tableau 11.1 peut suggérer tout un panorama de réalités cachées. Mais j'ai choisi d'intituler le livre au singulier pour refléter l'unicité du thème sous-jacent à toutes ces propositions : la faculté des mathématiques à révéler des vérités cachées sur les rouages du monde. Des siècles de découvertes ont mis cela en évidence ; des découvertes monumentales en physique ont vu le jour de temps en temps grâce à une poursuite sans relâche de pistes mathématiques. Le ballet compliqué qu'Einstein a dansé avec les mathématiques en est un cas d'école.

Vers la fin des années 1800, lorsque James Clerk Maxwell a compris que la lumière était une onde électromagnétique, ses équations ont montré que la vitesse de la lumière devait avoisiner les 300 000 kilomètres par seconde – valeur proche de celle que les expérimentateurs ont mesuré. Son équation laissait une question ennuyeuse sans réponse : 300 000 kilomètres par seconde… par rapport à quoi ? Les scientifiques adoptèrent la solution de fortune en vertu de laquelle une substance invisible imprégnant tout l'espace, appelée « éther », définissait le repos fondamental, invisible. Mais au début du XXe siècle, Einstein a montré que les scientifiques devaient prendre les équations de Maxwell plus au pied de la lettre. Si les équations de Maxwell ne mentionnaient pas de repos fondamental, alors c'est que nous n'en avons pas besoin ; la vitesse de la lumière, déclarait Einstein avec vigueur, vaut 300 000 kilomètres par seconde par rapport à tout et n'importe quoi. Bien que les détails aient un intérêt historique, je mentionne cet épisode pour le point suivant : tout le monde avait accès aux mathématiques de Maxwell, mais il aura fallu le génie d'Einstein pour les comprendre pleinement. Avec cela, Einstein a ouvert la voie de la relativité restreinte, bouleversant des siècles de raisonnement sur l'espace, le temps, la matière et l'énergie.

Durant la décennie qui a suivi, en élaborant sa théorie de la relativité générale, Einstein s'est intimement familiarisé avec de vastes domaines des mathématiques, que la plupart des physiciens de son époque connaissaient peu ou pas du tout. Pendant qu'il tâtonnait vers les équations finales de la relativité générale, Einstein fit montre d'un talent d'expert pour modeler ces constructions mathématiques avec la main de l'intuition. Quelques années plus tard, lorsqu'il reçu la bonne nouvelle que les observations de l'éclipse solaire de 1919 confirmaient la prédiction de la relativité générale en vertu de laquelle la lumière des étoiles suit des trajectoires courbes, Einstein-confia que si les observations avaient été différentes, il aurait été « désolé pour ce cher Lord, car la théorie est correcte ». Je suis sûr que des données convaincantes contraires à la relativité générale auraient modifié le discours d'Einstein, mais sa remarque montre bien comment un ensemble d'équations mathématiques, avec leur logique interne bien huilée, leur beauté intrinsèque et leurs vastes possibilités d'applications, peuvent irradier la réalité.

Il y a toutefois une limite à la portée qu'Einstein était prêt à accorder à ses mathématiques. Il n'a pas pris la théorie de la relativité générale « suffisamment au sérieux » pour croire en sa prédiction sur les trous noirs ou sur l'expansion de l'univers. Comme nous l'avons vu, d'autres chercheurs comme Friedmann, Lemaître ou Schwarzschild se fièrent davantage aux équations d'Einstein que lui-même ne l'avait fait, et leurs travaux ont ouvert la voie pour près d'un siècle de cosmologie. Au contraire, durant les vingt dernières années de sa vie, Einstein se jeta corps et âme dans les recherches mathématiques, s'efforçant avec passion de trouver une théorie unifiée de la physique. En évaluant son travail sur la base de ce que nous savons désormais, l'on ne peut s'empêcher de conclure que durant ces années, Einstein était *trop* fermement guidé – d'aucuns diraient aveuglé – par le maquis des équations qu'il avait si intensément côtoyées. Ainsi, même Einstein, en diverses époques de sa vie, prit les mauvaises décisions concernant quelles équations prendre au sérieux ou non.

La troisième révolution de la physique théorique moderne, la mécanique quantique, est un autre cas d'école, en lien direct avec l'histoire que j'ai contée dans ces pages. Schrödinger écrivit son équation pour l'évolution des ondes quantiques en 1926. Des dizaines d'années durant, celle-ci ne fut considérée valable que dans le domaine des petits objets : molécules, atomes et particules. Mais en 1957, Hugh Everett se fit l'écho de l'avis d'Einstein sur le travail de Maxwell : cinquante ans plus tard, *il prit les calculs au pied de la lettre.* Everett proposa que l'équation de Schrödinger s'applique à toute chose car tout ce qui est matériel, indépendamment de sa taille, est fait de molécules, d'atomes et de particules subatomiques. Comme nous l'avons vu, c'est cela qui a conduit Everett à l'interprétation des mondes multiples de la mécanique quantique et au multi-univers quantique. Plus de cinquante ans après, nous ne savons toujours pas si l'approche d'Everett est correcte. Mais en prenant au pied de la lettre les mathématiques sous-jacentes à la théorie quantique – vraiment sérieusement –, nous avons découvert l'une des plus profondes révélations de l'exploration scientifique.

Les autres propositions de multi-univers se fondent de la même manière sur la conviction que les mathématiques sont intimement liées à la structure de la réalité. Le multi-univers suprême incarne ce point de vue avec le plus de profondeur ; pour le multi-univers suprême, les mathématiques *sont* la réalité. Malgré leur vision moins panoptique sur les liens entre mathématique et réalité, même les autres multi-univers du tableau 11.1 doivent leur genèse aux nombres et équations que les théoriciens ont manipulés depuis leur bureau – en gribouillant sur leurs cahiers, en remplissant leurs tableaux noirs ou en programmant leurs ordinateurs. Qu'il s'agisse de la relativité générale, de la mécanique quantique, de la théorie des cordes ou de formalismes mathématiques plus généraux, les éléments du tableau 11.1 n'ont vu le jour que parce que nous avons admis que les théories mathématiques peuvent nous guider vers des vérités cachées. Seul le temps nous dira si cette hypothèse prend les théories mathématiques sous-jacentes trop au pied de la lettre, ou pas assez.

Si une partie ou l'ensemble des mathématiques qui nous ont poussés à envisager des mondes parallèles se révèle applicable à la réalité, alors nous saurons répondre à la fameuse question d'Einstein s'interrogeant pour savoir si l'univers a les propriétés qu'il a simplement parce que aucun autre univers n'est possible : la réponse est non. Notre univers n'est pas le seul possible. Ses propriétés auraient pu être différentes. Et dans beaucoup des propositions de multi-univers, les propriétés des autres univers membres seraient différentes. Enfin, rechercher une explication fondamentale à la raison pour laquelle certaines choses sont telles qu'elles sont serait inutile. En revanche, probabilités statistiques ou pur hasard seraient fermement engravés dans notre compréhension d'un cosmos fondamentalement immense.

Je ne sais pas si les choses vont prendre cette tournure. Personne ne le sait. Mais seul un engagement déterminé nous permettra de connaître nos propres limites. Seule la poursuite cohérente de nos théories, même celles qui nous propulsent dans des domaines aussi étranges qu'inconnus, nous offrira une chance de lever le voile sur toute l'étendue de la réalité.

Notes

1. Les liens de la réalité

1. L'idée que notre univers est comme une tranche flottant dans un domaine de plus haute dimensionnalité fut proposée dans un article de deux célèbres physiciens russes – « Do We Live Inside a Domain Wall ? », V. A. Rubakov et M. E. Shaposhnikov, *Physics Letters B 125* (Mai 26 1983) : 136 – sans lien avec la théorie des cordes. La version que je présenterai au chapitre 5 date du milieu des années 1990 et découle de travaux dans le domaine de la théorie des cordes.

2. Sosies à l'infini

1. La citation provient du numéro de mars 1933 de la revue américaine *The Literary Digest.* Il vaut la peine de préciser que cette citation a été récemment remise en doute par le Danois Helge Kragh, historien des sciences, qui suggère que cela puisse être une réinterprétation d'un article publié par *Newsweek* la même année, et dans lequel Einstein parlait des origines des rayons cosmiques. Cependant, ce qui est certain, c'est que c'est bien en 1933 qu'Einstein finit par abandonner ses convictions d'un univers statique, pour accepter la cosmologie dynamique qui émane de ses équations de la relativité générale.

2. Cette loi donne la force F de l'attraction gravitationnelle entre deux objets de masses m_1 et m_2 séparés par une distance r. Son expression mathématique se lit : $F = Gm_1m_2/r^2$, où G est la constante de Newton – un nombre que nous mesurons par l'expérimentation, et qui définit la force intrinsèque de l'attraction gravitationnelle.

3. À l'intention des lecteurs férus de mathématiques, les équations d'Einstein sont $R_{\mu\nu} - \frac{1}{2} g_{\mu\nu} R = 8\pi G\, T_{\mu\nu}$ où $g_{\mu\nu}$ est la métrique de

l'espace-temps, $R_{\mu\nu}$ le tenseur de courbure de Ricci, R la courbure scalaire, G la constante de Newton et $T_{\mu\nu}$ le tenseur énergie-impulsion.

4. Dans les décennies qui ont suivi cette célèbre confirmation de la relativité générale, la fiabilité de ces résultats a été plusieurs fois remise en question. En effet, pour observer la lumière des étoiles qui frôle le Soleil, il a fallu mener les observations durant une éclipse solaire ; malheureusement, le mauvais temps a rendu très difficile l'obtention de clichés nets durant l'éclipse de 1919. Le doute provient du fait qu'Eddington et son équipe se seraient laissé influencer par leur connaissance anticipée des résultats qu'ils cherchaient à mettre en évidence, si bien qu'en triant les photographies inutilisables pour cause d'interférence météo, ils auraient éliminé un nombre disproportionné de clichés ne semblant pas en accord avec les résultats émanant de la théorie d'Einstein. Une étude récente et très approfondie menée par Daniel Kennefick (voir sur www.arxiv.org l'article arXiv : 0709.0685 qui, parmi d'autres considérations, s'appuie sur une réévaluation récente des plaques photographiques de 1919) conclut de manière tout à fait convaincante que la confirmation de la relativité générale de 1919 est bel et bien fiable.

5. Pour les lecteurs connaisseurs en mathématiques, les équations d'Einstein pour la relativité générale se réduisent dans ce cas à l'équation suivante : $\left(\frac{da/dt}{a}\right)^2 = \frac{8\pi G\rho}{3} - \frac{k}{a^2}$. La variable *a(t)* est le facteur d'échelle de l'univers : un nombre dont la valeur, comme son nom l'indique, pose la distance moyenne entre objets (si la valeur de *a(t)* en deux époques différentes varie par exemple d'un facteur 2, alors la distance entre deux galaxies données à ces deux époques différentes varie elle aussi d'un facteur 2). G est la constante de Newton, ρ est la densité de matière/énergie, et k un paramètre dont la valeur est 1, 0 ou –1 selon que la forme de l'espace est sphérique, euclidienne (espace plat) ou hyperbolique. La forme de cette équation est généralement attribuée à Alexandre Friedmann et, pour cette raison, on l'appelle l'équation de Friedmann.

6. Les lecteurs ayant quelques connaissances mathématiques noteront deux choses. Tout d'abord, en relativité générale, nous définissons typiquement des coordonnées qui sont elles-mêmes dépendantes du contenu en matière de l'espace : nous utilisons pour cela les galaxies, comme si chacune était décorée d'un système de coordonnées – ce que l'on appelle les coordonnées comobiles. Ainsi, même pour définir une région spécifique de l'espace, nous faisons habituellement référence à la matière qui l'occupe. Par conséquent, pour davantage de

précision, nous pourrions remanier le texte de la façon suivante : la région de l'espace contenant un groupe donné de *N* galaxies au temps t_1 représentera un plus grand volume d'espace au temps t_2. Deuxièmement, l'affirmation conforme à notre intuition selon laquelle la densité de matière/énergie change lorsque l'espace se distend ou se contracte part d'une hypothèse implicite concernant l'équation d'état de la matière/énergie. Dans certaines situations dont nous rencontrerons un exemple sous peu, l'espace peut se distendre ou se contracter sans que cela modifie la densité d'une certaine contribution énergétique (la densité d'énergie de ce que l'on appelle la constante cosmologique). En effet, il existe des scénarios beaucoup plus exotiques, dans lesquels l'espace peut gonfler tandis que la densité d'énergie *augmente*. Cela est possible car, sous certaines conditions, la gravitation peut fournir une source d'énergie. L'essentiel à retenir de ce paragraphe, c'est que sous leur forme originale, les équations de la relativité générale ne sont pas compatibles avec un univers statique.

7. Nous verrons sous peu qu'Einstein a abandonné son univers statique lorsqu'il s'est trouvé confronté à des données astronomiques montrant que l'univers est en expansion. Toutefois, il vaut la peine de signaler que ses hésitations sont antérieures aux données : le physicien Willem de Sitter avait signalé à Einstein que son univers statique était instable : s'il l'imaginait un chouïa plus gros, il augmenterait, et s'il l'imaginait à peine plus petit, il rétrécirait. Les physiciens se méfient des solutions qui nécessitent des conditions parfaites et sans perturbation.

8. Dans le modèle du Big Bang, l'expansion de l'espace est vue un peu comme le mouvement d'ascension d'une balle qu'on lance en l'air : l'interaction gravitationnelle attire vers le bas la balle qui monte et ralentit son mouvement. Dans l'un ou l'autre cas, le mouvement n'a nul besoin d'une force répulsive. Toutefois, nous pouvons toujours nous poser la question suivante : si ce sont nos muscles qui ont lancé la balle vers le ciel, qu'est-ce qui a « lancé » l'univers spatial vers l'expansion ? Nous reviendrons sur cette question au chapitre 3, où nous verrons que la théorie moderne postule une brève salve de gravitation répulsive, intervenue dans les premiers instants de l'histoire cosmique. Nous verrons aussi que des données plus poussées ont montré que l'expansion de l'espace *ne ralentit pas* avec le temps, ce qui a eu pour conséquence une résurrection surprenante et potentiellement fondamentale de la constante cosmologique (ce que nous verrons dans les derniers chapitres).La découverte de l'expansion spatiale fut un tournant dans la cosmologie moderne. Outre la contribution de Hubble, il y eut également les travaux et les idées de beaucoup

d'autres chercheurs, comme Vesto Slipher, Harlow Shapley et Milton Humason.

9. Un tore bidimensionnel est habituellement décrit comme un beignet avec un trou. Un processus en deux étapes montre que cette image correspond bien à la description donnée dans le texte : lorsqu'on précise que la traversée du bord droit de l'écran nous ramène au bord gauche, cela revient à identifier tout le bord droit au bord gauche. Avec un écran souple (disons en plastique fin), cette identification se ferait simplement en roulant l'écran en une forme cylindrique et en assemblant les bords droit et gauche. Lorsqu'on précise que la traversée du bord supérieur nous ramène au bord inférieur, cela revient ici encore à identifier ces deux bords. Nous pouvons le réaliser en courbant notre cylindre pour assembler les bords supérieur et inférieur désormais circulaires. La forme obtenue ressemble donc à un beignet à trou. Un aspect qui peut prêter à confusion dans notre manipulation, c'est que la surface du beignet semble courbe ; si elle était recouverte de peinture réfléchissante, notre reflet serait déformé. Mais il s'agit là d'un artefact dû au fait de se représenter le tore bidimensionnel par un objet plongé dans un univers tridimensionnel. Intrinsèquement, comme toute surface bidimensionnelle, le tore n'est pas courbe. Il est plat, aussi plat que lorsqu'on le représente par l'écran de jeux vidéo. C'est pourquoi, dans le texte, j'ai choisi la description plus fondamentale par une forme dont les bords sont identifiés deux par deux.

10. Le lecteur féru de mathématiques devinera que lorsque je parle d'un choix judicieux de découpe et d'appariement, je fais référence aux quotients d'espace de recouvrement simplement connexes par divers groupes d'isométrie.

11. Cette quantité vaut pour l'époque actuelle. Dans l'univers primordial, la densité critique était supérieure.

12. Si l'univers était statique, la lumière qui aurait voyagé durant les derniers 13,7 milliards d'années et n'arrivant à nous qu'aujourd'hui aurait effectivement été émise à une distance de 13,7 milliards d'années-lumière. Dans notre univers en expansion, l'objet émetteur a continué de s'éloigner durant les milliards d'années où la lumière a voyagé. Lorsque nous recevons cette lumière, l'objet est donc plus loin – beaucoup plus – que 13,7 milliards d'années-lumière. Un rapide calcul de relativité générale montre que l'objet (en supposant qu'il existe toujours et qu'il se soit laissé porter par l'expansion de l'espace) serait désormais à 41 milliards d'années de nous. Cela signifie que lorsque nous regardons dans l'espace, nous pouvons en principe voir des sources de lumière qui sont maintenant aussi loin que

41 milliards d'années-lumière. En ce sens, l'univers observable possède un diamètre d'environ 82 milliards d'années-lumière. La lumière émise par des objets plus éloignés que cela n'aurait pas encore eu le temps de nous atteindre : elle est au-delà de notre horizon cosmique.

13. En gros, nous pouvons envisager que grâce à la mécanique quantique, les particules font toujours l'expérience de ce que j'appelle l'« agitation quantique » : une sorte de vibration quantique aléatoire, irrépressible, qui rend approximative la notion même de particule ayant une position et une vitesse (ou impulsion) données. En ce sens, les modifications en position et vitesse qui sont si petites qu'elles sont de l'ordre de l'agitation quantique se perdent dans le « bruit » de la mécanique quantique et ne sont donc pas significatives. En termes plus précis, si nous multiplions l'imprécision des mesures de position par l'imprécision des mesures d'impulsion, le résultat – l'incertitude – est toujours plus élevé qu'un nombre appelé « constante de Planck » en l'honneur de Max Planck, l'un des pionniers de la physique quantique. En particulier, cela implique que les résolutions fines dans les mesures de position d'une particule (les petites imprécisions dans la mesure de position) occasionnent de grandes incertitudes pour la mesure de son impulsion et, par conséquent, de son énergie. Puisque l'énergie est toujours limitée, la résolution dans les mesures de position est donc limitée elle aussi. Remarquons également que nous appliquerons toujours ces concepts dans un domaine spatial fini – généralement dans des régions de la taille de l'horizon cosmique d'aujourd'hui (comme dans la prochaine section). Une région de taille finie, aussi large soit-elle, implique un maximum d'incertitude dans les mesures de position. Si une particule est censée être dans une région donnée, l'incertitude sur sa position sera certainement inférieure à la taille de la région. Ce maximum sur l'incertitude en position implique donc, du fait du principe d'incertitude, un minimum pour l'incertitude des mesures d'impulsion – c'est-à-dire une résolution limitée pour les mesures de l'impulsion. Liée à la résolution limitée pour les mesures de position, a lieu la réduction d'un nombre infini à un nombre fini de configurations distinctes de la position et de la vitesse d'une particule. Nous pourrions toujours nous interroger sur les obstacles à la construction d'un dispositif capable de mesurer la position d'une particule avec une précision toujours croissante. C'est également une question d'énergie. Comme dans le texte, si nous voulons mesurer la position d'une particule avec une précision toujours croissante, nous devons sonder de manière toujours plus fine. Pour déterminer s'il y a une mouche dans la pièce, nous pouvons l'éclairer de part en part avec une ampoule ordinaire. Pour confirmer

la présence d'un électron, il nous faut éclairer avec le faisceau plus précis d'un laser puissant. Et pour déterminer la position de l'électron avec une précision toujours meilleure, nous devons utiliser un laser toujours plus puissant. Cela étant, plus un laser est puissant, plus il perturbe la vitesse de l'électron qu'il éclaire. Ainsi, la conclusion c'est que cette précision dans la détermination des positions des particules se fait aux dépens d'énormes modifications de leurs vitesses – et donc de leur énergie. Comme il existe une limite à la quantité d'énergie que peuvent renfermer les particules, il existe une limite à la précision avec laquelle leur position peut être mesurée. L'énergie limitée dans un domaine spatial limité conduit donc à une résolution finie pour les mesures de position et de vitesse.

14. Le moyen le plus direct de faire ce calcul consiste à utiliser un résultat que je décrirai sans technicité au chapitre 9 : l'entropie d'un trou noir – le logarithme du nombre d'états quantiques distincts – est proportionnelle à l'aire de sa surface mesurée en unités de Planck au carré. Un trou noir qui remplirait notre horizon cosmique aurait un rayon de 10^{28} centimètres, soit environ 10^{61} longueurs de Planck. Son entropie serait donc de l'ordre de 10^{122} en unités de Planck au carré. Ainsi le nombre total d'états distincts s'élève à peu près à 10 à la puissance 10^{122} soit 10^{10122}.

15. Nous pourrions nous poser la question de savoir pourquoi je n'inclus pas également des champs. Comme nous le verrons, particules et champs sont des langages complémentaires – un champ pouvant être décrit en termes de particules dont il est composé, tout comme une vague sur l'océan peut être décrite à l'aide des molécules d'eau qui la composent. Le choix de l'utilisation du langage des particules ou des champs est une question de commodité.

16. La distance que peut parcourir la lumière en un intervalle de temps donné dépend sensiblement du rythme d'expansion de l'espace. Dans les derniers chapitres, nous verrons des indices en faveur d'une accélération du rythme d'expansion de l'univers. S'il en est ainsi, cela signifie qu'il existe une limite à la distance que la lumière peut atteindre dans l'espace, même si nous attendons suffisamment longtemps. Des régions distantes de l'espace s'éloigneraient si rapidement de nous que la lumière que nous émettons ne pourrait pas l'atteindre ; de même, la lumière qu'elles émettent ne pourrait pas nous atteindre. Cela signifierait que la taille des horizons cosmiques – la portion de l'espace avec laquelle nous pouvons échanger des signaux lumineux – n'augmente pas indéfiniment. (Pour les plus férus de mathématiques, les formules principales sont à trouver dans les chapitres 6 et 7.)

17. G. Ellis et G. Bundrit étudièrent des paires de domaines dans un univers classique infini ; J. Garriga et A. Vilenkin les ont étudiées dans le contexte quantique.

3. ÉTERNITÉ ET INFINI

1. Un point de discordance avec les travaux antérieurs était le point de vue de Dicke, qui regardait la possibilité d'un univers oscillatoire qui traverserait en boucle une série de cycles – Big Bang, expansion, contraction, Big Crunch, et à nouveau Big Bang. Il y aurait pour chaque cycle un rayonnement fossile imprégnant tout l'espace.

2. Il vaut la peine de signaler que même sans moteurs, les galaxies sont généralement en mouvement en plus de celui qui provient de l'expansion de l'espace – typiquement le résultat de forces gravitationnelles intergalactiques à grande échelle, ainsi que le mouvement intrinsèque du nuage de gaz tourbillonnant à partir duquel se sont formées les étoiles de chaque galaxie. Ce mouvement est qualifié de « vitesse particulière », et celle-ci est généralement suffisamment faible pour pouvoir être négligée à l'échelle cosmique.

3. Le problème de l'horizon est subtil et ma description de la solution inflationnaire relativement inhabituelle, alors je souhaite donner ici davantage de détails, à l'attention des lecteurs que cela intéresse. Premièrement, resituons le problème : deux régions données sont si éloignées l'une de l'autre qu'elles n'ont jamais pu communiquer. Pour être précis, disons que chaque région possède un observateur qui contrôle un thermostat qui régule la température de sa région. Les observateurs souhaitent que leurs deux régions aient une même température, mais parce que les observateurs n'ont pas de possibilité de communiquer, ils ne sont pas en mesure de régler leurs thermostats respectifs. La première pensée qui vient à l'esprit est la suivante : puisque les observateurs étaient beaucoup plus proches l'un de l'autre il y a de cela des milliards d'années, il aurait alors été facile pour eux de communiquer et donc d'établir leurs deux régions à une même température. Cependant, comme nous l'avons signalé dans le texte principal, dans la théorie ordinaire du Big Bang, ce raisonnement ne tient pas. En voici la raison avec davantage de détails. Dans la théorie ordinaire du Big Bang, l'univers est en expansion, mais du fait de l'attraction gravitationnelle, le rythme d'expansion ralentit au fil du temps. C'est un peu comme ce qui se passe lorsqu'on lance une balle dans les airs. Durant son ascension, elle s'éloigne d'abord très vite de nous, puis du fait de l'attraction gravitationnelle de la

Terre, elle ralentit ensuite régulièrement. Le ralentissement de l'expansion spatiale a un effet important. Utilisons l'analogie de la balle lancée en l'air pour en expliquer l'idée principale. Imaginons une balle qui monte dans les airs durant six secondes. Puisqu'elle est partie initialement avec une certaine vitesse (au moment du lancer), elle peut parcourir la première moitié du trajet en deux secondes mais, du fait que sa vitesse ralentit, il lui faudra plutôt quatre secondes pour parcourir la deuxième moitié de sa trajectoire ascendante. Ainsi, à la moitié de l'intervalle de temps, soit trois secondes, elle est *au-delà* du milieu de sa trajectoire en distance. De même avec l'expansion spatiale qui ralentit au cours du temps : à mi-parcours de l'histoire cosmique, nos deux observateurs seraient éloignés de *plus* de la moitié de leur distance actuelle. Voyons ce que cela signifie. Les deux observateurs seraient plus proches l'un de l'autre, mais trouveraient plus difficile (et pas plus facile) de communiquer entre eux. Les signaux qu'un observateur envoie à l'autre ont la moitié du temps pour l'atteindre, mais la distance à parcourir est *supérieure* à la moitié de la distance actuelle. Avec seulement la moitié du temps pour communiquer sur une distance supérieure à la moitié de la séparation actuelle, la communication n'en est que plus difficile encore.

La distance entre objets n'est donc qu'une considération parmi d'autres lorsqu'on étudie leurs possibilités de s'influencer mutuellement. L'autre aspect essentiel est la quantité de temps écoulée depuis le Big Bang, puisque cela limite la distance que peut parcourir l'influence en question. Dans le Big Bang ordinaire, bien que tout était plus proche dans le passé, l'univers était en expansion si rapide qu'il y avait nécessairement moins de temps, proportionnellement parlant, pour que les influences opèrent.

La résolution de ce problème par la cosmologie inflationnaire consiste à introduire une phase, dans les premiers instants de l'histoire cosmique, dans laquelle le rythme d'expansion de l'espace n'augmente pas comme la vitesse de la balle lancée dans les airs, mais l'expansion spatiale commence lentement puis va ensuite de plus en plus vite : l'expansion accélère. Avec le même raisonnement que celui que nous venons de suivre, à mi-chemin d'une telle phase inflationnaire, nos deux observateurs seront séparés de *moins* de la moitié de leur distance à la fin de cette phase. Ayant eu la moitié du temps pour communiquer sur une distance inférieure à la moitié de leur séparation, cela signifie qu'il aura été plus facile pour eux de communiquer dans les premiers instants. Plus généralement, plus on remonte vers les premiers instants, plus l'expansion accélérée accorde de temps, proportionnellement parlant (et non pas moins) pour que s'exercent ces influences. Cela aurait permis à des régions aujourd'hui très éloignées de communiquer facilement dans l'univers primordial, ce qui explique donc leur température commune d'aujourd'hui. Parce que l'expansion accélérée donne beaucoup plus d'étendue spatiale au total que la théorie ordinaire du Big Bang, les deux régions auraient donc été *beaucoup* plus proches au début de l'inflation qu'à un moment comparable de la théorie ordinaire du Big Bang. Cette disparité de taille dans l'univers des premiers instants est une autre manière de comprendre pourquoi la communication entre les régions, impossible avec le Big Bang ordinaire, peut être réalisée avec la théorie inflationnaire. Si, à un moment donné après le commencement, la distance entre deux régions est inférieure, alors il sera plus facile pour elles d'échanger des signaux.

En prenant les équations de l'expansion au pied de la lettre à des instants arbitrairement proches des premiers instants (imaginons que l'espace est de forme sphérique), nous voyons également que les deux régions se seraient initialement séparées plus vite dans la théorie ordinaire du Big Bang que dans la théorie inflationnaire. En ce sens, la théorie inflationnaire propose une période de temps durant laquelle le rythme de séparation entre ces régions est plus lent que dans le Big Bang ordinaire.

Souvent, les descriptions de la cosmologie inflationnaire ne mentionnent que l'extraordinaire accroissement de la vitesse d'expansion par rapport au cadre de référence conventionnel, et non une diminution de la vitesse. La différence entre ces descriptions vient des caractéristiques physiques que l'on compare dans l'une et l'autre situation. Si l'on compare les trajectoires de deux régions à une certaine distance dans l'univers primordial, alors dans la théorie inflationnaire, ces régions se séparent beaucoup plus vite que dans la théorie ordinaire du Big Bang ; et aujourd'hui, elles seraient beaucoup plus éloignées l'une de l'autre dans la théorie inflationnaire que dans la théorie du Big Bang ordinaire. Mais si l'on regarde deux régions à une distance donnée aujourd'hui (comme les deux régions d'un bout à l'autre du ciel nocturne), la description précédente prévaut. À savoir : à un moment donné dans le temps très primordial, ces régions étaient beaucoup plus proches l'une de l'autre et se sont éloignées beaucoup plus lentement dans une théorie avec expansion inflationnaire que dans une théorie ordinaire. Le rôle de l'expansion inflationnaire est d'expliquer le démarrage plus lent, puis l'éloignement de plus en plus rapide de ces régions, afin de garantir qu'elles arrivent aux mêmes endroits dans le ciel qu'avec la théorie ordinaire du Big Bang.

Un traitement plus approfondi du problème de l'horizon inclurait des précisions plus détaillées sur les conditions dans lesquelles apparaît l'expansion inflationnaire ainsi que les processus ultérieurs par lesquels, par exemple, sera produit le fond de rayonnement microonde. Mais ce que nous venons de voir montre la principale distinction entre l'accélération et le ralentissement de l'expansion.

4. Notons qu'en comprimant le sac, nous y injectons de l'énergie et puisque masse et énergie provoquent les mêmes courbures gravitationnelles, l'augmentation du poids peut être partiellement due à l'accroissement en énergie. Cependant, l'idée est que l'augmentation de la pression contribue également à l'augmentation du poids. (Notons également, pour être précis, que nous devrions imaginer de faire cette « expérience » dans une chambre à vide, afin de ne pas avoir à prendre en compte les forces de portance dues à l'air autour du sac.) Pour les exemples quotidiens, l'augmentation est minuscule. Cependant, en astrophysique, elle peut être significative. En fait, elle aide à comprendre pourquoi, dans certaines situations, les étoiles s'effondrent sur elles-mêmes pour former des trous noirs. Les étoiles maintiennent généralement leur équilibre grâce à la régulation entre la pression dirigée vers l'extérieur, due aux processus nucléaires du cœur de l'étoile, et la pression dirigée vers l'intérieur, due à la masse de l'étoile. Lorsque l'étoile a consommé tout son carburant nucléaire, la pression positive diminue et l'étoile se contracte. Cela rapproche ses constituants les uns des autres et augmente donc leur attraction gravitationnelle. Pour éviter qu'elle ne se contracte davantage, il faudrait une pression supplémentaire dirigée vers l'extérieur (qualifiée de pression positive, comme dans le prochain paragraphe dans le texte). Mais une pression positive additionnelle produit une attraction gravitationnelle additionnelle et aggrave davantage encore le besoin de pression positive additionnelle. Dans certaines situations, cela crée une spirale d'instabilité et c'est justement ce sur quoi l'étoile s'appuie généralement pour contrer l'attraction gravitationnelle – la pression positive – qui contribue si fortement à cette attraction vers l'intérieur que l'effondrement gravitationnel devient inévitable. L'étoile va imploser et former un trou noir.

5. L'approche de l'inflation que je viens de décrire ne donne aucune explication fondamentale à la raison pour laquelle la valeur du champ d'inflaton commence très haut sur la courbe d'énergie potentielle, ni pourquoi cette courbe d'énergie possède la forme particulière qui est la sienne. Ce sont des hypothèses que fait la théorie. Des versions ultérieures de l'inflation, principalement celle élaborée par Andrei Linde et appelée « inflation chaotique », proposent qu'une

courbe d'énergie potentielle plus « ordinaire » (une forme parabolique sans section plate, émanant des plus simples équations mathématiques pour l'énergie potentielle) peut également produire une expansion inflationnaire. Pour initier l'expansion inflationnaire, la valeur du champ d'inflaton doit être très élevée sur cette courbe d'énergie, mais les conditions extrêmement chaudes qui, suppose-t-on, régnaient dans l'univers primordial provoquent cela naturellement.

6. À l'attention des lecteurs les plus minutieux, j'ajoute un détail. La rapide expansion de l'espace dans la cosmologie inflationnaire occasionne un refroidissement important (de même qu'une rapide compression de l'espace, ou d'à peu près n'importe quoi, fait grimper la température). Mais à mesure que l'inflation touche à sa fin, le champ d'inflaton oscille autour du minimum de sa courbe d'énergie potentielle, en transférant son énergie à un bain de particules. Le processus s'appelle « re-chauffage » car les particules ainsi produites auront de l'énergie cinétique et pourront donc être caractérisées par une température. À mesure que l'espace continue de subir l'expansion plus ordinaire du Big Bang (non inflationnaire), la température du bain de particules diminue progressivement. Toutefois, ce qui est important, c'est que l'uniformité mise en place par l'inflation donnera des conditions uniformes pour ces processus, et donc des résultats uniformes au final.

7. Alan Guth avait compris la nature éternelle de l'inflation ; Paul Steinhardt écrivit sur son incarnation mathématique dans certains contextes ; Alexander Vilenkin mit le tout en lumière en termes plus généralistes.

8. La valeur du champ d'inflaton détermine la quantité d'énergie et la pression négative qui imprègnent l'espace. Plus l'énergie sera importante, plus rapide sera le rythme de l'expansion de l'espace. Quant à la rapidité de l'expansion, elle a à son tour un effet rétroactif sur l'inflaton lui-même : plus rapide est l'expansion de l'espace, plus violente seront les fluctuations quantiques de la valeur du champ d'inflaton.

9. Je me permets d'aborder une question que le lecteur a pu se poser, et que nous retrouverons au chapitre 10. Lorsque l'espace subit l'expansion inflationnaire, son énergie globale augmente : plus le volume d'espace rempli du champ d'inflaton est important, plus élevée est l'énergie totale (si l'espace est infini, l'énergie le sera également – et dans ce cas, nous devons parler de l'énergie contenue dans une région finie de l'espace lorsque cette région s'accroît en taille). Ce qui nous mène naturellement à nous interroger : quelle est la source de cette énergie ? Dans la situation analogue avec la bouteille

de champagne, la source de l'énergie additionnelle dans la bouteille provient de la force exercée par nos muscles. Qu'est-ce qui joue le rôle de nos muscles dans le cosmos en expansion ? La réponse, c'est la gravitation. Alors que nos muscles sont l'agent qui permet à l'espace disponible à l'intérieur de la bouteille de s'étendre (en retirant le bouchon), la gravitation est l'agent qui permet l'expansion de l'espace disponible dans le cosmos. Ce qu'il est essentiel de comprendre, c'est que l'énergie du champ gravitationnel peut être arbitrairement négative. La gravitation apprivoise les particules et les fait s'approcher les unes des autres de plus en plus rapidement, si bien que leur énergie cinétique devient de plus en plus positive. Le champ gravitationnel peut fournir une telle énergie positive aux particules car la gravitation peut puiser dans ses propres réserves, qui deviennent arbitrairement négatives : plus les particules s'approchent l'une de l'autre, plus l'énergie gravitationnelle devient négative (de manière équivalente, il faudrait injecter d'autant plus l'énergie positive pour surmonter la gravitation et séparer les particules). La gravitation joue donc le rôle d'une banque qui proposerait des crédits illimités et pourrait prêter des quantités d'argent sans fond ; le champ gravitationnel peut fournir une quantité illimitée d'énergie car sa propre énergie peut devenir de plus en plus négative. Voilà la source d'énergie dans laquelle puise l'expansion inflationnaire.

10. J'utiliserai le terme « univers bulle », mais l'imagerie de l'« univers de poche » qui apparaît avec l'environnement empli d'inflaton serait bien choisi lui aussi (ce terme fut proposé par Alan Guth).

11. Pour être un peu plus précis, ce n'est pas l'intensité de la force gravitationnelle en soi qui détermine le ralentissement du temps, mais plutôt l'intensité du potentiel gravitationnel. Par exemple, si nous pouvions nous poster à l'intérieur d'une cavité sphérique au centre d'une étoile massive, nous ne ressentirions aucune force gravitationnelle mais, parce que nous sommes tout au fond d'un puits de potentiel gravitationnel, le temps passerait plus vite pour nous que pour ceux en dehors de l'étoile.

12. Ce résultat (et les idées associées) fut obtenu par bon nombre de chercheurs dans différents contextes et fut plus explicitement développé par Alexander Vilenkin ainsi que Sidney Coleman et Frank De Luccia.

13. Dans notre discussion du multi-univers en patchwork, souvenons-nous que nous avons supposé que les arrangements de particules pouvaient varier d'un empiècement à l'autre. Le lien entre les multi-univers en patchwork et inflationnaire nous éclaire également sur cette hypothèse. Un univers bulle se forme dans une région donnée

lorsque la valeur de l'inflaton chute ; ce faisant, l'énergie que contenait l'inflaton est convertie en particules. L'arrangement précis de ces particules à tout moment est déterminé par la valeur précise de l'inflaton durant le processus de conversion. Mais parce que le champ d'inflaton est sujet aux fluctuations quantiques, il sera sujet à des variations aléatoires lorsque sa valeur chute – les mêmes variations aléatoires qui donnent lieu à des zones légèrement plus chaudes ou légèrement plus froides sur la figure 3.4. Lorsqu'on les considère sur l'ensemble des empiècements d'un univers bulle, ces fluctuations impliquent donc que la valeur de l'inflaton affichera des variations quantiques aléatoires. Et cet aspect aléatoire garantit le côté aléatoire des distributions de particules résultantes. Voilà pourquoi nous pouvons nous attendre à ce que n'importe quel arrangement de particules, comme celui responsable de tout ce que nous voyons actuellement, puisse se reproduire aussi souvent que n'importe quel autre.

4. L'UNIFICATION DES LOIS DE LA NATURE

1. Je tiens à remercier Walter Isaacson pour ses communications personnelles sur cette question historique et nombre d'autres concernant Einstein.

2. Pour rentrer un peu plus dans les détails, les travaux de Glashow, Salam et Weinberg proposaient que les forces faible et électromagnétique soient des éléments qui se combinent en une « force électrofaible », théorie qui fut confirmée par les expériences menées en accélérateurs vers la fin des années 1970 et le début des années 1980. Glashow et Georgi franchirent un pas de plus et proposèrent que les forces électrofaible et forte soient des aspects d'une force plus fondamentale, une proposition appelée « grande unification ». Cependant, la version la plus simple de la grande unification fut éliminée lorsque les scientifiques ne réussirent pas à observer l'une de ses prédictions, à savoir le fait que les protons devraient se désintégrer de temps à autre. Cela étant, il existe beaucoup d'autres versions de la grande unification qui restent viables expérimentalement car, par exemple, le rythme de désintégration du proton qu'elles prédisent est si lent que les expériences n'auraient pas encore pu la mettre en évidence. Cela étant, même si la grande unification n'est pas confirmée par les données, il ne fait d'ores et déjà aucun doute que les trois forces non gravitationnelles peuvent être décrites à l'aide du langage mathématique de la théorie quantique des champs.

3. La découverte de la théorie des supercordes a fait naître d'autres approches théoriques intimement liées, en quête d'une théorie unifiée des forces de la nature. En particulier, la « théorie quantique des champs supersymétriques » et son extension gravitationnelle la « supergravité » ont fait l'objet d'intenses recherches dans le milieu des années 1970. La théorie quantique des champs supersymétriques et la supergravité s'appuient sur le principe de la supersymétrie, qui fut découverte au sein de la théorie des supercordes, simplement ces approches incluent la supersymétrie dans des théories de particules ponctuelles conventionnelles. Nous aborderons rapidement la supersymétrie plus loin dans le chapitre, mais à l'intention des lecteurs férus de mathématiques, je noterai ici que la supersymétrie est la dernière symétrie disponible (après les symétries de rotation, de translation, de Lorentz et, plus généralement, de Poincaré) pour une théorie des particules élémentaires. Elle associe des particules dont le spin de la mécanique quantique est différent, établissant des liens entre les particules qui véhiculent les forces et les particules de matière. La supergravité est une extension de la supersymétrie qui inclut la force gravitationnelle. Dans les premiers temps de la théorie des cordes, les chercheurs ont compris que supersymétrie et supergravité émanaient de la théorie des cordes en basse dimension. Aux basses énergies, la nature unidimensionnelle de la corde n'est généralement pas discernable si bien qu'elles apparaissent comme des particules ponctuelles. De même, comme nous le verrons dans ce chapitre, lorsqu'on les applique aux processus en basse énergie, les mathématiques de la théorie des cordes se transforment en celles de la théorie quantique des champs. Les scientifiques ont trouvé que, la supersymétrie et la gravitation survivant à la transformation, la théorie des cordes à basse énergie donne la théorie quantique de champs supersymétriques et la supergravité. Plus récemment, comme nous le verrons au chapitre 9, le lien entre théorie des champs supersymétriques et théorie des cordes se révèle beaucoup plus fondamental.

4. Le lecteur averti verra une exception à mon affirmation que chaque champ est associé à une particule. Plus précisément, les petites fluctuations d'un champ autour d'un minimum local de son potentiel sont généralement interprétables comme des excitations de particules. Nous n'avons guère besoin d'en savoir plus pour la discussion qui nous occupe. De plus, le lecteur averti remarquera que localiser une particule en un point est en soi une idéalisation car il faudrait pour y parvenir – si l'on en croit le principe d'incertitude – une impulsion infinie et une énergie infinie. Ici encore, l'essence de la chose provient

de ce qu'en théorie quantique des champs, il n'y a en principe aucune limite à la finesse de localisation d'une particule.

5. Historiquement, une technique mathématique appelée « renormalisation » a été élaborée pour affronter les conséquences quantitatives de fluctuations quantiques violentes à petite échelle (haute énergie). Appliquée aux théories quantiques de champs des trois forces non gravitationnelles, la renormalisation nettoie les grandeurs infinies provenant de divers calculs, et permet ainsi aux physiciens de proposer des prédictions extraordinairement précises. Cependant, lorsque la renormalisation fut appliquée aux fluctuations quantiques du champ gravitationnel, elle s'est révélée inefficace : la méthode ne parvenait pas à nettoyer les infinis qui surgissent dans les calculs quantiques avec gravitation.

D'un point de vue plus actuel, ces infinis sont maintenant compris différemment. Les physiciens ont réalisé que sur la voie d'une compréhension de plus en plus profonde des lois de la nature, une attitude sensée consiste à envisager toute proposition comme provisoire et – lorsque c'est pertinent – capable de décrire la physique uniquement jusqu'à une certaine échelle de longueur (ou seulement jusqu'à une certaine échelle d'énergie). Au-delà, certains phénomènes résident hors de la portée de la proposition considérée. Avec ce point de vue, il serait téméraire d'étendre la théorie à des distances plus courtes que celles de son domaine de validité (ou à des énergies supérieures). Et avec de telles limites (décrites dans le texte et appelées « cutoff »), aucun infini ne surgit jamais des calculs. Les calculs sont faits dans une théorie dont le domaine d'application est limité d'entrée de jeu. Cela signifie que les possibilités de prédictions sont limitées aux phénomènes inclus dans les limites de la théorie – à très courte distance (ou très haute énergie) la théorie n'a rien à dire. Le but ultime d'une théorie complète de la gravitation quantique serait de lever ces limitations intrinsèques, et de libérer les capacités prédictives quantitatives à toutes les échelles.

6. Pour se faire une idée d'où viennent ces nombres particuliers, notons que la mécanique quantique (présentée au chapitre 8) associe une onde à une particule, avec une longueur d'onde d'autant plus courte que la particule est plus lourde (la longueur d'onde est la distance entre des crêtes d'onde successives). La relativité générale d'Einstein associe aussi une longueur aux objets (la taille à laquelle l'objet doit être comprimé pour devenir un trou noir). Plus lourd est l'objet, plus grande est cette taille. Imaginons alors que nous commencions avec une particule décrite par la mécanique quantique et que nous augmentions progressivement sa masse. Ce faisant, l'onde

quantique de la particule raccourcit tandis que la « taille du trou noir potentiel » augmente. Pour une certaine masse, la longueur d'onde quantique et la taille du trou noir seront égales – ce qui définit une masse et une taille pour lesquelles mécanique quantique et considérations relativistes sont toutes deux importantes. Lorsqu'on regarde l'aspect quantitatif de cette expérience de pensée, la masse et la taille sont celles citées dans le texte – la masse et la longueur de Planck, respectivement. Au chapitre 9, je présenterai le « principe holographique ». Ce principe s'appuie sur la physique des trous noirs et la relativité générale pour proposer une limite très particulière au nombre de degrés de liberté possibles dans un volume d'espace donné (une version plus élaborée de la discussion du chapitre 2 concernant le nombre de différents arrangements possibles des particules dans un volume d'espace donné ; voir également la note 14 du chapitre 2). Si ce principe est correct, alors le conflit entre relativité générale et mécanique quantique pourrait surgir avant que les distances ne soient trop petites et la courbure trop importante. Un volume immense contenant même une faible densité de gaz de particules aurait beaucoup plus de degré de liberté en vertu de la théorie quantique des champs qu'en vertu du principe holographique (qui s'appuie sur la relativité générale).

7. Le spin en mécanique quantique est un concept assez subtil. Tout particulièrement en théorie quantique des champs, où les particules sont considérées ponctuelles et où il n'est donc pas évident de saisir ce que « tourner sur soi » veut dire. Ce qui se passe vraiment c'est que nos expériences montrent que les particules sont affublées d'une propriété intrinsèque qui se comporte un peu comme un moment angulaire de valeur définie. De plus, la théorie quantique montre – et l'expérience confirme – que les particules n'auront généralement comme moment angulaire que des multiples entiers d'une valeur fondamentale (la constante de Planck divisée par 2). Puisque les objets tournants classiques possèdent un moment angulaire intrinsèque (mais celui-ci n'a toutefois pas de valeur définie : il change lorsque la vitesse de rotation de l'objet change), les physiciens ont emprunté le terme « spin » (du mot anglais qui signifie « tourner sur soi », comme une toupie) et l'ont appliqué à cette situation quantique analogue. D'où le terme « moment angulaire de spin ». Si « tourner comme une toupie » permet de se forger une image mentale, il est plus précis d'imaginer que les particules sont définies non seulement par leur masse, leur charge électrique et leurs charges nucléaires, mais également par leur moment angulaire de spin, intrinsèque et immuable. Tout comme nous admettons la charge électrique d'une

particule comme une de ses caractéristiques définitoires, les expériences montrent qu'il en va de même pour son moment angulaire de spin.

8. Souvenons-nous que la tension entre relativité générale et mécanique quantique provient de la puissante agitation quantique du champ gravitationnel, qui perturbe si violemment l'espace que les méthodes mathématiques traditionnelles ne s'en sortent plus. L'incertitude quantique nous indique que cette agitation quantique devient encore plus forte lorsque l'espace est examiné sur des distances de plus en plus petites (et c'est pourquoi nous ne voyons pas cette agitation dans la vie de tous les jours). En particulier, les calculs montrent que ce sont les fluctuations hautement énergétiques sur des distances plus courtes que l'échelle de Planck qui détraquent les mathématiques (plus courte est la distance, plus forte est l'énergie de la fluctuation quantique). Puisque la théorie quantique des champs décrit les particules comme des points dénués d'extension spatiale, les distances que sondent ces particules peuvent être aussi courtes que l'on veut, si bien que les fluctuations quantiques qu'elles subissent peuvent être aussi énergétiques que l'on veut. C'est différent avec la théorie des cordes. Les cordes ne sont pas des points – elles ont une extension spatiale. Cela implique qu'il existe une limite à la taille des distances accessibles, même en principe, puisqu'une corde ne peut pas explorer une distance inférieure à sa propre taille. Une limite sur l'échelle de distance minimale que l'on puisse sonder se traduit en limite sur l'intensité en énergie des fluctuations quantiques. Cette limite se révèle suffisante pour dompter les mathématiques turbulentes et permettre à la théorie des cordes d'unir mécanique quantique et relativité générale.

9. Si un objet était vraiment unidimensionnel, nous ne pourrions pas le voir directement puisqu'il n'offrirait aucune surface sur laquelle les photons pourraient se réfléchir, et n'aurait aucune capacité à produire des photons par ses propres transitions atomiques. Donc lorsque je parle de « voir » dans le texte, c'est un abus de langage pour tout moyen d'observation ou d'expérimentation que nous puissions utiliser pour mettre en évidence l'étendue spatiale d'un objet. L'idée est donc que toute extension spatiale plus petite que la puissance de résolution de notre procédure expérimentale échappera à notre détection.

10. « What Einstein Never Knew », documentaire NOVA, 1985.

11. Plus précisément, les composants de l'univers les plus influents à l'égard de notre existence seraient complètement différents. Puisque les particules qui nous sont familières et les objets qu'elles composent

– étoiles, planètes, personnes, etc. – représentent moins de 5 % de la masse totale de l'univers, un tel décalage n'affecte guère la vaste majorité de l'univers, tout au moins pas en termes des mesures de masse. Cependant, en termes de son effet sur la vie telle que nous la connaissons, le changement peut être profond.

12. Les théories quantiques des champs placent certaines restrictions sur leurs paramètres internes. Pour éviter certains comportements physiques inacceptables (infractions à des lois de conservation, à certaines transformations de symétrie, etc.), il peut y avoir des contraintes sur les charges (électrique et nucléaires) des particules de la théorie. De plus, pour garantir que dans tous les processus physiques, les probabilités s'additionnent pour donner 1, il y a également des contraintes sur les masses des particules. Malgré ces contraintes, il existe une grande latitude sur les valeurs possibles des propriétés des particules.

13. Certains chercheurs remarqueront que même si ni les champs quantiques ni la compréhension actuelle de la théorie des cordes n'offrent d'explication sur les propriétés des particules, la question est plus pressante en théorie des cordes. Les détails sont relativement compliqués, mais en voici un résumé, à l'intention des esprits les plus férus de technique. En théorie quantique des champs, les propriétés des particules – disons leur masse – sont déterminées par les nombres que l'on insère dans les équations de la théorie. Le fait que les équations de la théorie quantique du champ autorisent de tels nombres à varier revient à dire, mathématiquement parlant, que la théorie quantique des champs ne détermine pas les masses des particules mais les inclut comme données d'entrée. En théorie des cordes, la souplesse dans les masses des particules possède une origine mathématique similaire – les équations permettent que certains nombres particuliers varient librement – mais les manifestations de cette souplesse sont plus importantes. Les nombres qui varient librement – c'est-à-dire les nombres qui peuvent varier sans coût énergétique – correspondent à l'existence de particules dénuées de masse. (Dans le langage des courbes d'énergie potentielle introduites au chapitre 3, imaginons une courbe qui soit complètement plate, une simple ligne horizontale. Tout comme le fait de marcher sur un terrain parfaitement plat n'aura aucune incidence sur notre énergie potentielle, changer la valeur d'un tel champ n'aura aucun coût énergétique. Puisque la masse d'une particule correspond à la courbure de la courbe d'énergie potentielle de son champ quantique autour de son minimum, les quanta de ces champs sont dénués de masse.) Un excès de particules dénuées de masse est une caractéristique particulièrement difficile pour n'importe

quelle théorie, car il y a des limites serrées concernant les particules, émanant des données des accélérateurs et des observations cosmologiques. Pour que la théorie des cordes soit viable, il est impératif que ces particules acquièrent de la masse. Ces dernières années, diverses découvertes ont montré comment cela pourrait se faire, avec des flux pouvant traverser les trous des dimensions supplémentaires des espaces de Calabi-Yau. Je présenterai certains aspects de ces travaux dans le chapitre 5.

14. Il n'est pas impossible que les expériences apportent des preuves allant fortement en défaveur de la théorie des cordes. La structure de la théorie des cordes garantit que certains principes fondamentaux soient respectés par tous les phénomènes physiques. Parmi eux se trouvent le principe d'unitarité (la somme des probabilités de toutes les issues possibles d'une expérience donnée doit valoir 1), l'invariance locale de Lorentz (dans un domaine suffisamment petit, les lois de la relativité restreinte s'appliquent), ainsi que d'autres aspects plus techniques, comme l'analyticité et la symétrie croisée (le résultat d'une collision entre particules doit dépendre de l'impulsion des particules d'une manière qui respecte un ensemble particulier de critères mathématiques). Si l'on trouvait – par exemple au LHC – des preuves en faveur de l'infraction d'un de ces principes, il serait très difficile de réconcilier ces données avec la théorie des cordes. (Il serait également très difficile de les réconcilier avec le modèle standard de la physique des particules, qui respecte aussi ces principes, mais l'hypothèse sous-jacente veut que le modèle standard doit donner lieu à une nouvelle forme de physique aux échelles d'énergie suffisamment élevées puisque la théorie n'inclut pas la gravitation. Les données en conflit avec l'un ou l'autre des principes énumérés seraient des arguments indiquant que cette nouvelle physique n'est pas la théorie des cordes.)

15. On parle souvent du centre d'un trou noir comme si c'était un point dans l'espace. Mais ce n'est pas le cas. C'est un instant dans le temps. À la traversée de l'horizon d'événements d'un trou noir, le temps et l'espace (la direction radiale) échangent leurs rôles. Si nous tombions dans un trou noir, notre mouvement radial représenterait notre progression dans le temps. Nous serions donc attirés vers le centre du trou noir de la même manière que nous sommes attirés vers le prochain instant dans le temps. Le centre d'un trou noir ressemble donc, en un certain sens, à un dernier instant.

16. Pour de nombreuses raisons, l'entropie est un concept clé en physique. Dans le cas qui nous occupe, l'entropie sert d'outil diagnostique pour déterminer si la théorie des cordes laisse de côté des éléments de physique importants dans sa description des trous noirs. Si

c'était le cas, le désordre des trous noirs que les mathématiques des cordes calculent habituellement serait inexact. Le fait que le résultat concorde exactement avec celui qu'ont trouvé Bekenstein et Hawking, et ce avec des considérations très différentes, est un signe que la théorie des cordes a réussi à cerner l'essence de la physique mise en jeu. C'est un résultat très encourageant. Pour plus de détails, voir *L'Univers élégant*, chapitre 13.

17. Le premier indice de cet appariement entre espaces de Calabi-Yau est venu des travaux de Lance Dixon et, indépendamment, de Wolfgang Lerche, Nicholas Warner et Cumrun Vafa. Dans mon travail avec Ronen Plesser, nous avions trouvé une méthode pour produire les premiers exemples concrets de telles paires, que nous avions nommées des « paires miroir » et la relation entre elles « symétrie miroir ». Plesser et moi-même avions montré que des calculs difficiles effectués sur un membre d'une paire miroir, avec des détails apparemment inaccessibles comme le nombre de sphères que le Calabi-Yau peut contenir, se traduisaient par des calculs beaucoup plus maniables sur la forme miroir. Ce résultat fut utilisé par Philip Candelas, Xenia de la Ossa, Paul Gree, et Linda Parkes et placé dans le feu de l'action : ils élaborèrent des techniques pour évaluer explicitement l'égalité que Plesser et moi avions établie entre les formules « facile » et « difficile ». Grâce à la formule facile, ils obtenaient de l'information sur son partenaire plus difficile, y compris les nombres associés au confinement des sphères et donnés dans le texte. Dans les années qui ont suivi, la symétrie miroir est devenue un domaine de recherches à part entière, et a donné beaucoup de résultats importants. Pour un historique détaillé, voir *The Shape in Inner Space*, par Shing-Tung Yau et Steve Nadis (Éditions Basic Books, New York, 2010).

18. L'affirmation que la théorie des cordes a réussi à unir mécanique quantique et relativité générale repose sur une belle diversité de calculs, rendus encore plus convaincants par les résultats que nous aborderons au chapitre 9.

5. DIMENSIONS SUPPLÉMENTAIRES

1. Mécanique classique : $\vec{F} = m\vec{a}$. Électromagnétisme : $d{*F} = {*J}$; $dF = 0$. Mécanique quantique : $H\psi = i\hbar\frac{d\psi}{dt}$. Relativité générale : $R_{\mu\nu} - \frac{1}{2}g_{\mu\nu}\ R = \frac{8\pi G}{c^4}T_{\mu\nu}$.

2. Je me réfère ici à la constante de structure fine, $\alpha = e^2/\hbar c$, dont la valeur numérique (aux énergies typiques des processus électromagnétiques) vaut environ 1/137 soit 0,0073.

3. Witten a proposé que lorsque le couplage de la corde de type I est réglé à une valeur élevée, la théorie se transforme en la théorie hétérotique O avec une constante de couplage faible, et *vice versa*. La type IIB en couplage fort se transforme en *elle-même* avec couplage faible. Le cas des théories hétérotiques E et type IIA est légèrement plus subtil (voir le chapitre 12 de *L'Univers élégant* pour plus de détails) mais l'idée générale reste que ces cinq théories participent à une toile d'interrelations.

4. À l'attention des plus férus de mathématiques, la singularité des cordes, qui sont des ingrédients à une dimension, est que la physique décrivant leur mouvement respecte un groupe de symétrie de dimension infinie. Autrement dit, lorsqu'une corde se déplace, elle balaie une surface bidimensionnelle et la fonctionnelle action dont découlent ses équations du mouvement donne une théorie de champ quantique bidimensionnelle. Classiquement, ces actions bidimensionnelles sont des invariants conformes (invariants sous les changements d'échelle qui préservent les angles des surfaces bidimensionnelles) et cette symétrie peut être préservée quantiquement grâce à certaines restrictions (comme le nombre de dimensions spatiotemporelles dans lesquelles les cordes se déplacent – c'est-à-dire les dimensions de l'espace-temps). Le groupe conforme est un groupe de transformations de symétrie de dimension infinie, ce qui est essentiel pour garantir la cohérence de l'analyse quantique perturbative d'une corde en mouvement. Par exemple, le nombre infini d'excitations de la corde qui aurait sinon une norme négative (provenant de la signature négative de la composante temporelle de la métrique d'espace-temps) peut être « retourné » grâce au groupe de symétrie d'infini-dimensionnel. Pour plus de détails, consulter M. Green, J. Schwarz et E. Witten, *Superstring Theory*, vol. 1, Cambridge University Press, Cambridge, 1988.

5. Comme pour de nombreuses découvertes importantes, l'honneur doit revenir à ceux dont les travaux ont posé les bases tout autant qu'à ceux qui ont établi leur importance. Parmi ceux qui ont joué un rôle dans la découverte des branes en théorie des cordes, citons : Michael Duff, Paul Howe, Takeo Inami, Kelley Stelle, Eric Bergshoeff, Ergin Szegin, Paul Townsend, Chris Hull, Chris Pope, John Schwarz, Ashoke Sen, Andrew Strominger, Curtis Callan, Joe Polchinski, Petr Horava, J. Dai, Robert Leigh, Hermann Nicolai et Bernard DeWitt.

6. Le lecteur consciencieux pourrait objecter que le multi-univers inflationnaire manipule lui aussi le temps d'une manière fondamentale, puisque après tout, la limite de notre bulle marque le commencement du temps pour notre univers ; au-delà de notre bulle, c'est donc

au-delà du temps. Cela est juste, mais l'idée ici est plus générale : les multi-univers présentés jusqu'à présent proviennent tous d'analyses qui s'appuient de manière fondamentale sur des processus ayant lieu dans tout l'espace. Dans le multi-univers que nous allons présenter maintenant, c'est le temps qui est fondamental dès le début.

7. Alexandre Friedmann, *The World as Space and Time*, 1923, publié en russe, et cité par H. Kragh dans « Continual Fascination : The Oscillating Universe in Modern Cosmology », *Science in Context 22*, n° 4 (2009), p. 587-612.

8. Point de détail intéressant, les auteurs du modèle cyclique de branes mondes mentionnent une application particulièrement utile de l'énergie sombre (dont nous discuterons plus avant au chapitre 6). Dans la dernière phase de chaque cycle, la présence d'énergie sombre dans les branes monde assure l'accord avec l'observation actuelle de l'expansion accélérée. Quant à elle, l'expansion accélérée dilue la densité d'entropie et prépare ainsi la scène pour le prochain cycle cosmologique.

9. De grandes valeurs des flux tendent à déstabiliser une forme de Calabi-Yau donnée pour les dimensions supplémentaires. Autrement dit, les flux tendent à pousser les Calabi-Yau à devenir plus grands, et à entrer rapidement en conflit avec le critère en vertu duquel les dimensions supplémentaires ne sont pas visibles.

6. RÉFLEXIONS NOUVELLES SUR UNE CONSTANTE ANCIENNE

1. George Gamow, *My World Line*, Viking Adult, New York, 1970. J. C. Pecker, « Letter to the Editor », *Physics Today*, mai 1990, p. 117.

2. Albert Einstein, *The Meaning of Relativity*, Princeton University Press, Princeton, 2004, p. 127. Notons qu'Einstein appelait « terme cosmologique » ce que nous appelons désormais la « constante cosmologique ». Pour plus de clarté, j'ai fait le remplacement dans le texte.

3. *The Collected Papers of Albert Einstein*, éd. Robert Schulmann *et al.*, Princeton University Press, Princeton, 1998, p. 316.

4. Bien sûr, certaines choses changent *vraiment*. Comme le signalent les notes du chapitre 3, les galaxies possèdent généralement de petites vitesses indépendamment de l'expansion de l'espace. Sur l'échelle des temps cosmologiques, ce mouvement additionnel peut altérer les relations positionnelles ; il peut également produire une série d'événements astrophysiques intéressants tels que des collisions ou des fusions de galaxies. Pour ce qui est d'expliquer les distances cosmiques, ces complications peuvent toutefois être négligées sans risque.

5. Il existe une complication qui toutefois n'affecte pas l'essence de ce que j'ai présenté, mais qui entre en ligne de compte lorsqu'on entreprend les analyses scientifiques décrites dans le texte. Lorsque les photons cheminent jusqu'à nous depuis une supernova, leur densité est diluée de la manière dont j'ai parlé. Cependant, il existe une autre source de diminution de leur nombre. Dans la prochaine section, j'expliquerai comment l'expansion de l'espace fait également s'étirer la longueur d'onde des photons, ce qui diminue leur énergie – nous le verrons, cet effet s'appelle le décalage vers le rouge. Comme je l'explique alors, les astronomes utilisent ce décalage vers le rouge pour se renseigner sur la taille de l'univers lors de l'émission des photons – élément important pour déterminer la manière dont l'expansion de l'espace a évolué au cours du temps. Mais l'étirement des photons – la diminution de leur énergie – possède une autre influence : il accentue l'atténuation de la source. Ainsi, pour déterminer correctement la distance d'une supernova en comparant ses luminosités apparente et intrinsèque, les astronomes doivent prendre en compte non seulement la dilution de la densité des photons (comme expliqué dans le texte), mais également la diminution d'énergie du décalage vers le rouge. (Pour être encore plus précis, ce facteur de dilution supplémentaire doit être appliqué deux fois ; le second facteur de décalage vers le rouge prend en compte le rythme auquel les photons arrivent après avoir été eux aussi étirés par l'expansion cosmique.)

6. Interprétée correctement, la deuxième proposition de réponse pour la signification de la distance mesurée pourrait aussi être considérée comme correcte. Dans l'exemple de l'expansion de la surface de la Terre, Oslo, Marrakech et Paris s'éloignent toutes les unes des autres, bien que chacune continue d'occuper, sur Terre, la même position que toujours. Les villes s'éloignent parce que la surface enfle, pas parce que quelqu'un les déterre, les place sur une barge et les emmène ailleurs. De même, les galaxies ont beau s'éloigner du fait de l'expansion cosmique, elles aussi occupent le même point que toujours dans l'espace. Ainsi, même si les deuxième et troisième réponses semblent différentes – la deuxième considère la distance entre nous et la position qu'avait une galaxie éloignée il y a une éternité, lorsque la supernova a émis la lumière que nous voyons maintenant ; la troisième regarde la distance qu'il y a aujourd'hui entre nous et la position actuelle de la galaxie –, elles ne le sont pas. La galaxie considérée réside aujourd'hui, et depuis des milliards d'années, en une même position spatiale. Ce n'est que si elle se déplace *dans* l'espace plutôt qu'en se laissant porter par l'expansion

de l'espace, que cette position change. En ce sens, les deuxième et troisième réponses sont en réalité les mêmes.

7. À l'intention des lecteurs férus de mathématiques, voici comment faire le calcul de la distance – actuelle, au temps t_{auj} – que la lumière a traversée depuis son émission au temps $t_{\text{émis}}$. Nous travaillerons avec un exemple dans lequel la partie spatiale de l'espace-temps est plate, si bien que la métrique peut s'écrire $ds^2 = c^2dt^2 - a^2(t)\, dx^2$ où $a(t)$ est le facteur d'échelle de l'univers au temps t et c la vitesse de la lumière. Les coordonnées que nous utilisons sont qualifiées de *comobiles*. Dans le langage élaboré au cours du chapitre, nous dirions que ces coordonnées sont à envisager comme des points sur la carte statique ; le facteur d'échelle représente l'information indiquée sur la légende de la carte. La trajectoire de la lumière a ceci de caractéristique qu'elle satisfait $ds^2 = 0$ (ce qui revient à dire que la vitesse de la lumière vaut toujours c), ce qui implique que $|dx| = \frac{cdt}{a(t)}$ ou, sur un intervalle de temps fini comme celui entre $t_{\text{émis}}$ et t_{auj}, $\int |dx| = \int_{t_{émis}}^{t_{auj}} \frac{cdt}{a(t)}$. La partie gauche de cette équation donne la distance parcourue par la lumière à travers la carte statique entre les instants de l'émission et de la réception. Pour traduire celle-ci en distance à travers l'espace réel actuel, nous devons changer la formule d'échelle avec le facteur d'échelle d'aujourd'hui. Ainsi, la distance totale qu'aura parcourue la lumière vaut $a(t_{auj}) \int_{t_{émis}}^{t_{auj}} \frac{cdt}{a(t)}$. Si l'espace n'était pas en expansion, la distance totale parcourue serait $\int_{t_{émis}}^{t_{auj}} cdt = c(t_{auj} - t_{émis})$, comme prévu. Lorsque nous calculons la distance parcourue dans un univers en expansion, nous voyons que chaque segment de la trajectoire de la lumière est multiplié par le facteur $\frac{a(t_{auj})}{a(t)}$, ce qui indique de quelle valeur le segment sera étiré depuis l'instant où la lumière l'a traversé, jusqu'aujourd'hui.

8. Plus précisément, environ $7{,}12 \times 10^{-30}$ gramme par centimètre cube.

9. La conversion se fait ainsi : $7{,}12 \times 10^{-30}$ gramme/cm^3 = $(7{,}12 \times 10^{-30}$ gramme/cm$^3) \times (4{,}6 \times 10^4$ masse de Planck/gramme$) \times (1{,}62$

$\times 10^{-33}$ centimètre/longueur de Planck$)^3 = 1{,}38 \times 10^{-123}$ masse de Planck/volume de Planck au cube.

10. Pour l'inflation, la gravitation répulsive que nous avons considérée était intense et brève. Elle s'explique par l'énergie considérable et la pression négative émanant du champ d'inflaton. Cependant, en modifiant la courbe d'énergie potentielle d'un champ quantique, la quantité d'énergie et de pression négative fournie peut être diminuée, donnant ainsi une expansion accélérée modérée. En outre, en ajustant soigneusement la courbe d'énergie potentielle, nous pouvons prolonger cette période d'expansion accélérée. Une expansion modérée et allongée, c'est exactement ce qu'il faut pour expliquer les données de supernovæ. Cependant, la petite valeur de la constante cosmologique demeure l'explication la plus convaincante qui ait vu le jour depuis que l'on a observé l'expansion de l'univers pour la première fois, il y a plus de dix ans de cela.

11. Le lecteur féru de mathématiques remarquera que chacune de ces fluctuations quantiques contribue à l'énergie par une valeur qui est inversement proportionnelle à sa longueur d'onde, et cela garantit que la somme sur toutes les longueurs d'onde possibles donne une énergie infinie.

12. À l'intention du lecteur féru de mathématiques, l'annulation a lieu car la supersymétrie apparie bosons (les particules ayant une valeur de spin entière) et fermions (les particules ayant une valeur de spin demi-entière). Cela a pour résultat que les bosons sont décrits par des variables commutatives et les fermions par des variables non commutatives, ce qui est la source du signe relatif négatif de leurs fluctuations quantiques.

13. Si le fait que les modifications des caractéristiques physiques de notre univers le rendraient inapproprié à la vie telle que nous la connaissons est largement admis dans la communauté scientifique, certains ont suggéré que la palette des propriétés compatibles avec la vie pourrait être plus importante que nous ne le pensions auparavant. Ces questions ont fait couler beaucoup d'encre. Voir par exemple John Barrow et Frank Tipler, *The Anthropic Cosmological Principle* (Oxford University Press, New York, 1986) ; John Barrow, *The Constants of Nature* (Pantheon Books, New York, 2003) ; Paul Davies, *The Cosmic Jackpot* (Houghton Mifflin Harcourt, New York, 2007) ; Victor Stenger, *Has Science Found God ?* (Prometheus Books, Amherst, New York, 2003) ainsi que les références bibliographiques de ces ouvrages.

14. Munis de ce que nous avons vu dans les précédents chapitres, nous pourrions penser immédiatement que la réponse est un oui retentissant. Prenons par exemple le multi-univers en patchwork, dont l'étendue spatiale infinie contient un nombre infini d'univers.

Mais soyons prudents. Même avec une infinité d'univers, la liste des différentes constantes cosmologiques représentées pourrait ne pas être longue. Si par exemple les lois sous-jacentes n'autorisent pas différentes valeurs de la constante cosmologique, alors quel que soit le nombre d'univers, seule la petite collection de constantes cosmologiques possible pourra être réalisée. Ainsi, la question que nous posons est de savoir (a) s'il y a des lois de la physique candidates à un multi-univers, (b) si le multi-univers ainsi produit contient plus de 10^{124} univers différents et (c) si les lois garantissent que les valeurs de la constante cosmologique varient d'univers en univers.

15. Ces quatre auteurs furent les premiers à montrer complètement qu'avec des choix judicieux des variétés de Calabi-Yau et de leurs flux, ils pouvaient réaliser des modèles de cordes avec de petites constantes cosmologiques positives, comme celles que l'on observe. Avec Juan Maldacena et Liam McAllister, ce groupe a ensuite écrit un article qui eut de l'influence sur la manière dont combiner la cosmologie inflationnaire avec la théorie des cordes.

16. Plus précisément, ce terrain montagneux occuperait un espace d'environ 500 dimensions, dont les directions indépendantes – les axes – correspondraient à différents flux des champs. La figure 6.4 décrit cela approximativement, en donnant une idée des liens entre les diverses formes des dimensions supplémentaires. De plus, en parlant du paysage des cordes, les physiciens envisagent généralement que le terrain montagneux englobe, outre les valeurs possibles des flux, toutes les tailles et formes possibles des dimensions supplémentaires (leurs différentes topologies et géométries). Les vallées du paysage des cordes sont les endroits (des formes spécifiques des dimensions supplémentaires et de leurs flux) où un univers bulle peut naturellement s'établir, un peu comme une balle pourrait se loger en un endroit d'un véritable terrain de montagne. La description mathématique de ces vallées est celle d'un minimum local de l'énergie potentielle associée aux dimensions supplémentaires. Classiquement, une fois qu'un univers bulle a acquis une forme des dimensions supplémentaires correspondant à une telle vallée, cela ne peut plus jamais changer. Toutefois, en mécanique quantique, nous verrons que des effets tunnels peuvent faire changer la forme des dimensions supplémentaires.

17. L'effet tunnel quantique vers un pic plus élevé est possible mais notablement moins probable si l'on en croit les calculs quantiques.

7. Science et multi-univers

1. La durée de l'expansion d'une bulle avant la collision en détermine l'impact et la perturbation inhérente. Ces collisions soulèvent

également un élément intéressant en lien avec le temps, qui revient sur un exemple du chapitre 3 avec Jean-Pierre et Samantha. Lorsque deux bulles se heurtent, leurs limites extérieures – où l'énergie du champ d'inflaton est élevée – entrent en contact. Du point de vue de quelqu'un à l'intérieur de l'une ou l'autre bulle en collision, une valeur élevée de l'énergie de l'inflaton correspond à des instants reculés dans le temps, près du Big Bang de cette bulle. Ainsi, les collisions de bulles ont lieu au commencement de chaque univers, ce qui explique pourquoi les ondes créées peuvent influencer un autre processus du commencement de l'univers, à savoir la formation du fond de rayonnement cosmologique.

2. Nous aborderons la mécanique quantique de manière plus systématique au chapitre 8. Comme nous le verrons alors, mon affirmation selon laquelle « les ondes elles-mêmes échappent au domaine de la réalité quotidienne » peut avoir plusieurs niveaux d'interprétation. Ce que j'ai en tête ici est tout ce qu'il y a de plus simple conceptuellement : l'équation de la mécanique quantique suppose que les ondes de probabilité n'occupent généralement pas les dimensions spatiales de notre expérience quotidienne. Ces ondes résident plutôt dans un environnement différent, qui prend en compte non seulement les dimensions spatiales de tous les jours, mais également le *nombre* de particules décrites. Il s'agit de ce que l'on appelle l'espace des configurations, qui est expliqué à l'intention des plus férus de mathématiques dans la note 4 du chapitre 8.

3. Si l'expansion accélérée de l'espace que nous observons n'est pas permanente, alors à un moment donné dans le futur, l'expansion de l'espace va ralentir. Ce ralentissement pourrait permettre à la lumière émise par des objets au-delà de notre horizon cosmique de nous atteindre ; notre horizon cosmique grossirait. Il serait alors encore plus étrange de prétendre que des domaines aujourd'hui au-delà de notre horizon ne sont pas réels puisque dans le futur, nous pourrions y avoir accès. (Souvenons-nous que vers la fin du chapitre 2, j'ai signalé que les horizons cosmiques illustrés sur la figure 2.1 vont grandir avec le temps. Cela est vrai d'un univers dans lequel le rythme de l'expansion spatiale n'accélère pas. Cependant, si l'expansion accélère, il y a une distance au-delà de laquelle nous ne pourrons jamais voir, aussi longtemps que nous attendions. Dans un univers qui accélère, les horizons cosmiques ne peuvent grossir au-delà d'une taille déterminée mathématiquement par le rythme de l'accélération.)

4. Voici un exemple concret d'une caractéristique qui peut être commune à tous les univers d'un multi-univers particulier. Au chapitre 2, nous avons remarqué que les données actuelles tendent fortement vers une courbure nulle de l'espace. Et pourtant, pour des

raisons mathématiques très techniques, les calculs établissent que tous les univers bulle du multi-univers inflationnaire possèdent une courbure négative. Grosso modo, les formes spatiales correspondant à des valeurs égales de l'inflaton – des formes déterminées en reliant les nombres égaux de la figure 3.8-b – ressemblent plus à des chips qu'à des plans de table bien plats. Malgré cela, le multi-univers inflationnaire reste compatible avec l'observation, car toute forme qui grossit voit sa courbure diminuer ; la courbure d'une bille est évidente tandis que celle de la surface de la Terre est passée inaperçue durant des millénaires. Si notre univers bulle avait subi une expansion suffisante, sa courbure pourrait être négative et pourtant si dérisoire que les mesures actuelles ne peuvent la distinguer de zéro. Cela ouvre sur un test potentiel. Si des observations déterminent à l'avenir que la courbure de notre espace est très petite mais *positive*, alors cela apporterait des preuves en défaveur de notre appartenance à un multi-univers inflationnaire, comme l'expliquent B. Freivogel, M. Kleban, M. Rodrìguez Martìnez et L. Susskind (voir « Observational Consequences of a Landscape », *Journal of High Energy Physics* 0603, 039 [2006]). Une mesure de courbure positive de l'ordre de 1 pour 10^5 apporterait des arguments solides en défaveur des transitions par effet tunnel (chapitre 6) envisagées pour peupler le paysage des cordes.

5. Parmi les nombreux cosmologistes et théoriciens des cordes ayant contribué à ce domaine de recherches, citons Alan Guth, Andrei Linde, Alexander Vilenkin, Jaume Garriga, Don Page, Sergei Winitzki, Richard Easther, Eugene Lim, Matthew Martin, Michael Douglas, Frederik Denef, Raphael Bousso, Ben Freivogel, I-Sheng Yang, Delia Schwartz-Perlov, et beaucoup d'autres.

6. Un avertissement important à cet égard est que si l'on peut déduire relativement aisément l'influence du changement modeste de quelques constantes, des modifications plus importantes d'un plus grand nombre de constantes peuvent rendre la tâche beaucoup plus ardue. Il est tout au moins possible que des modifications significatives de quelques constantes naturelles annulent mutuellement leurs effets, ou opèrent ensemble de manière innovante, et soient donc compatibles avec la vie telle que nous la connaissons.

7. Un peu plus précisément, si la constante cosmologique est négative mais suffisamment petite, le temps d'effondrement sera suffisamment long pour permettre la formation des galaxies. J'ai laissé de côté cette subtilité par souci de simplicité.

8. Un autre point qui mérite d'être signalé, c'est que les calculs que j'ai présentés furent entrepris sans faire de choix spécifique pour le multi-univers. Au contraire, Weinberg et ses collaborateurs ont

procédé en posant comme postulat un multi-univers dans lequel certaines caractéristiques peuvent varier, et ont calculé l'abondance de galaxies dans chacun de leurs univers constituants. Plus un univers a de galaxies, plus Weinberg et ses collaborateurs ont accordé de poids à ses propriétés dans leur calcul des caractéristiques moyennes qu'un observateur lambda pourrait rencontrer. Mais parce qu'ils ne se sont pas soumis à une théorie donnée de multi-univers, les calculs n'ont pas pu tenir compte de la probabilité qu'un univers ayant telle ou telle propriété puisse être réellement trouvé dans le multi-univers (à savoir les probabilités évoquées dans la section précédente). Les univers ayant des constantes cosmologiques et des fluctuations primordiales contenues dans certains domaines de valeurs pourraient être prêts pour la formation des galaxies, mais si ces univers sont rarement créés dans un multi-univers donné, il serait malgré tout hautement improbable que nous nous trouvions dans l'un de ceux-là. Pour que les calculs soient faisables, Weinberg et ses collaborateurs ont proposé qu'avec une fenêtre de valeurs si étroite pour la constante cosmologique (entre 0 et quelque 10^{-120}), les probabilités intrinsèques que de tels univers existent dans un multi-univers donné ne sont pas censées varier énormément, au même titre que les probabilités que nous avons de rencontrer un chien de 27,99997 kg ou de 27,99999 kg. Ils supposèrent donc que chaque valeur de la constante cosmologique dans ce petit intervalle cohérent avec la formation des galaxies est aussi probable intrinsèquement que toute autre. Avec notre compréhension rudimentaire de la formation du multi-univers, cela semble être une première passe raisonnable. Mais des travaux ultérieurs ont remis en question la validité de cette hypothèse, et mis en évidence le fait qu'un calcul complet doit aller plus loin : choisir une proposition donnée de multi-univers et déterminer la distribution d'univers ayant diverses propriétés. Un calcul anthropique se suffisant à lui-même qui s'appuie sur un minimum d'hypothèses est la seule manière de juger si cette approche finira par porter ses fruits.

9. La signification de ce caractère « typique » dépend de la manière dont on le définit et le mesure. Avec le nombre d'enfants et de voitures comme critère, nous pouvons arriver à un type de famille « typique ». Si nous utilisons d'autres critères comme l'intérêt pour la physique, l'opéra ou les convictions politiques, le caractère « typique » d'une famille changera. Et ce qui est vrai pour une famille « typique » l'est probablement également pour des observateurs « typiques » dans un multi-univers : considérer d'autres aspects au-delà de la simple taille de la population donnerait une notion différente de ce qui est

« typique ». À son tour, cela affecterait les prédictions sur la probabilité de trouver telle ou telle propriété dans notre univers. Pour qu'un calcul anthropique soit réellement convaincant, il faudrait se pencher sur cette question. Autrement, comme indiqué dans le texte, les distributions devront être disposées en pics si fins qu'il y aurait des variations minimales entre univers propices à la vie.

10. L'étude mathématique des ensembles possédant un nombre infini de membres est riche et bien développée. Le lecteur féru de mathématiques sait peut-être déjà que des recherches qui remontent au XIXe siècle ont montré qu'il existe différentes « tailles » ou « niveaux » d'infini. Autrement dit, une grandeur infinie peut être plus grande qu'une autre. Le niveau d'infini qu'indique la taille de l'ensemble contenant tous les nombres entiers s'appelle $\aleph_0$. Georg Cantor a montré que cet infini est plus petit que celui donnant le nombre de membres contenu dans l'ensemble des nombres réels. En gros, si l'on essaie de faire une équivalence entre nombres entiers et nombres réels, on épuisera nécessairement les premiers avant les seconds. Et si l'on considère l'ensemble de tous les sous-ensembles de nombres réels, le niveau de cet infini augmente encore davantage.

Cela étant, dans tous les exemples présentés dans le texte principal, l'infini considéré est $\aleph_0$, puisque nous regardons des collections discrètes d'objets, ou dénombrables – c'est-à-dire diverses collections de nombres entiers. Ainsi, au sens mathématique, tous les exemples ont la même taille ; leur appartenance est décrite par le même niveau d'infinité. Toutefois, pour la physique, comme nous allons le voir sous peu, une conclusion de ce type ne serait pas particulièrement utile. L'objectif était plutôt de trouver un mécanisme justifié physiquement pour comparer des collections d'univers infinies et obtenir une hiérarchie plus perfectionnée, qui reflète l'abondance relative à travers le multi-univers d'un ensemble de caractéristiques physiques par rapport à un autre. Une approche typique pour un défi de ce genre consiste à comparer tout d'abord des sous-ensembles finis de ces collections infinies (puisque dans le cas d'ensembles finis, toutes les difficultés disparaissent), puis d'inclure de plus en plus de membres dans ces sous-ensembles, jusqu'à arriver finalement à la totalité des collections infinies. La difficulté, c'est de trouver une manière physiquement appropriée de choisir les sous-ensembles finis à comparer, puis de s'assurer que la comparaison reste sensée lorsque les sous-ensembles s'agrandissent.

11. D'autres succès reviennent à l'inflation, comme la solution au problème du monopole magnétique. Dans les tentatives d'unifier les trois forces non gravitationnelles en une unique structure théorique

(la fameuse « grande unification »), les chercheurs ont découvert que les mathématiques associées stipulaient que juste après le Big Bang, un grand nombre de monopoles magnétiques auraient été créés. Ces particules seraient en effet l'équivalent du pôle Nord d'un aimant, sans l'habituel pôle Sud associé (ou *vice versa*). Mais aucune de ces particules n'a jamais été observée. La cosmologie inflationnaire explique l'absence des monopoles en précisant que la rapide mais intense expansion de l'espace juste après le Big Bang aurait dilué leur présence dans notre univers jusqu'à une densité quasi nulle.

12. Les avis sont actuellement partagés sur l'importance de ce défi. D'aucuns voient le problème de la mesure comme une question technique épineuse qui, une fois résolue, fournira un détail supplémentaire d'importance à la cosmologie inflationnaire. D'autres (par exemple Paul Steinhardt) sont convaincus que la résolution du problème de la mesure quantique nécessite de s'engager si loin de la formulation mathématique de la cosmologie inflationnaire, que le modèle obtenu devra être réinterprété comme une théorie cosmologique complètement nouvelle. À mon avis – qui est partagé par un petit nombre (croissant) de chercheurs –, le problème de la mesure provient d'un problème plus profond au cœur même de la physique, et qui pourrait nécessiter un remaniement important des idées principales.

8. Les mondes multiples de la mesure quantique

1. La thèse originale d'Everett datant de 1956 ainsi que la version courte de 1957 sont à trouver dans *The Many-Worlds Interpretation of Quantum Mechanics*, édité par Bryce S. DeWitt et Neill Graham (Princeton University Press, Princeton, 1973).

2. Le 27 janvier 1998, je discutais avec John Wheeler de certains aspects de la mécanique quantique et de la relativité générale qui devaient figurer dans *L'Univers élégant*. Avant d'en venir vraiment aux questions scientifiques, Wheeler fit remarquer l'importance, tout particulièrement pour les jeunes théoriciens, de trouver le langage juste pour exprimer leurs résultats. À l'époque, je n'ai pris cela que comme un conseil avisé, que je pensais dû au fait qu'il discutait avec moi, « jeune théoricien » exprimant un intérêt à décrire des résultats mathématiques dans le langage quotidien. En lisant l'histoire passionnante de *The Many Worlds of Hugh Everett III* par Peter Byrne (Oxford University Press, New York, 2010), je fus frappé par l'importance accordée par Wheeler quarante années plus tard au même

thème des travaux d'Everett, mais dans un contexte où les enjeux étaient très supérieurs. En réponse aux premiers brouillons de sa thèse, Wheeler avait dit à Everett que c'étaient « les défauts qu'il fallait extraire des mots, pas le formalisme » et l'avait prévenu « des difficultés à exprimer avec les mots de tous les jours les rouages d'un mécanisme mathématique qui est aussi éloigné que faire se peut des considérations quotidiennes ; des contradictions et malentendus qui pourraient surgir ; de la responsabilité et du fardeau très, très lourd qui exigent de tout expliciter de telle sorte qu'aucun malentendu ne puisse subsister ». Byrne montre de manière incontestable comment Wheeler jonglait entre son admiration pour le travail d'Everett et son respect envers la mécanique quantique que Bohr et beaucoup d'autres physiciens de renom avaient travaillé à élaborer. D'un côté, il ne voulait pas que les travaux d'Everett soient sommairement écartés par l'ancienne école à cause d'une présentation jugée trop extrémiste ou à cause de mots qui fâchent (tels que « séparation » d'univers) jugés fantaisistes. Et de l'autre, Wheeler ne voulait pas que la communauté des physiciens pense qu'il abandonne le formalisme quantique si manifestement efficace en menant contre ce dernier une attaque injustifiée. Le compromis que Wheeler imposait à Everett et son travail revenait à conserver les mathématiques qu'il avait élaborées, mais en présentant sa signification et son utilité de manière douce et conciliante. De la même manière, Wheeler encourageait Everett à rencontrer Bohr pour lui présenter son travail en personne, au tableau. Ce que fit Everett en 1959. Mais ce qu'Everett imaginait comme une longue épreuve de plusieurs semaines se solda par quelques conversations non productives. Aucune remise en question, aucun changement de point de vue.

3. Je me permets d'éclaircir une imprécision : l'équation de Schrödinger montre que les valeurs de l'onde quantique (ou, dans le langage de théorie des champs, la fonction d'onde) peuvent être positives ou négatives ; plus généralement, ces valeurs peuvent être des nombres complexes. On ne peut donc pas les interpréter directement comme des probabilités – que signifierait une probabilité négative ou complexe ? Les probabilités sont associées au *carré de la norme* de l'onde quantique en un point donné. Mathématiquement, cela signifie que pour déterminer la probabilité qu'une particule soit trouvée en un point donné, nous devons prendre le produit de la valeur de l'onde en ce point et de son conjugué complexe. Cet éclaircissement soulève également une question importante. Les annulations entre des ondes qui se superposent sont essentielles pour créer une figure d'interférence. Mais si les ondes elles-mêmes étaient effectivement

décrites comme ondes de probabilité, ces annulations ne pourraient pas avoir lieu puisque les probabilités sont des nombres positifs. Toutefois, comme nous le voyons, les ondes quantiques ne prennent pas que des valeurs positives ; cela permet ainsi des annulations entre nombres positifs et négatifs plus généralement qu'entre nombres complexes. Comme nous n'utilisons que les caractéristiques qualitatives de ces ondes, par souci de facilité, je ne ferai pas, dans la partie principale du texte, la distinction entre une onde quantique et l'onde de probabilité associée (obtenue comme le carré de la norme).

4. À l'attention des lecteurs férus de mathématiques, notons que l'onde quantique (la fonction d'onde) pour une seule particule dotée d'une masse élevée se conformerait à la description donnée dans le texte. Toutefois, les objets très massifs sont généralement composés d'un grand nombre de particules et non d'une seule. Dans une telle situation, la description qu'en fait la mécanique quantique est plus compliquée. En particulier, nous pourrions penser que toutes les particules seraient décrites par une onde quantique définie sur la même grille de coordonnées que celle utilisée pour une seule particule – avec les mêmes trois axes d'espace. Mais ce n'est pas le cas. L'onde de probabilité prend comme données d'entrée les *positions possibles* de chaque particule et produit la probabilité que les particules occupent ces positions. Par conséquent, l'onde de probabilité vit dans un espace ayant trois axes pour chaque particule – c'est-à-dire au total trois fois plus d'axes qu'il n'y a de particules (ou dix fois plus si nous sommes dans les dix dimensions de la théorie des cordes). Cela signifie que la fonction d'onde pour un système composite de n particules fondamentales est une fonction à valeurs complexes dont le domaine n'est pas l'espace tridimensionnel ordinaire mais un espace à $3n$ dimensions ; si le nombre de dimensions spatiales ne vaut pas 3 mais m, le chiffre 3 dans ces expressions est à remplacer par m. Cet espace est appelé l'« espace de configuration ». Dans le cas général, la fonction d'onde est donc une application $\psi : \Re^{mn} \rightarrow C$. Lorsqu'on dit d'une telle fonction d'onde qu'elle a un pic très fin, cela signifie que cette application vaut sur une toute petite balle en mn dimensions à l'intérieur de ce domaine. Notons en particulier que les fonctions d'onde ne résident généralement pas dans les dimensions spatiales de notre quotidien. Ce n'est que dans le cas idéalisé de la fonction d'onde d'une particule unique complètement isolée que l'espace de configuration coïncide avec l'environnement spatial qui nous est familier. Notons également que, lorsque je dis que les lois quantiques montrent qu'une fonction d'onde très fine correspond, pour un objet

macroscopique, à la même trajectoire que ce qu'impliquent les équations de Newton pour l'objet considéré, nous pouvons envisager que la fonction d'onde décrit le mouvement du centre de masse de l'objet.

5. Avec cette description, nous pouvons en déduire qu'il existe une infinité de points où trouver l'électron : pour remplir correctement cette onde quantique, il nous faudrait un nombre infini de pics, chacun associé à une position possible pour l'électron. Comment le lien se fait-il avec la discussion du chapitre 2 sur le fait qu'il existe un nombre fini de configurations distinctes pour les particules ? Pour éviter des précisions répétées peu importantes à l'égard des points soulevés dans ce chapitre, je n'ai pas souligné le fait, rencontré au chapitre 2, que pour repérer la position de l'électron avec une précision de plus en plus fine, notre dispositif devrait dépenser de plus en plus d'énergie. Comme les situations réalistes physiquement ont accès à une énergie finie, la résolution est nécessairement imparfaite. Pour les ondes quantiques en pic, cela signifie qu'avec une énergie finie, les pics ont une largeur non nulle. Cela implique que dans n'importe quel domaine borné (par un horizon cosmique par exemple) il existe pour l'électron un nombre fini de positions distinctes mesurables. En outre, plus les pics sont fins (plus fine est la résolution de la position des particules), plus larges sont les ondes quantiques décrivant l'énergie de la particule, ce qui illustre le marché imposé par le principe d'incertitude.

6. À l'attention des lecteurs ayant des penchants pour la philosophie, je signale que le récit de l'explication scientifique que j'ai présenté fut l'objet de discussions et de débats philosophiques. Pour approfondir ces idées et ces questions, je vous invite à consulter les ouvrages suivants : Frederick Suppe, *The Semantic Conception of Theories and Scientific Realism* (University of Illinois Press, Chicago, 1989) et James Ladyman, Don Ross, David Spurrett et John Collier, *Every Thing Must Go* (Oxford University Press, Oxford, 2007).

7. Les physiciens disent souvent par abus de langage qu'il y a un nombre infini d'univers associés à l'interprétation des mondes multiples de la mécanique quantique. Certes, il existe un nombre infini de formes possibles des ondes de probabilité. Même en un unique point de l'espace, nous pouvons continuer de faire varier la valeur d'une onde de probabilité, et celle-ci pourra donc prendre une infinité de valeurs différentes. Cependant, les ondes de probabilité ne figurent pas parmi les attributs physiques d'un système auquel nous pouvons avoir un accès direct. Les ondes de probabilité contiennent l'information sur les issues possibles dans une situation donnée, et celles-ci ne sont pas forcément d'une diversité infinie. Plus exactement, le lecteur

féru de mathématiques remarquera qu'une onde quantique (une fonction d'onde) vit dans un espace de Hilbert. Si cet espace de Hilbert est de dimension finie, alors il existe un nombre fini d'issues possibles pour les mesures effectuées sur le système physique décrit par cette fonction d'onde (à savoir, tout opérateur hermitien possède un nombre fini de valeurs propres différentes). Cela implique un nombre fini de mondes différents pour un nombre fini d'observations ou de mesures. On pense que l'espace de Hilbert associé à la physique mise en jeu dans un volume fini de l'espace quel qu'il soit, et limité à une quantité d'énergie finie, est nécessairement de dimension finie (un point dont nous reparlerons dans un cadre plus général au chapitre 9), ce qui suggère que le nombre de mondes serait lui aussi fini.

8. Voir Peter Byrne, *The Many Worlds of Hugh Everett III*, Oxford University Press, Oxford, 2010, p.177.

9. Au fil des années, un certain nombre de chercheurs, parmi lesquels Neill Graham, Bryce DeWitt, James Hartle, Edward Farhi, Jeffrey Goldstone, Sam Gutmann, David Deutsch, Sidney Coleman, David Albert et bien d'autres dont je fais partie, ont compris indépendamment un fait mathématique surprenant qui semble essentiel à notre compréhension de la nature des probabilités de la mécanique quantique. Voici de quoi il s'agit, à l'attention des lecteurs férus de mathématiques : soit $|\psi\rangle$ la fonction d'onde d'un système quantique, un vecteur qui est un élément de l'espace de Hilbert H. La fonction d'onde pour n copies identiques de ce système est donc $|\psi\rangle^{\otimes n}$. Soit A un opérateur hermitien de valeurs propres α_k et de fonctions propres $|\lambda_k\rangle$. Soit $F_k(A)$ l'opérateur « fréquence », qui compte le nombre de fois que $|\lambda_k\rangle$ apparaît dans un état donné de $H^{\otimes n}$. Le résultat mathématique est que $\lim_{n\to\infty}[F_k(A)|\psi\rangle^{\otimes n}] = |\langle\psi|\lambda_k\langle|^2|\psi\rangle^{\otimes n}$. Autrement dit, comme le nombre de copies identiques du système augmente sans limite, la fonction d'onde du système composite tend vers une fonction propre de l'opérateur de fréquence, avec la valeur propre $|\langle\psi|\lambda_k\rangle|^2$. C'est un résultat remarquable. Être une fonction propre de l'opérateur de fréquence implique que, dans la limite considérée, le nombre de fois qu'un observateur mesurant A trouvera α_k vaut $|\langle\psi|\lambda_k\rangle|^2$, ce qui ressemble à la dérivation la plus facile qui soit de la fameuse règle de Born pour les probabilités de mécanique quantique. Du point de vue des mondes multiples, cela sous-entend que les mondes dans lesquels le nombre de fois que α_k est observé n'est pas en accord avec la règle de Born ont leur norme de l'espace de Hilbert qui vaut zéro dans la limite de n arbitrairement grand. En ce sens, c'est comme si la probabilité quantique avait une interprétation directe dans l'approche des mondes multiples. Tous les observateurs

des mondes multiples verraient les résultats avec des fréquences correspondant à celles de la mécanique quantique ordinaire, sauf pour ceux des observateurs dont la norme de l'espace de Hilbert tend vers zéro lorsque *n* tend vers l'infini. Bien que prometteur, c'est peu convaincant après réflexion. Dans quel sens pouvons-nous dire qu'un observateur ayant une petite norme de l'espace de Hilbert, ou une norme qui tend vers zéro lorsque *n* tend vers l'infini, est sans importance ou n'existe pas ? Nous voulons dire que ces observateurs sont anormaux ou invraisemblables, mais comment lier la norme de l'espace de Hilbert d'un vecteur et ces caractéristiques ? Un exemple rend la question explicite. Dans un espace de Hilbert bidimensionnel, disons avec des états de spin haut $|\uparrow\rangle$ et bas $|\downarrow\rangle$, prenons un état $|\psi\rangle=$ $0{,}99\ |\uparrow\rangle + 0{,}14\ |\downarrow\rangle$. Cet état conduit à la probabilité de mesurer un spin haut de l'ordre de 0,98 et de mesurer un spin bas d'environ 0,02. Si nous prenons *n* copies de ce système de spins $|\psi\rangle^{\otimes n}$, alors lorsque *n* tend vers l'infini, la grande majorité des termes dans l'expression de ce vecteur a grosso modo des nombres égaux d'états de spin haut et de spin bas. Par conséquent, du point de vue des observateurs (copies de l'expérimentateur), la grande majorité d'entre eux verrait des spins hauts et des spins bas dans un rapport qui ne correspond pas aux prédictions de la mécanique quantique. Seuls quelques rares termes de l'expression de $|\psi\rangle^{\otimes n}$ ayant 98 % de spins hauts et 2 % de spins bas sont en accord avec les attentes de la mécanique quantique ; le résultat ci-dessus nous indique que ces états sont les seuls ayant une norme de l'espace de Hilbert non nulle lorsque *n* tend vers l'infini. Ainsi, en un certain sens, la grande majorité des termes dans l'expression de $|\psi\rangle^{\otimes n}$ (la grande majorité des copies de l'expérimentateur) doit être considérée comme « non existant ». Le défi, c'est de comprendre ce que cela signifie, si tant est que cela ait un sens.

J'ai moi aussi retrouvé ce résultat indépendamment, en préparant des cours où j'enseignais la mécanique quantique. C'était un véritable frisson que de voir l'interprétation probabiliste de la mécanique quantique découler directement du formalisme mathématique – j'imagine que tous les physiciens qui ont trouvé ce résultat avant moi ont vécu la même émotion. Je suis surpris de la notoriété si faible qu'a ce résultat au sein des grands courants de la physique. Par exemple, je ne connais aucun manuel de physique quantique qui le mentionne. Je pense que ce résultat est vu 1) comme une forte motivation mathématique en faveur de l'interprétation probabiliste « à la Born » de la fonction d'onde – si Born n'avait pas « deviné » cette interprétation, les calculs auraient fini par y conduire quelque chercheur – et 2) comme un test de validité de l'interprétation probabiliste – si ce résultat mathématique n'avait pas été valable, c'eût été un défi lancé à la signification interne de l'interprétation probabiliste de la fonction d'onde.

10. Je parle d'un raisonnement de type « zaxtarien » pour désigner un formalisme dans lequel la probabilité entre en ligne de compte du fait que chaque habitant des mondes multiples ignore quel monde particulier il ou elle occupe. Lev Vaidman a proposé de prendre plus au pied de la lettre les particularités du scénario zaxtarien. Il avance que la probabilité pénètre l'approche des mondes multiples dans la fenêtre temporelle entre le moment où l'expérimentateur effectue une mesure et la lecture du résultat. Cependant, objecteraient les plus sceptiques, c'est déjà trop tard : il incombe à la mécanique quantique, et à la science en général, de faire des prédictions sur ce qui *va* arriver dans une expérience, et non sur ce qui *est* arrivé. De plus, il semble fort précaire pour les fondements de la probabilité quantique de s'appuyer sur ce qui apparaît comme un retard temporel évitable : si un scientifique avait un accès immédiat au résultat de son expérience, la probabilité quantique se retrouverait alors en danger d'être écartée du tableau. (Pour plus de détails sur tout cela, consulter David Albert, « Probability in the Everett Picture », dans *Many Worlds : Everett, Quantum Theory and Reality*, éd. Simon Saunders, Jonathan Barrett, Adrian Kent et David Wallace (Oxford University Press, Oxford, 2010) et « Uncertainty and Probability for Branching Selves », Peter Lewis, http://philsci-archive.pitt.edu/2636.) Un dernier point important dans la proposition de Vaidman et dans ce type de questionnement sur les probabilités est le suivant : lorsque je lance une pièce dans le contexte d'un univers unique, la raison pour laquelle je dis avoir 50 % de chances que la pièce atterrisse sur face provient du fait que, si je n'observe qu'une seule issue possible, j'*aurais pu* en observer deux. Mais si je ferme les yeux en imaginant que je viens de mesurer la position de notre électron nostalgique, je sais que mon détecteur dira soit Strawberry Fields, soit Mémorial de Grant, mais je ne sais pas lequel des deux. Imaginons que l'on vienne me demander : « Brian, quelle est la probabilité que ton écran indique le Mémorial de Grant ? » Pour répondre, je me souviens du jeu de pile ou face et à l'instant où je m'apprête à suivre le même raisonnement, j'ai une hésitation. « Mmm, y a-t-il vraiment deux issues que *moi* j'aurais pu observer ? Le *seul* détail qui me différencie de l'autre Brian, c'est le résultat indiqué sur mon écran. Imaginer que mon écran ait pu indiquer l'autre résultat, cela revient à imaginer que je ne suis pas moi. Cela revient à imaginer que je suis l'autre Brian. » Donc, même si je

ne sais pas ce qu'indique mon écran, je (la voix qui parle dans ma tête à cet instant précis) n'aurais pas pu observer un autre résultat ; cela suggère que mon ignorance n'équivaut pas à un raisonnement probabiliste.

11. Les scientifiques sont censés poser des jugements objectifs. Je trouve cependant confortable d'accepter la validité de l'interprétation des mondes multiples du fait de son économie mathématique et de ses importantes implications pour la réalité. En même temps, je garde un sain scepticisme, alimenté par les difficultés que nous rencontrons dans nos tentatives d'intégrer les probabilités à ce formalisme, et reste donc entièrement ouvert à toutes les stratégies alternatives. Deux d'entre elles sont de bons étais pour la discussion du texte principal. L'une d'elles tente d'élaborer une théorie à partir de l'approche incomplète de Copenhague ; l'autre peut être vue comme celle des mondes multiples, mais sans mondes multiples.

La première, menée par Giancarlo Ghirardi, Alberto Rimini et Tullio Weber, tente de donner un sens à l'approche de Copenhague en modifiant les équations de Schrödinger afin qu'elles autorisent l'effondrement des fonctions d'onde. C'est plus facile à dire qu'à faire. La modification des mathématiques devrait peu affecter les ondes de probabilité pour les petits objets comme les particules individuelles ou les atomes, puisque nous ne voulons pas modifier ce qui fonctionne dans ce domaine. Mais les modifications doivent prendre leur revanche lorsque des objets macroscopiques comme les équipements de laboratoire entrent en ligne de compte et font s'effondrer la fonction d'onde combinée. Ghirardi, Rimini et Weber imaginèrent un formalisme mathématique faisant cela. Au bout du compte, avec leurs équations modifiées, les mesures provoquent effectivement un effondrement de la fonction d'onde ; elles donnent vie à l'évolution représentée sur la figure 8.6.

La seconde approche, initialement imaginée par le prince Louis de Broglie dans les années 1920 puis approfondie quelques dizaines d'années plus tard par David Bohm, part de prémisses mathématiques en résonance avec les travaux d'Everett. L'équation de Schrödinger devrait toujours, en toutes circonstances, gouverner l'évolution des ondes quantiques. Ainsi, dans la théorie de De Broglie-Bohm, les ondes de probabilité évoluent comme elles le font dans l'approche des mondes multiples. La théorie de De Broglie-Bohm propose toutefois l'idée même que j'ai mentionnée plus tôt comme prenant la mauvaise direction : dans l'approche de De Broglie-Bohm, tous les mondes multiples incarnés par une onde de probabilité, sauf un, sont des mondes *possibles* ; seul un monde est considéré comme réel.

Pour réaliser cela, l'approche abandonne le haïku quantique traditionnel de l'onde *ou* de la particule (un électron est une onde jusqu'à ce qu'on le mesure, après quoi il redevient une particule) et préconise plutôt une vision des choses qui englobe ondes *et* particules. Contrairement au point de vue quantique ordinaire, De Broglie et Bohm envisagent les particules comme de petites entités localisées qui cheminent le long de trajectoires définies, produisant une réalité ordinaire, non ambiguë, un peu comme en physique classique. Le seul monde « réel » est celui dans lequel les particules habitent leur position unique, bien définie. Les ondes quantiques jouent alors un rôle très différent. Plutôt que d'incarner une multitude de réalités, une onde quantique agit pour guider le mouvement des particules. L'onde quantique pousse les particules vers les endroits où l'onde est élevée, rendant plus probable la possibilité de trouver ces particules en ces endroits, et elle les éloigne des endroits où l'onde est petite, rendant moins probable d'y trouver les particules. Pour expliquer le processus, De Broglie et Bohm eurent besoin d'introduire une équation supplémentaire pour décrire l'effet de l'onde quantique sur une particule, si bien que dans leur approche, l'équation de Schrödinger, si elle n'est pas remplacée, partage le devant de la scène avec un autre joueur mathématique. (Le lecteur féru de mathématiques rencontrera ces équations plus bas.)

Des années durant, le bruit courait que l'approche de De Broglie-Bohm ne valait pas la peine qu'on s'y intéresse, chargée qu'elle était d'un excédent de bagages – non seulement une deuxième équation mais aussi, puisqu'elle implique aussi bien des particules que des ondes, une liste d'ingrédients deux fois plus longue. Plus récemment, on a compris que ces critiques avaient besoin d'étayage. Comme le montre explicitement le travail de Ghirardi, Rimini et Weber, même une version sensée de l'approche ordinaire de Copenhague nécessite une seconde équation. De plus, l'inclusion des ondes et des particules offre un bénéfice énorme : elle rétablit la notion d'objet se déplaçant le long de trajectoires définies, revenant ainsi aux caractéristiques élémentaires habituelles de la réalité, que l'école de Copenhague avait conduit à négliger peut-être un peu vite. Des critiques plus techniques objectent que cette approche est *non locale* (la nouvelle équation montre que les influences exercées en un point semblent affecter instantanément des points éloignés) et qu'il est difficile de concilier cette approche avec la relativité restreinte. L'incidence de cette critique diminue lorsqu'on reconnaît que même l'approche de Copenhague possède des aspects non locaux qui, en outre, ont été confirmés expérimentalement. Ce dernier point concernant la relativité, il est important de le résoudre complètement.

Une partie de la résistance opposée à la théorie de De Broglie-Bohm provenait du fait que son formalisme mathématique n'a pas toujours été présenté sous sa forme la plus simple. Voici, à l'intention des lecteurs férus de mathématiques, la dérivation la plus directe de la théorie. Commençons par l'équation de Schrödinger pour la fonction d'onde d'une particule : $H\psi = i\hbar \frac{\partial \psi}{\partial t}$, où la densité de probabilité que la particule se trouve à la position x, $r(x) = |\psi(x)|^2$. Imaginons que nous attribuions une trajectoire définie à la particule, avec la vitesse en x donnée par une fonction $v(x)$. Quelle condition physique cette fonction vitesse devrait-elle satisfaire ? Ce qui est sûr, c'est qu'elle doit assurer la conservation de la probabilité : si la particule se déplace à la vitesse $v(x)$ d'une région à une autre, la densité de probabilité devrait s'ajuster selon $\frac{\partial \rho}{\partial t} + \frac{\partial (\rho v)}{\partial x} = 0$. Cette équation est facile à résoudre pour $v(x)$ et donne $v(x, t) = \frac{1}{\rho(x, t)} \int \frac{\partial \rho}{\partial t} = \frac{\hbar}{m} \mathrm{Im} \left(\frac{\psi^* \frac{\partial \psi}{\partial x}}{\psi^* \psi} \right)$ où m est la masse de la particule.

Avec l'équation de Schrödinger, cette équation définit la théorie de De Broglie-Bohm. Remarquons que cette dernière équation n'est pas linéaire, mais n'a pas d'incidence sur l'équation de Schrödinger, qui conserve sa linéarité. L'interprétation en est donc que pour combler les lacunes laissées par l'approche de Copenhague, celle-ci ajoute une nouvelle équation, qui dépend de manière non linéaire de la fonction d'onde. Toute la puissance et la beauté de l'équation sous-jacente pour l'onde, celle de Schrödinger, est totalement préservée.

Je pourrais également ajouter que la généralisation à un grand nombre de particules est immédiate : nous remplaçons le terme de droite de la nouvelle équation par la fonction d'onde du système à plusieurs particules : $\psi(x_1, x_2, \dots x_n)$ et pour calculer la vitesse de la *k*-ième particule, nous prenons la dérivée par rapport à la *k*-ième coordonnée (travaillons, pour simplifier, dans un espace unidimensionnel ; pour de plus hautes dimensions, nous augmentons alors le nombre de coordonnées en conséquence). Cette équation généralisée montre la non-localité de cette approche : la vitesse de la *k*-ième particule dépend de manière instantanée des positions de toutes les autres particules (puisque la fonction d'onde est fonction des coordonnées de la position de la particule).

12. Voici une expérience qui permettrait, en principe, de distinguer les approches de Copenhague et des mondes multiples. Un électron, comme toute autre particule élémentaire, possède une propriété quantique appelée le spin. À l'instar d'une toupie qui tourne autour de son axe, un électron peut faire de même, avec une différence significative en ceci que le rythme de sa rotation – indépendamment de la direction de son axe – est toujours le même. C'est une propriété intrinsèque de l'électron, comme sa masse ou sa charge électrique. Seul varie le fait que la rotation se fasse dans le sens des aiguilles d'une montre ou dans l'autre sens, autour d'un axe donné. Lorsqu'elle se fait dans le sens des aiguilles d'une montre, nous disons de l'électron que son spin est *bas*, et si la rotation se fait dans l'autre sens, nous disons que son spin est *haut*. Du fait de l'incertitude quantique, si le spin de l'électron autour d'un axe donné est défini – disons avec 100 % de probabilité que son spin soit haut autour de l'axe z –, alors son spin autour des autres axes, x et y, sera incertain : il aura 50 % de chances d'être haut et 50 % de chances d'être bas. Imaginons alors que nous commencions avec un électron dont le spin autour de l'axe z a 100 % de chances d'être haut, et que nous mesurions son spin autour de l'axe x. Si l'on en croit l'approche de Copenhague, si nous trouvons que celui-ci est bas, cela signifie que l'onde de probabilité pour le spin de l'électron s'est effondrée : la possibilité que le spin soit haut a été éradiquée de la réalité, laissant un seul pic avec spin bas. Dans l'approche des mondes multiples au contraire, les deux issues possibles, spin haut et spin bas, se réalisent, si bien que la possibilité que le spin soit haut reste intacte.

Pour trancher entre ces deux versions, imaginons la chose suivante. Après notre mesure du spin de l'électron autour de l'axe x, quelqu'un inverse l'évolution physique. (Les équations fondamentales de la physique, dont celle de Schrödinger, sont invariantes sous l'inversion du temps, ce qui signifie en particulier qu'au moins en principe, toute évolution peut être inversée. Voir *La Magie du cosmos* pour une discussion approfondie sur ce sujet.) Cette inversion s'appliquerait à tout : l'électron, les appareils de mesure et tout ce qui fait partie de l'expérience. Cela étant, si l'approche des mondes multiples est correcte, une mesure ultérieure du spin de l'électron autour de l'axe z devrait redonner avec 100 % de chances la valeur dont nous sommes partis : spin haut. Cependant, si l'approche de Copenhague est correcte (j'entends par là une version mathématiquement cohérente, comme la formulation de Ghirardi-Rimini-Weber), alors nous trouverions un autre résultat. Copenhague stipule que la mesure du spin de l'électron autour de l'axe x, avec le résultat spin bas, annihile la possibilité d'un spin haut. Elle est rayée de la réalité. Ainsi, en inversant la mesure, nous ne revenons pas à notre point de départ car nous avons perdu une partie de la fonction d'onde de façon permanente. Toute mesure ultérieure du spin de l'électron autour de l'axe z ne donnera donc plus 100 % de probabilité d'obtenir la même réponse qu'au départ. Nous aurons plutôt 50 % de chances de trouver la même, et 50 % de chances de ne pas la retrouver. Si nous renouvelions cette expérience plusieurs fois, en supposant que l'approche de Copenhague est correcte, nous trouverions en moyenne un autre résultat qu'au départ pour la moitié du temps. Bien sûr, la difficulté consiste à inverser complètement une évolution physique. Mais en principe, c'est une expérience qui permettrait de déterminer laquelle des deux théories est correcte.

9. Trous noirs et hologrammes

1. Einstein a entrepris des calculs de relativité générale pour démontrer mathématiquement que les configurations extrêmes de Schwarzschild – que nous appellerions aujourd'hui un trou noir – n'existent pas. Les mathématiques sous-jacentes à ses calculs étaient parfaitement justes. Mais il fit des hypothèses supplémentaires qui, dans la configuration de l'espace et du temps qui serait créée par un trou noir, se révèlent trop restrictives. En essence, l'hypothèse laissait de côté la possibilité de l'implosion de matière. Les hypothèses signifiaient que la formulation d'Einstein n'avait pas la latitude de révéler la réalité des trous noirs. Mais c'était un artefact de l'approche d'Einstein, pas un signe indiquant si les trous noirs peuvent bel et bien se former. La compréhension que nous en avons aujourd'hui éclaircit le fait que la relativité générale permet les solutions de trous noirs.

2. Lorsqu'un système atteint une configuration d'entropie maximale (comme la vapeur, à une température donnée, qui serait uniformément répartie dans une cuve), il a épuisé sa capacité à augmenter davantage son entropie. Ainsi, il serait plus précis d'affirmer que l'entropie tend à augmenter jusqu'à la valeur la plus élevée possible pour le système.

3. En 1972, James Bardeen, Brandon Carter et Stephen Hawking élaborèrent les lois mathématiques régissant l'évolution des trous noirs et trouvèrent que les équations ressemblaient fortement à celles de la thermodynamique. Pour faire l'équivalence entre les deux séries de loi, il suffisait de remplacer « aire de l'horizon du trou noir » par « entropie » (et *vice versa*), et « gravité à la surface du trou noir » par « température ». Ainsi, pour que l'idée de Bekenstein tienne la route – pour que cette similitude ne soit pas juste une coïncidence

mais pour refléter le fait que les trous noirs possèdent une entropie –, les trous noirs doivent également avoir une température nulle.

4. La raison de ce changement apparent de l'énergie est loin d'être évidente ; elle relève d'un lien étroit entre temps et énergie. Nous pouvons envisager l'énergie d'une particule comme la vitesse de vibration de son champ quantique. Sachant que la signification de la vitesse fait appel au concept de temps, cela met en évidence la relation entre énergie et temps. Cela étant, les trous noirs ont un effet profond sur le temps. D'un point de vue distant, le temps apparaît ralenti pour un objet qui s'approche de l'horizon d'un trou noir, et en suspens à l'horizon. À la traversée de l'horizon, espace et temps intervertissent leurs rôles – à l'intérieur d'un trou noir, la direction radiale devient la direction temporelle. Cela implique qu'au sein du trou noir, la notion d'énergie coïncide avec le mouvement dans la direction radiale vers la singularité du trou noir. Lorsque le membre d'énergie négative d'une paire de particules franchit l'horizon, elle tombe effectivement vers le centre du trou noir. Ainsi l'énergie négative qu'elle possède du point de vue d'un observateur qui regarde de loin devient une énergie positive du point de vue d'un observateur qui regarderait depuis l'intérieur du trou noir. Voilà qui rend possible l'existence de telles particules à l'intérieur des trous noirs.

5. Lorsqu'un trou noir rétrécit, l'aire de la surface de son horizon d'événement rétrécit également, contredisant l'affirmation de Hawking que l'aire de la surface totale augmente. Souvenons-nous toutefois que le théorème de l'aire de Hawking est fondé sur la relativité générale classique. Nous commençons à prendre en compte les processus quantiques et à accéder à des conclusions plus élaborées.

6. Pour être un peu plus précis, disons que c'est le nombre minimal de questions oui/non dont les réponses spécifient de manière unique les détails microscopiques du système.

7. Hawking a trouvé que l'entropie est l'aire de l'horizon d'événement en unités de Planck, divisé par quatre.

8. Pour toutes les avancées qui seront décrites plus loin dans ce chapitre, la question des rouages microscopiques du trou noir n'est pas encore complètement résolue. Comme je l'ai mentionné au chapitre 4, en 1996 Andrew Strominger et Cumrun Vafa ont découvert que si l'on diminue (mathématiquement) l'intensité de la gravitation, alors certains trous noirs se transformeraient en des collections particulières de cordes et de branes. En comptant le nombre possible de réarrangements de ces ingrédients, Strominger et Vafa retrouvèrent la fameuse formule de Hawking pour l'entropie des trous noirs, de la manière la plus explicite jamais réalisée. Malgré cela, ils ne parvinrent

pas à décrire ces ingrédients pour une plus grande intensité gravitationnelle, par exemple lors de la formation des trous noirs. D'autres auteurs, comme Samir Mathur et divers de ses collaborateurs, ont avancé d'autres idées, comme la possibilité que les trous noirs soient ce qu'ils appellent des « fuzz balls », c'est-à-dire une accumulation de cordes vibrantes parsemées à l'intérieur du trou noir. Ces idées restent timides. Les résultats que nous aborderons plus loin dans ce chapitre (dans la section sur la théorie des cordes et l'holographie) jetteront un éclairage important sur cette question.

9. Plus précisément, la gravitation peut être annulée dans une région de l'espace grâce à l'état de chute libre. La taille de la région dépend de l'échelle sur laquelle le champ gravitationnel varie. Si celui-ci ne varie que sur de vastes échelles (autrement dit, si le champ gravitationnel est uniforme, ou presque), notre mouvement de chute libre annulera la gravitation sur une grande région de l'espace. Mais si le champ gravitationnel varie sur de courtes distances – disons à l'échelle de notre corps – alors nous pouvons annuler la gravitation à nos pieds mais continuer de la ressentir sur la tête. Cela deviendra particulièrement important plus tard dans notre chute car le champ gravitationnel s'intensifie lorsqu'on se rapproche de la singularité du trou noir ; son intensité s'élève fortement à mesure que notre distance à la singularité diminue. Cette variation rapide signifie qu'il n'y a pas de moyen d'annuler les effets de la singularité, qui finira pas étirer notre corps jusqu'au point de rupture, car l'attraction gravitationnelle à nos pieds (si nous y sautons pieds en avant) sera d'une intensité de plus en plus supérieure à l'attraction au niveau de notre tête.

10. Cette discussion montre un exemple de la découverte par William Unruh, en 1976, qui relie le mouvement aux particules que l'on rencontre. Unruh a trouvé que si l'on accélère dans un espace vide par ailleurs, nous rencontrerons un bain de particules à une température déterminée par notre mouvement. La relativité générale nous enseigne comment déterminer le taux d'accélération tout en comparant avec les points de référence déterminés par les observateurs en chute libre (voir *La Magie du cosmos*, chapitre 3). Un observateur à distance, qui n'est pas en chute libre, voit donc du rayonnement émaner du trou noir ; un observateur en chute libre n'en verra pas.

11. Un trou noir se forme si la masse M contenue à l'intérieur d'un rayon R dépasse $c^2R/2G$ où c est la vitesse de la lumière et G la constante de Newton.

12. En réalité, lorsque la matière s'effondre sous son propre poids et que se forme le trou noir, l'horizon d'événement sera généralement localisé à l'intérieur de la frontière de la région donc nous avons parlé.

Cela signifie que jusqu'à présent, nous n'avons pas atteint l'entropie maximale que la région pourrait contenir. Il est facile d'y remédier. Jetons plus de matière dans le trou noir, et nous verrons l'horizon des événements enfler au-delà de la frontière originale de ladite région. Puisque l'entropie augmenterait encore à travers ce processus quelque peu perfectionné, l'entropie de la matière que nous avons incluse dans la région vaudrait moins que celle du trou noir qui remplit ladite région, c'est-à-dire l'aire de la surface de la région en unités de Planck.

13. Gerard't Hooft, « Dimensional Reduction in Quantum Gravity », *Salam Festschrift*, édité par A. Ali, J. Ellis et S. Randjbar-Daemi (World Scientific, River Edge, N.J., 1993), p. 284-96 (WDC161 :C512 :1993).

14. Nous avons vu que la lumière « fatiguée » est de la lumière dont la longueur d'onde est étirée (décalée vers le rouge) et dont la fréquence vibratoire est réduite, du fait d'avoir dépensé son énergie à s'échapper du trou noir (ou de toute autre source de gravitation). Comme pour beaucoup de processus cycliques habituels (l'orbite de la Terre autour du Soleil ; la rotation de la Terre sur son axe, etc.), les vibrations de la lumière peuvent être utilisées pour définir le temps écoulé. En fait, les vibrations de la lumière émise par des atomes de Césium 133 excités sont désormais utilisées par les scientifiques pour *définir* le temps écoulé. La fréquence vibratoire diminuée de la lumière fatiguée implique donc que l'écoulement du temps autour du trou noir – vu par un observateur éloigné – est aussi ralenti.

15. Comme pour les plus importantes découvertes scientifiques, ce résultat monumental s'appuie sur une collection de travaux antérieurs. C'est le cas ici. Outre Gerard't Hooft, Susskind et Maldacena, les chercheurs qui ont contribué à jalonner le chemin vers ce résultat et à élaborer ses conséquences incluent Steve Gubser, Joe Polchinski, Alexander Polyakov, Ashoke Sen, Andy Strominger, Cumrun Vafa, Edward Witten et beaucoup d'autres.

Pour le lecteur féru de mathématiques, le résultat plus précis de Maldacena est le suivant. Soit N le nombre de trois-branes dans la pile de branes, et soit g la valeur de la constante de couplage dans la théorie des cordes de type IIb. Lorsque gN est un petit nombre, très inférieur à un, la physique est bien décrite par des cordes de basse énergie qui se déplacent sur la pile de branes. Ces cordes sont à leur tour bien décrites par une théorie quantique de champs invariante conforme, supersymétriques et à quatre dimensions. Mais lorsque gN est un grand nombre, cette théorie du champ a un fort couplage, ce qui rend difficile son traitement analytique. Cependant, à ce régime, le résultat de Maldacena stipule que nous pouvons utiliser la description de cordes qui se déplacent sur la géométrie proche de l'horizon de la pile de branes, qui est $AdS_5 \times S^5$ (l'espace anti-de Sitter penta-dimensionnel que multiplie la 5-sphère). Le rayon de ces espaces est régi par gN (plus précisément, le rayon est proportionnel à $(gN)^{1/4}$) si bien que pour gN élevé, la courbure de $AdS_5 \times S^5$ est petite, garantissant que les calculs de théorie des cordes soient faisables (en particulier, une bonne approximation en sont les calculs effectués dans une version modifiée de la gravitation einsteinienne). Ainsi, lorsque gN varie de faibles valeurs à de fortes valeurs, la physique se transforme d'une théorie de champs quantiques quadri-dimensionnelle, supersymétrique et invariante conforme à une théorie décrite par la théorie de cordes à dix dimensions sur $AdS_5 \times S^5$. C'est ce que l'on appelle la correspondance AdS/CFT (espace anti-de Sitter *vs* espace conforme).

16. Bien qu'une preuve complète de la proposition de Maldacena soit actuellement au-delà de notre portée, dans les années récentes, le lien entre descriptions de bulk et de frontière est de mieux en mieux compris. Par exemple, toute une série de calculs a été identifiée, dont les résultats sont précis quelle que soit la valeur de la constante de couplage. Les résultats peuvent donc être explicitement portés des faibles valeurs aux valeurs élevées. Cela ouvre une fenêtre sur les processus de « transformation » par lesquels une description de la physique du point de vue du bulk se transforme en une description dans le point de vue de la frontière et *vice versa.* Ces calculs ont montré, par exemple, comment des chaînes de particules en interaction depuis le point de vue de la frontière peuvent se transformer en cordes dans le point de vue du bulk – une interpolation particulièrement convaincante entre les deux descriptions.

17. Plus précisément, il s'agit d'une variation sur le résultat de Maldacena, modifié de façon que la théorie quantique du champ sur la frontière ne soit pas la même que celle qu'il a trouvé dans ses recherches, mais une version approchée de la chromodynamique quantique. Cette variante occasionne des modifications parallèles de la théorie du bulk. Plus spécifiquement, en suivant le travail de Witten, la température élevée de la théorie du bulk se traduit par un trou noir dans la description intérieure. Le dictionnaire entre les deux descriptions montre que les difficiles calculs de viscosité du plasma quarks/gluons se traduisent en une réponse de l'horizon du trou noir à certaines déformations – un calcul très technique mais faisable.

18. Une autre approche pour trouver une définition complète de la théorie des cordes émane de travaux plus anciens dans un domaine

appelé théorie des matrices (une autre signification possible du « M » de la théorie M), élaborés par Tom Banks, Willy Fischler, Steve Shenker et Leonard Susskind.

10. UNIVERS, ORDINATEURS ET RÉALITÉ MATHÉMATIQUE

1. Le nombre cité, 10^{55} grammes, concerne le contenu de l'univers observable d'aujourd'hui, mais en des temps plus anciens, la température de ces constituants aurait été largement supérieure si bien qu'ils auraient recelé davantage d'énergie. L'évaluation de 10^{65} grammes serait une meilleure estimation de ce qu'il faudrait réunir dans un tout petit volume pour reproduire l'évolution de notre univers lorsqu'il avait à peu près une seconde.

2. Nous pourrions penser que, parce que notre vitesse est contrainte à être inférieure à la vitesse de la lumière, notre énergie cinétique serait elle aussi limitée. Mais ce n'est pas le cas. Lorsque notre vitesse augmente au point de se rapprocher de celle de la lumière, notre énergie augmente ; si l'on en croit la relativité restreinte, celle-ci n'a pas de limite. Mathématiquement, la formule pour notre énergie s'écrit $E = mc^2 \Big/ \sqrt{1 - \frac{v^2}{c^2}}$ où c est la vitesse de la lumière et *v* notre vitesse. Comme nous le voyons, lorsque *v* tend vers c, *E* s'accroît arbitrairement. Notons également que la discussion vaut du point de vue d'un observateur qui nous regarde tomber, disons quelqu'un de stationnaire resté à la surface de la Terre. De notre point de vue, lorsque nous sommes en chute libre, nous sommes stationnaire et c'est toute la matière environnante qui acquiert une vitesse de plus en plus élevée.

3. Avec le niveau actuel de nos connaissances, il existe une souplesse significative dans ces estimations. Le nombre « 10 grammes » vient du raisonnement suivant : l'échelle d'énergie à laquelle l'inflation a lieu est censée valoir environ 10^{-5} fois l'énergie de Planck, cette dernière valant quelque 10^{19} fois l'énergie équivalant à la masse d'un proton. (Si l'inflation avait lieu à une échelle d'énergie plus élevée, nos modèles suggèrent que nous aurions déjà mis en évidence des indices montrant la production d'ondes gravitationnelles dans l'univers primordial.) Dans des unités plus conventionnelles, l'échelle de Planck représente environ 10^{-5} gramme (ce qui est peu élevé du point de vue de notre quotidien, mais énorme à l'échelle de la physique des particules élémentaires, où de telles énergies seraient portées

par des particules individuelles). La densité d'énergie d'un champ d'inflaton aurait donc été d'environ 10^{-5} gramme pour chaque volume cubique dont l'arête vaut environ 10^{5} fois la longueur de Planck (souvenons-nous que, du fait de l'incertitude quantique, ces énergies et longueurs sont inversement proportionnelles), qui vaut environ 10^{-28} centimètre. La masse-énergie totale portée par un tel champ d'inflaton dans un volume de 10^{-26} cm de côté vaut donc : 10^{-5} gramme/(10^{-28} centimètre)^3 × (10^{-26} centimètre)^3, ce qui vaut environ 10 grammes. Peut-être les lecteurs de *La Magie du cosmos* se souviendront-ils que j'avais alors mentionné une autre valeur. La différence provenait de l'hypothèse que l'échelle d'énergie de l'inflaton était légèrement supérieure.

4. Hans Moravec, *Robot : Mere Machine to Transcendent Mind* (Oxford University Press, New York, 2000). Voir également Ray Kurzweil, *The Singularity is Near : When Humans Transcend Biology* (Penguin, New York, 2006).

5. Voir par exemple Robin Hanson, « How to Live in a Simulation », *Journal of Evolution and Technology*, 7, n° 1 (2001).

6. La thèse de Church-Turing avance que n'importe quel ordinateur du type de la machine de Turing universelle peut simuler les actions d'un autre, si bien qu'il est tout à fait sensé pour un ordinateur à l'intérieur de la simulation – et qui est donc lui-même simulé par l'ordinateur parent régissant le monde virtuel au complet – de réaliser des tâches équivalentes à celles entreprises par l'ordinateur parent.

7. Le philosophe David Lewis a élaboré une idée semblable à travers ce qu'il a appelé le « réalisme modal ». Voir *On the Plurality of Worlds* (Wiley-Blackwell, Malden, Mass., 2001). Cela étant, la raison pour laquelle Lewis a introduit tous les univers possibles n'est pas la même que pour Nozick. Lewis souhaitait un contexte dans lequel seraient incarnés, par exemple, des énoncés contrefactuels (tels que « si Hitler avait gagné la guerre, le monde d'aujourd'hui serait très différent »).

8. John Barrow a proposé quelque chose d'équivalent dans *Pi in the Sky* (Little, Brown, New York, 1992).

9. Comme expliqué dans la note 10 du chapitre 7, la taille de cet infini dépasse celle de la collection infinie des nombres entiers 1, 2, 3… et ainsi de suite.

10. Il s'agit d'une variante du fameux paradoxe du Barbier de Séville, dans lequel un barbier rase tous ceux qui ne se rasent pas eux-mêmes. La question est alors : Qui rase le barbier ? Le barbier

est généralement censé être un homme, pour éviter la réponse trop facile : Le barbier est une femme et n'a donc pas besoin de se raser.

11. Schmidhuber remarque qu'une stratégie efficace serait que l'ordinateur fasse évoluer chaque univers simulé vers l'avant dans le temps en queue d'aronde : le premier univers serait mis à jour tous les quelques intervalles de temps, le second univers tous les quelques intervalles de temps restants, le troisième univers à tous ceux qui n'ont pas déjà été consacrés au deux premiers univers et ainsi de suite. En temps utile, chaque univers calculable aurait évolué vers l'avant dans le temps par un nombre arbitrairement grand d'intervalles de temps.

12. Une discussion plus élaborée des fonctions calculables et non calculables devrait inclure également les fonctions calculables limites. Ce sont des fonctions pour lesquelles existe un algorithme fini qui les évalue avec une précision de plus en plus grande. Par exemple, ce serait le cas d'une fonction qui produirait les chiffres de π : un ordinateur peut produire chaque chiffre composant π, même s'il n'atteint jamais la fin du calcul. Donc, même si π est, stricto sensu, non calculable, il est calculable limite. Toutefois, la plupart des nombres réels ne sont pas comme π. Ils ne sont pas seulement non calculables, mais ils sont également non calculables limites.Lorsque nous considérons des simulations couronnées de succès, nous devrions inclure celles fondées sur les fonctions calculables limites. En principe, une réalité convaincante devrait pouvoir être produite par les données de sortie partielles d'un ordinateur évaluant des fonctions calculables limites.Pour que les lois de la physique soient calculables, voire limites, il faut abandonner le traditionnel étayage par les nombres réels. Cela s'appliquerait non seulement à l'espace et au temps, habituellement décrits à l'aide de coordonnées dont les valeurs peuvent s'étendre sur tous les nombres réels, mais aussi à tous les autres ingrédients mathématiques qu'utilisent ces lois. L'intensité du champ électromagnétique, par exemple, ne pourrait pas varier sur l'étendue des nombres réels, mais seulement sur un ensemble discret de valeurs. De même pour la probabilité qu'un électron soit ici ou là. Schmidhuber a souligné que tous les calculs que les physiciens ont jamais menés faisaient appel à une manipulation de symboles discrets (sur papier, au tableau ou à l'ordinateur). Ainsi, même si ce corps de travaux scientifiques a toujours été vu comme faisant appel aux nombres réels, en pratique ce n'est pas le cas. Il en va de même pour toutes les grandeurs jamais mesurées. Aucun dispositif n'a une précision infinie et nos mesures impliquent toujours des résultats numériques discrets. En ce sens, tous les succès de la physique peuvent être lus comme

des succès pour un paradigme numérique. Peut-être les véritables lois elles-mêmes sont-elles en fait calculables (tout au moins calculables limites).Il existe de nombreuses approches différentes sur la possibilité d'une « physique numérique ». Voir par exemple Stephen Wolfram, *A New Kind of Science* (Wolfram Media, Champaign, Illinois, 2002) et Seth Lloyd, *Programming the Universe* (Alfred A. Knopf, New York, 2006). Le mathématicien Roger Penrose pense que l'esprit humain fonctionne par des processus non calculables et donc que l'univers que nous habitons doit faire intervenir des fonctions mathématiques non calculables. Voir, à cet égard, *The Emperor's New Mind*, Oxford University Press, New York, 1989 et *Les Ombres de l'esprit*, Dunod, 1995.

11. Les limites de l'investigation

1. Steven Weinberg, *Les Trois Premières Minutes de l'univers*, Le Seuil, coll. « Points Science », Paris, 1988.

Bibliographie

Le sujet des univers parallèles touche à une large palette de domaines scientifiques. Il y a de plus en plus de littérature, surtout à l'intention des lecteurs non experts, et souvent adaptés à ceux qui disposent de plus de connaissances. Outre les références citées dans les notes, voici une liste d'ouvrages parmi les plus merveilleux jamais écrits, et dans lesquels le lecteur pourra continuer d'explorer les thèmes abordés dans ces pages.

Albert, David, *Quantum Mechanics and Experience*, Harvard University Press, Cambridge, Mass., 1994.

Alexander, H. G., *The Leibniz-Clarke Correspondence*, Manchester University Press, Manchester, 1956.

Barrow, John, *Pi in the Sky*, Little, Brown, Boston, 1992.

Barrow, John, *The World Within the World*, Clarendon Press, Oxford, 1988.

Barrow, John et Frank Tipler, *The Anthropic Cosmological Principle*, Oxford University Press, Oxford, 1986.

Bartusiak, Marcia, *The Day We Found the Universe*, Vintage, New York, 2010.

Bell, John, *Speakable and Unspeakable in Quantum Mechanics*, Cambridge University Press, Cambridge, 1993.

Bronowski, Jacob, *The Ascent of Man*, Little, Brown, Boston, 1973.

Byrne, Peter, *The Many Worlds of Hugh Everett III*, Oxford University Press, New York, 2010.

Callender, Craig et Nick Huggett, *Physics Meets Philosophy at the Planck Scale*, Cambridge University Press, Cambridge, 2001.

Carroll, Sean, *From Eternity to Here*, Dutton, New York, 2010.

Clark, Ronald, *Einstein, sa vie et son époque*, Stock, Paris, 1980.

Cole, K.C., *The Hole in the Universe*, Harcourt, New York, 2001.

Crease, Robert P. et Charles C. Mann, *The Second Creation*, Rutgers University Press, New Brunswick, N.J., 1996.

Davies, Paul, *Cosmic Jackpot*, Houghton Mifflin, Boston, 2007.

Deutsch, David, *The Fabric of Reality*, Allen Lane, New York, 1997.

DeWitt, Bryce et Neill Graham, éd., *The Many-Worlds Interpretation of Quantum Mechanics*, Princeton University Press, Princeton, 1973.

Einstein, Albert, *The Meaning of Relativity*, Princeton University Press, Princeton, 1988.

Einstein, Albert, *Relativity*, Crown, New York, 1961.

Ferris, Timothy, *Coming of Age in the Milky Way*, Anchor, New York, 1989.

Ferris, Timothy, *The Whole Shebang*, Simon & Schuster, New York, 1997.

Feynman, Richard, *La Nature de la physique*, Le Seuil, coll. « Points Sciences », 1980.

Feynman, Richard, *Lumière et matière*, Le Seuil, coll. « Points Sciences », 1999.

Gamow, George, *Le Nouveau Monde de Monsieur Tompkins*, Éd. Le Pommier, Paris, 2007.

Gleick, James, *Isaac Newton : un destin fabuleux*, Dunod, coll. « Quai des Sciences », 2005.

Gribbin, John, *In Search of the Multiuniverse*, Wiley, Hoboken, N.J., 2010.

Gribbin, John, *Le Chat de Schrödinger : Physique quantique et réalité*, Flammarion, coll. « Champs Sciences », 2009.

Guth, Alan H., *The Inflationary Universe*, Addison-Wesley, Reading, Mass., 1997.

Hawking, Stephen, *Une brève histoire du temps*, Flammarion, coll. « Champs Sciences », 2008.

Hawking, Stephen, *L'Univers dans une coquille de noix*, Odile Jacob, coll. « Sciences », 2009.

Isaacson, Walter, *Einstein*, Simon & Schuster, New York, 2007.

Kaku, Michio, *Parallel Worlds*, Anchor, New York, 2006.

Kirschner, Robert, *The Extravagant Universe*, Princeton University Press, Princeton, 2002.

Krauss, Lawrence, *Quintessence*, Perseus, New York, 2000.

Kurzweil, Ray, *The Age of Spiritual Machines*, Viking, New York, 1999.

Kurzweil, Ray, *The Singularity is Near*, Viking, New York, 2005.

Lederman, Leon et Christopher Hill, *Symmetry and the Beautiful Universe,* Prometheus Books, Amherst, N.Y., 2004.

Livio, Mario, *The Accelerating Universe*, Wiley, New York, 2000.

Lloyd, Seth, *Programming the Universe*, Knopf, New York, 2006.

Moravec, Hans, *Robot*, Oxford University Press, New York, 1998.

Pais Abraham, *Albert Einstein : la vie et l'œuvre*, Dunod, 2005.

Penrose, Roger, *The Emperor's New Mind*, Oxford University Press, 1989.

Penrose, Roger, *Les Ombres de l'esprit*, Dunod, 1995.

Randall, Lisa, *Warped Passages*, Ecco, New York, 2005.

Rees, Martin, *Before the Beginning*, Addison-Wesley, Reading, Mass., 1997.

Rees, Martin, *Just Six Numbers*, Basic Books, New York, 2001.

Schrödinger, Erwin, *Qu'est-ce que la vie ?*, Le Seuil, Paris, 1986.

Siegfried, Tom, *The Bit and the Pendulum*, John Wiley & Sons, New York, 2000.

Singh, Simon, *Le Roman du Big Bang*, Hachette littératures, Paris, 2007.

Susskind, Leonard, *Trous noirs : la guerre des savants*, Robert Laffont, Paris, 2010.

Susskind, Leonard, *Le Paysage cosmique*, Gallimard, Paris, 2008.

Thorne, Kip, *Trous noirs et distorsions du temps*, Flammarion, Paris, 2009.

Tyson, Neil deGrasse, *Death by Black Hole*, W.W. Norton, New York, 2007.

Vilenkin, Alexander, *Many Worlds in One*, Hill and Wang, New York, 2006.

Weinberg, Steven, *Le Rêve d'une théorie ultime*, Odile Jacob, Paris, 1997.

Weinberg, Steven, *Les Trois Premières minutes de l'univers*, Le Seuil, Paris, 1988.

Weizsäcker, Carl Friedrich von, *The Unity of Nature*, Farrar, Straus and Giroux, New York, 1980.

Wheeler, John, *A Journey into Gravity and Spacetime*, Scientific American Library, New York, 1990.

Wilczek, Frank, *The Lightness of Being*, Basic Books, New York, 2008.

Wilczek, Frank et Betsy Devine, *Longing for the Harmonies*, W.W. Norton, New York, 1988.

Yau, Shing-Tung et Steve Nadis, *The Shape of Inner Space*, Basic Books, New York, 2010.

Index

Table

Cet ouvrage a été mis en pages par

<pixellence>

N° d'édition : L.01EHQN000962.N001
Dépôt légal : octobre 2017
Imprimé en Espagne par Novoprint (Barcelone)